U0743455

高等学校教材

# 化学实验

（第3版）

下册

Huaxue Shiyan

张　武　唐业仓　罗时忠　高　峰　编

中国教育出版传媒集团
高等教育出版社·北京

内容提要

本书第一版为普通高等教育“十五”国家级规划教材。本书在第二版基础上，经过内容体系的重新调整后修订而成，分为上、下两册。上册为无机化学和分析化学相关的实验内容，下册为有机化学、物理化学和化工基础相关的实验内容。

本书可用作高等学校化学类专业化学实验的教学用书，亦可供相关专业和科研人员参考使用。

**图书在版编目（CIP）数据**

化学实验. 下册/张武等编. --3 版. --北京：高等教育出版社，2023.10（2025.2 重印）

ISBN 978-7-04-060748-2

Ⅰ. ①化… Ⅱ. ①张… Ⅲ. ①化学实验-高等学校-教材 Ⅳ. ①O6-3

中国国家版本馆 CIP 数据核字(2023)第 124375 号

HUAXUE SHIYAN

| | | | | | | | |
|---|---|---|---|---|---|---|---|
| 策划编辑 | 曹 瑛 | 责任编辑 | 曹 瑛 | 特约编辑 | 陈梦恬 | 封面设计 | 张 志 |
| 版式设计 | 马 云 | 责任绘图 | 于 博 | 责任校对 | 窦丽娜 | 责任印制 | 刁 毅 |

| | | | |
|---|---|---|---|
| 出版发行 | 高等教育出版社 | 网 址 | http://www.hep.edu.cn |
| 社 址 | 北京市西城区德外大街 4 号 | | http://www.hep.com.cn |
| 邮政编码 | 100120 | 网上订购 | http://www.hepmall.com.cn |
| 印 刷 | 涿州市京南印刷厂 | | http://www.hepmall.com |
| 开 本 | 787mm×1092mm 1/16 | | http://www.hepmall.cn |
| 印 张 | 22.25 | 版 次 | 2003 年 5 月第 1 版 |
| 字 数 | 530 千字 | | 2023 年 10 月第 3 版 |
| 购书热线 | 010-58581118 | 印 次 | 2025 年 2 月第 2 次印刷 |
| 咨询电话 | 400-810-0598 | 定 价 | 42.00 元 |


物 料 号 60748-00

# 第三版前言

化学是一门以实验为基础的学科，化学实验教学在化学学科的人才培养中占据十分重要的地位。安徽师范大学多年来一直十分重视实验教学，早在2000年4月就建立了安徽师范大学化学实验教学中心；2007年11月，该中心成为化学国家级实验教学示范中心建设单位；2013年1月，正式成为化学国家级实验教学示范中心。作为化学国家级实验教学示范中心建设的重要成果之一，本书自2003年初版，2015年进行了修订，是普通高等教育“十五”国家级规划教材，为培养“厚基础、宽口径、强能力、高素质”全面发展的本科人才发挥了积极作用，受到广大学生及教师的欢迎，取得了良好的教学效果。

近些年，化学学科各个领域又有了一些新的进展，而原教材已不能够反映学科的最新发展。编者根据多年实验教学过程所积累的经验，结合兄弟院校在使用过程中提出的许多宝贵意见，在第二版教材的基础上，再次修订本书。本次修订主要的变化在于对内容和体系做了重新调整。在保留此前版本特色的基础上，将实验内容按照无机化学、分析化学、有机化学、物理化学和化工基础这五个二级学科重新进行归类。每个分支学科的实验内容包含基本方法、基本原理、基本操作、综合性实验和设计性实验等内容。这种编排方式有助于实验内容与各二级学科的理论教学有机融合，在保障学生学习基本知识及实验技能的基础上，注重培养和提高学生学习、实践和创新的能力。

经过内容体系的重新调整后，本书分为上、下两册，上册为无机化学和分析化学相关的实验内容，下册为有机化学、物理化学和化工基础相关的实验内容。对第二版下册的部分实验进行归类放在相应的综合性实验和设计性实验中。书后附录的部分内容依据 CRC Handbook of Chemistry and Physics 和 Lange's Handbook of Chemistry 进行了修订，并对全书的数据进行了核对。

本次修订工作由安徽师范大学化学与材料科学学院部分教师完成，详见相应实验项目的署名，在此谨向相关作者致以衷心的感谢。全书由王正华、张明翠、阚显文、张武、唐业仓、罗时忠、高峰统稿。

本书虽经多次修改，但限于编者水平，难免存在缺点和错误，恳请广大教师和读者批评指正。

编　者

2022年12月

# 第二版前言

21世纪初，安徽师范大学对化学实验教学进行改革，将化学实验独立设课，组建了化学实验教学中心。为适应教学要求，编写出版了《化学实验》，全书分为上、下册，其中上册为基础化学实验，含基本常识、基础仪器、基本技能、基础实验等内容，由方宾、王伦任主编；下册为综合化学实验，含成分分析及表征、常数测量、合成化学、化工基础等实验内容，由王伦、方宾任主编。该套教材为普通高等教育"十五"国家级规划教材，自2003年出版以来，为培养"厚基础、宽口径、强能力、高素质"全面发展的本科人才发挥了积极的作用，受到广大学生、教师及同行的欢迎，收到了良好的教学效果。

近年来，随着国内高等教育形势和人才培养需求的变化，实验条件的进一步改善，以及实验教学理念的更新，第一版教材逐渐体现出一些缺陷，特别是综合性实验数量的不足，不利于学生实践能力的提高，设计型实验的缺乏，不利于学生创新能力的培养。与此同时，随着化学各分支学科的交叉融合及新进展，第一版教材已不能反映化学各学科的最新发展。鉴于以上情况，化学实验教学中心组织具有丰富教学经验的教师在第一版教材的基础上，结合兄弟院校在使用过程中提出的许多宝贵意见，对《化学实验》进行了修订。我们对教材内容进行了充实、优化、整合，由第一版的两册调整为现在的三册。

第二版上册含无机化学、分析化学、有机化学实验内容；中册涵盖仪器分析、有机合成、物理化学、化工基础实验内容；下册为综合设计性实验。第二版教材仍保留了第一版教材力求体现的特色，在实验内容编排上，突出能力培养主线，注意学科素养的培养与环保教育；注重基础，规范基本方法、基本原理、基本操作；强化综合，突出学科间的交叉融合，提高综合性、设计性实验的比重，加强综合能力及应用能力的培养。

本书修订工作由安徽师范大学化学与材料科学学院部分教师编写完成，详见于相应实验项目的署名，在此谨向有关作者致以衷心感谢。全书由周映华、张明翠、孙礼林、唐业仓、张武统稿。

本书修订时编者虽经多次修改，但限于水平，难免存在缺点和错误，恳请广大教师和读者批评指正。

本书的出版是安徽师范大学国家级化学实验教学示范中心建设的重要成果之一。安徽师范大学化学实验教学中心组建于2000年4月，2002年中心通过安徽省基础课教学实验室合格评估，2003年4月被批准授予首批安徽省高校省级基础课实验教学示范中心，2007年11月被教育部批准为国家级实验教学示范中心建设单位。2013年1月顺利通过验收，正式成为国家级化学实验教学示范中心。

编　者

2015年1月

# 第一版前言

本书是教育部“十五”国家级规划教材。全书分上、下二册，上册为基础化学实验，下册为综合化学实验。上册含基本常识、基础仪器、基本技能、基础实验等内容，面向化学学科及相关学科开设基础化学实验的本、专科学生；下册含成分分析及表征、常数测量、合成化学、化工基础等实验内容，面向化学学科各专业开设综合化学实验的本科生。上册主编方宾、王伦，副主编魏先文、陈友存、陈高昌、张强和邵思常；下册主编王伦、方宾，副主编谢筱娟、吴华强、邵明望、范少华、孙登明和陈永红。

21世纪初，安徽师范大学决定在化学与材料科学学院进行理科专业教学整体改革试点工作。化学与材料科学学院为了培养“厚基础、宽口径、强能力、高素质”全面发展的师范性综合人才，组织具有丰富教学经验的教师，内研外调，吸取重点大学教改经验，发掘本校本科教学优势，制定出专业教学整体改革思路、规划及方案，重新修订本科教学计划、基础课程教学大纲，新建基础化学实验中心和综合化学实验中心，组织编写“基础化学实验”和“综合化学实验”讲义，已在本校及安徽部分院校使用，受到广大师生欢迎及好评。2001年年底，安徽省化学会在安徽师范大学召开了新世纪安徽省首届高师化学教学改革研讨会，与会专家对我们编写的实验讲义有较大兴趣和使用意向。2002年上半年，《化学实验》(上、下册)申报并获准教育部“十五”国家级规划教材。为了集思广益、确保质量，我们于2002年8月邀请了安徽省14所高师院校的化学教育专家在芜湖召开了《化学实验》(上、下册)编写研讨会。会后进行了认真的修改。

本书编写力求体现以下特色：

改变化学实验完全依附理论教学的传统模式。将化学实验独立设课，原配套的无机化学实验、有机化学实验、分析化学(含仪器分析)实验、物理化学(含结构化学)实验及化工基础实验重新整合为《基础化学实验》和《综合化学实验》。

改变化学实验完全遵循知识结构、多为验证的传统模式。根据现代化学实验的目标、特点重新编排实验目录和实验内容，突出能力培养主线，注意科学素质与环境意识的教育。

注重基础。规范基本方法、基本原理、基本操作，选用大量常规经典仪器，有利于学生基本技能训练，为今后专业实验、毕业论文实验、研究生实验奠定基础。

注重综合。拓宽口径，使化学与生命科学、环境科学、材料科学、能源科学等交叉、渗透，将化学合成、成分分析及表征、常数测量、化工基础紧密结合，加强综合能力及应用能力的培养。

展示先进。适当增加新内容、介绍新仪器、新方法、新技术，重视学生创新能力的培养。

参加本书编写、复核人员主要为安徽师范大学的化学教师，详见于相应内容的署名。编写时参阅了大量文献资料，在此谨向有关的作者致以衷心感谢。全书由方宾、王伦、魏先文、吴华强、谢筱娟、盛恩宏统稿。

本书初稿由中国科学技术大学教授倪其道、张祖德、汪志勇、刘光明等专家审阅，他们对书稿提出了宝贵的修改意见。本书的编写、出版得到了安徽师范大学、安徽省化学会、高等教育出版社的关心和支持，安徽师范大学教材科贾冠忠同志、高等教育出版社岳延陆同志付出了辛勤劳动，在此一并致以诚挚的感谢。

本书旨在为高等师范院校提供体系崭新、内容整合、重在能力培养、便于教学实施的化学实验教材。由于编者水平所限，教材中难免存在缺点和错误，恳请广大教师和读者批评指正。

编　者

2002 年 9 月于芜湖

# 目 录

# 一、

# 有机化学实验基础知识

## 1.1 有机化学实验室安全知识

有机化学实验中经常用到有机试剂和溶剂，这些物质大多数都易燃、易爆，而且具有一定的毒性。虽然选择实验时，尽量选用低毒性的溶剂和试剂，但是当大量使用时，对人体仍会造成一定的伤害，因此，防火、防爆、防中毒是有机实验中的重要问题。此外，应防止割伤和灼伤事故的发生，并注意用电安全。

### 1.1.1 防火

引起火灾的原因很多，如用敞口容器加热低沸点的溶剂、加热方法不正确等，均可引起着火。为了防止着火，实验中应注意以下几点：

① 不能用敞口容器加热和放置易燃、易挥发的化学药品。应根据实验要求和物质的特性，选择正确的加热方法。如对沸点低于 80 ℃ 的液体，在蒸馏时，应采取水浴，不能直接加热。

② 尽量防止或减少易燃物气体的外逸。处理和使用易燃物时，应远离明火，注意室内通风，及时将蒸气排出。

③ 易燃、易挥发的废物，不得倒入废液缸和垃圾桶中。量大时，应专门回收处理；量小时，可倒入水池用水冲走，与水发生猛烈反应者除外。金属钠残渣要用乙醇或丁醇处理。

④ 实验室不得存放大量易燃、易挥发的物质。

⑤ 一旦发生着火，应沉着镇静地及时采取正确措施，控制事故的扩大。首先，应立即切断电源，移走易燃物。然后，根据易燃物的性质和火势采取适当的方法扑救。有机化合物着火通常不用水进行扑救，因为一般有机化合物不溶于水或遇水可发生强烈的反应而引起重大事故。小火可用湿布或**灭火毯**盖熄，火势较大时，应用**灭火器**扑救。

常用的灭火器有二氧化碳、四氯化碳、干粉及泡沫灭火器等。它们的性能及特点见表 1-1。

表 1-1 常用的灭火器及其使用

| 灭火器类型 | 药液成分 | 适用范围及特点 |
|---|---|---|
| 二氧化碳灭火器 | 液态 $CO_2$ | 适用于扑灭电器设备、小范围的油类及忌水的化学药品的着火 |
| 泡沫灭火器 | $Al_2(SO_4)_3$ 和 $NaHCO_3$ | 适用于油类着火，但污染严重，后处理麻烦 |
| 四氯化碳灭火器 | 液态 $CCl_4$ | 适用于扑灭电器设备、小范围的汽油、丙酮等着火；不能用于扑灭活泼金属钾、钠的着火，因 $CCl_4$ 会强烈分解，甚至爆炸，在高温下还会产生剧毒的光气 |

续表

| 灭火器类型 | 药液成分 | 适用范围及特点 |
|---|---|---|
| 干粉灭火器 | 主要成分是碳酸氢钠等盐类物质与适量的润滑剂和防潮剂 | 适用于扑灭油类、可燃性气体、电器设备、精密仪器、图书文件等物品的初期火灾 |
| 酸碱灭火器 | $H_2SO_4$ 和 $NaHCO_3$ | 适用于扑灭非油类和电器着火的初期火灾 |

目前实验室中常用的是干粉灭火器。使用时,拔出销钉,将出口对准着火点,将上手柄压下,干粉即可喷出。

二氧化碳灭火器也是有机实验室中常用的灭火器。灭火器内存放着压缩的二氧化碳气体,适用于油脂、电器及较贵重仪器着火时使用。

虽然四氯化碳灭火器和泡沫灭火器都具有较好的灭火性能,但四氯化碳在高温下能生成剧毒的光气,而且与金属钠接触会发生爆炸;泡沫灭火器会喷出大量的泡沫而造成严重污染,给后处理带来麻烦,因此,这两种灭火器一般不用。不管采用哪一种灭火器,都是从火的周围开始向中心扑灭。

地面或桌子着火时,如火势不大,可用淋湿的抹布或沙子扑救,但容器内着火则不宜使用沙子扑救,可用石棉板盖住瓶口,火即熄灭;身上着火时,用石棉布把着火部位包起来,或就近在地上打滚(速度不要太快)将火焰扑灭,千万不要在实验室内乱跑,以免造成更大的火灾。

需要注意的是,水在大多数场合下不能用来扑灭有机化合物的着火。因为一般有机化合物都比水轻,泼水后,火不但不熄,反而漂浮在水面燃烧,水流促其蔓延,将会造成更大的火灾事故。

如火势不易控制,应立即**撤离**并拨打火警电话 119。

### 1.1.2 防爆

在有机化学实验室中,发生爆炸事故一般有以下三种情况:

① 易燃有机溶剂(特别是低沸点易燃溶剂)在室温时就具有较大的蒸气压。空气中混杂易燃有机溶剂的蒸气压达到某一极限时,遇到明火即发生燃烧爆炸。而且,有机溶剂蒸气都较空气的相对密度大,会沿着桌面或地面漂移至较远处,或沉积在低洼处。常用易燃溶剂的蒸气爆炸极限如表 1-2 所示。

**表 1-2 常用易燃溶剂的蒸气爆炸极限**

| 名称 | 沸点/℃ | 闪燃点/℃ | 爆炸范围(体积分数)/% | 名称 | 沸点/℃ | 闪燃点/℃ | 爆炸范围(体积分数)/% |
|---|---|---|---|---|---|---|---|
| 甲醇 | 64 | 11 | 6.72~36.50 | 丙酮 | 56.2 | -17.5 | 2.55~12.80 |
| 乙醇 | 78.5 | 12 | 3.28~18.95 | 苯 | 80.1 | -11 | 1.41~7.10 |
| 乙醚 | 34.51 | -45 | 1.85~36.5 | | | | |

② 某些化合物容易发生爆炸,如过氧化物、芳香族多硝基化合物等,在受热或受到碰撞时均会发生爆炸。含过氧化物的乙醚在蒸馏时也有爆炸的危险。乙醇和浓硝酸混合在一

起,会引起极强烈的爆炸。

③ 仪器安装不正确或操作不当时,也可引起爆炸。如蒸馏或反应时实验装置被堵塞,减压蒸馏时使用不耐压的仪器等。

为了**防止爆炸事故的发生**,应注意以下几点:

① 使用易燃易爆物品时,应严格按照操作规程操作,要特别小心;

② 反应剧烈时,应适当控制加料速率和反应温度,必要时采取冷却措施;

③ 在用玻璃仪器组装实验装置之前,要先检查玻璃仪器是否有破损;

④ 常压操作时,不能在密闭体系内进行加热或反应,要经常检查实验装置是否被堵塞,如发现堵塞应停止加热或反应,将堵塞排除后再继续加热或反应;

⑤ 减压蒸馏时,不能使用平底烧瓶、锥形瓶、薄壁试管等不耐压容器作为接收瓶或反应瓶;

⑥ 无论是常压蒸馏还是减压蒸馏,均不能将液体蒸干,以免局部过热或产生过氧化物而发生爆炸;

⑦ 必要时可设置防爆屏。

### 1.1.3 防中毒

大多数化学药品都具有一定的毒性。中毒主要是通过呼吸道和皮肤接触有毒物品而对人体造成危害。因此,预防中毒应做到以下几点:

① 实验前要了解药品性能,称量时应使用工具、戴乳胶手套,尽量在通风橱中进行。特别注意的是勿使有毒药品触及五官和伤口处。

② 反应过程中可能生成有毒气体的实验应加气体吸收装置,并将尾气导至室外。

③ 用完有毒药品或实验完毕要用洗手液将手洗净。

### 1.1.4 防割伤,小部烧伤及酸、碱灼伤

有机实验中主要使用玻璃仪器。使用时,最基本的原则是不能对玻璃仪器的任何部位施加过度的压力。具体操作要注意以下两点:

① 需要用玻璃管和塞子连接装置时,用力处不要离塞子太远。尤其是**插入温度计时,要特别小心。**

② 发生割伤后,应先将伤口处的玻璃碎片取出,再用水充分清洗伤口,轻伤可用"创口贴",伤口较大时,用纱布包好伤口送医院。若割破静(动)脉血管,流血不止时,应先止血。具体方法是:在伤口上方 5~10 cm 处用绷带扎紧或用双手掐住,尽快送医院救治。

因触及灼热物体所致的小部烧伤可通过立即将烧伤部分浸入冷水或冰中约 5 min 以减轻疼痛。严重烧伤必须请医生检查和处理。

如遇化学药品灼伤,应先将其中和。被酸灼伤时,建议用 1%~2%碳酸氢钠稀溶液。被碱灼伤时,则可用以下的弱酸稀溶液来中和碱:2%醋酸溶液或 1%硼酸溶液。当用碳酸氢钠或稀酸溶液处理完后,用水冲洗患部 10~15 min。

### 1.1.5 水电安全

学生进入实验室后，应首先了解水电开关及总闸的位置在何处，而且要掌握它们的使用方法。实验开始时，应先缓缓接通冷凝水（水量要小），再接通电源打开电热包。但**决不能用湿手或手握湿物去插（或拔）插头**。使用电器前，应检查线路连接是否正确，电器内外要保持干燥，不能有水或其他溶剂。实验做完后，应先关掉电源，再去拔插头，而后关冷凝水。

值日生在完成值日后，要关掉所有的水闸及总电闸。

### 1.1.6 废物的处理

① 废液要回收到指定的回收瓶或废液缸中集中处理。

② 任何废弃固体物（如沸石、棉花、镁屑等）都不能倒入水池中，而要倒入教师指定的固体垃圾盒中，最后由值日生在教师的指导下统一处理。

③ 对易燃、易爆的废弃物（如金属钠），应由教师处理，学生切不可自主处理。

## 1.2 常用仪器和设备

在有机化学实验中，经常要使用一些玻璃仪器和实验装置。熟悉所用仪器和装置的性能，掌握各种仪器和装置正确的使用方法及维护方法，这对实验者来说是十分必要的。

有机化学实验常用的玻璃仪器一般分为普通玻璃仪器和标准磨口玻璃仪器（简称标准磨口仪器）。标准磨口仪器具有尺寸标准化、仪器系列化和磨砂口密合性好等特点，相同规格（或编号）的磨口或塞具都可以紧密相连，通用性强。标准磨口仪器利用不多的器件就可以组合成多种功能的实验装置来应对不同的实验要求，利用率高。标准磨口仪器的安装和拆卸也非常方便，工作效率高。因此目前进行有机化学实验普遍采用标准磨口仪器。

### 1.2.1 常用的标准磨口仪器

标准磨口仪器是根据国际通用技术标准制成的，国内也已经可以普遍生产和使用。现在常用的是锥形标准磨口，其锥度为 1∶10，即锥体大端直径与锥形小端直径之差∶磨面的锥体轴向长度 = 1∶10。根据实际需要，标准磨口可以制成不同的大小。通常以整数数字表示标准磨口的系列编号，这个数字是锥体大端直径（mm）最接近的整数。

表 1-3 是常用的标准磨口系列。

表 1-3 常用的标准磨口系列

| 编号 | 10 | 12 | 14 | 19 | 24 | 29 | 34 |
|---|---|---|---|---|---|---|---|
| 大端直径/mm | 10.0 | 12.5 | 14.5 | 18.8 | 24.0 | 29.2 | 34.5 |

有时也用 D/H 两个数字表示标准磨口的规格，如 14/23，即大端直径为 14.5 mm，锥体长度为 23 mm。

有机化学实验中常用的标准磨口仪器如图 1-1 所示。

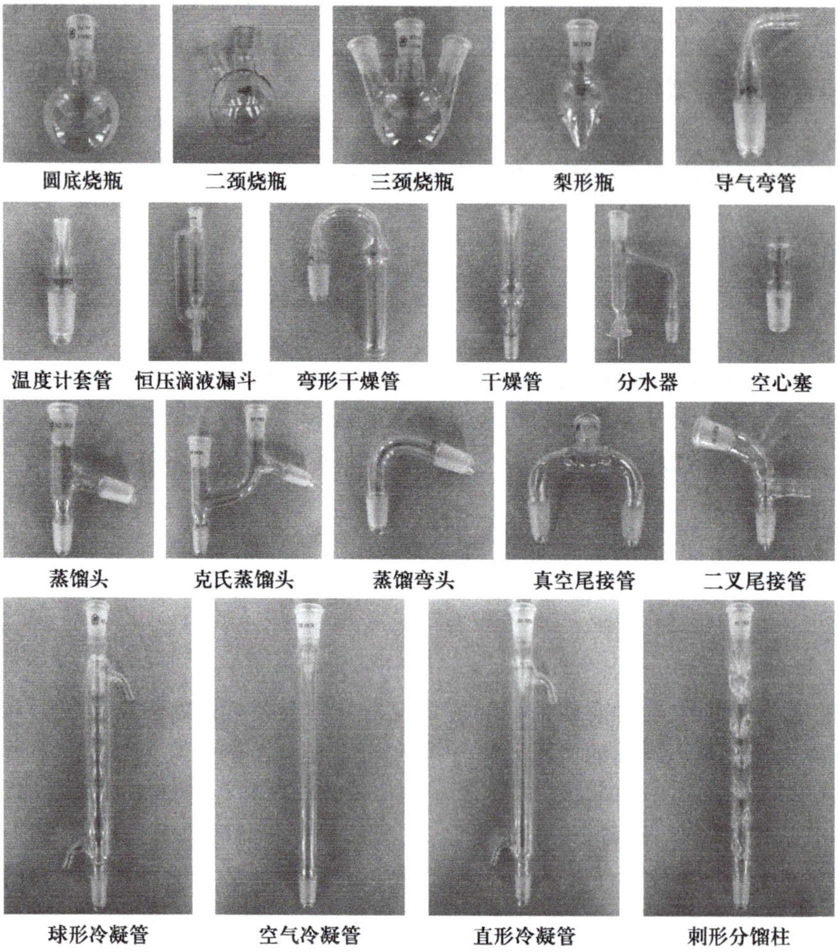


图 1-1 有机化学实验中常用的标准磨口仪器

标准磨口仪器在使用时磨口必须洁净，不能粘有固体杂物，以免磨口对接不严，导致漏气。在有强碱性物质存在时或减压蒸馏时，磨口应涂有润滑脂（真空硅脂）。标准磨口仪器使用后，应立即清洗干净，晾干或烘干后备用。

### 1.2.2 有机实验常用装置

有机化学实验中常用的标准磨口仪器装置如图 1-2 所示。

常压蒸馏是指在 101.325 kPa 下通过加热把液体变为气体，然后气体再凝结为液体的实验过程。它可以把挥发性液体与不挥发物质分离开，也可以分离两种或两种以上沸点相差较大（沸点差>30 ℃）的液体混合物。

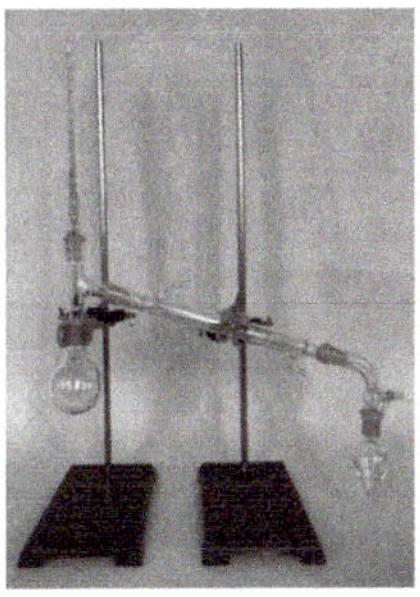

蒸馏装置

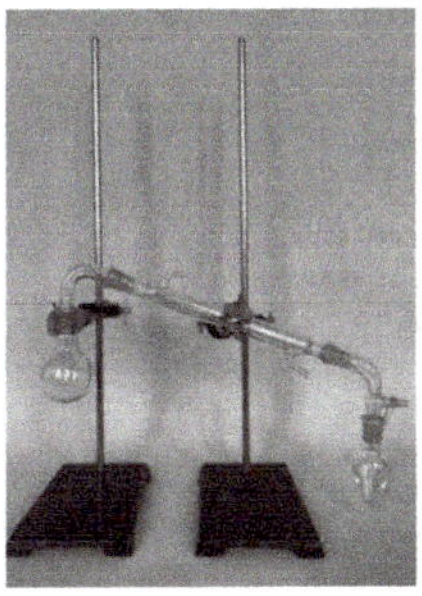

简易蒸馏装置

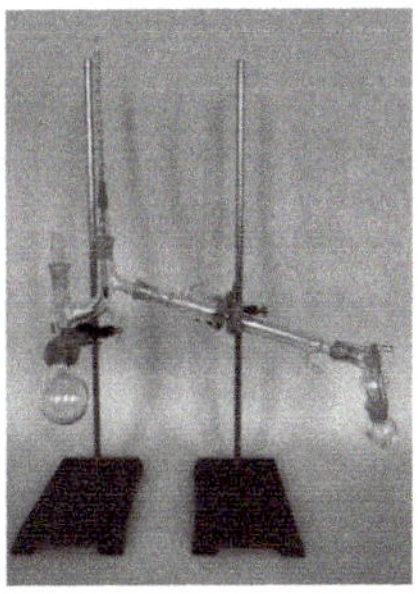

减压蒸馏装置

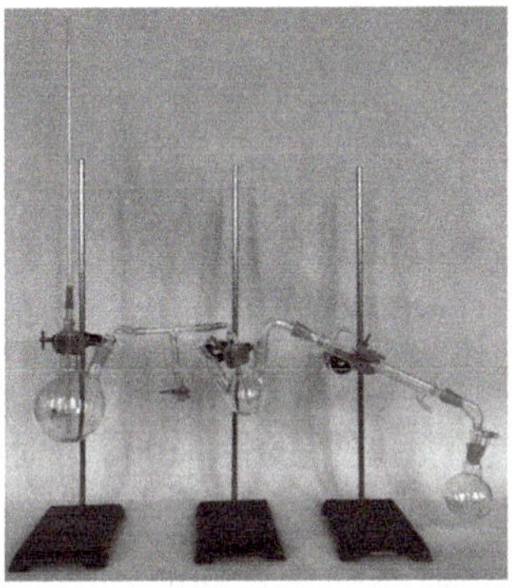

水蒸气蒸馏装置

分馏装置

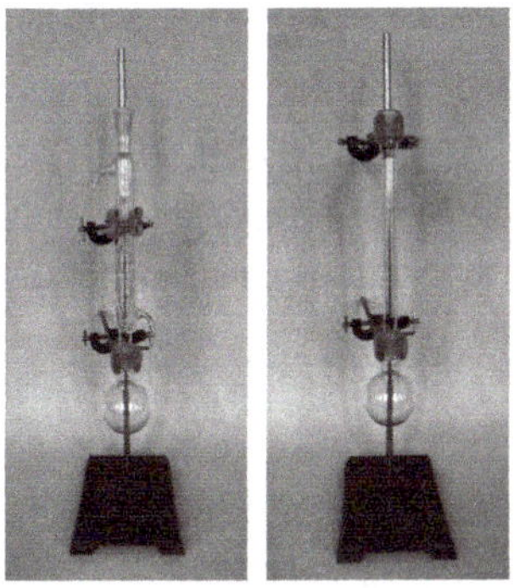

回流装置

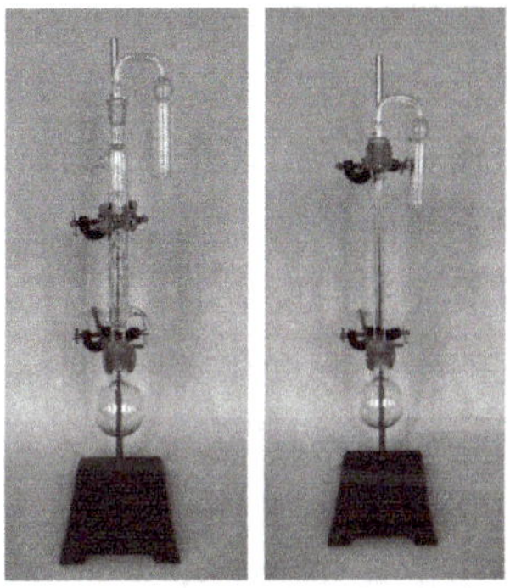

防潮回流装置

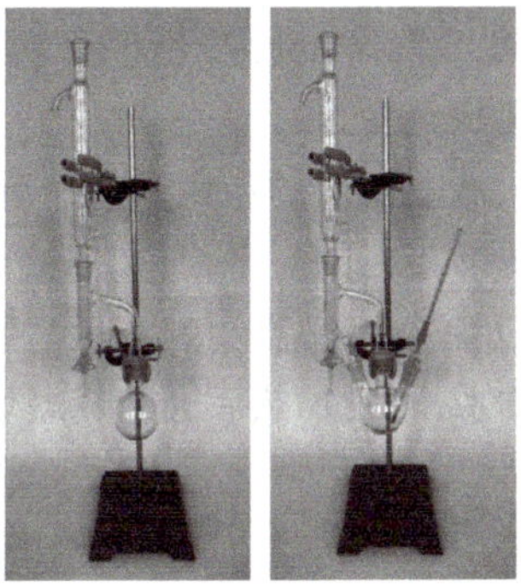

分水(控温)回流装置

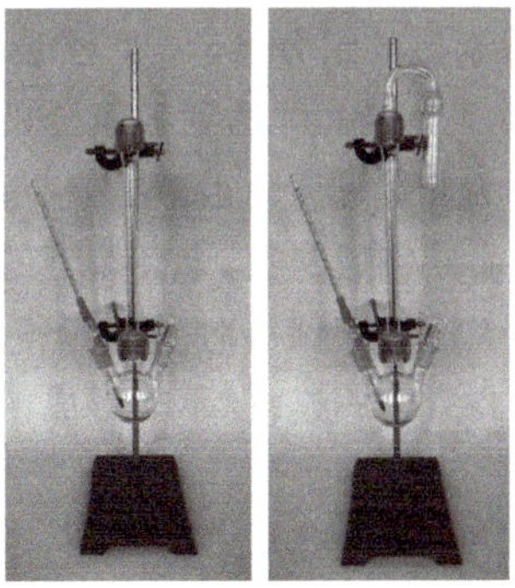

控温(防潮)回流装置

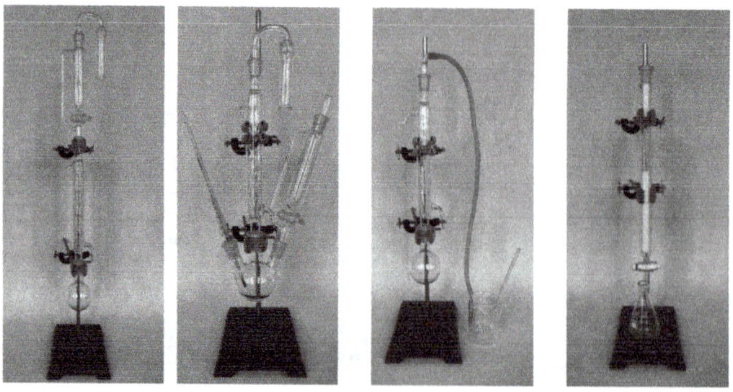

防潮滴加(控温)回流装置　气体吸收回流装置　柱色谱装置

图 1-2　有机化学实验中常用的标准磨口仪器装置

减压蒸馏主要应用在许多高沸点(120 ℃ 以上)的有机化合物的分离和提纯上。这些高沸点的有机化合物(可以是液体,也可以是低熔点高沸点的固体)在常压下进行蒸馏往往由于高温而分解或氧化。而在减压下进行蒸馏,相应地降低了有机化合物的沸点,从而可避免其在高温时分解或氧化的现象发生,达到分离和提纯的目的。

水蒸气蒸馏主要应用在蒸馏与水不混溶的具有一定挥发性(100 ℃ 时不小于 133.224 Pa 蒸气压)的有机化合物,使其在低于 100 ℃ 时分离出来,这对于分离提纯高温时容易分解的高沸点化合物或某些很难分离的柏油状(树脂状)混合物是有利的。

分馏主要应用在分离两种或多种沸点相近(沸点差<30 ℃)且互相混溶的液态有机化合物上。实际上可以把分馏看成多次简单的蒸馏。

有机化学反应在室温下的速率大多较慢,为了使反应能尽快地进行,常常需要使反应物和溶剂在反应器中长时间保持沸腾状态,在这种情况下就需要使用回流冷凝装置,使蒸气不断地在冷凝管内冷凝而返回反应器中,以防止反应器中的液体原料、液体产物或溶剂逃逸损失。根据有机反应的不同特点和要求,回流装置一般分为以下几种:普通回流、防潮回流、分水回流、气体吸收回流和滴加回流等。

柱色谱(柱层析)是在色谱柱(层析柱)中装入作为固定相的吸附剂(30~200 目的硅胶或氧化铝),混合物以溶液状态加在柱的顶端,其组分按不同的速率被一个适当的溶剂通过柱子往下淋洗,于是形成不同层次。选用合适溶剂洗脱时,已经分开的组分可以从柱下分别洗出收集。对不易流出的组分,还可将柱吸干,将填料挤出后按色带分割开,再将各色带中的溶质用溶剂萃取。这样就可达到各组分的分离提纯效果。

有机实验仪器的安装顺序一般遵循自下而上,从左至右的原则。整个装置要准确端正,横平竖直。无论从正面或侧面观察,全套仪器的轴线都要在同一平面内,铁架台都应整齐地放在仪器的背后。铁夹固定玻璃仪器时要松紧得当,以免损坏仪器影响实验。整套装置中的各个标准磨口玻璃仪器要紧密相连,但不能形成密闭体系,否则加热后会造成爆炸事故。

### 1.2.3　常用电器设备

1. 电子天平

电子天平是实验室常用的称量设备,在微型实验中更是必备的称量设备(图 1-3)。它能快速准确称量，最大称量为 200 g。在使用前应仔细阅读使用说明书或认真听取指导教师的讲解。

2. 电加热套

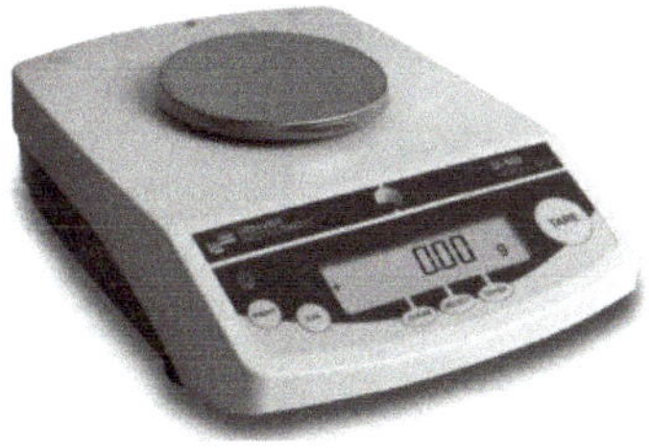

图 1-3 电子天平

电加热套是玻璃纤维包裹着电热丝织成的帽状加热器（图 1-4），加热和蒸馏易燃有机化合物时，由于它不是明火，因此具有不易引起着火的优点，热效率也高。加热温度用调压变压器控制，最高温度可达 400 ℃左右，是有机实验中一种简便、安全的加热装置。电加热套的容积一般与烧瓶的容积相匹配，从 50 mL 起，各种规格均有。

3. 调压变压器

调压变压器是调节电源电压的一种装置，常和电加热套连用来调节加热的温度（图 1-5）。使用调压变压器时应注意以下几点：① 电源应接到注明为输入端的接线柱上，输出端的接线柱与电加热套的导线连接，切勿接错。同时变压器应有良好的接地。② 调节旋钮时应当均匀缓慢，防止因剧烈摩擦而引起火花及碳刷接触点受损。如碳刷磨损较大时应予更换。③ 不允许长期过载，以防止烧毁或缩短使用期限。④ 使用完毕后应将旋钮调回零位，并切断电源，放在干燥通风处，不得靠近有腐蚀性的物体。

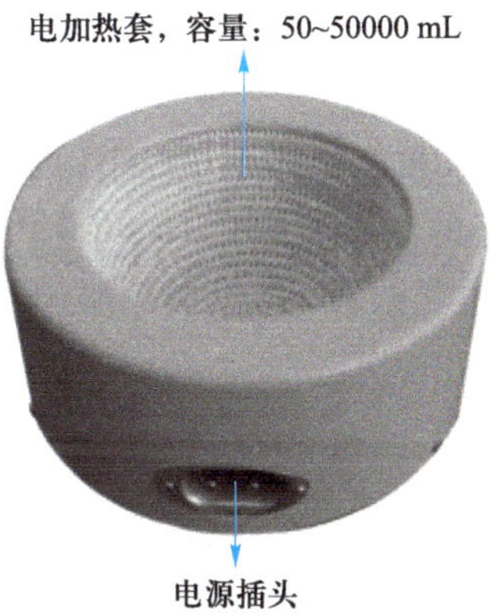


图 1-4 电加热套

图 1-5 调压变压器

4. 磁力搅拌器

磁力搅拌器是由一根以玻璃或塑料密封的软铁（即磁棒）和一个可旋转的磁铁组成（图 1-6）。将磁棒投入盛有欲搅拌的反应物容器中，将容器置于内有旋转磁场的搅拌器托盘上，接通电源，由于内部磁铁旋转，磁场发生变化，容器内磁棒亦随之旋转，达到搅拌的目的。

5. 旋转蒸发仪

旋转蒸发仪由电机带动可旋转的蒸发器（圆底烧瓶）、冷凝器和接收器组成（图 1-7），可在常压或减压下操作，可一次进料，也可分批吸入蒸发料液。由于蒸发器的不断旋转，可免加沸石而不会暴沸。蒸发器旋转时，会使料液的蒸发面大大增加，加快了蒸发速率。因此，它是浓缩溶液、回收溶剂的理想装置。

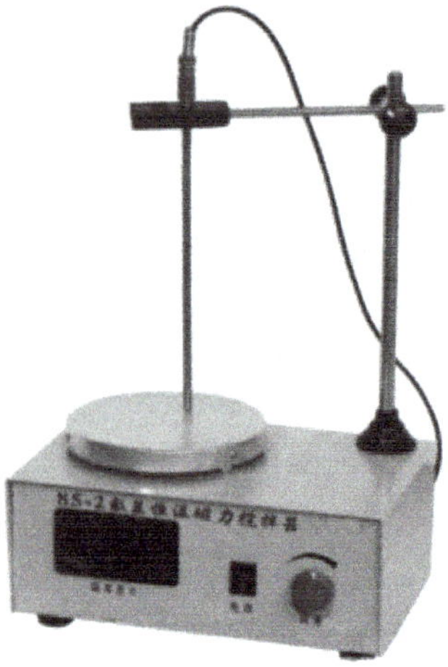

图 1-6　磁力搅拌器

图 1-7　旋转蒸发仪

6. 循环水真空泵

循环水真空泵是以循环水作为流体，利用射流产生负压的原理而设计的一种减压设备(图 1-8)，广泛应用于蒸发、蒸馏和过滤等操作中。由于水可循环使用，节水效果明显，且避免了使用普通水泵时因高楼水压低或停水无法使用的问题，是实验室较为理想的减压设备，一般用于对真空度要求不高的减压体系中。

7. 油泵

油泵是实验室常用的减压设备，多用于对真空度要求较高的体系中(图 1-9)。其效能取决于泵的结构及油的好坏(油的蒸气压越低越好)，好的油泵能达到 10~100 Pa(1 mmHg 柱以下)或以上的真空度。为了保护泵和油，使用时应注意做到：① 定期换油；② 当干燥塔中的氢氧化钠、无水氯化钙已结块时应及时更换。

图 1-8　循环水真空泵

图 1-9　油泵

8. 烘箱

烘箱用以干燥玻璃仪器或烘干无腐蚀性、加热时不分解的物品(图 1-10)。挥发性易燃物或刚用酒精、丙酮淋洗过的玻璃仪器切勿放入烘箱内，以免发生爆炸。一般干燥玻璃仪器时应先沥干，无水滴下时才放入烘箱，升温加热，将温度控制在 100~120 ℃。实验室中的烘箱是公用仪器，往烘箱里放玻璃仪器时应自上而下依次放入，以免残留的水滴流下使下层已烘热的玻璃仪器炸裂。取出烘干后的仪器时，应用干布衬手，防止烫伤。取出后不能碰水，以防炸裂。取出后的热玻璃器皿，若任其自行冷却，则器壁常会凝上水汽。可用电吹风吹入冷风助其冷却，以减少壁上凝聚的水汽。

9. 电吹风

实验室中使用的电吹风应可吹冷风和热风，供干燥玻璃仪器之用（图 1-11）。宜放干燥处，防潮、防腐蚀。

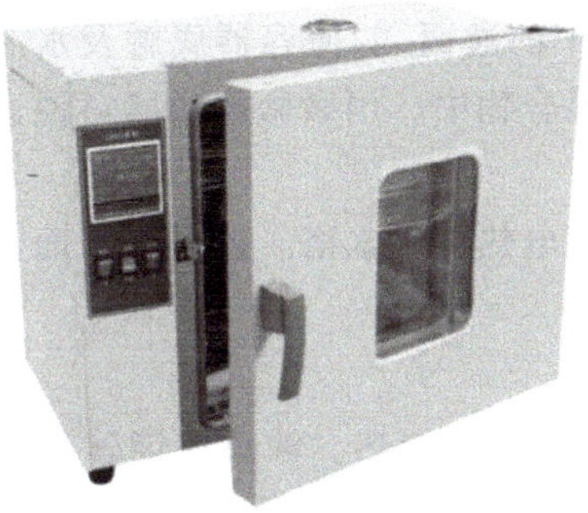

图 1-10　烘箱

图 1-11　电吹风

## 1.3　加热和冷却

必须时刻记住，有机溶剂都至少有一定程度的毒性，而且其中许多是易燃品，故必须高度小心地使用这些物质。对“有机化学实验室安全”一节的内容必须了如指掌。

### 1.3.1　加热

#### 1.3.1.1　火焰

用酒精灯加热是最简单的加热混合物的一种技术。然而，由于火焰有高度危险性，酒精灯的使用必须严格限于火焰的危险性较低或别无合理的热源可资利用的场合。一般说，火焰仅限用于加热水溶液或沸点非常高的溶液。即使在这些场合下，也必须非常谨慎地保证邻近的人不在使用易燃溶剂。

在用酒精灯加热烧瓶时，使用石棉铁丝网可使火焰均匀地加热较大的面积。置石棉铁丝网于受热烧瓶下时，火焰被分散，这就避免了烧瓶仅在小面积内受热的问题。

#### 1.3.1.2　间接加热

有机实验中最常用的是间接加热的方法（如电加热套），而直接用火焰加热玻璃器皿很少被采用，因为剧烈的温度变化和不均匀的加热会造成玻璃仪器破损，引起燃烧甚至爆炸事故的发生。另外，局部过热还可能引起部分有机化合物的分解。为了避免直接加热带来的问题，加热时可根据液体的沸点、有机化合物的特征和反应要求选用适当的加热方法。下面介绍几种间接加热的方法。

1. 空气浴

空气浴就是让热源把局部空气加热，空气再把热能传导给反应容器。

电加热套加热是简便的空气浴加热，能从室温加热到 300 ℃左右，是有机实验中最常用的加热方法。安装电加热套时，要使反应瓶的外壁与电加热套内壁保持 1 cm 左右的距离，以便利用热空气传热和防止局部过热等。

2. 水浴

水浴是一种用以加热大多数反应混合物的安全热源。当所需加热温度在80 ℃以下时，可将容器浸入水浴中，热浴液面应略高于容器中的液面，勿使容器底触及水浴锅底。这种设备的缺点是水汽可能通过冷凝作用进入受热混合物中。用微微的沸腾可使这种缺点降至最低限度。

若长时间加热，水浴中的水会汽化蒸发，可采用电热恒温水浴。还可在水面上加几片石蜡，石蜡受热熔化后覆盖在水面上，可减少水的蒸发。

3. 油浴

加热温度在 80~250 ℃时可用油浴，也常用电加热套加热。油浴所能达到的最高温度取决于油的种类。若在植物油中加入 1%的对苯二酚，可增加油在受热时的稳定性。甘油和邻苯二甲酸二丁酯的混合液适合于加热到 140~180 ℃，温度过高则分解。甘油吸水性强，放置过久的甘油，使用前应先蒸去其吸收的水分，然后再用于油浴加热。液体石蜡可加热到 220 ℃以上，温度稍高，虽不易分解，但易燃烧。固体石蜡也可加热到 220 ℃以上，其优点是室温时为固体，便于保存。硅油和真空泵油在 250 ℃以上时较稳定，但由于价格贵，一般实验室较少使用。

用油浴加热时，要在油浴中装置温度计（温度计的水银球不要放到油浴锅底），以便随时观察和调节温度。油浴中不能有水，否则加热时会产生泡沫或爆溅。使用油浴时，要特别注意防止油蒸气污染环境和引起火灾。为此可用一块中间有圆孔的石棉板盖住油浴锅。

除了以上介绍的几种方法外，还有其他的加热方法（如电热法等），无论用何种方法加热，都要求加热均匀而稳定，尽量减少热损失，以满足实验的需要。

#### 1.3.1.3 沸石

沸石是多孔性物质，它在溶剂中受热时会产生一股稳定的、很细的空气泡流。这一气泡流以及随之而生的湍动能使液体中大的气泡破裂。还可减少液体变成过热的倾向，促进液体平稳地沸腾。液体如果过热，会有很大的气泡从液体中剧烈地喷出，这就叫**暴沸**。沸石的作用是降低了发生暴沸的机会。沸石通常由碎的浮石制成。

沸石能促进液体平稳沸腾，故在开始加热**前**，应保证已向液体中加过沸石。如果液体已热，可能已过热，此时再加沸石，就会使全部液体立即沸腾。结果液体可能全部喷出瓶外，或至少剧烈泛泡。当沸腾停止时，液体即被吸入沸石的孔隙中。经此以后的沸石就不能再产生一股细气泡流，已失效。故每次暂停沸腾后即应加入新沸石。

磁性搅棒与沸石的作用非常相似。因为磁性搅棒在液体中造成许多湍动，这种湍动能打散热溶液中形成的大气泡。磁性搅拌系统由一个被电动机转动的磁铁组成。磁铁转动的速率通过变压器进行调节。操作时，将一条外面用某种无活性物质如聚四氟乙烯或玻璃包封的小磁棒放入烧瓶内，烧瓶内的磁棒被由电动机驱动的一块磁铁的旋转磁场所感应，使瓶内磁棒旋转,从而搅拌溶液。

### 1.3.2 冷却

有机合成反应中,有时会产生大量的热,使得反应温度迅速升高,如果控制不当,可能引发副反应,或使反应物蒸发,甚至会发生冲料和爆炸事故。要把温度控制在一定范围内,就要进行适当的冷却。有时为了降低溶质在溶剂中的溶解度或加速结晶析出,也要采用冷却的方法。

1. 冰水冷却

可用冷水在容器的外壁流动,或把容器浸在冷水中,交换带走热量。也可用水和碎冰的混合物作冷却剂,其冷却效果比单用冰块好,因为大块冰不能密切地与埋入冰内的容器外壁接触。必须向冰里加入一些水,以使其成为更有效的冷介质。必须保证有足够能使待冷的容器完全被其包围的水,然而水不宜多,应使存在的冰足以维持 0 ℃的温度。如果水不影响反应进行,也可把碎冰直接投入反应器中,以便更有效地保持低温。

2. 冰盐冷却

反应要在 0 ℃以下进行操作时,常用碎冰和无机盐作为冷却剂。可把盐研细,把冰砸成小碎块,使盐均匀包在冰块上。在使用过程中应随时搅动冰块。这种离子性盐使冰的冰点降低,可达到-10~0 ℃的温度范围。

3. 干冰或干冰与有机溶剂混合冷却

干冰(固体的二氧化碳)和乙醇、异丙醇、丙酮、乙醚或氯仿混合,可冷却到-78~-50 ℃。应将这种冷却剂放在杜瓦瓶(广口保温瓶)中或其他绝热效果好的容器中,以保持其冷却效果。在操作干冰或由干冰制成的冷浴时务须留心,因干冰能给人造成严重冻伤事故。

4. 液氮

极低的低温可利用液氮来达到(-195.8 ℃)。

5. 低温浴槽

低温浴槽是一个小冰箱,冰室口向上,蒸发面用筒状不锈钢槽代替,内装酒精,外设压缩机循环氟利昂制冷。压缩机产生的热量可用水冷或风冷散去。可装外循环泵,使冷酒精与冷凝器连接循环。还可装温度计等指示器。反应瓶浸在酒精液体中。适于-30~30 ℃范围的反应使用。注意温度低于-38 ℃时,由于水银会凝固,因此不能用水银温度计。对于较低的温度,应采用添加少许颜料的有机溶剂(乙醇、甲苯、正戊烷)低温温度计。

## 1.4 干燥

干燥是常用的除去固体、液体或气体中少量水分或少量有机溶剂的方法。如在进行有机化合物波谱分析、定性或定量分析以及测物理常数时,往往要求预先干燥,否则测定结果便不准确。液体有机化合物在蒸馏前也要干燥,否则沸点前馏分较多,产物损失,甚至沸点也不准。此外，许多有机反应需要在无水条件下进行，因此，溶剂、原料和仪器等均要干燥。可见，在有机化学实验中，试剂和产品的干燥具有重要的意义。

### 1.4.1 基本原理

干燥方法从原理上可分为物理方法和化学方法两类。

1. 物理方法

物理方法中有烘干、晾干、吸附、分馏、共沸蒸馏和冷冻等。近年来，还常用离子交换树脂和分子筛等方法来进行干燥。

离子交换树脂是一种不溶于水、酸、碱和有机溶剂的高分子聚合物。分子筛是含水硅铝酸盐的晶体。它们都可逆地吸附水分，加热解吸除水活化后可重复使用。

2. 化学方法

化学方法采用干燥剂来除水，干燥剂是一种无水的无机盐，在露置于湿空气或湿溶液中时获取结合水。根据除水作用原理又可分为两种：

① 能与水可逆地结合，生成水合物。例如：

$$CaCl_2 + 2H_2O \xlongequal{} CaCl_2 \cdot 2H_2O$$

② 与水发生不可逆的化学反应，生成新的化合物。例如：

$$2Na + 2H_2O \xlongequal{} 2NaOH + H_2\uparrow$$

使用干燥剂时要注意以下几点：

① 干燥剂与水的反应为可逆反应时，反应达到平衡需要一定时间。因此，加入干燥剂后，一般最少要 2 h 或更长时间后才能收到较好的干燥效果。因是可逆反应，不能将水完全除尽，故干燥剂的加入量要适当，一般为溶液体积的 5%左右。当温度升高时，这种可逆反应的平衡向干燥剂脱水方向移动，所以在蒸馏前，必须将干燥剂滤除。

② 干燥剂只适用于干燥少量水分。若水的含量大，干燥效果不好。为此，萃取时应尽量将水层分净，这样干燥效果好，且产物损失小。

### 1.4.2 固体有机化合物的干燥

干燥固体有机化合物，主要是为了除去残留在固体中的少量低沸点溶剂，如水、乙醚、乙醇、丙酮、苯等。由于固体有机化合物的挥发性比溶剂小，所以可采取蒸发和吸附的方法来达到干燥的目的，常用干燥法如下：

1. 晾干

2. 烘干

① 用恒温烘箱烘干或用恒温真空干燥箱烘干；② 用红外灯烘干。

3. 冻干

4. 干燥器干燥

① 普通干燥器；② 真空干燥器。

### 1.4.3 液体有机化合物的干燥

1. 干燥剂的选择

干燥剂应与被干燥的液体有机化合物不发生化学反应,包括溶解、络合、缔合和催化等作用。例如,酸性化合物不能用碱性干燥剂等。

2. 干燥剂的吸水容量和干燥效能

干燥剂的吸水容量是指单位质量干燥剂所吸收水的量。干燥效能是指达到平衡时液体被干燥的程度,对于形成水合物的无机盐干燥剂,常用吸水后结晶水的蒸气压来表示其干燥效能。如硫酸钠形成 10 个结晶水的水合物,其吸水容量为 1.25,在 25 ℃时水蒸气压为 260 Pa;氯化钙最多能形成 6 个结晶水的水合物,其吸水容量为 0.97,在 25 ℃时水蒸气压为 39 Pa。可以看出,硫酸钠的吸水容量较大,但干燥效能弱;而氯化钙吸水容量较小,但干燥效能强。在干燥含水量较大而又不易干燥的化合物时,常先用吸水容量较大的干燥剂除去大部分水分,再用干燥效能强的干燥剂进行干燥。

3. 干燥剂的用量

根据水在液体中溶解度和干燥剂的吸水容量,可算出干燥剂的最低用量。但是,干燥剂的实际用量是大大超过计算量的。实际操作中,主要是通过现场观察判断。

① 观察被干燥液体。不溶于水的有机溶液在含水时常处于混浊状态,加入适当的干燥剂进行干燥,当干燥剂吸水之后,混浊液会呈清澈透明状。这时即表明干燥合格。否则,应补加适量干燥剂继续干燥。

② 观察干燥剂。有些有机溶剂溶于水,因此含水的溶液也呈清澈透明状(如乙醚),这种情况下要判断干燥剂用量是否合适,则应看干燥剂的状态。加入干燥剂后,因其吸水后会粘在器壁上,摇动容器也不易旋转,表明干燥剂用量不够,应适量补加,直到新的干燥剂不结块、不粘壁且棱角分明,摇动时旋转并悬浮(尤其是 $MgSO_4$ 等小晶粒干燥剂),表示所加干燥剂用量合适。

由于干燥剂还能吸收一部分有机液体,影响产品产率,故干燥剂用量要适中。应先加入少量干燥剂后静置一段时间,观察用量不足时再补加。一般每 10 mL 样品需 0.5~1.0 g 干燥剂。

4. 干燥时的温度

对于生成水合物的干燥剂,加热虽可加快干燥速率,但远远不如水合物放出水的速率快,因此干燥通常在室温下进行。

5. 操作步骤与要点

① 首先把待干燥液中的水分尽可能除净,不应有任何可见的水层或悬浮水珠。

② 把待干燥的液体放入锥形瓶中,取颗粒大小合适(如无水氯化钙,应为黄豆粒大小的并不夹带粉末)的干燥剂放入液体中,用塞子盖住瓶口,轻轻振摇、观察,判断干燥剂是否足量,静置(0.5 h 以上,最好过夜)。

③ 把干燥好的液体滤入适当容器中密封保存或者过滤后进行蒸馏。表 1-4 是常用固体干燥剂的比较。

表 1-4 常用固体干燥剂的比较

| 干燥剂 | 酸度 | 水合物 | 吸水容量 | 完全度[①] | 速率[②] | 用途 |
|---|---|---|---|---|---|---|
| 硫酸镁 | 中性 | $MgSO_4 \cdot 7H_2O$ | 高 | 中等 | 快 | 通用 |
| 硫酸钠 | 中性 | $Na_2SO_4 \cdot 7H_2O$<br>$Na_2SO_4 \cdot 10H_2O$ | 高 | 低 | 中 | 通用 |
| 氯化钙 | 中性 | $CaCl_2 \cdot 2H_2O$<br>$CaCl_2 \cdot 6H_2O$ | 低 | 高 | 快 | 烃类,卤代烃 |
| 硫酸钙 | 中性 | $CaSO_4 \cdot 1/2H_2O$<br>$CaSO_4 \cdot 2H_2O$ | 低 | 高 | 快 | 通用 |
| 碳酸钾 | 碱性 | $K_2CO_3 \cdot 3/2H_2O$<br>$K_2CO_3 \cdot 2H_2O$ | 中 | 中等 | 中 | 胺,酯,碱,酮 |
| 氢氧化钾 | 碱性 | — | — | — | 快 | 只用于胺 |
| 分子筛(3 Å 或 Å) | 中性 | — | 高 | 极端高 | — | 通用 |

注:① 指与干燥剂达成平衡时仍旧留在溶液中的水的量,② 指作用(干燥)的速率。

有时往往必须不止一次地重复这种干燥操作才能获得相对干燥的溶液,在这种情况中,要将液体倾滗至另一干燥的瓶中,并再加入干燥剂。

硫酸钠是干燥剂中最出众的一个。它是中性的,而且很有效,但它不能使一个溶液完全不含水。它还必须在室温时使用才会有效,它不能用于沸腾的溶剂。

常用的其他干燥剂有硫酸镁、氯化钙、硫酸钙和碳酸钾。这些干燥剂各具特点和用途。硫酸钠和硫酸镁均能吸收大量水(高吸水容量),硫酸镁能将溶液干燥得更完全。但镁离子有其缺点,它有时会导致化合物如环氧化物发生重排反应;它是个强的 Lewis 酸。氯化钙是个良好干燥剂,但不能用于干燥醇、酚、胺类化合物,因为它形成络合物。氯化钙除能吸水外,也能吸收甲醇和乙醇,因此它除了作为干燥剂外还对除去甲醇、乙醇有用处。碳酸钾是碱,故可供干燥碱性溶液之用。硫酸钙干燥得很完全,但其总的吸水容量低。表 1-4 对各种干燥剂做了比较。

乙醚在室温时按质量计能溶入 1.5%水,而水则能溶入 7.5%乙醚。然而,乙醚从饱和氯化钠水溶液中溶入的水量要少得多。因此,在乙醚中的大部分水,或水中的乙醚,均可通过与饱和氯化钠水溶液一起振摇予以除去。任何盐都有与此相似的作用,但并无许多种盐都像氯化钠这样便宜或像它那样可溶于水。一种高离子强度的溶液通常不能与有机溶剂相溶,从而促使有机层与水层分离。

## 1.5 预习、记录和实验报告

### 1.5.1 实验预习

实验预习是有机化学实验的重要环节,对保证实验的成功起着关键的作用。为避免照方抓药、依葫芦画瓢，要求学生必须认真做好实验预习。严禁未进行预习的学生进行实验，预习时可参考以下项目做实验预习报告。

① 实验名称、实验目的和要求，实验原理和反应式(主反应和副反应)。

② 主要试剂及产物的物理常数:相对分子质量、性状、密度、熔点、沸点、溶解度及折射率(查手册或辞典)。主要试剂的用量、溶液浓度和配制方法。计算出产物的理论产量。

③ 所用仪器的种类和型号、尺寸，仪器装置草图。

④ 简要操作步骤。应根据实验内容写成简单明了的实验步骤(不是照抄实验内容!)步骤中的文字可用符号简单化，如试剂名称用分子式代替，"克""加热""沉淀""气体逸出"可分别用 g、△、↓、↑代表。仪器可以用示意图代替。

⑤ 合成实验，应列出粗产物纯化过程及原理，明确各步操作的目的和要求。

⑥ 对于实验中可能出现的问题(包括安全问题和实验结果)，要写出防范措施和解决办法。

在预习报告中已经涉及的内容，实验过程中会有进一步的认识和更新。可将实验记录本分成两部分，左边写预习内容，相应栏目的右边则写实验中更新的认识和补充，以及观察到的实验现象。各栏目要用永久性墨水笔记录，记录本的每页须注明日期、页码等。

### 1.5.2 实验记录

实验是培养学生科学素养的主要途径之一，实验中要做到操作认真，观察仔细，思考积极，如实记录。记录内容除实验名称、日期、同组者、气温、气压等基本信息外，还应包括所用物料的名称、数量、规格和浓度、实验开始时间、所观察到的实验现象(如反应温度的变化，颜色变化，反应是否放热，是否有结晶或沉淀产生)、产物的性状(如色泽、晶形等)及测得的各种数据(熔点、沸点、折射率、质量)。特别是那些与预期不一致的现象更应给予特别注意，因为这对正确解释实验结果将会有很大的帮助。

记录要做到简单明了，真实可靠(不得想象和推测)，字迹要清晰。实验结束后，学生应将实验记录和产物(贴有标签)交给教师检查。

### 1.5.3 实验报告

实验操作完成之后，必须对实验进行总结，即讨论观察到的实验现象，分析出现的问题，整理归纳实验数据等。这是把各种实验现象提高到理性认识的必要步骤。在实验报告中，还应完成指定的思考题或提出改进本实验的建议等。

一般实验报告的内容包括目的与要求、实验原理、实验装置简图(有时可用方块图表示)、操作步骤及现象、数据处理和结果讨论等。数据处理应有原始数据记录表和计算结果表示表(有时两者可合二为一)，计算产率必须列出反应方程式和算式，使写出的报告更加清晰、明了、逻辑性强，便于批阅和留作以后参考。结果讨论应包括对实验现象的分析解释、查阅文献的情况、对实验结果进行定性分析或定量计算、对实验的改进意见和做实验的心得体会等。

以正溴丁烷的制备实验为例。

# 实验×× 正溴丁烷的制备

## 一、目的与要求

1. 了解由正丁醇制备正溴丁烷的原理和方法；
2. 初步掌握回流及气体吸收装置和分液漏斗的使用方法。

## 二、实验原理

反应式：

$$NaBr + H_2SO_4 \longrightarrow HBr + NaHSO_4$$

$$CH_3CH_2CH_2CH_2OH + HBr \xrightarrow{H_2SO_4} CH_3CH_2CH_2CH_2Br + H_2O$$

副反应：

$$CH_3CH_2CH_2CH_2OH \xrightarrow{H_2SO_4} CH_3CH_2CH{=}CH_2 + CH_3CH{=}CHCH_3 + H_2O$$

$$2CH_3CH_2CH_2CH_2OH \xrightarrow{H_2SO_4} (CH_3CH_2CH_2CH_2)_2O + H_2O$$

$$2NaBr + 3H_2SO_4 \longrightarrow Br_2 + SO_2\uparrow + 2H_2O + 2NaHSO_4$$

粗产物分离提纯过程及原理：

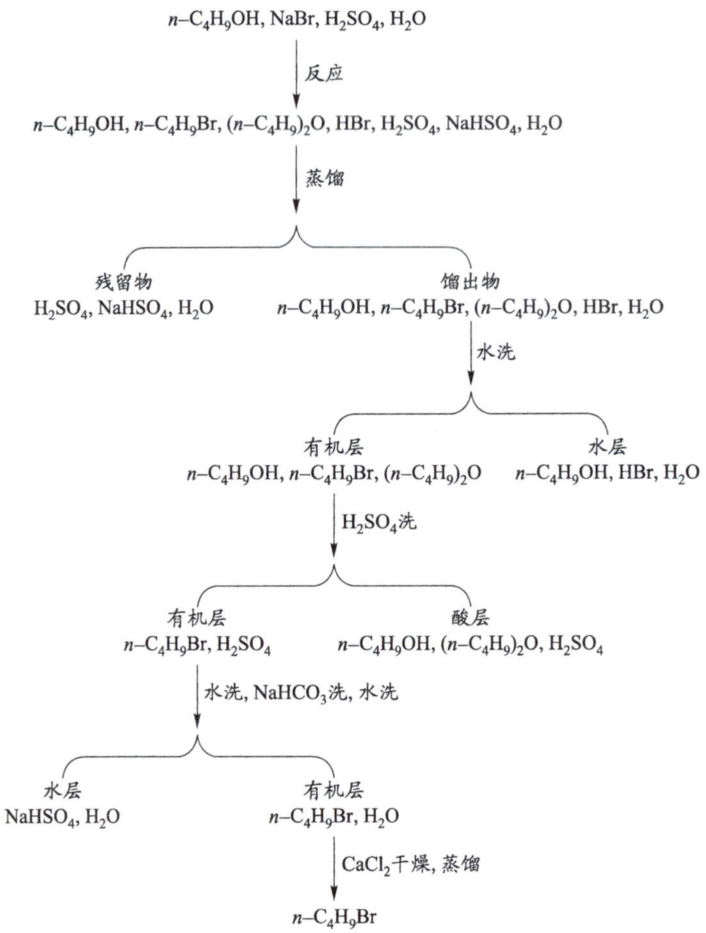

三、主要原料与产物的物理性质

| 名称 | 相对分子质量 | 性状 | 熔点/℃ | 沸点/℃ | 相对密度 $d_4^{20}$ | 折射率 $n_D^{20}$ | 溶解度/(g/100 mL 溶剂) | | |
|---|---|---|---|---|---|---|---|---|---|
| | | | | | | | 水 | 乙醇 | 乙醚 |
| 正丁醇 | 74.12 | 无色透明液体 | -82.2 | 117.7 | 0.809 8 | 1.399 3 | 7.920 | ∞ | ∞ |
| 正溴丁烷 | 137.03 | 无色透明液体 | -112.4 | 101.6 | 1.299 2 | 1.439 9 | 不溶 | ∞ | ∞ |

四、主要试剂用量及规格

正丁醇:化学纯,7.5 mL(0.08 mol)

浓硫酸:工业品,12 mL(0.22 mol)

溴化钠:化学纯,10 g(0.10 mol)

五、仪器装置

(1) 回流及尾气吸收装置图(略)

(2) 蒸馏装置图(略)

六、操作步骤及现象

| 步骤 | | 现象 |
|---|---|---|
| 制备 | (1) 于 50 mL 圆底烧瓶中加 10 mL 水、12 mL浓硫酸,振摇冷却 | 放热,烧瓶烫手 |
| | (2) 加 7.5 mL 正丁醇及 10 g NaBr,振摇,加沸石 | 有许多 NaBr 未溶,不分层,瓶中出现白雾状 HBr |
| | (3) 迅速装冷凝管和 HBr 吸收装置(5% NaOH 溶液),电加热套温和加热回流 0.5 h | 沸腾,瓶中白雾状 HBr 增多并从冷凝管上升被气体吸收装置所吸收。瓶中液体变为三层:上层开始极薄,然后越来越厚,颜色由淡黄变橙黄;中层越来越薄,最后消失 |
| 分离提纯 | (4) 稍冷,改用蒸馏装置,加沸石,蒸出正溴丁烷 | 馏出液混浊,分层;反应瓶中上层越来越少,最后消失,停止蒸馏。蒸馏瓶冷却析出无色透明结晶($NaHSO_4$) |
| | (5) 粗产物用 10 mL 水洗;<br>于干燥分液漏斗中用 5 mL 浓硫酸洗;<br>10 mL 水洗;<br>10 mL 饱和碳酸氢钠溶液洗;<br>10 mL 水洗 | 产物在下一层;<br>加一滴浓硫酸沉至下层,证明产物在上层;<br>产物在下层,略带黄色;<br>产生二氧化碳气体,两层交界处有少许絮状物;<br>产物在下层,混浊 |
| | (6) 粗产物置于 25 mL 干燥锥形瓶中,加 1 g 无水氯化钙干燥 30 min | 粗产物由混浊变透明,底部部分氯化钙结块 |
| | (7) 将产物滤入 25 mL 干燥圆底烧瓶中,加沸石,于电加热套上加热蒸馏,收集 99~103 ℃馏分 | 99 ℃以前无馏出物,长时间稳定于 101~102 ℃,没有升至 103 ℃,待温度开始下降,停止蒸馏,瓶中残留液体很少 |
| 产品外观,质量 | | 无色液体,稍带混浊,产物 7.1 g |
| 折射率测定 | | $n_D^{20}$ 1.439 9 |

七、产率计算

因其他试剂过量，理论产量按正丁醇计算。

理论产量：$0.08\times137=10.96$ g

百分产率：$7.1/10.96\times100\%=64.8\%$

八、实验讨论

(1) 醇能和浓硫酸生成鲜盐，而卤代烷不溶于硫酸，故随着正丁醇逐渐转变成正溴丁烷，烧瓶中分三层。上层为正溴丁烷，中层可能为硫酸正丁酯，中层消失即大部分正丁醇已转化为正溴丁烷。上、中两层液体呈橙黄色，可能由于副反应产生的溴所致。

(2) 蒸出正溴丁烷后，烧瓶冷却析出的结晶是硫酸氢钠。

(3) 产物稍显混浊，而蒸馏前为透明液体，很可能是蒸馏装置干燥不够。

九、思考题解答(略)

（编写：张新明　复核：张　武）

# 二、

# 有机化学实验

有机化学实验分为有机化学基础实验和有机化学综合实验两部分，面向化学类专业学生授课，总学时 34+68。有机化学实验教学的目的是训练学生进行有机化学实验的基本技能和基础知识，验证有机化学中所学的理论，培养学生正确选择有机化合物的合成、分离与鉴定的方法以及分析和解决实验中遇到问题的思维和动手能力。同时也是培养学生理论联系实际，实事求是、严谨的科学态度和良好的工作习惯和创新能力的一个重要环节。内容主要包括有机化合物的合成、分离提纯及结构表征。实验均采用标准磨口玻璃仪器，大多数实验使用电磁搅拌器、电加热套。

有机化学实验需要学生熟练掌握：

① 各种要求的回流装置、蒸馏装置、减压蒸馏装置、低沸点易燃易爆有机化合物的接收装置、分水装置等；

② 液体有机化合物的洗涤、萃取、分液技能，分离提纯液、固体化合物的操作技能；

③ 微型实验的精巧操作技能；

④ 新型合成方法；

⑤ 设计有机合成的实验方法。

学生经有机化学实验的培养和严格训练后，在掌握了基本理论的基础上，强化综合操作技能和实验技巧，提高学生的综合分析能力和创新能力。

# · 实验一　萃　　取 ·

## 一、实验目的

1. 了解萃取的原理与意义；
2. 学会并掌握液-液萃取的基本操作。

## 二、实验原理

**（一）两相液体的萃取**

1. 萃取与洗涤

萃取是有机化学实验中用来提取或纯化有机化合物常用的重要操作之一。应用萃取可以从液体或固体混合物中提取出所需的物质，也可以用来洗去混合物中的少量杂质。通常称前者为“萃取”，称后者为“洗涤”。

2. 分配定律

物质在各种溶剂中的溶解度不同，液-液萃取是利用物质在两种不互溶（或微溶）的溶剂中溶解度或分配比的不同而达到分离、纯化目的的一种操作。

在一定温度下，有机化合物在两溶剂相 A 和 B（往往是有机相和水相）中的浓度 $c_A$ 和 $c_B$ 之比 $K$ 为一常数，即 $c_A/c_B=K$，此即所谓“分配定律”，$K$ 称为“分配系数”，它可近似地看作此物质在两溶剂中的溶解度之比。

如设在 $V_0$(mL)水中溶解 $m_0$(g)物质，用 $V_1$(mL)与水不相溶的有机溶剂萃取。萃取一次后，有机溶剂中溶有($m_0-m_1$) g 物质，水中剩下 $m_1$(g)物质。则

$$K=\frac{(m_0-m_1)/V_1}{m_1/V_0}$$

可得，

$$m_1=m_0\frac{V_0/K}{V_0/K+V_1}$$

显然，$K$ 越大(即此物质在有机溶剂中的溶解度与水中溶解度之比越大)，在水相中剩下的 $m_1$ 越小。除非分配系数 $K$ 很大，只需萃取一次。在实际操作中，常采用多次萃取法。

当用一定量有机溶剂从水溶液中萃取有机化合物时，由上述公式可以类推出 $n$ 次萃取后水中的剩余量 $m_n$ 为：

$$m_n=m_0\left[\frac{V_0/K}{(V_0/K)+(V_1/n)}\right]^n$$

例如，100 mL 水中溶有正丁酸 4 g，在 15 ℃用 100 mL 苯来萃取，分配系数为 3。若采用一次萃取法，即 $n=1$，用 100 mL 苯一次萃取，则

$$m_1=4\times\frac{100/3}{(100/3)+100}\text{ g}=1.0\text{ g}$$

萃取效率：

$$\frac{4-1}{4}\times 100\%=75\%$$

若用 100 mL 苯分三次萃取，每次用 33.33 mL 苯，即 $n=3$，则经过三次萃取后正丁酸在水溶液中的剩余量 $m_3$ 为：

$$m_3=4\times\left[\frac{100/3}{(100/3)+(100/3)}\right]^3\text{ g}=0.5\text{ g}$$

萃取效率：

$$\frac{4-0.5}{4}\times 100\%=87.5\%$$

显然，同一分量的溶剂，采用“多次少量”来萃取，其效率要比一次用全量溶剂来萃取的高。当然，萃取的次数不是无限度的，一般以萃取三次为宜。

3. 分液漏斗的使用

(1) 分液漏斗的用途

常用的分液漏斗有球形、锥形和梨形 3 种。在有机化学实验中，分液漏斗主要用于：

① 分离两种分层而不起作用的液体；

② 从溶液中萃取某种成分；

③ 用水、碱或酸洗涤某种产品；

④ 用来滴加某种试剂(代替滴液漏斗)。

(2) 分液漏斗使用注意事项

规范正确的使用分液漏斗是保证萃取实验成功的关键因素，因此在使用分液漏斗过程中，须做到如下几点：

① 使用前须检查分液漏斗的玻璃塞和旋塞有没有用棉线绑住。

② 使用前检查玻璃塞和下部旋塞是否紧密，如有漏液现象，应及时按照下述方法处理：脱下旋塞，用纸或干布擦净旋塞和旋塞孔道内壁。然后，用玻璃棒蘸取少量凡士林，先在旋塞近把手的一端抹上一层凡士林，注意不要抹在旋塞的孔中，再在旋塞两边也抹上一圈凡士林，然后插上旋塞，逆时针旋转至透明时，即可使用。

③ 使用过程中不能用手拿住分液漏斗的下端。

④ 分液过程中不能用手拿住分液漏斗。

⑤ 分液时上口玻璃塞打开后才能开启下部旋塞，否则无法放出液体。

⑥ 上层液体不要由分液漏斗下口放出。

⑦ 分液漏斗使用过程中，全部液体的总体积不得超过其容积的 3/4。

⑧ 使用后，应用水冲洗干净，玻璃塞及旋塞处应用薄纸包裹后塞回去。尤其不能把旋塞上附有凡士林的分液漏斗放在烘箱内烘干。

(3) 分液漏斗的规范操作

使用分液漏斗萃取或洗涤液体，一般可按照下述操作进行：

将水溶液倒入分液漏斗中，加入溶剂，塞紧塞子，右手握住漏斗，放平前后振荡。开始时，振荡要慢。振荡几次后，把漏斗的上口向下倾斜，下部支管指向斜上方(朝向无人处)，左手仍握在旋塞支管处，用拇指和食指旋开旋塞放气，如图 2-1 所示。经几次振荡和放气后，把分液漏斗放在铁架台上，并打开上口塞子。待液体分层后，将两层液体分开(下层从下口放出，上层从上口倒出)。应准确判断哪一层为有机相，将其存放于干燥的锥形瓶中，水溶液再倒回分液漏斗中再一次萃取。如遇无法判断哪一层为有机相的情况，可取少量任何一层液体于小试管中，加入几滴清水试验。如加水后分层，即判定为有机相；不分层，则为水溶液。需要强调的是，在实验尚未结束时，不要将萃取的“水溶液”倒掉，以免液层判断有误而无法挽救。因为溶液中溶有物质后，密度可能会发生改变，密度小的物质在萃取时不一定在上层。

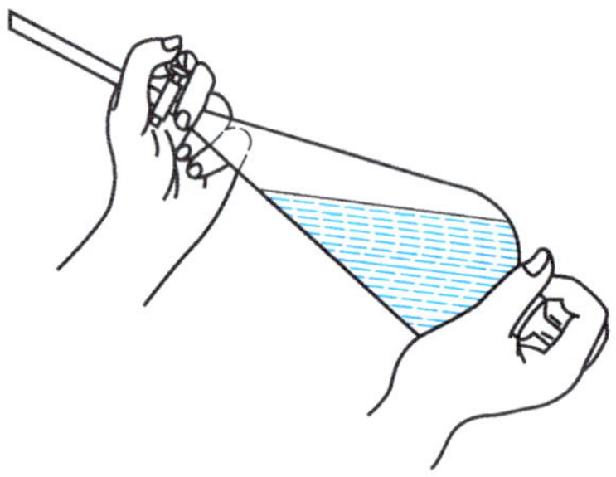

图 2-1 振荡分液漏斗示意图

4. 萃取溶剂的选择

萃取溶剂的选择要根据被萃取的物质在此溶剂中的溶解度而定，同时要易于和溶质分开，所以最好用低沸点的溶剂。一般水溶性较小的物质可用石油醚或者正己烷萃取；水溶性较大的可用苯或乙醚；水溶性极大的用乙酸乙酯等。乙醚是常用的萃取剂，但其最大的缺点是容易着火。用乙醚萃取时，应特别注意周围不能有明火。振荡时，要用力小，时间短，多摇多放气；否则，漏斗中蒸气压力大，液体容易冲出造成事故。

5. 乳化现象

在萃取时，特别是当溶液呈碱性时，常常会产生乳化现象；有时由于存在少量轻质沉淀，溶剂互溶、两液相密度相差较小等原因，也可能使两液相不能清晰地分开。用来破坏乳化的方法有：

① 较长时间静置。

② 若因两相(水相和有机相)能部分互溶而发生乳化，可以加少量电解质(如氯化钠)，利用盐析作用加以破坏。在两相密度相差较小时，也可以加入氯化钠，以增加水相的

密度。

③ 若因溶液碱性而产生乳化，常可加入少量稀酸等方法除去。

④ 此外，根据不同情况，还可以加入其他破坏乳化的物质如乙醇、磺化蓖麻油等。

**（二）固体物质的萃取**

不同于液-液萃取，固体物质的萃取通常用长期浸渍法或采用 Soxhlet 提取器。前者是靠溶剂长期的浸润溶解将固体物质中所需的物质浸出来。这种方法虽然不需要任何特殊器皿，但效率不高，而且溶剂的需要量较大。实验室中常使用 Soxhlet 提取器（图 2-2）、简易半微量提取器（图 2-3）。

在进行提取之前，先将滤纸卷成圆柱状，其直径稍小于提取筒的内径，一端用线扎紧，或用滤纸筒装入研细的被提取的固体，轻轻压实，上盖以滤纸，放入提取筒中。然后开始加热，使溶剂回流，待提取筒中的溶剂面超过虹吸管上端后，提取液自动流入加热瓶中，溶剂受热回流，循环不止，直至物质大部分提出后为止，一般需要数小时才能完成。提取液经浓缩或减压浓缩后，将所得固体进行重结晶，得纯品。

若样品较少，可用简易半微量提取器，把被提取固体放入折叠滤纸中，操作方便，效果也好。

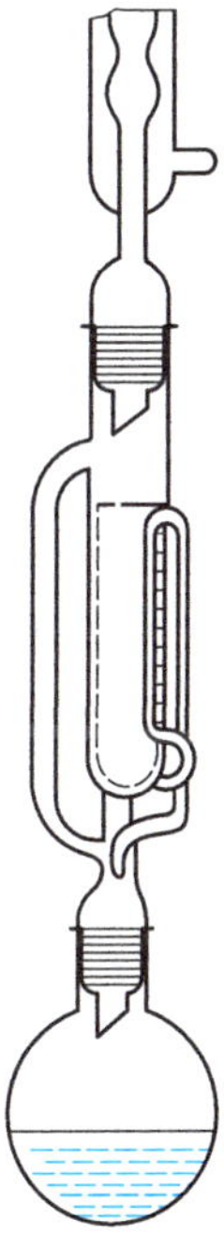

图 2-2 Soxhlet 提取器

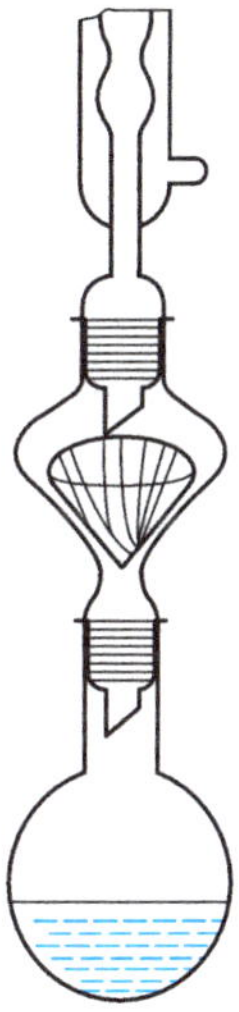

图 2-3 简易半微量提取器

## 三、仪器与试剂

分液漏斗、移液管、锥形瓶、碱式滴定管

冰醋酸与水的混合液（冰醋酸与水以 1 : 19 的体积比相混合）（10 mL），乙醚（30 mL）、酚酞指示剂、0.2 mol · $L^{-1}$标准氢氧化钠溶液

## 四、实验步骤

本实验以乙醚从醋酸水溶液中萃取醋酸为例来说明实验步骤。

1. 一次萃取法

用移液管准确量取 10 mL 冰醋酸与水的混合液，放入分液漏斗中，用 30 mL 乙醚萃取。注意近旁不能有火，以防引起火灾。加入乙醚后，先用右手食指的末节将漏斗上端玻璃塞顶住，再用大拇指及食指和中指握住漏斗，这样漏斗转动时可用左手的食指和中指蜷握在旋塞的柄上，使振荡过程中玻璃塞和旋塞夹紧。上下轻轻振荡分液漏斗，每隔几秒钟将漏斗倒置（旋塞朝上），小心打开旋塞，以平衡内外压力，重复操作 2~3 次，然后再用力振荡相当的时间，使乙醚与醋酸水溶液两不相溶的液体充分接触，提高萃取率，振荡时间太短则影响萃取率。

用铁架台固定好铁圈。将分液漏斗置于铁圈中。当溶液分成两层后，小心旋开旋塞，放出下层水溶液于 50 mL 锥形瓶内[1]，加入 3~4 滴酚酞作指示剂，用 0.2 mol · $L^{-1}$标准氢氧化钠溶液滴定，记录用去氢氧化钠溶液的体积。

2. 多次萃取法

准确量取 10 mL 冰醋酸与水的混合液于分液漏斗中，用 10 mL 乙醚如上法萃取，分去乙醚溶液，将水溶液再用 10 mL 乙醚萃取，分出乙醚溶液后，将剩余的水溶液再用10 mL乙醚萃取。如此前后共计 3 次。最后将用乙醚第三次萃取后的水溶液放入 50 mL 的锥形瓶内，用 0.2 mol · $L^{-1}$标准氢氧化钠溶液滴定，记录用去氢氧化钠溶液的体积。

列表比较上述两种不同萃取法所耗用的氢氧化钠溶液的体积，可得出什么结论。

**注释**

[1] 不能将醚层放入锥形瓶内，亦不能将水层留于分液漏斗内。在水层放出后，须等待片刻，观察是否还有水层出现。若有，应将此水层再放入锥形瓶内。总之，放出下层液体时，注意不要使它流得太快，待下层液体流出后，关上旋塞，等待片刻，观察再有无水层分出，若还有，应将水层放出。而上层液体，则应从分液漏斗口倾入另一容器中。

### 思考题

1. 分液漏斗在有机化学实验中有哪些应用？使用它时应注意哪些事项？
2. 影响萃取法的萃取效率的因素有哪些？

参考文献

（编写：张继坦　复核：倪祁健）

# · 实验二　蒸馏及沸点的测定 ·

## 一、实验目的

1. 了解沸点测定的原理和意义；
2. 学会并掌握常量法（即蒸馏法）及微量法测定沸点的方法和操作。

## 二、实验原理

当液态物质受热时，分子运动使其从液体表面逃逸出来，形成蒸气压。随着温度升高，蒸气压增大，待蒸气压和大气压相等时，液体沸腾，这时的温度称为该液体的沸点。必须指出：通常所说的液体的沸点都是指在 101.325 kPa（760 mmHg）时液体的沸腾温度。

在一定压力下，纯净液体物质的沸点是固定的，沸程较小（0.5~1 ℃）。例如，无水乙醇的沸点为 78.5 ℃（101.325 kPa）。如果含有杂质，沸点就会发生变化，沸程也会增大。所以，一般可通过测定沸点来检验液体有机化合物的纯度。但须注意，并非具有固定沸点的液体就一定是纯净物，因为有时某些共沸混合物也具有固定的沸点。沸点是液体有机化合物的特性常数，在物质的分离、提纯和使用中具有重要意义。

蒸馏可将沸点相差较大（>30 ℃）的液态混合物分开。所谓蒸馏就是将液态物质加热到沸腾变为蒸气，又将蒸气冷凝为液体这两个过程的联合操作。蒸馏沸点差别较大的液体时，沸点较低的先蒸出，沸点较高的随后蒸出，不挥发的留在蒸馏器内，这样就可以达到分离和提纯的目的。故蒸馏为分离和提纯液体有机化合物常用的实验技术，是重要的基本操作，一般用于下列几个方面：

① 分离液体混合物，仅对混合物中各成分的沸点有较大差别时才能达到有效的分离。

② 测定化合物的沸点（常量法）。

③ 提纯，除去不挥发的杂质。

④ 回收溶剂或蒸出部分溶剂以浓缩溶液。

在蒸馏过程中，为了消除过热现象和保证沸腾的平稳状态，通常加入碎瓷片、沸石或一端封口的毛细管。因为它们能够形成汽化中心，防止加热时的暴沸现象，故把它们叫作止暴剂。

在加热蒸馏前就应加入止暴剂。当加热后发现未加止暴剂或原有止暴剂失效时，千万不能匆忙地投入止暴剂。因为在液体沸腾时投入止暴剂，将会引起猛烈的暴沸，发生“冲料”或“喷料”，甚至会引起火灾。正确的操作方法是在沸腾的液体冷却至沸点以下后才能加入止暴剂。另外，在沸腾过程中，中途停止操作，应当重新加入止暴剂，因为一旦停止操作，温度下降后，止暴剂已吸附液体，失去形成汽化中心的功能。

## 三、仪器与试剂

调压器、电加热套、铁架台、铁夹、沸石、圆底烧瓶(50 mL)、直形冷凝管、蒸馏头、温度计、温度计套管、尾接管、梨形瓶、长颈漏斗

乙醇(工业级)

## 四、实验装置

蒸馏装置主要由三个部分组成:加热汽化部分、冷凝部分、接收部分,见图 2-4。

① 加热汽化部分　液体在圆底烧瓶中受热汽化,蒸气经蒸馏头进入冷凝管。圆底烧瓶大小应由被蒸馏液体的体积大小来决定。一般被蒸馏液体的体积占烧瓶容积的1/3~2/3为宜。

② 冷凝部分　蒸气在冷凝管中冷凝为液体。冷凝管的种类很多,根据被蒸馏液体的沸点高低而选用。一般来说,液体的沸点高于 140 ℃的用空气冷凝管;低于 140 ℃的用直形冷凝管。冷凝管下端为进水口,用橡胶管接自来水龙头;上端的出水口套上橡胶管导入水槽中。上端的出水口向上,才能保证套管内充满水。

③ 接收部分　常用尾接管和梨形瓶,尾接管与外界大气相通。

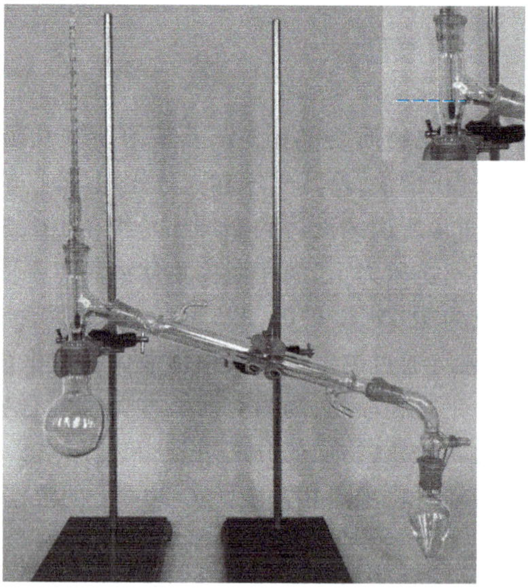

图 2-4　蒸馏装置示意图

搭建蒸馏装置的过程如下所述:

取 50 mL 圆底烧瓶,用铁夹夹住瓶颈上端,根据电加热套的高度,确定烧瓶的高度,并将其固定在铁架台上(调整圆底烧瓶瓶底与电加热套之间的距离,不能贴着电加热套底部。应利用空气浴均匀加热)。在圆底烧瓶上安装蒸馏头,其竖口插入温度计套管(温度计分度值为 0.1 ℃,量程应适合被蒸馏物的沸点范围)。温度计水银球上端与蒸馏头支管的下沿保持水平。蒸馏头的支管依次连接直形冷凝管(注意冷凝管的进水口应在右下方,出水口应在左上方,铁夹应夹住冷凝管的中央,必须先连接好进出口引水橡胶管后再用铁夹固定)、尾接管、接收瓶(还应再准备 1~2 个已称量的干燥、清洁的接收瓶,以收集不同的馏分)。

总之,安装仪器的顺序一般总是:自下而上,从左往右。整个装置要准确端正,横平竖直。无论从正面或侧面观察,全套仪器的轴线都要在同一平面,铁架台都应整齐地放在仪器的背后。装置各磨口接头要相互连接,要严密(否则会出现漏气甚至燃烧现象),铁夹要夹牢,装置不要松散或晃动。能符合这些要求的蒸馏装置将具有实用、整齐、美观、牢固的优点。

## 五、实验步骤

1. 常量法测定沸点

仔细检查各连接处的气密性及与大气相通处是否畅通(不能造成密闭体系),稳妥后便可按下列程序进行蒸馏操作。

① 加料　将 30 mL 乙醇通过长颈漏斗由蒸馏头上口倾入 50 mL 圆底烧瓶中(注意漏斗颈应超过蒸馏头侧管的下沿,以防液体由侧管流入冷凝管中),投入几粒沸石(防止暴沸),再装好温度计。

② 加热蒸馏　加热前,先向冷凝管缓缓通入冷凝水,把上口流出的水引入水槽中。接着打开电加热套开关,调节调压器电压开始加热。先用小火加热(以防圆底烧瓶因局部骤热而炸裂),逐渐增大加热强度。当烧瓶内液体开始沸腾,其蒸气到达温度计汞球部位时,温度计的读数就会急剧上升,这时应适当调小加热强度,使蒸气包围汞球,汞球下部始终挂有液珠,保持气液两相平衡。此时温度计所显示的温度即为该液体的沸点。然后可适当调节加热强度,控制蒸馏速率,以每秒馏出 1~2 滴为宜。

③ 观测沸点、收集馏液　记下第一滴馏出液滴入接收瓶时的温度。如果所蒸馏的液体中含有低沸点的前馏分,则需在蒸馏温度趋于稳定后,更换接收瓶。记录所需要的馏分开始馏出和收集到最后一滴时的温度,这就是该馏分的沸程(也叫沸点范围)。

④ 停止蒸馏　当维持原来的加热温度,不再有馏出液蒸出时,温度会突然下降,这时应停止蒸馏。即使杂质含量很小,也不要蒸干,以免烧瓶炸裂。蒸馏结束时,应先停止加热,待稍冷后再停止通水。然后按照与装配时相反的顺序拆除蒸馏装置。

2. 微量法测定沸点

取一根内径 3~4 mm、长 8~9 cm 的玻璃管,用小火封闭其一端,作为沸点管的外管,放入欲测定沸点的样品 4~5 滴,在此管中放入一根长 7~8 cm、内径约 1 mm 的上端封闭的毛细管,即其开口处浸入样品中,把这一微量沸点管贴于温度计水银球旁,如图 2-5所示,并浸入液浴中,像测定熔点那样把沸点测定管附在温度计旁,加热。使温度均匀上升,当温度到达比沸点稍高时,可见从内管中有一连串的小气泡不断逸出。停止加热,让热浴慢慢冷却。当气泡逸出速度减慢,注意最后一个气泡出现刚要缩回内管的瞬间温度,即为该液体的沸点,并记录这一温度。这时液体的蒸气压和外界大气压相等。

微量法测沸点,应注意以下几点:① 加热不能过快,被测液体不宜太少,以防液体全部汽化。② 沸点内管的空气要尽量赶干净。正式测定前,让沸点内管有大量气泡冒出,以此带出空气。③ 观察要仔细及时,重复几次。要求几次的误差不超过 1 ℃。

样品:蒸馏法用无水乙醇或纯苯;微量法用纯苯。

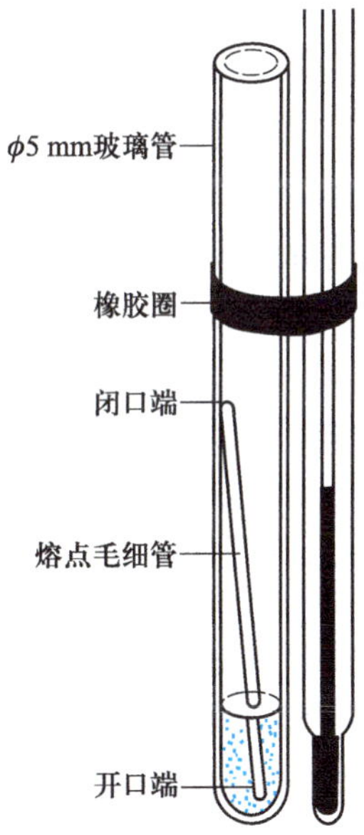


图 2-5　微量法测定沸点

## 思考题

1. 蒸馏时，放入止暴剂为什么能防止暴沸？如果加热后才发觉未加入止暴剂，应该怎样处理才安全？

2. 当加热后有馏出液出来时，才发现冷凝管未通水，请问能否马上通水？如果不行，应该怎么办？

3. 在蒸馏装置中，温度计水银球的位置不符合要求会带来什么结果？

4. 蒸馏时加热的快慢，对实验结果有何影响？为什么？

5. 测得某种液体有固定的沸点，能否认为该液体是单纯物质，为什么？

（编写：倪祁健　复核：张继坦）

# ·实验三　分　馏·

## 一、实验目的

1. 了解分馏的原理和意义，蒸馏与分馏的区别；
2. 掌握实验室分馏的操作方法。

## 二、实验原理

分馏是应用分馏柱对几种沸点相近的混合物进行分离的方法。它是在化学工业和实验室中分离液体有机化合物的常用方法之一。普通的蒸馏技术要求其组分的沸点至少要相差30 ℃，才能用蒸馏法分离。但蒸馏沸点比较接近（<30 ℃）的混合物时，各种物质的蒸气将同时蒸出，只不过低沸点的多一些，故难以达到分离和提纯的目的。在这种情况下，必须采用分馏的方法。混合液（共沸物除外）沸腾后蒸气进入分馏柱中，因为沸点较高的组分易被冷凝，所以冷凝液中含有较多较高沸点的物质，而蒸气中低沸点的成分就相对地增多，冷凝液在下降途中与继续上升的蒸气接触，二者进行热交换，低沸点组分仍呈蒸气上升，而冷凝液中低沸点组分受热汽化，高沸点组分仍呈液体下降。结果是上升的蒸气中低沸点组分增多，下降的冷凝液中高沸点组分增多。通过在分馏柱中多次的汽化-冷凝，达到多次简单蒸馏的效果，分馏柱顶部出来的几乎是纯净的低沸点组分，而高沸点组分则留在烧瓶中，这样可以使沸点相近的低沸点物质和高沸点物质实现较好的分离。分馏的基本原理与蒸馏相似，实际上可以把分馏看成多次简单的蒸馏。与常压蒸馏的不同之处只是实验装置上在烧瓶和蒸馏头之间多加一个分馏柱，使汽化-冷凝的过程由一次改为多次。

影响分馏效率的因素除混合物的本性外，主要有：① 理论塔板数；② 回流比；③ 柱的保温。

① 理论塔板数　衡量分馏效果的主要指标，分馏柱的理论塔板数越多，分离效果越好。一个理论塔板值相当于一次简单蒸馏。分馏柱的分馏能力如果是六个理论塔板值（$n=6$），采用此分馏柱分馏时近似地相当于六次简单蒸馏（而且每一次的简单蒸馏只取出极少的馏出物）。

② 回流比　指单位时间内，由柱顶冷凝返回柱中液体的量与蒸出的量之比。在柱内蒸气量一定的条件下，回流比越大，分馏效率越高，但所得到的馏出液越少，完成分馏所消耗的能量就越多。因此选定适当的回流比是很重要的，通常选用的回流比为理论塔板 1/5～1/10。

③ 柱的保温　分馏时必须尽量减少分馏柱的热量损失和波动。防止回流液体在柱内聚集，否则会减少液体和上升气体的接触，或者上升蒸气把液体冲入冷凝管中造成“液泛”，达不到分馏的目的。为了避免这种情况，通常在柱的外围包扎石棉绳、石棉布等保温材料，以保持柱内温度，提高分馏效率，使分馏操作平稳地进行。

实验室常用的分馏柱为刺形分馏柱，又称韦氏（Vigreux）分馏柱，即一根分馏管中间一段每隔一定距离向内伸入三根向下倾斜的刺状物，在柱中相交，每堆刺状物间排成螺旋状，一般为六节。该分馏柱的优点是：仪器装配简单，操作方便，残留在分馏柱中的液体少。现在最精密的分馏设备已能将沸点相差仅 1～2 ℃的混合物分开。共沸物有固定的组成和沸点，不能通过分馏的方法分离提纯。

## 三、仪器与试剂

调压器、电加热套、铁架台、铁夹、沸石、圆底烧瓶（50 mL）、韦氏分馏柱、直形冷凝管、蒸馏头、温度计、温度计套管、尾接管、梨形瓶

丙酮、水

## 四、实验装置

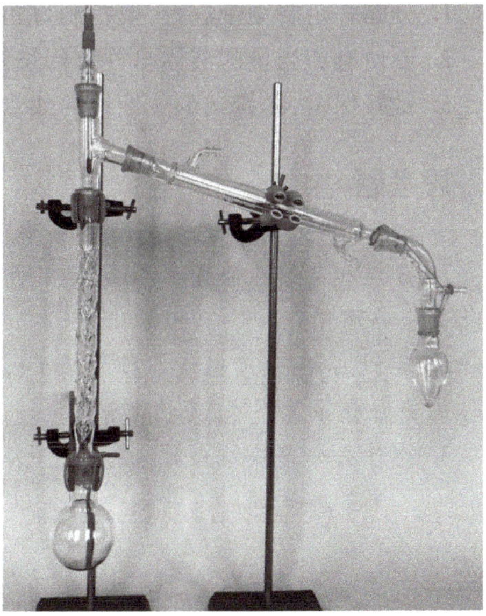

图 2-6　分馏装置图

常用的分馏装置如图 2-6 所示，由热源、圆底烧瓶、分馏柱、蒸馏头、直形冷凝管和接收瓶组成。与简单蒸馏相比，分馏只多了一个分馏柱。安装顺序与简单蒸馏装置类似。

① 实验室常用刺形分馏柱（韦氏分馏柱），其他还有填充式分馏柱。填充式分馏柱是在柱内填充各种惰性材料，以增加表面积。填料包括玻璃珠、玻璃管、陶瓷、各种形状的金属片或金属丝，分离效率高，适用于分离沸点差较小的化合物。韦氏分馏柱结构简单，且较填充式分馏柱黏附的液体少，但其分馏效率较低，适用于分离少量且沸点差较大的液体。

② 冷凝管和真空尾接管必须妥善夹住，使

分馏柱垂直于桌面。

③ 如果待蒸馏的物料是高沸点的，往往还要将分馏柱用铝箔或毛巾保温，而且要蒸馏得尽量慢。

④ 为了获得可能的最佳分离效果，圆底瓶内物料温度应缓慢地提高，以便液体/蒸气能沿柱上升且达到平衡。如果瓶内物料受热过快，分馏柱将被液体充满（液泛）。液泛将使分离效率下降。若发生液泛，应将热源放低以便让液体返回蒸馏瓶中。

⑤ 在纯的低沸组分蒸出之际，温度计球部的温度应保持恒定。当这一组分的绝大多数已被蒸出时，蒸馏速率将会变慢。此时，应将蒸馏瓶向较高温度加热且可收集到一个中间馏分，直至温度计球部处蒸气的温度稳定于更高的数值为止。应将沸点较高的组分收集于另一容器中。

## 五、实验步骤

向 50 mL 圆底烧瓶中装入 15 mL 丙酮、15 mL 水及 1～2 粒沸石。安装好分馏装置并准备三个 15 mL 梨形瓶，分别注明 A、B、C。先开启冷凝水，缓慢加热，注意烧瓶内液体要缓慢地开始沸腾，使瓶内蒸气慢慢地沿分馏柱上升。一定要控制加热速率，使馏出液以每秒 1～2 滴的速率蒸出。将初馏液收集于梨形瓶 A 中，用量筒量取体积并记录此刻温度计的读数（初馏点）。继续蒸馏，记录每增加 1 mL 馏出液时的温度及总体积。当温度达到 62 ℃时换梨形瓶 B 接收，98 ℃时用梨形瓶 C 接收，直至圆底烧瓶中残液为 1～2 mL，停止加热（A：56～62 ℃，B：62～98 ℃，C：98～100 ℃）。记录三个馏分的体积，待分馏柱内液体流回烧瓶时测量并记录残液体积，以柱顶温度为纵坐标，馏出液体积（mL）为横坐标，将实验结果绘制成温度-体积曲线，讨论分离效率。

## 六、实验注意事项

1. 分馏一定要缓慢进行，要控制好恒定的蒸馏速率。
2. 要使有相当量的液体自柱流回烧瓶中，即要选择合适的回流比。
3. 做好保温，尽量减少分馏柱的热量散失和波动。

### 思考题

1. 分馏和蒸馏在原理和装置上有哪些异同？什么情况下必须通过分馏才能将液体混合物完全分离？

2. 若加热太快，馏出液每秒大于 1～2 滴（每秒钟的滴数超过要求量），用分馏分离两种液体的能力会显著下降，为什么？

3. 为什么分馏快结束时，温度会下降？

（编写：倪祁健　复核：张继坦）

# · 实验四　水蒸气蒸馏 ·

## 一、实验目的

1. 了解水蒸气蒸馏的原理和应用；
2. 掌握水蒸气蒸馏的装置和操作技术。

## 二、实验原理

水蒸气蒸馏是分离纯化有机化合物的重要方法之一，它是将水蒸气通入含有不溶或微溶于水但有一定挥发性的有机化合物的混合物中，使之加热沸腾，使待提纯的有机化合物在低于 100 ℃ 的情况下随水蒸气一起被蒸馏出来，从而达到分离提纯的目的。使用这种方法时，待提纯物质应该具备下列条件：不溶（或几乎不溶）于水；在沸腾下长时间与水共存而不发生化学变化；在 100 ℃ 左右时必须具有一定的蒸气压（一般不小于 1.33 kPa）。

根据道尔顿（Dalton）分压定律，二组分混合液体在一定温度下，每种液体都有各自的蒸气压，其蒸气压的大小和每种液体单独存在时的蒸气压一样。整个系统的蒸气压应为各组分蒸气压之和，即

$$p_{总}=p_A+p_B$$

其中 $p_{总}$ 表示总的蒸气压，$p_A$、$p_B$ 分别为两物质的蒸气压。当混合物中各组分蒸气压总和等于外界大气压时，混合物开始沸腾，这时的温度即为它们的沸点。所以混合物的沸点比每种物质单独存在时的沸点低。如果其中一种液体为水，混合物在 100 ℃ 以下即开始沸腾，那么沸点比水高的物质便与水一起蒸馏出来。

在常压下应用水蒸气蒸馏，混合蒸气压中各气体分压之比（$p_A/p_B$）等于它们的物质的量之比，即

$$p_A/p_B=n_A/n_B$$

式中，$n_A$ 为蒸气 A 的物质的量，$n_B$ 为蒸气 B 的物质的量，而

$$n_A=m_A/M_A,\quad n_B=m_B/M_B$$

式中，$m_A$、$m_B$ 为蒸气 A、B 的质量，$M_A$、$M_B$ 为蒸气 A、B 的摩尔质量，因此

$$m_A/m_B=M_An_A/M_Bn_B=M_Ap_A/M_Bp_B$$

两种物质在馏出液中的相对质量（即在蒸气中的相对质量）与它们的蒸气压和摩尔质量成正比。例如，苯甲醛在常压下沸点为 179 ℃，与水相混蒸馏时，到达 97.9 ℃ 即沸腾，此时苯甲醛的蒸气分压为 7.5 kPa，水的分压为 93.8 kPa。按上述公式计算，得到馏出液中苯甲醛约占 32.1%。如果导入 133 ℃ 过热蒸气，苯甲醛的蒸气压可达到 29.3 kPa，因此只需要 72 kPa 的水蒸气压，就可使体系沸腾，这样馏出液中苯甲醛的含量可提高到约 70.6%。

水蒸气蒸馏一般适用于以下几种情况：

① 从大量树脂状杂质或不挥发性杂质中分离有机化合物，采用蒸馏、萃取等方法难以分离；

② 除去挥发性有机杂质；

③ 从固体多的反应混合物中分离被吸附的液体产物；

④ 某些沸点高的有机化合物在达到沸点时易被破坏，用水蒸气蒸馏可在 100 ℃以下蒸出。

在中药制药生产中常用水蒸气蒸馏提取和纯化挥发油。

## 三、仪器与试剂

圆底烧瓶、三颈烧瓶、弯管、直形冷凝管、尾接管、锥形瓶、75°弯头、T 形管、玻璃管、19# 玻璃塞、量筒、乳胶管、止水夹、万用夹、双口夹、调压器、电加热套、铁架台

苯胺

| 名称 | 相对分子质量 | 性状 | 折射率 | 相对密度 | 熔点/℃ | 沸点/℃ | 水溶解度 $g \cdot L^{-1}$ |
|---|---|---|---|---|---|---|---|
| 苯胺 | 93.1 | 无色油状液体 | 1.586 | 1.02 | -6.2 | 184.4 | 36 |

## 四、实验装置

水蒸气蒸馏装置由水蒸气发生器、三颈烧瓶、直形冷凝管、接收瓶四部分组成，如图 2-7 所示。三颈烧瓶的容量应保证混合物的体积不超过其 1/3，导入蒸气的玻璃管下端应垂直地正对瓶底中央，并接近瓶底，距瓶底 0.5~1.0 cm。作为水蒸气发生器的圆底烧瓶上的安全管(平衡管)不宜太短，其下端应接近瓶底，距瓶底 0.5~1.0 cm，盛水量通常为其容量的 1/2~2/3。尽量缩短圆底烧瓶与三颈烧瓶之间的距离，以减少水蒸气的冷凝。开始蒸馏前应把 T 形管上的弹簧夹打开，当 T 形管的支管有水蒸气冲出时，接通冷凝水，开始通水蒸气，进行蒸馏。为使水蒸气不致在三颈烧瓶中冷凝过多而增加混合物的体积，在通水蒸气时，可在三颈烧瓶下用酒精灯小火加热。在蒸馏过程中，要经常检查安全管中的水位是否正常，如发现其突然升高，意味着有堵塞现象，应立即打开弹簧夹，移去热源，使水蒸气与大气相通，避免发生事故(如倒吸)，待故障排除后再行蒸馏。如发现 T 形管支管处水积聚过多，超过支管部分，也应打开止水夹，将水放掉，否则将影响水蒸气通过。当馏出液澄清透明，不含有油珠状的有机化合物时，即可停止蒸馏，这时也应首先打开夹子，然后移去热源。

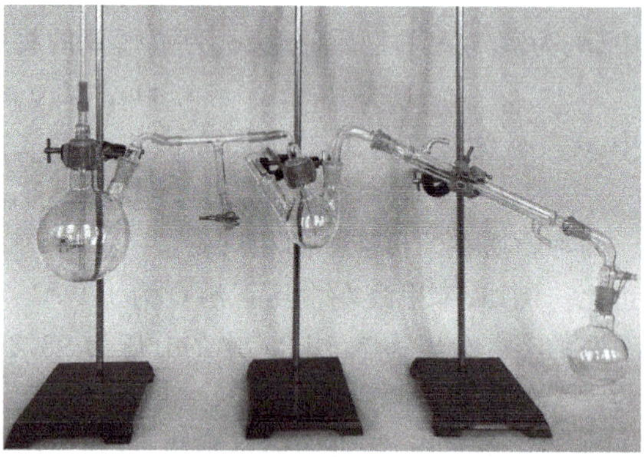

图 2-7 实验室用水蒸气蒸馏装置图

## 五、实验操作

按图 2-7 所示安装好实验装置，在三颈烧瓶中加入 10 mL 粗苯胺后，加热圆底烧瓶中的水至沸腾（为节省时间可先加入热水），当有水蒸气从 T 形管的支管冲出时，旋紧原来打开着的止水夹，使水蒸气通入三颈烧瓶中，观察蒸气导入三颈烧瓶中的状况及瓶中沸腾状况，注意水蒸气发生器上的安全管水位是否异常升高。持续蒸馏一段时间，调节加热速率，控制馏出液的速率为每 2~3 s 1 滴。当馏出液已经澄清透明，不再含有机化合物油珠时，即可停止蒸馏。停止时先旋开 T 形管上的止水夹，移开热源，并将蒸气导入管抽出，防止三颈烧瓶中的液体倒吸入 T 形管。最后关闭冷凝水，拆除装置。将蒸馏收集到的液体混合物倒入分液漏斗中，静置分层，分出下层苯胺。

### 思考题

1. 在水蒸气蒸馏过程中，经常要检查什么事项？若安全管中水位上升很高，说明什么问题，如何处理？
2. 水蒸气蒸馏装置由哪四部分组成？
3. 水蒸气蒸馏装置中的 T 形管有什么作用？
4. 进行水蒸气蒸馏，被提纯物质必须具备哪三个条件？
5. 怎样判断水蒸气蒸馏操作是否结束？

（编写：倪祁健　复核：张继坦）

# · 实验五　减压蒸馏 ·

## 一、实验目的

1. 了解减压蒸馏的原理和应用；
2. 掌握减压蒸馏的装置和操作技术。

## 二、实验原理

液体的沸点是指它的饱和蒸气压等于外界大气压时的温度。因此当外界在液体表面上的压力降低时，液体的沸点也随之降低。如果借助真空泵降低系统内压力，就可以降低液体的沸点，这种在较低压力下进行蒸馏的操作称为减压蒸馏，亦称真空蒸馏。

减压蒸馏是分离、提纯有机化合物的重要方法之一，它特别适用于那些在常压下蒸馏时，未达到沸点温度就受热分解或氧化、聚合的物质。有时也因为被蒸馏物质沸点太高，而考虑采用减压蒸馏的方法。

1. 沸点与压力的关系

在减压蒸馏前，应先查阅该化合物在所选择的压力下相应的沸点，如果查不到此数据，则可用下述规律大致来推算，以供参考。

① 当蒸馏在 1 333～1 999 Pa（10～15 mmHg）进行时，压力每相差 133.3 Pa（1 mmHg），沸点相差约 1 ℃；

② 可以用图 2-8 的经验曲线来查找，即从某一压力下的沸点值可以近似地推算出另一压力下的沸点。液体在常压下与减压下的沸点近似关系如图 2-8 所示。可在 B 线上找到的常压下的沸点，再在 C 线上找到减压后体系的压力点，然后通过两点连直线，该直线与 A 的交点为减压后的沸点。

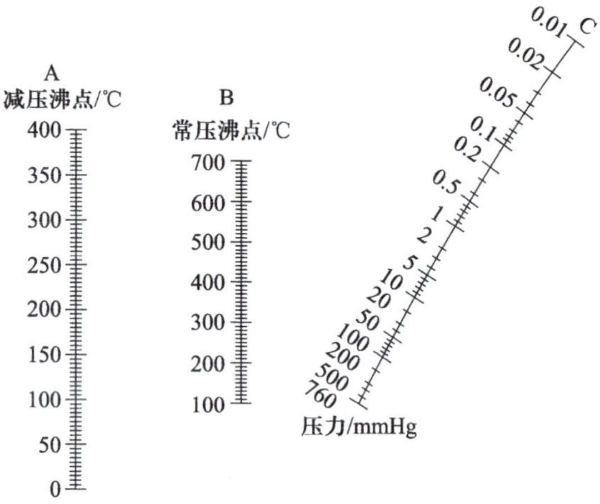

图 2-8　液体在常压下与减压下的沸点近似关系图

2. 减压蒸馏的应用

减压蒸馏亦是分离提纯液体有机化合物常用的方法。许多有机化合物的沸点当压力降低到 1.3～2.0 kPa（10～15 mmHg）时，可以比其常压下的沸点降低 80～100 ℃，因此减压蒸馏对于分离或提纯沸点较高或性质比较不稳定的液体有机化合物具有特别重要的意义。

## 三、仪器与试剂

圆底烧瓶、克氏蒸馏头、温度计、直形冷凝管、尾接管、接收瓶、水泵、调压器、磁力搅拌器、磁子

苯甲醛

| 名称 | 相对分子质量 | 性状 | 折射率 | 相对密度 | 熔点/℃ | 沸点/℃ | 水溶解性 g · L$^{-1}$ |
|---|---|---|---|---|---|---|---|
| 苯甲醛 | 106.12 | 无色液体 | 1.545 5 | 1.04 | −26 | 179 | <0.1 |

## 四、实验装置

常用的减压蒸馏系统可分为蒸馏、安全系统（吸收）、测压和抽气（减压）四个部分。整套仪器必须装配紧密，所有接头须润滑并密封，防止漏气，这是保证减压蒸馏顺利进行的先决条件。减压蒸馏装置如图 2-9 所示。

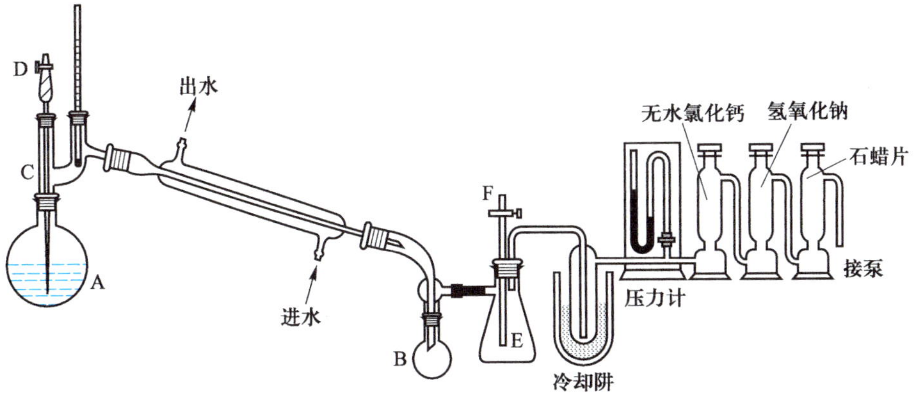


图 2-9　减压蒸馏装置图

A—圆底烧瓶；B—接收瓶；C—克氏蒸馏头；D—减压毛细管（或用磁搅拌子代替）及上端的螺旋夹；E—安全瓶（缓冲瓶）；F—旋塞

1. 蒸馏部分

这部分与普通蒸馏相似，亦可分为三个组成部分：

① 克氏蒸馏瓶，也可用圆底烧瓶和克氏蒸馏头代替，其目的是避免减压蒸馏时瓶内液体由于沸腾而冲入冷凝管中，瓶的一颈中插入温度计。为确保汽化中心，须用磁力搅拌器带动磁子旋转以防止局部过热发生暴沸。

② 冷凝管和普通蒸馏相同。

③ 减压蒸馏时，若要收集不同的馏分而又不中断蒸馏，则可用两叉或多叉尾接管。转动多叉尾接管，就可使不同的馏分进入相应的接收瓶中。在减压蒸馏系统中切勿使用有裂缝或薄壁的玻璃仪器，尤其不能使用不耐压的平底瓶（如锥形瓶等）。

2. 吸收部分（安全系统）

当用油泵进行减压蒸馏时，为了防止易挥发的有机溶剂、酸性物质和水蒸气进入油泵，必须在馏液接收瓶与油泵之间顺次安装缓冲瓶、冷阱、真空压力计和几个吸收塔。

缓冲瓶的作用是缓冲和系统通大气，上面装有一个两通旋塞。

冷阱的作用是将蒸馏装置中冷凝管没有冷凝的低沸点物质捕集起来，防止其进入后面的干燥系统或油泵中。冷阱中冷却剂的选择随需要而定，如可用冰-水、冰-盐、干冰或液氮等。

通常设三个吸收塔（又称干燥塔）：第一个装无水 $CaCl_2$ 或硅胶，吸收水蒸气；第二个装粒状 NaOH，吸收酸性气体；第三个装切片石蜡，吸收烃类气体。

3. 测压装置

实验室通常利用水银压力计或真空表来测量减压系统的压力。水银压力计又有开口式水银压力计、封闭式水银压力计。

4. 抽气装置

实验室通常用水泵、油泵或隔膜泵进行减压。

水泵（或水循环泵）：所能达到的低压力为当时室温下水蒸气的压力。若水温为 6~8 ℃，水蒸气压力为 0.93~1.07 kPa；在夏天，若水温为 30 ℃，则水蒸气压力为 4.2 kPa。用水泵抽气时，应在水泵前装安全瓶，以防止压力下降时，水流倒吸。停止蒸馏时要先放气，然后关水泵。

油泵：油泵的效能取决于油泵的机械结构以及真空泵油的好坏。好的油泵能抽至真空度为 13.3 Pa。油泵结构较精密，工作条件要求较严。蒸馏时，如果有挥发性的有机溶剂、水或酸的蒸气，都会损坏油泵并降低其真空度。因此，使用时必须注意以下几点：① 在蒸馏系统和油泵之间必须装有吸收装置；② 蒸馏前必须先用水泵彻底抽去系统中的有机溶剂蒸气；③ 减压系统必须保持密封不漏气，橡胶管要用厚壁的真空橡胶管，磨口玻璃涂上真空脂，但不宜过多，旋转至磨口处透明即可。

隔膜泵：无油隔膜真空泵是一种无须任何油润滑即能运转工作的机械真空泵，是集高新技术于一体的换代产品，具有结构简单、操作容易、维护方便、不污染环境、使用寿命长等优点。无油隔膜真空泵是高精度色谱仪器、旋转蒸发仪等配套使用的理想产品，主要用于药物分析、精细化工、生物制药、食品检验、刑侦分析等领域。无油隔膜真空泵为蒸发、蒸馏、结晶、干燥、升华、抽滤、减压、脱气提供真空条件，对于溶媒回收，各种剧毒、易燃易爆、强酸、强碱抽取均能实现，是一种应用范围非常广泛的获得真空的基本设备。

5. 旋转蒸发仪

目前实验室常用旋转蒸发仪（如图 2-10 所示）进行一般的减压蒸馏，由于蒸发器的不断旋转，液体在烧瓶的内壁形成一层薄膜，增大蒸发面积，加快了蒸发速率，而且不加沸石一般也不会暴沸。具体操作步骤如下：

① 打开旋蒸的冷凝装置（冷凝水或低温循环水浴）；

② 打开水浴锅，调整温度；

③ 打开真空泵的循环水，开启真空泵；

④ 关闭旋蒸放气旋钮；

⑤ 装上旋转瓶，调整水浴锅的高度（注意：装上旋转瓶后不要立即松手，待瓶内达到一定的负压后再松手，以免旋转瓶掉下来；调整水浴锅高度，使旋转瓶的重力与其所受的浮力相平衡，避免旋转轴因承受过大的力而折断）；

⑥ 当真空度 ≥0.04 MPa 时，打开旋转按钮，调整转速；

⑦ 旋蒸结束后，关闭旋转按钮，打开放气旋钮，降低水浴锅，拆下旋转瓶；

⑧ 处理蒸出的溶剂；

⑨ 关闭水浴锅电源和循环冷凝装置，最后关闭真空泵。

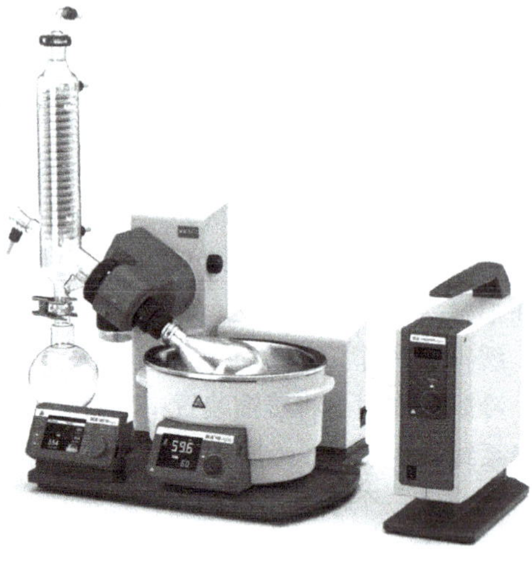

图 2-10 旋转蒸发仪

## 五、实验操作

① 安装仪器装置：按照图 2-11 所示安装好仪器，检查装置的气密性。首先关闭安全瓶上的旋塞，用真空泵抽气，观察能否达到要求的真空度，如果真空保持情况良好，说明系统气密性好。然后慢慢旋开安全瓶上旋塞，放入空气，直到内外压力相等。

② 加料：加入待蒸馏液体的量不能超过烧瓶容积的 1/2。向 50 mL 圆底烧瓶中加入 20 mL 苯甲醛和磁力搅拌子。

③ 减压蒸馏：开启磁力搅拌器，打开安全瓶上的两通旋塞，然后开启真空泵，开始抽气，逐渐关闭旋塞，从压力计上观察系统内压力大小，如果压力过低，小心旋转旋塞，慢慢引进少量空气，使系统达到所要求的压力。当达到所要求压力且压力稳定后，通入冷却水，开始加热，热浴的温度一般比液体的沸点高出 20～30 ℃。慢慢升温，液体沸腾时，调节热源，控制蒸馏速率维持在每秒 1～2 滴，蒸馏过程中密切注意温度计和压力计的读数，记录压力与温度数值。

④ 接收：蒸馏开始有低沸点的前馏分，待观察到沸点稳定不变时，需转动多尾尾接管，接收馏分。

⑤ 结束：蒸馏结束时，应先停止加热，撤去热浴，慢慢旋开安全瓶上的旋塞（一定要慢慢地旋开，切勿快速打开），平衡内外压力，然后关闭真空泵（防止泵中油倒吸），停止通冷却水，最后拆卸仪器。

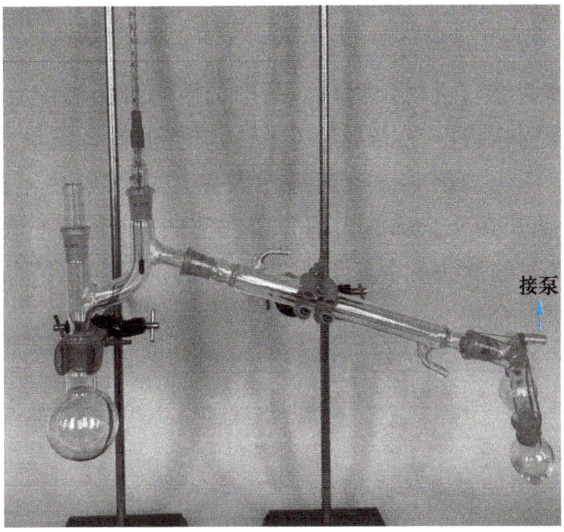


图 2-11　简易减压蒸馏装置

## 思考题

1. 为什么有些化合物需要用减压蒸馏提纯？
2. 使用油泵减压时，常有哪些吸收和保护装置？其作用是什么？
3. 在进行减压蒸馏时，为什么必须先抽真空后加热？
4. 当减压蒸馏完所要的化合物后，应如何停止减压蒸馏？为什么？

（编写：倪祁健　复核：张继坦）

# · 实验六　重结晶及熔点测定 ·

## 一、实验目的

1. 学习重结晶提纯固态有机化合物及熔点测定的原理和方法；
2. 了解熔点测定的意义；
3. 掌握抽滤、热过滤操作和滤纸折叠的方法；
4. 学会并掌握毛细管法和显微熔点测定法测定熔点的操作。

## 二、实验原理

**重结晶**

1. 溶解度与温度的关系

固体有机化合物在溶剂中的溶解度与温度有密切关系。一般是温度升高，溶解度增大。若把固体溶解在热的溶剂中达到饱和，冷却时即由于溶解度降低，溶液变成过饱和而析出结晶。利用溶剂对被提纯物质及杂质的溶解度不同，可以使被提纯物质从过饱和溶液中析出，而让杂质全部或大部分留在溶液中（若杂质在溶剂中的溶解度极小，则配成饱和溶液后被热过滤除去），从而达到提纯目的。一般重结晶只适用于纯化杂质含量在 5%以下的固体有机混合物。

2. 重结晶提纯法的一般过程

选择溶剂⟶溶解固体⟶除去杂质⟶晶体析出⟶晶体的收集与洗涤⟶晶体的干燥

3. 选择适宜的溶剂

在进行重结晶时，选择理想的溶剂是一个关键，常用重结晶溶剂的物理常数如表 2-1 所示。理想的溶剂必须具备下列条件：

① 不与被提纯物质起化学反应。

② 在较高温度时能溶解大量的被提纯物质。而在室温或更低温度时，只能溶解很少量的该种物质。

③ 对杂质的溶解度非常大或非常小（前一种情况在冷却时杂质留在母液中，后一种情况在热滤时杂质被滤出）。

④ 容易挥发（溶剂的沸点较低）易与结晶分离除去。

表 2-1 常用重结晶溶剂的物理常数

| 溶剂 | 沸点/℃ | 凝固点/℃ | 相对密度 | 与水混溶性 | 易燃性 |
|---|---|---|---|---|---|
| 水 | 100 | 0 | 1.00 | +① | 0 |
| 甲醇 | 64.96 | <0 | 0.79 | + | + |
| 乙醇(95%) | 78.1 | <0 | 0.80 | + | ++ |
| 醋酸 | 117.9 | 16.7 | 1.05 | + | + |
| 丙酮 | 56.2 | <0 | 0.79 | + | +++ |
| 乙醚 | 34.51 | <0 | 0.71 | - | ++++ |
| 石油醚 | 30~60 | <0 | 0.64 | - | ++++ |
| 乙酸乙酯 | 77.06 | <0 | 0.90 | - | ++ |
| 苯 | 80.1 | 5 | 0.88 | - | ++++ |
| 氯仿 | 61.7 | <0 | 1.48 | - | 0 |
| 四氯化碳 | 76.54 | <0 | 1.59 | - | 0 |

注：① “+”表示程度的大小，“+”越多，程度越大。

⑤ 能给出较好的结晶。

⑥ 无毒或毒性很小，便于操作。

⑦ 价廉易得。

在无合适的单一溶剂可选时，可选用混合溶剂。混合溶剂一般以两种能以任何比例互溶的溶剂组成，其中一种对被提纯的化合物溶解度较大，而另一种溶解度较小，一般常用的混合溶剂有：乙醇-水、丙酮-水、乙醚-甲醇、乙醚-石油醚、醋酸-水、吡啶-水、乙醚-丙酮、苯-石油醚等。

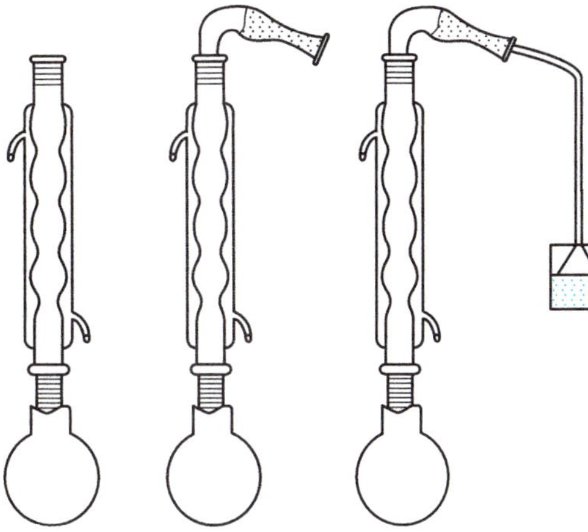

图 2-12　加热回流装置图

4. 将待重结晶物质制成热的饱和溶液

制饱和溶液时，在锥形瓶或圆底烧瓶中加入溶质和一定溶剂，装上球形冷凝管，加热回流（见图 2-12）10 min，若仍有不溶物，继续从冷凝管上口补加溶剂至完全溶解再补加过量 20%溶剂。切不可再多加溶剂，否则冷后析不出晶体。

如需脱色，待溶液稍冷后，加入活性炭（用量为固体 1%~5%），煮沸 5~10 min（切不可在沸腾的溶液中加入活性炭，那样会有暴沸的危险）。

5. 趁热过滤除去不溶性杂质

趁热过滤（见图 2-13）时，先熟悉热水漏斗的构造（热水漏斗事先预热，特别是重结晶溶剂为可燃的有机溶剂时切不可边过滤边加热热水漏斗），将短颈玻璃漏斗放入热水漏斗，再放入菊花滤纸（要使菊花滤纸向外突出的棱角，紧贴于漏斗壁上），先用少量热的溶剂润湿滤纸（以免干滤纸吸收溶液中的溶剂，使结晶析出而堵塞滤纸孔），将溶液沿玻璃棒倒入，过

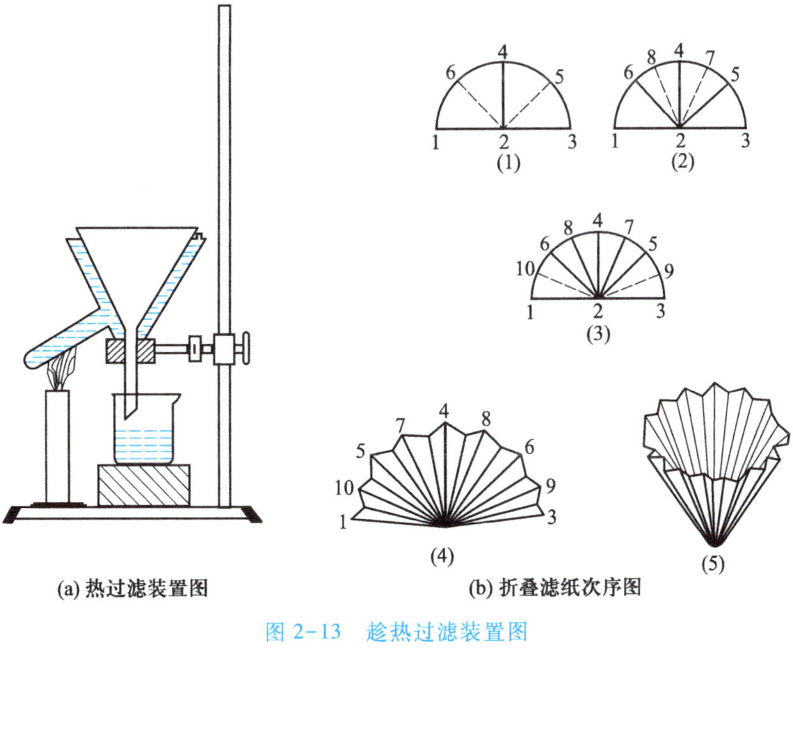


(a) 热过滤装置图　　(b) 折叠滤纸次序图

图 2-13　趁热过滤装置图

滤时，漏斗上可盖上表面皿（凹面向下）减少溶剂的挥发，盛溶液的器皿一般用锥形瓶（只有水溶液才可收集在烧杯中）。

6. 抽滤

抽滤（见图 2-14）前先熟悉布氏漏斗的构造及连接方式，将剪好的圆形滤纸放入，滤纸的直径切不可大于布氏漏斗底面，否则滤纸边缘会翘起，溶液及晶体会从滤纸边缘和漏斗内壁缝隙处流过造成损失。将滤纸润湿后，可先倒入部分滤液（不要将溶液一次倒入）启动水循环真空泵，通过缓冲瓶（安全瓶）上二通旋塞调节真空度，开始真空度可低些，这样不致将滤纸抽破，待滤饼已结一层后，再将余下溶液倒入，此时真空度可逐渐升高些，直至抽“干”为止。

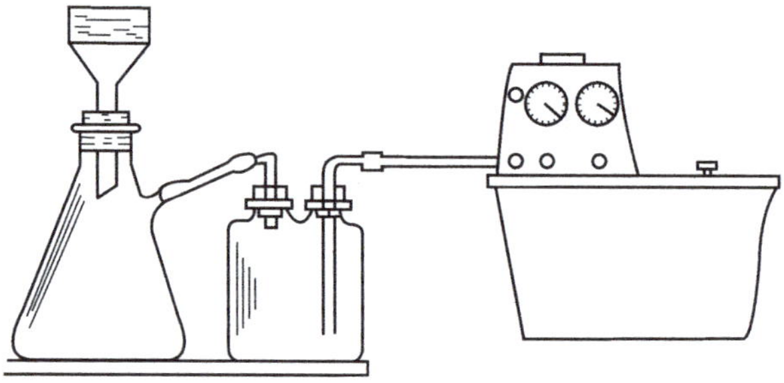

图 2-14　抽滤装置图

停止抽滤时，要先打开放空阀（二通旋塞），再停泵，可避免倒吸。

7. 结晶的洗涤和干燥

用溶剂冲洗结晶再抽滤，除去附着的母液。抽滤和洗涤后的结晶，表面上吸附有少量溶剂，因此尚需用适当的方法进行干燥。固体的干燥方法很多，可根据重结晶所用的溶剂及结晶的性质来选择，常用的方法有如下几种：

① 空气晾干　将抽干的固体物质转移到表面皿上铺成薄薄的一层，再用一张滤纸覆盖以免灰尘沾污，然后在室温下放置，一般要经过几天后才能彻底干燥。

② 烘干　一些对热稳定的化合物可以在低于该化合物熔点 15～20 ℃的温度下进行烘干。实验室中常用红外线灯、烘箱或蒸气浴进行干燥。必须注意，由于溶剂的存在，结晶可能在较其熔点低得多的温度下就开始熔融了，因此必须十分注意控制温度并经常翻动晶体。

③ 用滤纸吸干　有时晶体吸附的溶剂在过滤时很难抽干，这时可将晶体放在几层滤纸上，上面再用滤纸挤压以吸出溶剂。此法的缺点是晶体上易沾污一些滤纸纤维。

④ 置干燥器中干燥　判断干燥与否通常采用恒重法，即相隔一定干燥时间的两次称量之差不大于所用分析天平或托盘天平的允许误差。

**熔点的测定**

晶体有机化合物都具有一定的熔点。其定义为固液两态在大气压下平衡的温度。一个纯化合物从开始熔化（始熔）至完全熔化（全熔）的温度范围叫作熔点距，也称熔点范围或熔程，一般不超过 0.5 ℃。当含有杂质时，不但其熔点下降，而且熔程也增大。由于大多数有机化合物的熔点都在 300 ℃以下，较易测定，故利用测定熔点，可以估计出有机化合物的纯度。怎样理解这种性质呢？可以从分析物质的蒸气压和温度的关系曲线图入手。在图 2-15 中，曲线 *SM* 表示一种物质的固相的蒸气压与温度的关系，曲线 *ML* 表示该物质液相的蒸气压与温度的关系,*SM* 的变化大于 *ML*。两条曲线相交于 *M*,在交叉点 *M* 处,固液两相蒸气压一致,固液两相平衡共存,这时的温度(*T*)为该物质的熔点(melting point,缩写为 mp)。当最后一点固体熔化后,继续供应热量就使温度线性上升(见图 2-16)。这说明纯晶体物质具有固定和敏锐的熔点,要使熔化过程尽可能接近两相平衡状态。在测定熔点过程中,当接近熔点时升温的速率不能快,必须密切注意加热情况,以每分钟上升约 1 ℃为宜。

当被测的晶体物质含有杂质时,根据拉乌尔(Raoult)定律,在一定压力和温度下,往溶剂中增加溶质,将导致溶液的蒸气压降低。图 2-17 中的 $M_1$、$L_1$ 固液两相交叉点 $M_1$ 即代表含有杂质化合物达到熔点时的固液相平衡共存点,$T_1$ 为含杂质时的熔点。

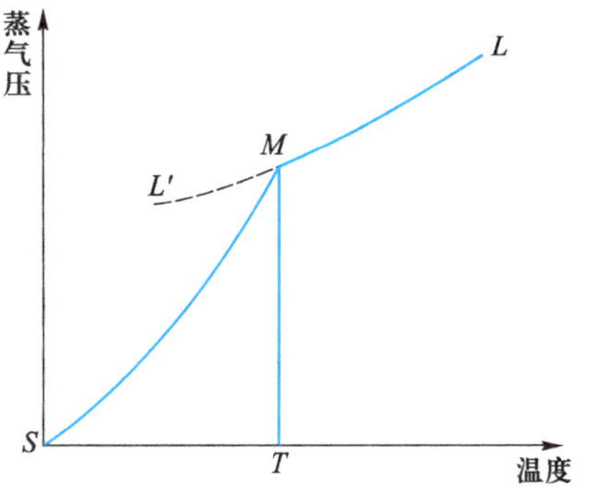


图 2-15 物质的蒸气压和温度的关系曲线

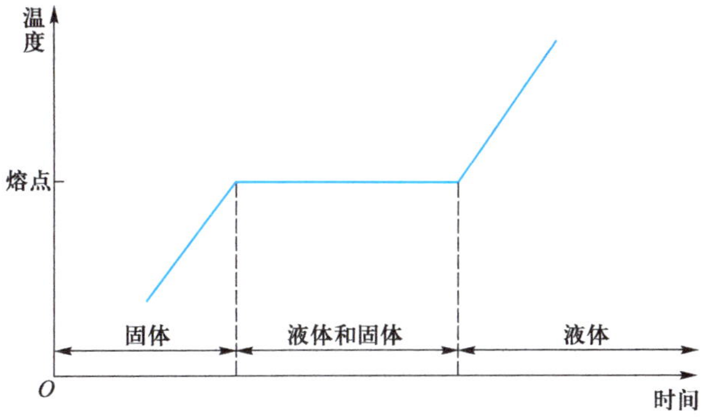


图 2-16 相随着时间和温度而变化

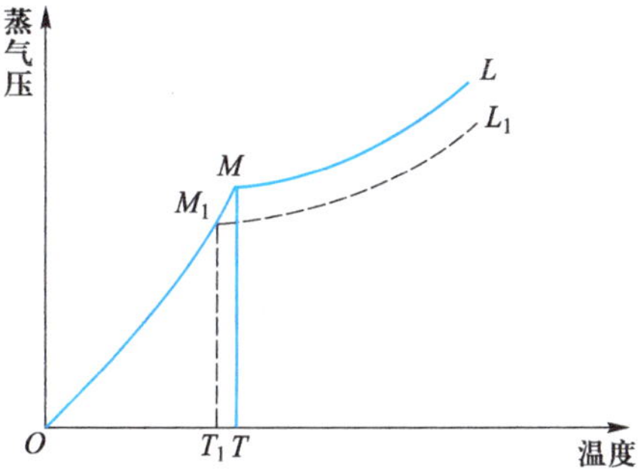


图 2-17 杂质的影响

## 三、仪器与试剂

圆底烧瓶(100 mL)、球形回流冷凝管、烧杯、量筒、锥形瓶、保温漏斗、短颈玻璃漏斗、玻璃棒、布氏漏斗、抽滤瓶、滤纸、真空泵、表面皿、托盘天平、剪刀、调压器、电加热套、熔点仪、熔点管(自制)、温度计、提勒(Thiele)管

粗苯甲酸、蒸馏水、活性炭、浓硫酸、硝酸钠(或硝酸钾)、肉桂酸、尿素

## 四、实验步骤

**重结晶**

称取 1 g 粗苯甲酸置于 100 mL 圆底烧瓶中,加入溶剂水 20 mL,再加入 2 粒沸石,安装回流装置,通冷凝水后加热至沸腾,观察,若瓶中固体没有完全溶解,则从冷凝管顶部加入少量水,每次 1~2 mL,继续煮沸至完全溶解(共 4~5 mL),停止加热。若溶液颜色较深,则须脱色处理。待溶液稍冷后,在圆底烧瓶中加入活性炭(约 0.25 g),继续回流 5~10 min,停止加热,趁热过滤。滤液放置冷却后,有结晶析出,进行抽滤。抽干后,用玻璃

钉或玻璃瓶塞挤压晶体，继续抽滤，尽量除去母液。停止抽滤后，用少量纯溶剂进行晶体洗涤，再次抽干溶剂，取出晶体，放在表面皿上晾干、蒸气浴烘干或放入烘箱（80 ℃左右）烘干，称量。

**熔点测定**

1. 毛细管法测定熔点

① 熔点管　通常用内径约 1 mm、长 60~70 mm、一端封闭的毛细管作为熔点管。这种毛细管的拉制见上册无机化学实验部分实验二。必须指出的是：在拉制毛细管前，一定把玻璃管用洗液洗涤、自来水冲洗、蒸馏水洗净、干燥后才能使用，以防影响熔点测定的准确性。这是初学者常易疏忽的。

② 样品的填装　取 0.1~0.2 g 样品，放在干净的表面皿或玻璃片上，用玻璃棒或不锈钢刮刀研成粉末，聚成小堆，将毛细管的开口插入样品堆中，使样品进入管内，把开口一端向上竖立，轻敲管子使样品落在管底；也可把装有样品的毛细管，通过一根（长约 40 cm）直立于玻璃片（或蒸发皿）上的玻璃管，自由地落下，重复几次，直至样品的高度达到 2~3 mm 时为止。操作要迅速，防止样品吸潮。装入的样品要结实，受热时才均匀。如果有空隙，不易传热，影响结果。

样品：尿素（AR），肉桂酸（AR），肉桂酸和尿素的混合物。样品一定要研得很细，装样要结实。

③ 熔点浴　熔点浴设计最重要的一点是要使受热均匀。实验室常用提勒管熔点测定装置和双浴式测定熔点装置，如图 2-18、图 2-19 所示。

第一种装置，是利用提勒管，又叫 b 形管、熔点测定管（见图 2-18）。将熔点测定管夹在铁架台上，装入浓硫酸[1]于熔点测定管中至高出上侧管时即可。熔点测定管口配一缺口单孔软木塞，温度计插入孔中，刻度应向软木塞缺口。把毛细管中下部用浓硫酸润湿后，将其紧附在温度计旁，样品部分应靠在温度计水银球的中部，并用橡胶圈[2]将毛细管紧固在温度计上（见图 2-20）。温度计插入熔点测定管中的深度以水银球恰在熔点测定管的两侧管的中部为准。加热时，火焰须与熔点测定管的倾斜部分接触。这种装置测定熔点的好处是：管内液体因温度差而发生对流作用，省去了人工搅拌的麻烦。但常因温度计的位置和加热部分的变化而影响测定的准确度。

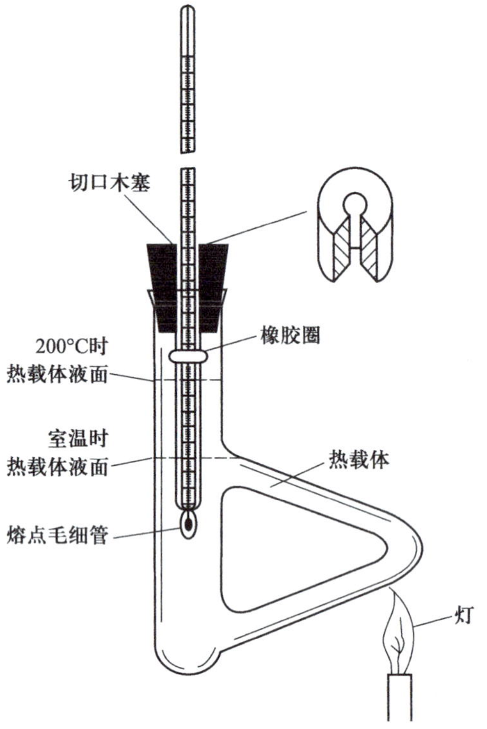


图 2-18　Thiele 管熔点测定装置

第二种装置，是双浴式测定熔点装置（见图 2-19）。将试管经开口软木塞插入 250 mL 圆底烧瓶内，直至离瓶底约 1 cm 处，试管口也配一个开口软木塞，插入温度计，其水银球应距试管底 0.5 cm。瓶内装入约占烧瓶 2/3 容积的加热液体，试管内也放入一些加热液体，使插入温度计后，其液面高度与瓶内相同。熔点管附于温度计上的方法、位置和在b形管中相同。总之，在测定熔点时，样品的熔点低于220 ℃以下，可采用浓硫酸为加热液体（浴液）。但当高温时，浓硫酸将分解放出三氧化硫及水，这时可采用热稳定性优良的硅油为浴液。

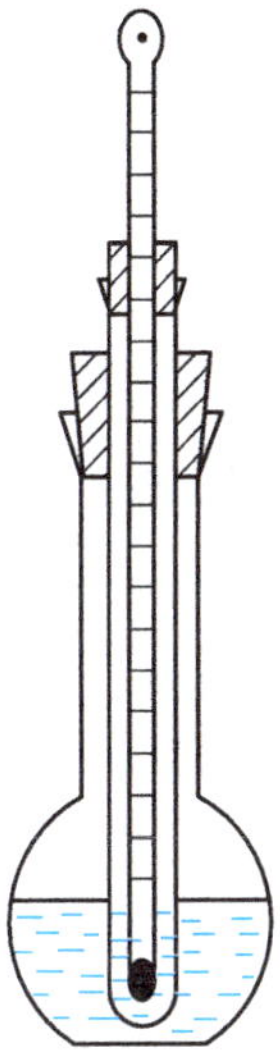

图2-19 双浴式测定熔点装置

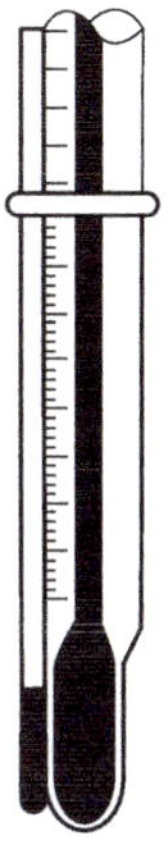

图2-20 毛细管附在温度计上的位置

④ 熔点的测定方法 测定熔点时一定要戴护目镜。当上述准备工作完成之后，把装置放在光线充足的地点操作。熔点测定关键之一就是加热速率，使热能透过毛细管，样品受热熔化，令熔化温度与温度计所示温度一致。一般方法是，先在快速加热下，测定化合物的大概熔点，然后再做第二次测定。第二次测定前，先待热浴的温度下降大约30 ℃，换过一根样品管，慢慢地加热，以每分钟上升约5 ℃的速率升温，当热浴温度达到熔点以下约15 ℃时，应即刻减缓加热速率，以每分钟上升1～2 ℃的速率升温。一般可在加热中途试将热源移去，观察温度是否上升。如停止加热后温度亦停止上升，说明加热速率是比较合适的。当接近熔点时，加热要更慢，每分钟上升0.2～0.3 ℃，此时应该特别注意温度的上升和毛细管中样品的情况。当毛细管中样品开始塌落和有湿润现象，出现小滴液体时，表示样品已开始熔化，为始熔，记下温度；继续微热至微量固体样品消失成为透明液体时，为全熔，即为该化合物的熔程。例如，某一化合物在112 ℃时开始萎缩塌落，113 ℃时有液滴出现，在114 ℃时全部成为透明液体，应记录为：熔点113～114 ℃，112 ℃塌落（或萎缩），以及该化合物的颜色变化。

熔点测定，至少要有两次重复的数据，每一次测定都必须用新的熔点管装新样品，不能使用已测过熔点的样品管。

实验完毕，把温度计放好，让其自然冷却至接近室温时，用废纸擦去硫酸，才可用水冲洗。否则，容易发生水银柱断裂。热浓硫酸待冷却后，方可倒回瓶中。

进行已知物的熔点测定实验，可免去试验步骤。测定未知物的熔点，应该先对样品粗测一次。

2. 特殊样品的熔点测定

特殊样品是指易升华、易吸潮、易分解、低熔点(室温以下)的化合物等。它们熔点的测定与一般样品略有不同。例如,易升华物质的熔点测定,要用两端封闭的毛细管浸入热浴内。具体操作可查阅相关文献。

3. 显微熔点测定法

显微熔点测定法是用显微熔点测定仪或精密显微熔点测定仪测定熔点,其实质是在显微镜下观察被测样品熔化过程。如图 2-21 所示显微熔点测定仪,样品的最小测试量不大于 0.1 mg。

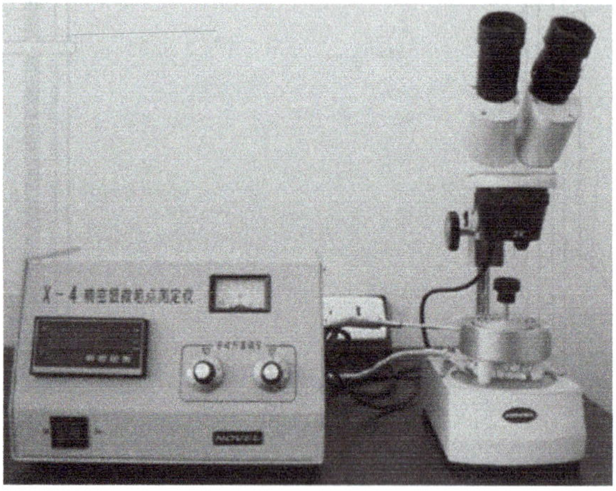

图 2-21 显微熔点测定仪

**注释**

[1] 热浴所用的导热液,通常用浓硫酸、甘油和液体石蜡等。选用哪一种,则依所需温度而定。用浓硫酸作热浴时,应特别小心。不仅要防止灼伤皮肤,还要注意勿使样品或其他有机化合物触及硫酸,所以填装样品时,沾在管外的样品必须拭去。否则,硫酸的颜色会变成棕黑,妨碍观察。如已变黑,可酌加少许硝酸钠(或硝酸钾)晶体,加热后便可褪色。

[2] 从合用的橡胶管上切下一小段,橡胶圈应置于热浴液之上。

## 思考题

1. 有机化合物重结晶一般包括哪几个步骤?各步骤的主要目的是什么?

2. 用活性炭脱色为什么要待固体物质完全溶解后才加入?为什么不能在溶液沸腾时加入?

3. 抽气过滤固体时,为什么在关闭水泵前,先要拆开水泵和抽滤瓶之间的连接?

4. 重结晶时,为什么溶剂不能太多,也不能太少?如何正确控制溶剂量?如果有学生不小心多加了许多溶剂,该如何补救?

(修订:付 亮 复核:张 武)

# ·实验七 柱 色 谱·

## ——染料组分的分离

## 一、实验目的

1. 学会色谱柱的装柱方法，掌握柱色谱操作技能；
2. 掌握柱色谱的基本原理，熟悉用柱色谱分离有机化合物的方法。

## 二、实验原理

色谱法(chromatography)是分离、提纯和鉴定混合物各组分的一种重要方法，有极广泛的用途。它是一种物理化学分离方法，利用混合物各组分的物理化学性质的差异，即在两相间的分配比不同而进行分离。其中一相是固定相，另一相是流动相。常用的色谱法有薄层色谱、柱色谱、纸色谱和气相色谱法等。

色谱法在有机化学中的应用主要包括如下几个方面：

① 分离混合物 一些结构类似、理化性质也相似的化合物组成混合物，一般应用化学方法分离很困难，但用色谱法分离，有时可以得到满意结果。

② 精致提纯化合物 有机化合物中含有少量结构类似的杂质，不易除去，可利用色谱法分离以除去杂质，得到纯品。

③ 鉴定化合物 在条件完全一致的情况下，纯净的化合物在薄层色谱中呈现一定的移动距离，称比移值($R_f$值)。利用色谱法可以鉴定化合物的纯度，或确定两种性质相似的化合物是否为同一物质。

④ 跟踪反应 利用薄层色谱观察原料的变化和新物质生成的情况，以判断反应进行的程度。

其中，柱色谱和薄层色谱在有机化学实验中应用最为广泛。

### (一) 柱色谱

柱色谱(column chromatography，如图 2-22 所示)通常是在色谱柱中填入表面积很大、经过活化的多孔性或粉末状固体吸附剂，当待分离的混合物溶液流过吸附柱时，各种成分被同时吸附在柱的上端。当洗脱剂流下时，由于不同化合物吸附能力不同，被洗脱的速率也不同，于是形成了不同层次，即溶质在柱中自上而下按对吸附剂的亲和力大小分别形成若干“色带”，再用溶剂洗脱时，已经分开的溶质可以从柱上分别洗出收集；或将柱吸干，将色带分隔开，再用溶剂将各色带中的溶质萃取出来。对于在柱上不显色的化合物，可先将其分段收集，然后借助薄层色谱与各种显色方式结合起来鉴定。

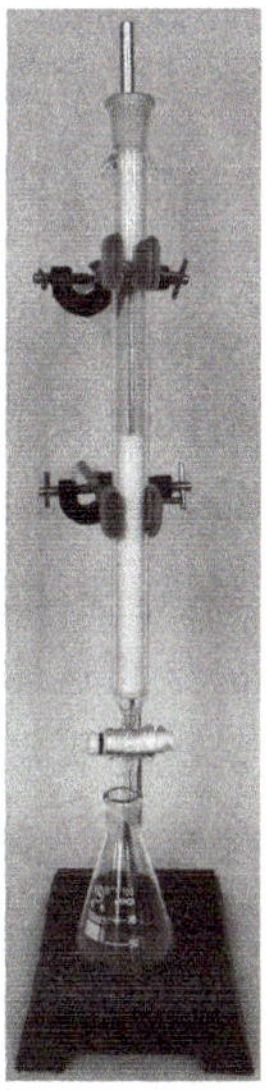

图 2-22 柱色谱示意图

1. 装置

(1) 色谱柱

色谱柱一般是玻璃柱，结构类似于酸式滴定管，根据其内径与长度的不同而有各种型号。根据要处理的样品的量，选用合适大小的色谱柱。

(2) 吸附剂

常用吸附剂有硅胶、氧化铝、氧化镁、碳酸钙和活性炭等，其中硅胶和氧化铝最为常用，二者均为强极性吸附剂。选择吸附剂的首要条件是其与被吸附物及溶剂不发生化学作用。其次，吸附剂颗粒大小也影响分离效果，颗粒太大，流速快，分离效果不太好；颗粒太细分离效果好，但流速太慢。色谱用的氧化铝分为酸性、中性和碱性三类，分别对应酸性物质、中性物质和碱性物质的分离。大多数吸附剂都能强烈地吸水，从而降低其活性，水分含量越高，活性就越低。

化合物的吸附性能与其极性成正比，极性越大，吸附能力就越强。各类化合物的吸附能力按照如下次序递增：

$$\text{Cl—, Br—, I—} < \;>\!\!=\!\!<\; < \text{—OCH}_3 < \text{—COOR} < \;>\!\!=\!\text{O}$$

$$< \text{—CHO} < \text{—SH} < \text{—NH}_2 < \text{—OH} < \text{—COOH}$$

(3) 洗脱剂(溶剂)

吸附剂的吸附能力与吸附剂和洗脱剂(溶剂)的性质有关。选择洗脱剂时还要考虑被分离物质的极性和溶解度。非极性化合物用非极性或弱极性溶剂洗脱，极性化合物因与吸附剂作用力强，要用极性溶剂洗脱。常见溶剂的洗脱能力顺序如下：

正己烷≈石油醚 < 四氯化碳 < 甲苯 < 苯 < 二氯甲烷 < 氯仿 < 乙醚

<乙酸乙酯 < 丙酮 < 丙醇 < 乙醇 < 甲醇 < 水 < 吡啶 < 乙酸

若没有合适的溶剂，也可以用混合溶剂洗脱，而且在实践中混合溶剂的应用更常见。

2. 操作方法

(1) 装柱

首先要根据样品的量和性质来确定色谱柱的大小和吸附剂的用量。吸附柱色谱的分离效果不仅依赖于吸附剂和洗脱剂的选择，还与制成的色谱柱有关。吸附剂用量一般为被分离样品量的 30~100 倍；柱高和直径之比一般是(10∶1)~(20∶1)。对于吸附能力相差较大的物质，容易分离，所用吸附剂可少一些，柱子也可短粗些，这样在保证分离效果的前提下可加快分离速率。若样品在吸附剂上的吸附能力差别较小，则要选择细长的色谱柱，吸附剂的用量也要大些，这可以保证分离效率。

装柱方法有湿法和干法两种。

湿法装柱：取少量脱脂棉放于干净的色谱柱底部并轻轻塞紧，再加少量干净的粗沙(具砂芯色谱柱无须放置脱脂棉)，关闭旋塞。先向柱中倒入一些溶剂，将吸附剂和溶剂调成浆状后，慢慢倒入柱中，打开旋塞，使溶剂流出，吸附剂渐渐下沉，同时用橡胶塞和洗耳球轻轻敲打柱色谱下端，使装填紧密。加完后，让溶剂继续流出，直至吸附剂不再下沉为止。注意操作时一直保持液面不低于吸附剂的上沿。

干法装柱：在色谱柱的上端放一个漏斗，将吸附剂均匀装入柱中，轻敲柱身，使之装填均匀，然后加入溶剂，至吸附剂全部润湿。此法容易使柱中残留空气，影响分离效果。为此，可以从上端加压排气。

装柱高度一般是柱长的3/4。装完后，再在上面加一层约1 cm厚的细沙。敲打柱子，使上端的吸附剂和细沙保持水平。同时保持液面不低于吸附剂的上沿。

(2) 上样

上样的方法也有两种。一种是将样品用溶剂溶解，溶解样品的溶剂极性要小于样品的极性，一般也不高于装柱用的溶剂的极性，以保证样品能够被吸附剂全部吸收，常用正己烷、石油醚、二氯甲烷等。当柱中溶剂液面刚好流至上沿时，用滴管小心均匀地将样品溶液加入柱中，打开旋塞，使溶剂流出，样品吸附在吸附剂上。

若找不到合适的溶剂溶样，可“干法上样”，即将样品用少量极性较大、挥发性好的溶剂如二氯甲烷溶解，然后加入少量吸附剂拌匀，抽干或放入通风橱晾干。当溶剂液面刚好流至吸附剂上沿时，关闭旋塞，将拌好的样品通过干燥的漏斗加入柱中，然后用溶剂润湿，此法一般先上样，然后再在上层加一层石英砂。

(3) 洗脱

用已配好的溶剂洗脱，控制流出速度。整个过程都应有洗脱剂覆盖吸附剂。如以硅胶作吸附剂时，极性小的组分先向下移动，极性较大的留在柱的上端，形成不同的“色带”。对于有色物质，可以观察色带洗脱情况，用锥形瓶收集各组分的洗脱液。若是无色化合物，则可以先用试管分段接收，然后再借助薄层色谱和显色方法鉴定组分。最后将同一组分的洗脱液合并，除去溶剂，即得到相应的组分。

3. 荧光黄和碱性湖蓝BB的分离

荧光黄是橘红色结晶，商品一般是其二钠盐，稀的水溶液带有荧光黄色。碱性湖蓝BB又称亚甲基蓝，可含有3~5个结晶水。三水合物是暗绿色结晶，其稀的乙醇溶液为蓝色。结构式如下：

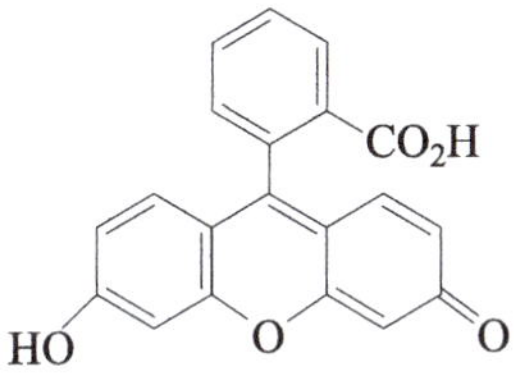

荧光黄

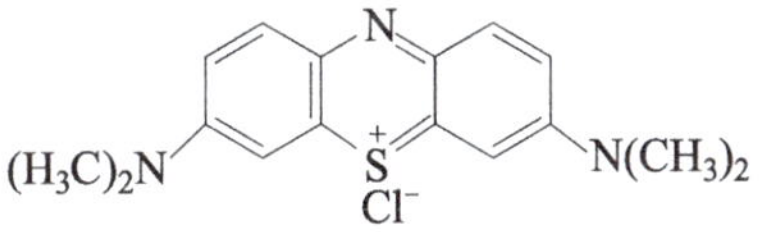

碱性湖蓝BB

本实验以色谱用中性氧化铝为吸附剂，分别以95%乙醇和水为洗脱剂，通过柱色谱方法对荧光黄和碱性湖蓝BB进行分离。

氧化铝和有机分子结合的力有好几种。这些力按其种类不同，强度不一。非极性化合物一般只有范德华力与氧化铝结合，这种力较弱。极性有机化合物的相互作用力较为重要，如偶极-偶极相互作用或某种直接的作用(配位作用、氢键或盐的形成等)，这几种相互作用力强度变化次序大致是：

盐的形成>配位作用>氢键>偶极-偶极>范德华力

一般来说，官能团的极性越强，它与氧化铝就结合得越牢。从结构上看，荧光黄与氧化铝有三种相互作用力存在，一是荧光黄的羧基，能与氧化铝成盐；二是羟基能与氧化铝形成氢键；三是羰基的极性与氧化铝的极性存在偶极-偶极相互作用。此三种作用力存在，荧光黄能够很牢固地被氧化铝吸附。碱性湖蓝 BB 也是极性化合物，其 N 上的孤对电子能与氧化铝存在配位相互作用，但该作用力与荧光黄相比弱得多。从总体上说，碱性湖蓝 BB 分子的官能团极性比荧光黄小，所以与氧化铝结合得不牢。

**（二）薄层色谱**

薄层色谱（thin layer chromatography）常用 TLC 表示，兼有柱色谱和纸色谱的优点，是近年来发展起来的一种微量、快速而简单的分离方法。它是将吸附剂（固定相）均匀地铺在一块玻璃板表面上形成薄层（其厚度一般为 0.1～2 mm），在此薄层上进行色谱分离。由于混合物中的各个组分对吸附剂的吸附能力不同，当选择适当的溶剂（被称为展开剂，即流动相）流经吸附剂时，发生无数次吸附和解吸附过程，吸附力弱的组分随流动相向前移动，吸附力强的组分滞留在后，由于各组分具有不同的移动速率，被流动相带到薄层板不同高度，最终得以在固定相薄层上分离。这一过程可表示为：

$$\text{化合物在固定相} \xrightleftharpoons{K} \text{化合物在流动相}$$

平衡常数 $K$ 的大小取决于化合物吸附能力的强弱。一个化合物越强烈地被固定相吸附，$K$ 值越低，那么这个化合物随着流动相移动的距离就越小。薄层色谱除了用于分离外，更主要的是通过与已知结构化合物相比较来鉴定少量有机化合物的组成。此外，薄层色谱也经常用于寻找柱色谱的最佳分离条件。

样品中各组分的分离效果可用它们比移值 $R_f$ 的差来衡量。$R_f$ 值是某组分的色谱斑点中心到原点的距离与溶剂前沿至原点距离的比值，$R_f$ 值一般在 0～1 之间，当实验条件被严格控制时，每种化合物在选定的固定相和流动相体系中有特定的 $R_f$ 值。$R_f$ 值大表示组分的分配比大，易随溶剂流下。混合样品中，两组分的 $R_f$ 相差越大，则它们的分离效果越好。如图 2-23 所示为两组分混合物薄层色谱分离情况，组分 1 的 $R_f=b/c=0.38$，组分 2 的 $R_f=a/c=0.13$。组分 1 的极性小，组分 2 的极性大。

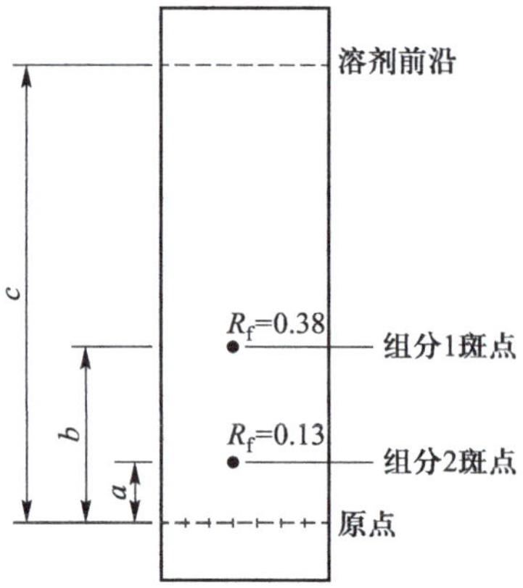


图 2-23 比移值 $R_f$ 的测定

应用薄层色谱进行分离鉴定的方法是将被分离鉴定的样品用毛细管点在薄层板的一端，样点干后放入盛有少量展开剂的器皿中展开。借吸附剂的毛细作用，展开剂携带着组分沿着薄层缓慢上升，由于各组分在展开剂中溶解能力和被吸附剂吸附的程度不同，其在薄层板上升的高度亦不同，$R_f$ 也不同。混合样中各组分可通过比较薄层板上各斑点的位置或通过 $R_f$ 值的测定来进行鉴别。如果各组分本身带有颜色，待薄层板干燥后会出现一系列的斑点；如果化合物本身不带颜色，那么可以用显色方法使之显色，如碘熏显色、喷显色剂或用荧光板在紫外灯下显色等。

## 三、仪器与试剂

色谱柱（15 cm×1.5 cm）、锥形瓶（50 mL）、滴液漏斗（50 mL）

中性氧化铝(100~200 目)、1 mL 溶有 1 mg 荧光黄和 1 mg 碱性湖蓝 BB 的 95%乙醇溶液、95%乙醇、石英砂

## 四、实验步骤

**荧光黄和碱性湖蓝 BB 的分离**

1. 装柱

装置见图 2-24。取 15 cm×1.5 cm 色谱柱一根[1]，垂直装置，以 50 mL 锥形瓶作洗脱液的接收器。

用镊子取少量脱脂棉(或玻璃毛)放于干净的色谱柱底部，轻轻塞紧。再在脱脂棉上盖一层厚 0.5 cm 的石英砂[2]，关闭旋塞，向柱中倒入 95%乙醇至 5~6 cm 高。打开旋塞控制流速为每秒 1 滴。通过干燥的玻璃漏斗慢慢加入 5 g 色谱用中性氧化铝，用木棒或带橡胶塞的玻璃棒轻轻敲打柱身下部，使填装紧密[3]。再在吸附剂上加一层石英砂。操作时一直保持上述流速，注意不能让上层石英砂露出液面[4]。

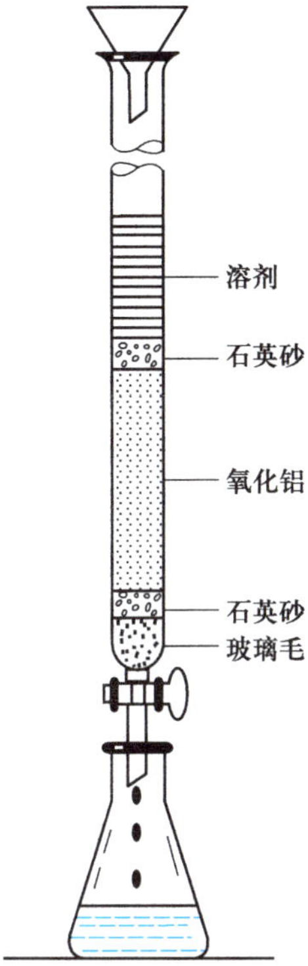

图 2-24　柱色谱装置

2. 层析分离(洗脱)

当溶剂面刚好流至石英砂面时，立即沿柱壁加入1 mL已配好的含有荧光黄和碱性湖蓝 BB 的 95%乙醇溶液，用 95%乙醇洗下管壁的有色物质[5]，如此连续 2~3 次，直至洗净为止。然后在色谱柱上装置滴液漏斗[6]，用 95%乙醇作洗脱剂进行洗脱，控制流速如前。

蓝色的碱性湖蓝 BB 因极性相对较小，首先向柱下移动，极性较大的荧光黄则留在柱的上端。当蓝色的色带快洗出时，更换另一接收器，继续洗脱，至滴出液近无色为止，再换一接收器，改用水作洗脱剂至黄绿色的荧光黄开始滴出[7]，用另一接收器收集至黄绿色全部流出为止，分别得到两种染料的溶液。

**注释**

[1]　如没有色谱柱，可用一支 25 mL 酸式滴定管代替。若有磨口成套色谱柱，则更好。

[2]　加入石英砂的目的是在加料时不致把吸附剂冲起，影响分离效果。若无石英砂也可用玻璃毛或剪成比柱子内径略小的滤纸压在吸附剂面上。

[3]　如填装不紧密或留有气泡断层等现象，则会影响渗透速率和显色的均匀。但如果填装时过分敲击，又会因太紧密而流速太慢。

[4]　为了保持色谱柱的均一性，使整个吸附剂浸泡在溶剂或溶液中是必要的。否则当柱中溶剂或溶液流干时，就会使柱身干裂，影响渗透和显色的均一性。

[5]　最好用移液管或胶头滴管将分离溶液转移至柱中。

[6]　如不装置滴液漏斗，也可用每次倒入 10 mL 洗脱剂的方法进行洗脱。

[7]　若流速太慢，可将接收器改成小抽滤瓶，安装合适的塞子，接上抽气水泵，用抽气水泵减压保持适当的流速。若为磨口色谱柱，亦可在上部用气压球或充惰性气体加压加快其流速。

## 思考题

1. 色谱柱如填充不均匀会有什么影响？如何避免？
2. 柱色谱中为什么极性大的组分要用极性大的溶剂来洗脱？

（编写：张继坦　复核：倪祁健）

# · 实验八　正溴丁烷的合成 ·

## 一、目的与要求

1. 掌握正溴丁烷制备的原理和实验方法；
2. 掌握连有气体吸收装置的回流操作技能；
3. 熟练掌握常压蒸馏、液体干燥、洗涤与分液等操作技能；
4. 了解 Abbe 折射仪的使用。

## 二、实验原理

本实验由正丁醇与氢溴酸反应制得正溴丁烷。其中氢溴酸可直接使用47.5%的浓氢溴酸，也可由溴化钠和硫酸作用产生。由于氢溴酸是一种极易挥发的无机酸，无论是液体还是气体刺激性都很强，因此选用后一种方法较好。在反应过程中，为了防止氢溴酸外逸造成对环境污染、损害人体健康，须在反应装置中加入气体吸收装置。反应式如下：

$$NaBr+H_2SO_4 \longrightarrow HBr+NaHSO_4$$

$$n\text{-}C_4H_9OH+HBr \rightleftharpoons n\text{-}C_4H_9Br+H_2O$$

可能的副反应：

$$2\ CH_3CH_2CH_2CH_2OH \xrightarrow[\triangle]{\text{浓}\ H_2SO_4} CH_3CH_2CH{=}CH_2+CH_3CH{=}CHCH_3+2\ H_2O$$

$$2\ n\text{-}C_4H_9OH \xrightarrow[\triangle]{\text{浓}\ H_2SO_4} (n\text{-}C_4H_9)_2O+H_2O$$

$$3\ H_2SO_4(\text{浓})+2\ NaBr \longrightarrow Br_2+SO_2\uparrow+2\ H_2O+2\ NaHSO_4$$

该反应是可逆的。为了提高产率，本实验采取了硫酸过量的方法，一方面它将产生更高浓度的氢溴酸，加速反应进行，从而起到平衡向右移动的作用；另一方面，还可以将反应生成的水质子化，有效地阻止了逆反应的进行。

在回流过程中反应瓶内呈红棕色,是含有溴的缘故,故须不断振荡烧瓶,以免溴过多地产生。若在水洗涤后仍呈红棕色,可用饱和亚硫酸氢钠除去。反应式为:

$$Br_2+3\ NaHSO_3 \longrightarrow 2\ NaBr+NaHSO_4+2\ SO_2\uparrow +H_2O$$

粗产品中除有副产物正丁醚外,还有未反应的正丁醇,而正丁醇与正溴丁烷形成共沸物(沸点 98.6 ℃,含正丁醇 13%),影响正溴丁烷的质量和产量,所以要用浓硫酸洗涤,除尽少量的正丁醇、正丁醚。

## 三、仪器与试剂

圆底烧瓶(50 mL)、冷凝管(球形和直形)、导气管、玻璃漏斗、烧杯、蒸馏头、真空接液管、接收瓶、分液漏斗、锥形瓶、电加热套、蒸馏弯头(75°)、温度计(250 ℃)、温度计套管、研钵、量筒(10 mL,50 mL)

正丁醇(CP)、无水溴化钠(AR)、5%氢氧化钠溶液、浓硫酸(CP)、饱和碳酸氢钠溶液、饱和亚硫酸氢钠溶液、无水氯化钙(CP)

## 四、实验步骤

在 50 mL 圆底烧瓶中,加入 10 mL 水,滴入 12 mL(0.22 mol)浓硫酸,混匀并冷却至室温,加入 7.5 mL(0.08 mol)正丁醇,混匀后加入 10 g(0.10 mol)研细的溴化钠,充分振摇,再加入 1~2 粒沸石,装上回流冷凝管,在其上端接一吸收溴化氢气体的装置,装置见本实验图 2-25(a)或(b),用 5%氢氧化钠溶液作吸收液。

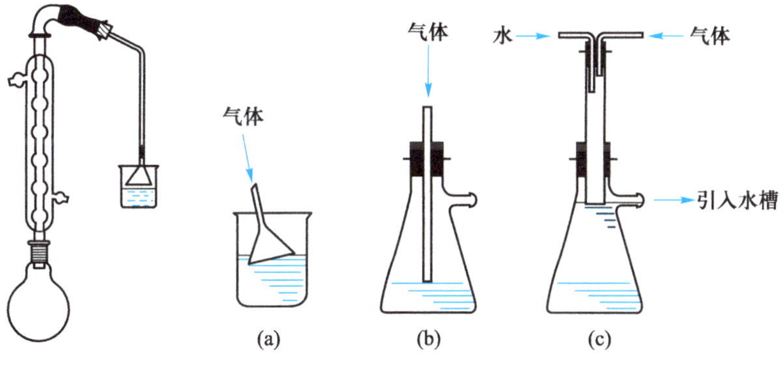


图 2-25　防潮气体吸收回流装置(无须防潮时,可用导气管代替干燥管)

用小火加热回流 0.5 h,在此期间应不断摇动反应装置,以使反应物充分接触。冷却后,改为蒸馏装置,蒸出所有正溴丁烷粗产品。

将馏出液倒入分液漏斗中,加 10 mL 水洗涤分出水层,将有机层倒入另一干燥的分液漏斗中,用 5 mL 浓硫酸洗涤,分出酸层,有机层依次用 10 mL 水、10 mL 饱和碳酸氢钠溶液和 10 mL 水各洗涤一次,将有机层放入干燥的锥形瓶,用无水氯化钙干燥。蒸馏收集 99~103 ℃的馏分。称量,计算产率。

## 五、结果与讨论

1. 实验结果

| 结果 | | 颜色与状态 | 沸点/℃ | 折射率($n_D^{20}$) | 相对密度($d_4^{20}$) | 产量/g | 产率/% |
|---|---|---|---|---|---|---|---|
| 正溴丁烷 | 文献值 | 无色透明液体 | 101.6 | 1.439 9 | 1.276 | 6~7 | 54~63 |
| | 实测值 | | | | | | |

2. 正溴丁烷的红外光谱图和核磁共振氢谱图见图 2-26 和图 2-27。

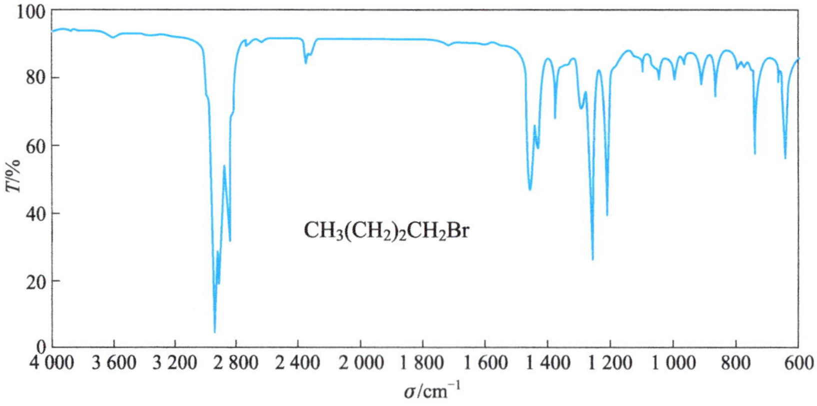


图 2-26 正溴丁烷的红外光谱图

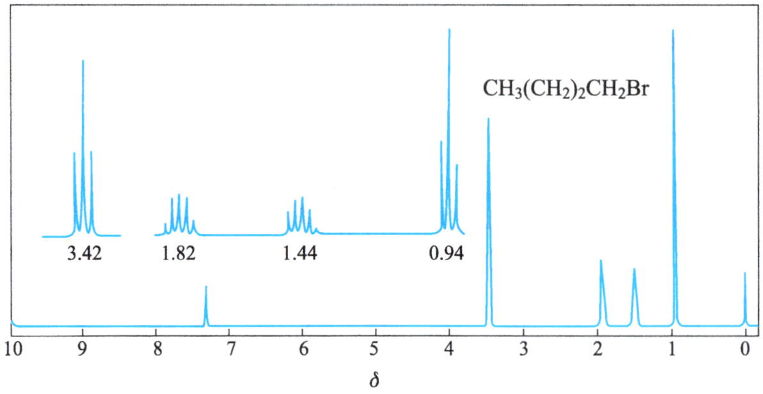


图 2-27 正溴丁烷的 $^1$H NMR(300 MHz)谱图($CDCl_3$)

3. 如果不按实验操作顺序加原料,而是先将溴化钠与浓硫酸混合,后加正丁醇和水,对实验是否有影响?

## 六、实验要点及注意事项

1. 本实验气体的吸收装置是操作重点,若按图 2-25(a)装置,应使漏斗口留点在外面，留大了，气体逸出；不留，系统闭合，一旦反应瓶冷却，水就会倒吸。加料顺序、判断粗产品蒸馏终点及分液是实验成败的关键。

2. 按实验要求顺序加料。

3. 加热回流过程中要经常摇动烧瓶。

4. 检验正溴丁烷粗产品是否蒸馏完全，可用以下 3 种方法进行判断：

① 馏出液是否由混浊变为清亮。

② 蒸馏瓶内液体上层的油层是否消失。

③ 取 1 支盛有清水的试管收集几滴馏出液观察有无油珠出现。无油珠时说明正溴丁烷已蒸完。蒸馏不溶于水的有机化合物时，常用此法检验。

5. 蒸完馏出液（粗产品）后，烧瓶中剩余液体趁热倒入烧杯中，待冷却后，再倒入盛有饱和亚硫酸氢钠废液桶中，以免污染环境。

6. 分液时，要注意根据液体的密度来判断产物在上层还是在下层。通常馏出液用水洗涤时，下层为粗产品上层为水。若未反应的正丁醇较多或因蒸馏的时间过长而蒸出一些氢溴酸的恒沸物，则液层的相对密度可能发生变化，要注意区别。

7. 用浓硫酸洗涤时，要用干燥的分液漏斗，还要充分振荡。使用浓硫酸时千万小心，切勿接触皮肤。

8. 分出的酸层，应中和后再倒入下水道。

## 思考题

1. 本实验中原料之一浓硫酸起何作用？其用量及浓度对实验有何影响？
2. 各步洗涤的目的是什么？并说明在各步洗涤中正溴丁烷在上层还是下层。
3. 为什么用饱和碳酸氢钠水溶液洗涤前，要用水先洗涤一次？
4. 用无水氯化钙干燥的产物，能否将它们一起蒸馏？为什么？如何才是正确的操作？

## 附录　回流和气体吸收装置

1. 回流及回流装置

在有机化学实验中，大多数反应和重结晶样品的溶解往往需长时间加热才得以完成。为了不使反应物或溶剂蒸发损失，以及因其蒸发而导致火灾、爆炸、环境污染等事故发生，多应用回流技术。

在反应中令加热产生的蒸气冷却并使冷却液流回反应体系的过程称为回流。凡能圆满地实现这一过程的工艺称为回流技术。

实验室的回流装置主要由圆底烧瓶、冷凝管和热源等组成。冷凝管可根据需要选用，液体沸点低于 130 ℃时用水冷的球形冷凝管；液体沸点很低时，可用蛇形冷凝管；液体沸点高于 130 ℃时用空气冷凝管。

回流装置的装配与操作：① 物料的加入。一般物料及沸石可事先加入烧瓶中而后再装上冷凝管等，如果物料均是液体，也可在装好冷凝管后从冷凝管上端加入液态物料。物料的体积一般为圆底烧瓶容积的$\frac{1}{3}$~$\frac{1}{2}$,以不超过$\frac{2}{3}$为合适。② 回流装置又可分为防潮气体吸收回流装置(图 2-25),防潮回流装置(图 2-28),同时滴加液体的回流滴加装置(图 2-29),带有电动机械搅拌的回流装置(图 2-30)。③ 冷凝装置操作。为了确保回流效率和安全,用水冷凝管时应先通水后加热及先停止加热后关冷却水,中途不得断水;要通过调节冷却水流量及加热速率来控制回流速率,以液体蒸气浸润界面不超过冷凝管有效冷却长度的$\frac{1}{3}$(或球形冷凝管的第 2 个球)为宜。

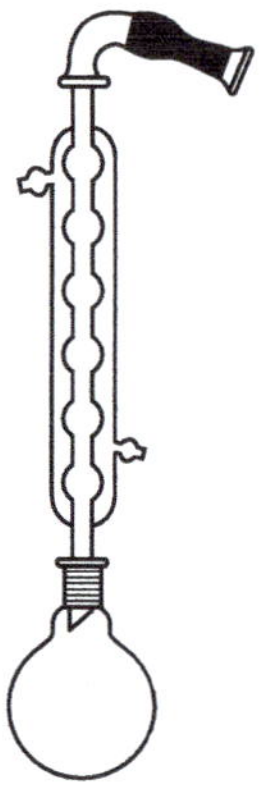

图 2-28 防潮回流装置

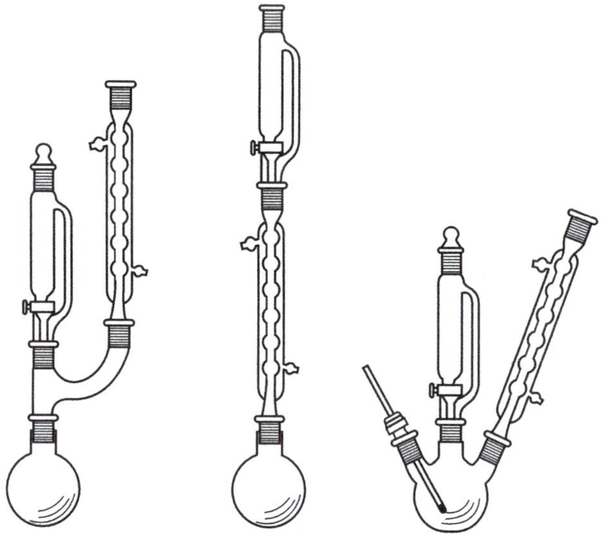

(a) 带有二口接管的回流滴加装置 (b) 从冷凝管顶端滴加的回流装置 (c) 同时装入温度计的回流滴加装置

图 2-29 回流滴加装置

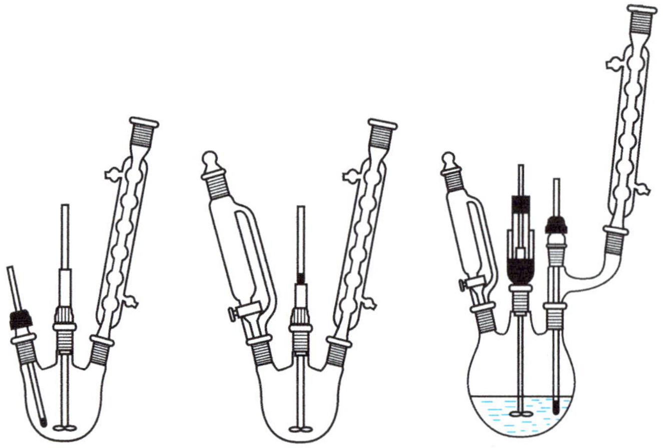

(a) 装有温度计及电动机械搅拌的回流装置 (b) 电动机械搅拌的回流滴加装置 (c) 装有温度计及电动机械搅拌的回流滴加装置

图 2-30 电动机械搅拌装置示例

(大多数实验用电磁搅拌器代替电动搅拌器)

2. 气体吸收装置

图 2-25(a)和(b)可作少量气体的吸收装置,图 2-25(c)适宜有大量气体生成或气体逸出很快的吸收装置。

(编写:杨高升　复核:谢美华)

# · 实验九　正丁醚的合成 ·

## 一、目的与要求

1. 掌握醇分子间脱水制醚的反应原理和实验方法;
2. 学会使用分水器的实验操作技能;
3. 掌握控制反应温度的实验技能;
4. 掌握较高沸点液态有机化合物的蒸馏操作技能。

## 二、实验原理

根据可逆反应平衡移动的原理,在利用可逆反应进行有机合成时,为提高产率或转化率通常有两种做法:① 将产物移出反应体系;② 增加某一反应物浓度提高另一反应物的转化率。在有水生成的可逆反应中,常利用分水器将水移出反应体系,进而达到提高产率之目的。

正丁醚通常是由正丁醇分子间脱水制得的,其反应式如下:

$$2\ CH_3CH_2CH_2CH_2OH \xrightleftharpoons{H_2SO_4,\,134\sim135\ ℃} CH_3CH_2CH_2CH_2OCH_2CH_2CH_2CH_3+H_2O$$

主要副反应为

$$2\ CH_3CH_2CH_2CH_2OH \xrightarrow[>135\ ℃]{H_2SO_4} CH_3CH{=}CHCH_3+CH_3CH_2CH{=}CH_2+2\ H_2O$$

正丁醇在硫酸存在下的脱水反应,与温度密切相关,低温利于分子间脱水成醚,高温利于分子内脱水成烯。

## 三、仪器与试剂

二颈烧瓶(100 mL)、球形冷凝管、分水器、温度计套管、空心塞、圆底烧瓶(25 mL)、梨形烧瓶(25 mL)、蒸馏头、空气冷凝管、真空接液管、温度计(250 ℃)、分液漏斗(50 mL)、锥形瓶(50 mL)、短颈漏斗、烧杯(250 mL)、量筒(25 mL,10 mL)、电加热套、调压器

正丁醇(CP)、浓硫酸(CP)、50%硫酸、无水氯化钙(CP)

## 四、实验步骤

在干燥的 100 mL 二颈烧瓶中,加入 14 mL 正丁醇和 2 mL 浓硫酸,摇动混匀后,加入磁子。按图 2-31 所示装配好实验装置,并在分水器内先装满水。

先从分水器放出约 1 mL 水,然后给反应瓶加热,使瓶内液体微沸,开始回流。随着反应的进行,分水器中液面增高,这是因为反应生成的水、正丁醚及未反应的正丁醇的共沸蒸气经冷凝后聚集于分水器内,由于相对密度的不同,水在下层,而上层较水轻的有机相积至分水器支管时即可返回反应瓶中。反应过程中,水将要充满分水器时,应立即将水定量放出。当分出来的水接近 2 mL,瓶内温度升至 135 ℃左右时,表明反应已基本完成,约需 1 h。如继续加热,则溶液变黑,并有大量副反应发生。

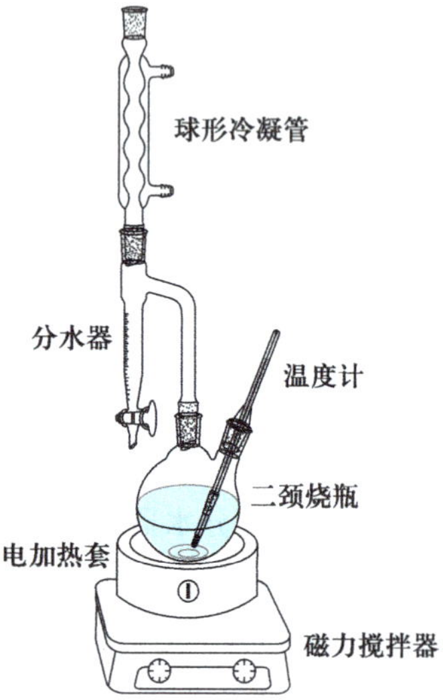

图 2-31　合成实验装置及蒸馏装置

反应物冷却后,把混合物连同分水器里的水一起倒入盛有 25 mL 水的分液漏斗中,充分振荡,静置片刻后,分出粗制正丁醚。用 16 mL 50%硫酸分两次洗涤,再用 10 mL 水洗涤,然后用无水氯化钙干燥。将干燥后的产物小心地滤入圆底烧瓶中,装上蒸馏头,蒸馏并收集 139~142 ℃馏分。

## 五、结果与讨论

1. 实验结果

| 结果 | | 颜色与状态 | 沸点/℃ | 折射率($n_D^{20}$) | 产量/g | 产率/% |
|---|---|---|---|---|---|---|
| 正丁醚 | 文献值 | 无色液体 | 142 | 1.399 2 | 5~6 | 约 50 |
| | 实测值 | | | | | |

2. 使用图 2-31 所示分水装置将反应生成的水移出反应体系应满足的条件是什么?
3. 试分析影响正丁醚产率的因素。
4. 为提高可逆反应产率或转化率所采取的两种常规做法中,哪一种更具绿色化学特征?

## 六、实验要点及注意事项

1. 分水器的使用是本实验的重点,反应温度的控制及反应终点的判断是本实验的关键。
2. 正丁醇与浓硫酸混合时,要注意操作方式,而且要混合均匀。
3. 反应开始时不要加热过猛,随着反应的进行可适当加大加热力度。

4. 分水器的旋塞不是标准磨口，应避免弄乱；使用前要涂上凡士林，以免漏水；用后要在旋塞与塞孔间夹上一小片纸，以免下次使用时旋塞难以开启。

## 思考题

1. 本实验应如何正确地控制反应温度？
2. 精制正丁醚时，各步洗涤的目的是什么？
3. 为什么洗涤正溴丁烷时用浓硫酸，而在洗涤正丁醚时用 50%硫酸？
4. 蒸馏正丁醚应选用何种冷凝管？蒸馏前为什么要滤去干燥剂？
5. 若要由乙醇制备乙醚，该怎么做？
6. 设计一种分水器，可在水较有机化合物轻时使用。

## 附录 几种常见恒沸混合物的恒沸点及组成

本实验利用恒沸混合物蒸馏的方法将反应生成的水不断从反应体系中除去。正丁醇、正丁醚和水可能形成的几种恒沸混合物见表 2-2。

表 2-2 正丁醇、正丁醚和水可能形成的几种恒沸混合物

| 恒沸混合物 | | 恒沸点/℃ | 质量分数/% | | |
|---|---|---|---|---|---|
| | | | 正丁醚 | 正丁醇 | 水 |
| 二元 | 正丁醇-水 | 93.0 | | 55.5 | 44.5 |
| | 正丁醚-水 | 94.1 | 66.6 | | 33.4 |
| | 正丁醇-正丁醚 | 117.6 | 17.5 | 82.5 | |
| 三元 | 正丁醇-正丁醚-水 | 90.6 | 35.5 | 34.6 | 29.9 |

（编写：崔 鹏 复核：张 武）

# · 实验十 苯乙酮的合成 ·

## 一、目的与要求

1. 学习和应用 Friedel-Crafts 酰基化反应合成芳香酮的原理和方法；
2. 掌握无水条件下合成反应的操作技术；
3. 进一步掌握带有干燥管的气体吸收装置的回流操作技能。

## 二、实验原理

合成芳香酮的最常用的方法之一是 Friedel-Crafts 酰基化反应，常用的酰基化试剂是酰氯和酸酐。其中酸酐易得，易纯化，操作简便，无污染，反应平稳且产率高，所得产物易提纯，成为最常用的酰基化试剂。该反应可用 $AlCl_3$、$ZnCl_2$、$SnCl_4$、$FeCl_3$、$BF_3$ 等路易斯酸作催化剂，其中以无水 $AlCl_3$ 和无水 $AlBr_3$ 的催化性能最佳。反应的溶剂常用过量的液体芳烃、二硫化碳、硝基苯等。

本实验以苯与醋酸酐在无水三氯化铝作用下生成苯乙酮，其反应式如下：

$$C_6H_6+(CH_3CO)_2O \xrightarrow{\text{无水 } AlCl_3} C_6H_5COCH_3+CH_3COOH$$

$$C_6H_5COCH_3+AlCl_3 \longrightarrow C_6H_5COCH_3\cdot AlCl_3 \xrightarrow{H_3O^+} C_6H_5COCH_3+AlCl_3$$

$$CH_3COOH+AlCl_3 \longrightarrow CH_3CO\cdot OAlCl_2+HCl\uparrow$$

酰基化反应的催化剂用量比烷基化反应要大得多。对烷基化反应，$AlCl_3/RX$（摩尔比）= 0.1；酰基化反应，$AlCl_3/RCOCl$ = 1.1。本实验 $AlCl_3/(CH_3CO)_2O$ = 2.2。苯既是反应物，也是溶剂。

## 三、仪器与试剂

三颈烧瓶（100 mL）、恒压滴液漏斗（10 mL）、球形冷凝管、直形冷凝管、空心塞、空气冷凝管、干燥管、玻璃漏斗、烧杯、分液漏斗、圆底烧瓶（100 mL，50 mL）、蒸馏头、真空接液管、接收瓶、锥形瓶、温度计（100 ℃，300 ℃）、温度计套管、量筒（100 mL，10 mL）、电加热套、电磁搅拌器、研钵、玻璃棒

无水苯、醋酸酐（重蒸）、无水三氯化铝、浓盐酸、石油醚（30~60 ℃）、5%和 10%氢氧化钠水溶液、无水硫酸镁（AR）、无水氯化钙（CP）

## 四、实验步骤

在 100 mL 三颈烧瓶上，一口装上恒压滴液漏斗，另一口装上回流冷凝管，在冷凝管的上口接一个装有无水氯化钙的干燥管并与氯化氢气体吸收装置相通（见图 2-25，在烧杯中加入 5%氢氧化钠水溶液作为吸收剂），装好电磁搅拌器，向反应瓶中加入 13 g（0.097 mol）粉状无水三氯化铝和 16 mL（约 14 g，0.18 mol）无水苯，开动搅拌器，边搅拌边滴加 4 mL（约 4.3 g，0.042 mol）新蒸馏过的醋酸酐和 4 mL 无水苯的混合液，先加几滴，待反应后再继续滴加（10~15 min 滴完）。此反应为放热反应，应注意控制滴加速率，勿使反应过于剧烈而引起暴沸，以使反应瓶微热为宜。滴加完毕，待反应稍缓和后在热水浴中搅拌并保持缓慢回流，直至无氯化氢气体逸出为止（约需 40 min，此时三氯化铝溶完）。

待反应物冷至室温，在搅拌下将反应混合液慢慢倾入盛有 18 mL 浓盐酸和 35 g 碎冰的烧杯中（在通风橱中进行），若还有固体存在，应补加浓盐酸使其完全溶解。将混合液转入分

液漏斗中，分出有机层，水层用 40 mL 石油醚分两次萃取。将有机层和萃取后石油醚合并，依次用15 mL 10%氢氧化钠水溶液、15 mL 水洗涤，用无水硫酸镁干燥。

将干燥后的粗产品滤入 100 mL 圆底烧瓶，装上蒸馏头，在水浴上将石油醚和苯蒸出回收，冷却，再将粗产品转移到 50 mL 圆底烧瓶并装上蒸馏头，改用空气冷凝管，蒸馏收集 195~202 ℃馏分。

## 五、结果与讨论

1. 实验结果

| 结果 | | 颜色与状态 | 沸点/℃ | 熔点/℃ | 折射率 ($n_D^{20}$) | 相对密度 ($d_4^{20}$) | 产量/g | 产率/% |
|---|---|---|---|---|---|---|---|---|
| 苯乙酮 | 文献值 | 无色透明油状液体 | 202.0 | 20.5 | 1.537 2 | 1.028 1 | 3.5~4.0 | 70~80 |
| | 实测值 | | | | | | | |

2. 苯乙酮的红外光谱图和核磁共振氢谱图，见图 2-32 和图 2-33。

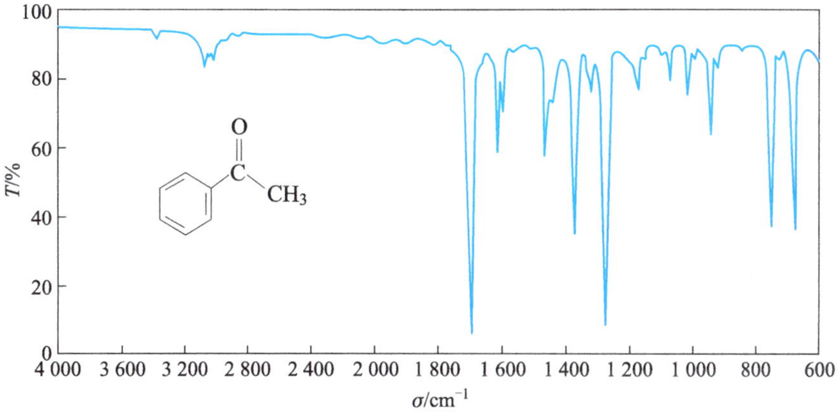


图 2-32　苯乙酮的红外光谱图

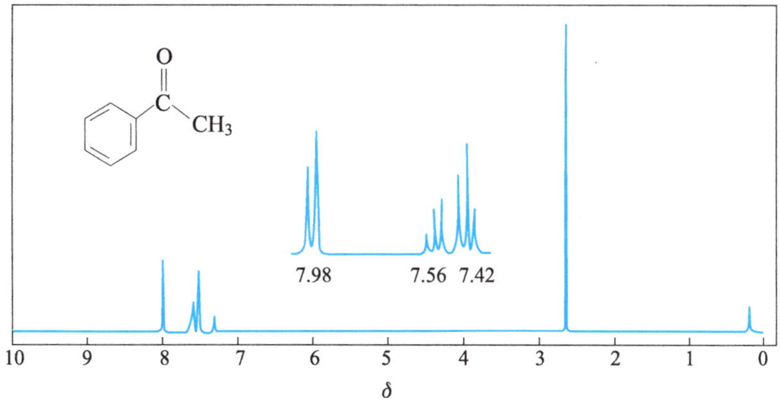


图 2-33　苯乙酮的 ¹H NMR(300 MHz)谱图($CDCl_3$)

3. 在本实验过程中，你认为哪些操作技能已基本掌握？影响苯乙酮产量的因素有哪些？

## 六、实验要点及注意事项

1. 本实验是在无水条件下反应制得苯乙酮，所用药品必须无水，所用仪器必须干燥，这是实验成败的关键。

2. 无水三氯化铝的质量优劣对实验的影响也是至关重要的，优质的应是白色颗粒或粉末状，而已变黄色的为劣质（已吸潮），因为它在空气中易吸潮分解。研细、称量、投料的动作要迅速并立即塞好烧瓶和原试剂瓶瓶盖。

3. 将普通苯处理为无噻吩无水苯的方法见附录。

4. 无水三氯化铝与皮肤接触，会引起灼伤，所以在使用过程中要小心，切勿触及皮肤。

5. 酰基化反应通常控制在 60 ℃以下为宜，温度过高对反应不利，适宜用热水浴加热。

6. 用含盐酸的冰水分解反应混合液时，应在通风橱内进行，减少污染。

7. 蒸出的石油醚和苯一定要回收，切勿弃入下水道。这样既节省药品，又确保安全和保护环境。

### 思考题

1. 为什么要用过量的无水苯和无水三氯化铝？

2. 含有噻吩的苯对本实验有何影响？

3. 本实验用石油醚代替苯萃取水层，为什么？

4. 当酰基化反应结束时，欲使反应瓶中的反应液冷却，应先拆下什么装置才不至于发生意外？

5. 将冷却后的反应液慢慢倒入含有盐酸的冰水中其目的是什么？

## 附录 无噻吩无水苯的制备

普通苯中可能含有少量噻吩，欲除去噻吩，可用等体积 15%硫酸溶液洗涤数次，直至酸层为无色或淡黄色，再依次用水、10%碳酸钠溶液、水洗涤，用无水氯化钙干燥过夜，过滤，蒸馏。

（编写：杨高升 复核：谢美华）

# ·实验十一　乙酰乙酸乙酯的合成·

## 一、目的与要求

1. 了解克莱森(Claisen)酯缩合反应的原理和方法;
2. 学习并掌握无水条件下合成反应的操作技术;
3. 掌握减压蒸馏操作技能。

## 二、实验原理

减压蒸馏又称真空蒸馏,指的是在低于 101 322.3 Pa(即大气压)下进行的蒸馏。液体的沸点是随外界压力的降低而降低的,借助真空降压系统,可以降低被蒸馏液体的沸点,使蒸馏在较低的温度下进行。因此,减压蒸馏广泛应用于一些高沸点的有机化合物或在常压蒸馏时未达到沸点即已发生分解、氧化或聚合的有机化合物的分离与提纯。

具有 $\alpha$-H 的酯在醇钠催化下与另一分子酯作用生成 $\beta$-羰基羧酸酯的反应称为酯缩合反应或叫克莱森酯缩合反应。乙酰乙酸乙酯是由乙酸乙酯在乙醇钠催化下缩合生成的,反应式如下:

$$2\ CH_3COOC_2H_5 \xrightarrow[-C_2H_5OH]{C_2H_5ONa} [CH_3COCHCOOC_2H_5]^-Na^+ \xrightarrow[-CH_3COONa]{CH_3COOH} CH_3COCH_2COOC_2H_5$$

为防止乙醇钠水解,酯缩合反应要在无水条件下进行操作。

## 三、仪器与试剂

圆底烧瓶(50 mL,25 mL,10 mL)、球形冷凝管、空心塞、干燥管、梨形烧瓶(25 mL,10 mL)、克氏蒸馏头、温度计套管、直形冷凝管、双头真空接液管、烧杯(100 mL)、锥形瓶(150 mL)、量筒(10 mL)、蒸馏头、分液漏斗、循环水泵(真空机组,安全瓶,冷阱)、电加热套

金属钠(CP)、乙酸乙酯(AR)、二甲苯(CP)、苯(CP)、醋酸(CP)、饱和食盐水、无水硫酸钠、50%醋酸

## 四、实验步骤

将 0.9 g(约 0.04 mol)清除掉表面氧化膜的金属钠放入一装有球形冷凝管的 50 mL 圆底烧瓶中,立即加入 5 mL 干燥的二甲苯,将混合物加热直至金属钠全部熔融,停止加热,拆下烧瓶,立即用塞子塞紧后包在毛巾中用力振荡,使钠分散成尽可能小而均匀的小珠。随着二甲苯逐渐冷却,钠珠迅速固化。待二甲苯冷却至室温后,将二甲苯倾去(回收),立即加入 10 mL(约0.1 mol)精制过的乙酸乙酯,迅速装上带有氯化钙干燥管的球形冷凝管,反应立即

开始。反应液处于微沸状态。若反应不立即开始,可用小火直接加热,促进反应开始后即移去热源。若反应过于剧烈则用冷水稍微冷却一下。

待剧烈反应阶段过后,利用小火保持反应体系一直处于微沸状态,至金属钠全部作用完毕(约需 2 h)。反应结束时,整个体系为一红棕色的透明溶液(但有时也可能夹带少量黄白色沉淀)。

待反应液稍冷后,将圆底烧瓶取下,然后一边振荡一边不断地加入 50%醋酸,直至整个体系呈弱酸性(pH=5~6)为止。将反应液移入分液漏斗中,加入等体积饱和食盐水,用力振荡后放置,分出有机层,水层用 10 mL 乙酸乙酯萃取,萃取液和酯层合并后,用无水硫酸钠干燥。将干燥过的有机层滤入 25 mL 梨形烧瓶中,蒸去苯及未作用的乙酸乙酯。当馏出液的温度升至 95 ℃时停止蒸馏。瓶内剩余液体进行减压蒸馏(减压蒸馏装置如本章实验五图 2-9所示)。

## 五、结果与讨论

1. 实验结果

| 结果 | | 颜色与状态 | 沸点/℃ | 折射率($n_D^{20}$) | 产量/g | 产率/% |
|---|---|---|---|---|---|---|
| 乙酰乙酸乙酯 | 文献值 | 无色液体 | 180.4(分解) | 1.419 4 | 约 1.8 | 约 35 |
| | 实测值 | | | | | |

2. 无水操作的基本要求是什么?

## 六、实验要点及注意事项

1. 减压蒸馏操作是本实验的重点,保证反应体系无水是实验成败的关键。

2. 处理金属钠所用的二甲苯要回收,一定不能往水池中倾倒。

3. 用醋酸酸化反应液时要适量,注意避免加入过量的醋酸,否则会增加产物在水中的溶解度而降低产率。酸度过高时,易导致产物分解。若溶液已呈弱酸性,仍有少量固体未完全溶解,可加入少量水。

### 思考题

1. 若以丙酸乙酯进行克莱森酯缩合反应,得到什么产物?

2. 使用 50%醋酸及饱和食盐水的目的何在?

3. 为什么要使用减压蒸馏来纯化乙酰乙酸乙酯?

4. 乙酰乙酸乙酯有酮式和烯醇式两种互变异构体,它们在液态或溶液中能自发地互相转变,形成平衡混合物:

$$CH_3-\overset{O}{\overset{\|}{C}}-CH_2COOC_2H_5 \rightleftharpoons CH_3-\overset{OH}{\overset{|}{C}}=CHCOOC_2H_5$$

如何用实验证明之？

5. 为什么进行减压蒸馏时须先抽气才能加热？

## 附录　乙酸乙酯的精制和减压蒸馏简介

1. 乙酸乙酯的精制

在分液漏斗中将普通乙酸乙酯与等体积饱和氯化钙溶液混合并剧烈振荡，洗去其中所含的部分乙醇。经这样 2～3 次洗涤后的酯层用高温烘焙过的无水碳酸钾进行干燥，最后经蒸馏取76～78 ℃馏分。这样处理过的乙酸乙酯（或分析纯的乙酸乙酯）中通常还含有 1%～3%的乙醇，所以实验中通常以乙酸乙酯和金属钠为原料，并以乙酸乙酯为溶剂，利用酯中含有的微量乙醇与金属钠反应来生成乙醇钠。

2. 乙酰乙酸乙酯在常压下蒸馏时很容易分解，生成“去水乙酸”

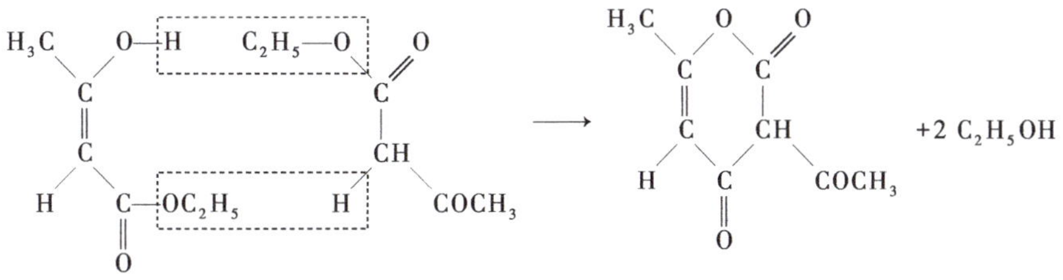

乙酰乙酸乙酯沸点与压力的关系如下：

| 压力/Pa | 10 640 | 7 980 | 5 320 | 3 990 | 2 660 | 2 399 | 1 995 | 1 596 |
|---|---|---|---|---|---|---|---|---|
| 沸点/℃ | 100 | 97 | 92 | 88 | 82 | 78 | 73 | 71 |

3. 减压蒸馏装置

减压蒸馏装置由蒸馏、减压（抽气）和保护等三部分组成，见实验五图 2-9。

蒸馏部分的装置与普通蒸馏装置基本相同，不同的是用克氏蒸馏头代替普通蒸馏头以防止因暴沸或产生泡沫使蒸馏液进入冷凝管；用毛细管代替沸石既可防止暴沸又可起均匀搅拌的作用，在毛细管上端加一段乳胶管并插入一根细铜丝，用螺旋夹夹住，可以调节进气量；也可以用磁搅拌子代替毛细管；用多头真空接液管代替单头真空接液管，便于不同馏分的接收。减压（抽气）部分一般包括泵（真空泵或循环水泵）、压力计（通常用水银压力计，若使用循环水泵则不用压力计，因本身有压力表）。保护部分一般包括缓冲用的安全瓶（也称缓冲瓶）、冷却阱（多用冰-水、冰-盐、干冰或液氮为冷却剂）和吸收塔等，用于冷凝、吸收水蒸气、酸性气体及挥发性有机溶剂，以防止污染泵油、腐蚀油泵机件、降低油泵抽气时的真空度。用循环水泵时则不用冷却阱与吸收塔等。注意各部件之间连接要严密，不能漏气（常要在仪器磨口处涂上真空硅脂以防漏气、方便拆卸）。

4. 减压蒸馏操作程序

① 加入待蒸液体并装好系统，此时安全瓶上旋塞应处于打开状态，螺旋夹处于旋紧状态。

② 打开真空泵，缓缓关闭旋塞，并从压力计上观察系统所能达到的真空度，至略为超过所要求的真空度为止。然后，慢慢旋松螺旋夹，控制空气导入量以能冒出一连串的小气泡为宜（若用磁搅拌子代替毛细管，开启电磁搅拌器搅拌）。再通过调节旋塞和螺旋夹达到所要求的真空度。

③ 开通冷却水，给烧瓶加热，进行蒸馏。

④ 蒸馏结束后应先停止加热，关闭冷却水，待体系稍冷后慢慢打开螺旋夹、安全瓶上旋塞，内外压力平衡后关闭真空泵。

5. 减压蒸馏时应注意的问题

① 开始前要检查系统气密性；

② 待蒸馏的液体不能超过圆底烧瓶容积的$\frac{1}{3}$；

③ 圆底烧瓶浸入浴液不超过$\frac{2}{3}$；

④ 浴液温度一般应控制在比圆底烧瓶中液体预期的沸点高 20~30 ℃；

⑤ 蒸馏速率以馏出液每秒 1 滴为宜；

⑥ 减压蒸馏过程中要密切注意并随时记录压力、馏出液沸点、浴液温度等数据；

⑦ 蒸馏过程中要中断（如换接收瓶等）时的操作与结束减压蒸馏操作相同。

6. 液体的沸点与外界压力有关

液体在常压下的沸点与减压下的沸点的近似关系见实验五图 2-8。

该图具体使用方法：分别在两条线上找出两个已知点，用一把小尺子将两点连接成一条直线，并与第三条线相交，其交点便是要求的数值。例如，水在 760 mmHg 时沸点为 100 ℃，若求20 mmHg时的沸点，可先在 B 线上找到 100 ℃这一点再在 C 线上找到 20 mmHg，将两点连成一条直线并延伸至 A 线与之相交，其交点便是 20 mmHg 时水的沸点（22 ℃）。利用此图也可以反过来估计常压下的沸点和减压时要求的压力。

（编写：杨高升　复核：谢美华）

## · 实验十二　甲基橙的合成 ·

### 一、目的与要求

通过甲基橙的合成，学习应用重氮化反应和偶合反应制备偶氮染料的实验原理和操作技能。

## 二、实验原理

甲基橙是由对氨基苯磺酸与亚硝酸钠和盐酸,经重氮化反应及在弱酸介质中偶合得到的。它是一种酸碱指示剂。

重氮化反应是指芳香族伯胺与亚硝酸钠在冷的无机酸水溶液中作用生成重氮盐的反应。重氮盐的用途主要有两类,一类是重氮基团被各种基团(如—OH,—F,—Cl,—Br,—I,—CN,—$NO_2$,—H 等)取代,生成相应的芳香族化合物并放出氮气,称为取代反应;另一类是偶合反应,即重氮盐在一定的介质中与芳香胺或酚偶合,生成各种偶氮化合物,在染料工业上十分重要。

为了避免生成的重氮盐与未重氮化的芳香胺偶合等副反应的发生,重氮化反应的 pH 不能低于 2。反应温度为 0~5 ℃,可避免重氮盐分解成酚类。偶合反应介质的 pH 的控制,视偶合组分不同而不同,若偶合组分是芳香胺,通常 pH 为 5~7,因为在强酸介质中,芳香胺容易转变为铵盐,不利于与重氮盐偶合;若为酚,则 pH 约为 10,此时酚转变为酚氧负离子,有利于与重氮盐偶合。本实验的反应式如下:

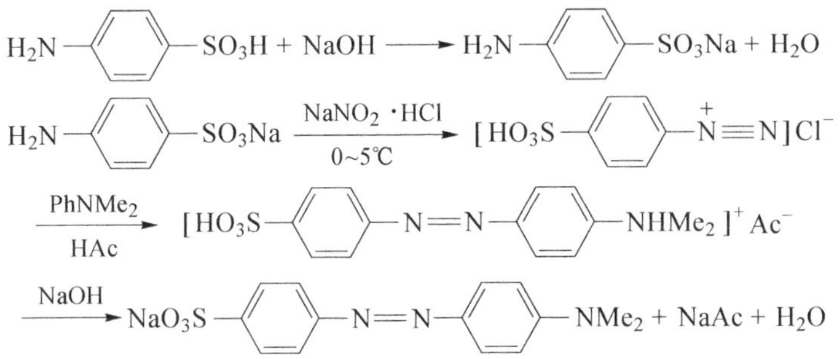


本实验在偶合反应中,先得到嫩红色的酸式甲基橙,称酸性黄,在碱性中酸性黄转变为橙黄色钠盐,即甲基橙。

## 三、仪器与试剂

烧杯(50 mL,100 mL,500 mL)、玻璃棒、温度计(100 ℃)、量筒(10 mL,100 mL)、试管、布氏漏斗、吸滤瓶、水泵、滴管、吸液管、洗耳球

对氨基苯磺酸(AR)、*N*、*N*-二甲基苯胺(AR)、0.4%,5%和 10%氢氧化钠水溶液、亚硝酸钠(AR)、浓盐酸(CP)、冰醋酸(AR)、95%乙醇(CP)、乙醚(CP)、饱和食盐水

## 四、实验步骤

1. 对氨基苯磺酸重氮盐的制备

在 100 mL 烧杯中加入 2 g 对氨基苯磺酸晶体(约 0.01 mol)、10 mL 5%氢氧化钠水溶液,在热水浴中温热使其溶解,冷却至室温后,加入 0.8 g 亚硝酸钠,溶解后,在冰盐浴中冷却至 0~5 ℃并搅拌下,将该混合液分批滴加到盛有 13 mL 冰水和 2.5 mL 浓盐酸的 50 mL 烧杯

中，使温度始终保持在 5 ℃以下，反应液由橙黄色变为乳黄色，并有白色细粒状沉淀产生。滴完后，用淀粉-碘化钾试纸检验。然后在冰浴中放置 15 min，以保证反应完全。

2. 偶合制备甲基橙

在试管中将加入的 1.3 mL *N*,*N*-二甲基苯胺和 1 mL 冰醋酸振荡使其混合均匀。在搅拌下将此溶液慢慢滴加到上述冷却的重氮盐溶液中，加完后，继续搅拌 10 min，此时有嫩红色的酸性黄沉淀析出。在冷却下搅拌，慢慢加入 15 mL 10%氢氧化钠水溶液，此时反应物变为橙黄色浆状物，搅拌均匀，在沸水浴上加热 5 min（使固体陈化），冷却使晶体完全析出。抽滤，用 20 mL 饱和食盐水分两次冲洗烧杯，并用于洗涤产品，然后依次用少量乙醇、乙醚洗涤，压干，得到粗产品，称量，计算产率。

3. 重结晶

将粗产品用 0.4%氢氧化钠水溶液（每克粗产品加 15~20 mL）进行重结晶，得到橙黄色明亮的小叶片状晶体。

溶解少许甲基橙于水中，加入几滴稀盐酸，随后用稀氢氧化钠溶液中和，观察颜色变化。

## 五、结果与讨论

1. 实验结果

| 结果 | | 颜色与状态 | 产量/g | 产率/% | 指示剂颜色变化 | | 备注 |
|---|---|---|---|---|---|---|---|
| | | | | | 加酸 | 加碱 | |
| 甲基橙 | 文献值 | 橙黄色明亮小叶片状晶体 | 2.5 | 76 | | | 甲基橙无明确的熔点，故不必测定熔点 |
| | 实测值 | | | | | | |

2. 甲基橙的红外光谱图（见图 2-34）

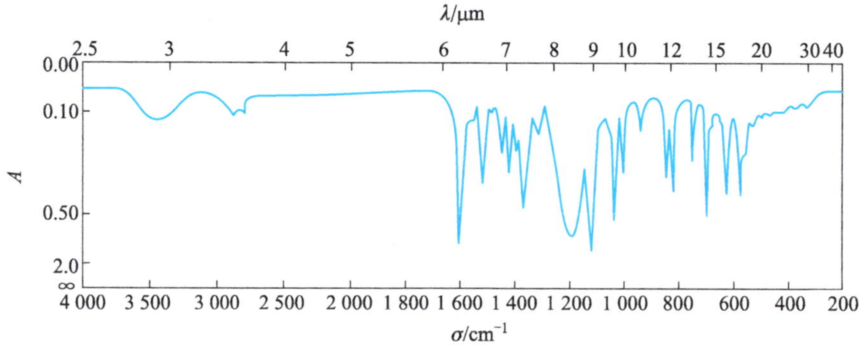


图 2-34　甲基橙的红外光谱图

3. 试分析你制得产品质量的优劣。

## 六、实验要点及注意事项

1. 本实验的温度控制及搅拌是影响甲基橙质量和产率至关重要的操作。

2. 由于重氮化反应是在酸性溶液中进行，而原料对氨基苯磺酸是两性化合物，且酸性比碱性强，以酸性内盐形式存在，所以先加入碱，形成水溶性较大的对氨基苯磺酸钠盐。

3. 由于对氨基苯磺酸重氮盐在水中可以解离，形成中性内盐（$^{-}O_3S-C_6H_4-\overset{+}{N}\equiv N$），在低温时难溶于水而形成小颗粒沉淀。

4. 亚硝酸钠的用量对重氮化反应影响很大，不够量，使对氨基苯磺酸不能完全重氮化，过量的亚硝酸能起氧化和亚硝化作用。用淀粉-碘化钾试纸检验，若试纸不显蓝色，应补加亚硝酸钠，并充分搅拌直至试纸刚呈蓝色；若已显蓝色，表明亚硝酸过量，此时应加入少量尿素以除去过量的亚硝酸。有关反应式如下：

$$2\ HNO_2 + 2\ KI + 2\ HCl \longrightarrow I_2 + 2\ NO\uparrow + 2\ H_2O + 2\ KCl$$

$$H_2N-\overset{\overset{\large O}{\|}}{C}-NH_2 + 2\ HNO_2 \longrightarrow CO_2\uparrow + 2\ N_2\uparrow + 3\ H_2O$$

5. *N*,*N*-二甲基苯胺容易被氧化，需要重新蒸馏后使用。该试剂有毒，要在通风橱中进行蒸馏，并尽量避免触及皮肤。

6. 为了使偶合反应较快地进行（即加大 *N*,*N*-二甲基苯胺的浓度）和产品纯度好及产率高，建议在重氮化反应（此时 pH = 2）到偶合反应时，可加入醋酸钠或碳酸钠，调节介质的 pH 为 5~7，再进行偶合反应。

7. 甲基橙在水中溶解度较大，在洗涤时用饱和食盐水，以减少损失。重结晶时加水也不宜过多。重结晶操作应迅速，否则由于产品呈碱性，温度高时易变质，颜色加深，此时可先将水煮沸，再加入晶体。用乙醇、乙醚洗涤产品，其目的是促使它迅速干燥。

8. 甲基橙加稀盐酸，随后加稀氢氧化钠中和，其反应式如下：

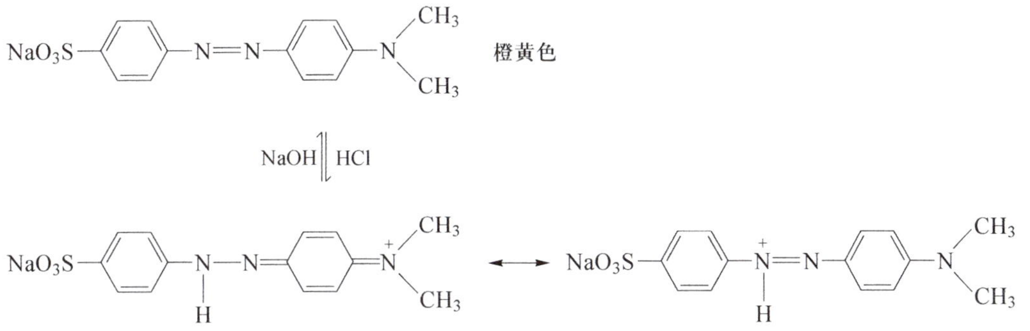


红色

## 思考题

1. 本实验在重氮化反应时，为何控制温度在0~5 ℃？偶合反应为何要在弱酸性介质中进行？

2. 在本实验中无论重氮化反应还是偶合反应，搅拌是至关重要的操作，为什么？

3. 试拟定合成甲基红 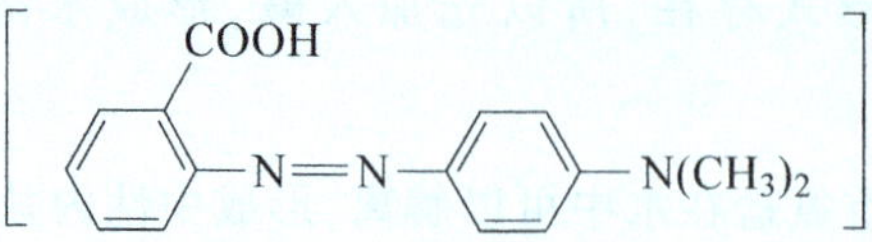 的实验方法（原料、反应原理、实验步骤）。

（编写：谢筱娟　复核：杨高升）

# · 实验十三　多步骤合成三苯甲醇 ·

## 一、目的与要求

1. 了解格氏试剂的制备、应用和进行格氏反应的条件；
2. 掌握苯甲酸乙酯的合成原理和方法；
3. 初步体会多步骤合成的重要性和艰巨性；
4. 初步学会综合运用所学知识和技能解决实际合成问题。

## 二、实验原理

1. 参考合成路线

$$甲苯\xrightarrow{氧化}苯甲酸\xrightarrow{酯化}苯甲酸乙酯\xrightarrow{格氏反应}三苯甲醇$$

2. 有关合成反应

（1）甲苯氧化制备苯甲酸

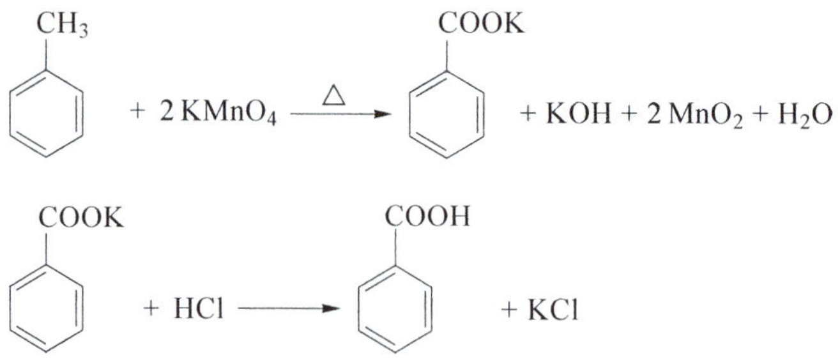

(2) 苯甲酸酯化制备苯甲酸乙酯

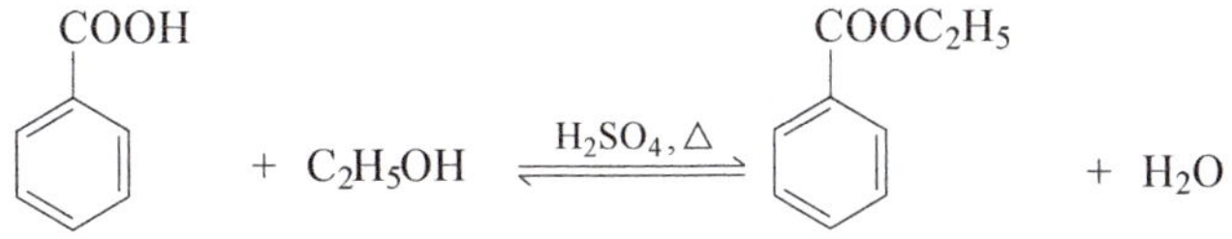


(3) 制备格氏试剂——苯基溴化镁

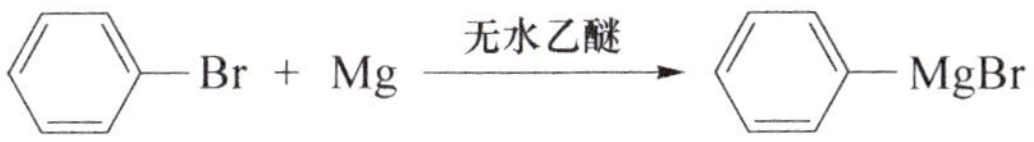


主要副反应

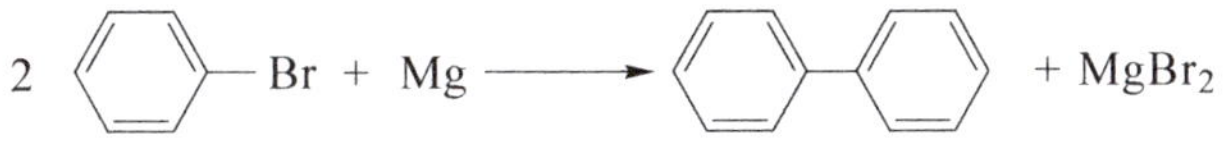


格氏试剂(如苯基溴化镁)为金属有机试剂(含 C—M 键),对空气中的 $H_2O$、$O_2$、$CO_2$ 敏感,可发生下列反应

$$RMgX + H_2O \longrightarrow RH + Mg(OH)X$$

$$RMgX + O_2 \longrightarrow ROOMgX \xrightarrow{RMgX} ROMgX$$

$$RMgX + CO_2 \longrightarrow RCOOMgX$$

(4) 利用格氏反应制备三苯甲醇

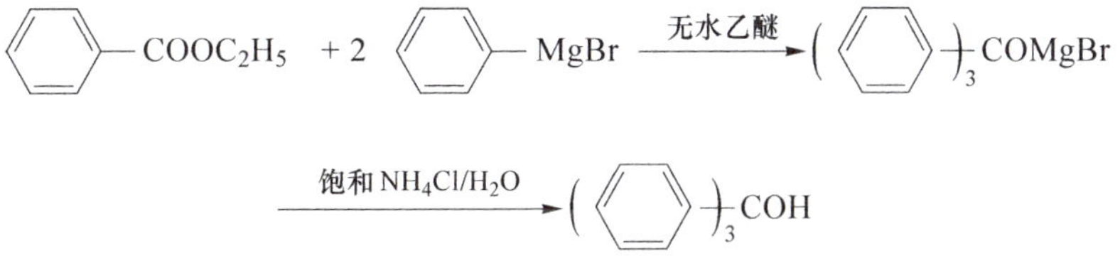


## 三、仪器与试剂

仪器(自拟)

甲苯(CP)、高锰酸钾(CP)、无水乙醇(CP)、95%乙醇(CP)、环己烷(CP)、溴苯(CP)、镁条(CP)、乙醚(CP)、无水乙醚(AR)、盐酸(CP)、硫酸(CP)、氯化铵(CP)、碳酸钠(CP)、无水氯化钙(CP)、石油醚(CP,90~120 ℃)

## 四、实验步骤(参考)

1. 甲苯氧化制备苯甲酸

加入 6 mL 甲苯、180 mL 水,加热回流至沸腾。从冷凝管上口分数批加入 18 g 高锰酸钾,并用水冲洗冷凝管内壁。继续煮沸并时常摇动烧瓶,至甲苯反应完(需 4~5 h)。趁热减

压过滤，冷却，用盐酸酸化（至 pH=2），抽滤，纯化，并检查其纯度。

2. 苯甲酸酯化制备苯甲酸乙酯

加入 3 g 苯甲酸、7 mL 无水乙醇、10 mL 环己烷及 2 mL 浓硫酸，电磁搅拌并加热回流分出反应生成的水。反应结束后，常压蒸出环己烷及未反应的乙醇，将残留液转入盛有 15 mL 冷水的烧杯中，搅拌下分批加入碳酸钠粉末中和至无二氧化碳生成为止（pH=7）。分液，水层用 10 mL 乙醚萃取，合并有机层，并用无水氯化钙干燥。蒸馏，先回收乙醚，再收集 211~213 ℃馏分（或采用减压蒸馏），得苯甲酸乙酯。检查纯度。

3. 制备格氏试剂——苯基溴化镁

于反应瓶中加入 1.2 g 镁，1 小粒碘。用滴液漏斗滴入 6 mL 溴苯和 20 mL 乙醚的混合溶液，方法是先加 5 mL 左右，待反应开始后，将剩下的溶液滴入，维持反应呈微沸状态，并启动电磁搅拌器。加完后，水浴加热回流 0.5 h，使镁几乎作用完，冷却后，即得到苯基溴化镁。

4. 利用格氏反应制备三苯甲醇

搅拌下，自滴液漏斗向上述苯基溴化镁溶液中滴入 2.7 mL 苯甲酸乙酯和 6 mL 无水乙醚的混合溶液，加完后，水浴加热回流 0.5 h。冰水冷却并在搅拌下自滴液漏斗慢慢滴加氯化铵水溶液（6 g 氯化铵和 45 mL 水），分解加成产物。然后水浴蒸馏回收乙醚，水蒸气蒸馏除去少量未反应的溴苯及副产物联苯等杂质。冷却，抽滤，重结晶[石油醚（90~120 ℃）-95%乙醇体积比 2∶1]。鉴定。

## 五、结果与讨论

1. 实验结果

| 结果 | | 颜色与状态 | 熔点/℃ | 沸点/℃ | 产量/g | 产率/% |
|---|---|---|---|---|---|---|
| 苯甲酸 | 文献值 | 白色针状结晶 | 120~121 | — | 约 3.3 | 约 50 |
| | 实测值 | | | — | | |
| 苯甲酸乙酯 | 文献值 | 无色液体 | — | 211~213 | 约 3 | 约 80 |
| | 实测值 | | — | | | |
| 三苯甲醇 | 文献值 | 白色片状结晶 | 160~162 | — | 约 2.4 | 约 48 |
| | 实测值 | | | — | | |

2. 试分析影响各步产率的因素。

3. 计算总产率。

## 六、实验要点及注意事项

1. 综合运用所学知识与操作技能解决实际合成问题是本实验的重点。

2. 多步骤合成中确保各步中间产物的纯度是关键。

3. 具体反应的注意事项，请学生们自己考虑。

## 思考题

1. 制备苯甲酸时，若滤除二氧化锰后的滤液呈紫色说明什么？该如何处理？若得到的苯甲酸又不够纯净，如何纯化？

2. 以苯甲酸酯化制备苯甲酸乙酯时，采取何种方法除去反应生成的水？为什么要加环己烷？后处理中加碳酸钠的目的是什么？

3. 制备格氏试剂，进行格氏反应时，对所用仪器、试剂、溶剂各有哪些要求？为什么？

（编写：杨高升　复核：张　武）

# · 实验十四　Cannizzaro 反应 ·

**——呋喃甲醇和呋喃甲酸的合成**

## 一、目的与要求

1. 掌握 Cannizzaro 反应原理及应用；
2. 掌握有机化合物的分离提纯方法。

## 二、实验原理

无 $\alpha$-氢原子的醛（如芳香醛、甲醛或三甲基乙醛等）在浓碱的作用下发生自身氧化还原反应（歧化反应），生成相应的醇和羧酸盐。意大利化学家 Cannizzaro 通过用草木灰处理苯甲醛，得到了苯甲酸和苯甲醇，这种反应称为 Cannizzaro 反应。例如：

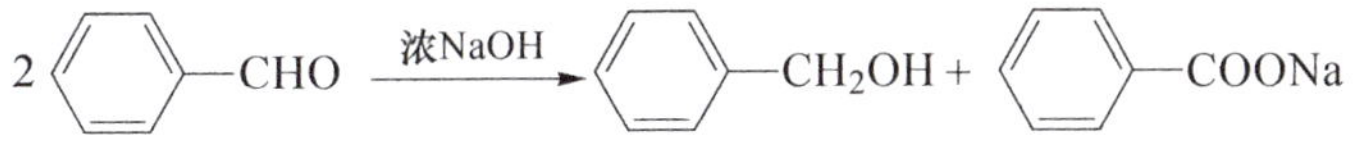


Cannizzaro 反应首先发生碱对羰基的亲核加成，四面体型中间体（I）由于氧原子带有负电荷，具有给电子性，使得邻位碳原子排斥电子的能力大大增强。碳原子上的氢原子带着一对电子以氢负离子的形式转移到醛的羰基碳原子上，形成一个醇盐负离子和一个羧酸。接着进行质子的转移产生了相应的醇和羧基盐。Cannizzaro 反应中的水可以参与反应，生成氢气，也证实了氢负离子转移的过程。

反应机理如下：

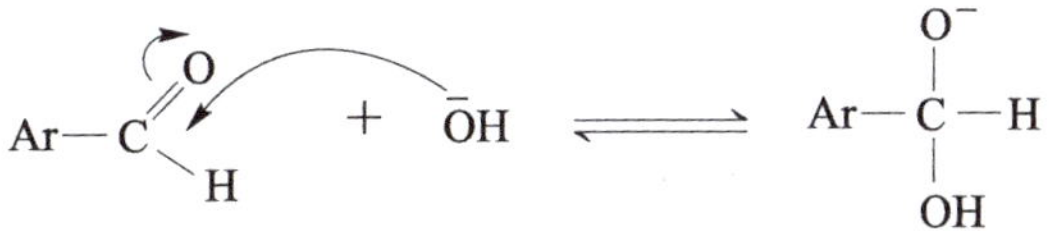


(I)

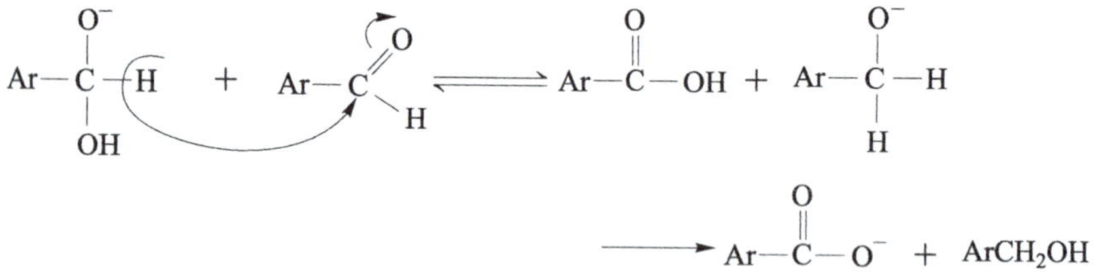

在 Cannizzaro 反应中，通常使用 50%的浓碱，其中碱的物质的量比醛的物质的量常常多一倍以上，否则反应不易完全，未反应的醛与生成的醇混在一起，通过一般蒸馏难以分离。

如应用稍过量的甲醛水溶液与醛（摩尔比为 1.3∶1）反应时，则可使所有的醛还原成醇，而甲醛则氧化成甲酸，这称为交叉 Cannizzaro 反应。例如：

$$ArCHO + HCHO \xrightarrow{NaOH} ArCH_2OH + HCOONa$$

本实验学习呋喃甲醛制备呋喃甲酸和呋喃甲醇的原理和方法，加深对 Cannizzaro 反应的认识。

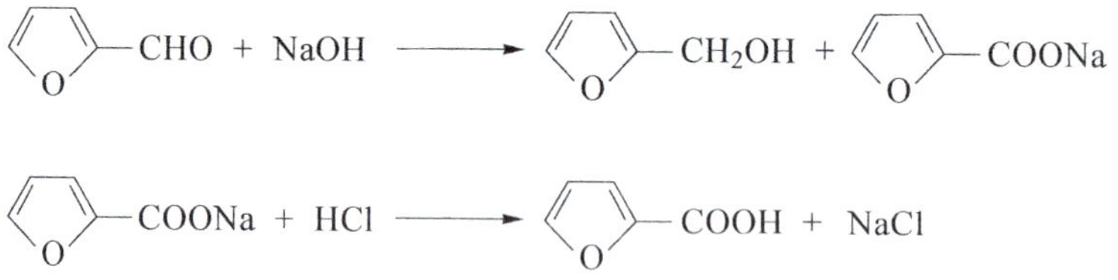

## 三、仪器与试剂

烧杯（100 mL）、磁力搅拌器、分液漏斗、圆底烧瓶（100 mL）、直形冷凝管、尾接管、梨形瓶、温度计（250 ℃）、油浴（或电加热套）

呋喃甲醛、33%氢氧化钠溶液、乙醚、盐酸、无水硫酸镁

## 四、实验步骤

在 100 mL 烧杯中加入 8.2 mL 新蒸过的呋喃甲醛（9.6 g，0.1 mol），将烧杯浸于冰水浴中，冷却至 5 ℃左右。在搅拌下，自滴液漏斗慢慢滴入 9 mL 33%氢氧化钠溶液，保持反应温度在 8~12 ℃，在室温下放置 0.5 h，并经常搅拌使反应完全，得黄色糊状物。

在搅拌下加入适量的水（7~8 mL），使沉淀恰好完全溶解，将此溶液倒入分液漏斗中，用乙醚萃取 4 次，每次用 10 mL。合并乙醚萃取液，用无水硫酸镁干燥后，先用水浴蒸去乙醚，再蒸馏呋喃甲醇，收集 169~172 ℃的馏分，产量 3.5~4 g（产率 71%~82%）。

纯粹的呋喃甲醇的沸点为 170 ℃/100 kPa（750 mmHg），折射率为 1.486 0。

乙醚萃取后的水溶液，用 25%盐酸酸化，至刚果红试纸变蓝（需 7~8 mL），冷却使呋喃甲酸析出完全，抽滤，产物用少量水洗涤。粗产物用水重结晶，得白色针状呋喃甲酸，产量约 4 g（产率 71%），熔点 129~130 ℃。

## 五、结果与讨论

| 结果 | | 颜色与状态 | 折射率 ($n_D^{20}$) | 相对密度 ($d_4^{20}$) | 熔点/℃ | 沸点/℃ | 产量/g | 产率/% |
|---|---|---|---|---|---|---|---|---|
| 呋喃甲醛 | | 无色液体 | 1.499 0 | 1.159 4 | | 161.7 | | |
| 呋喃甲酸 | 文献值 | 白色晶体 | | | 129~130 | 230~232 | 4 | 71 |
| | 实测值 | | | | | | | |
| 呋喃甲醇 | 文献值 | 无色透明液体 | 1.486 0 | 1.135 | −29 | 170 | | |
| | 实测值 | | | | | | | |

## 六、实验要点及注意事项

1. 呋喃甲醛又称糠醛，存放过久会变成棕褐色或黑色，同时常含有水分，使用前须蒸馏提纯，最好经减压蒸馏，收集 54~55 ℃/2.26 kPa(17 mmHg)的馏分。新蒸过的呋喃甲醛为无色或淡黄色液体，应避光储存。

2. 实验所用的浓碱腐蚀性很强，操作时要小心。若与皮肤接触，应立即用水冲洗。

3. 若反应温度高于 12 ℃，则反应温度极易很快升高，使反应难以控制；若反应温度低于 8 ℃则反应进行过慢，积累了一些氢氧化钠，又会突然使反应剧烈进行，温度迅速升高。两者都会增加副反应，影响产量与产物纯度。

4. 由于是两相反应，故应充分搅拌。

### 思考题

1. 参与 Cannizzaro 反应与羟醛缩合反应的醛在结构上有何不同？

2. 本实验根据什么原理来分离和提纯呋喃甲酸和呋喃甲醇这两种产物？

3. 用浓盐酸将乙醚萃取后的呋喃甲酸钠水溶液酸化至中性是否适当？为什么？若不用刚果红试纸，如何判断酸化是否恰当？

（编写：张 武 复核：孙礼林）

# · 实验十五 微型实验 ·

## ——二亚苄基丙酮的合成

## 一、目的与要求

1. 了解羟醛缩合反应制备 $\alpha,\beta$-不饱和醛酮的原理和方法；
2. 学习利用反应物投料比控制反应产物的实验操作；
3. 熟悉微型实验物质的称量、量取、洗涤、抽滤、重结晶等技术。

## 二、实验原理

具有 $\alpha$-氢原子的醛、酮在稀酸或稀碱催化下发生分子间的缩合反应生成 $\beta$-羟基醛酮，若提高反应温度则进一步失水生成 $\alpha,\beta$-不饱和醛酮，这一反应称为羟醛缩合（也叫醇醛缩合）反应。该反应是一类极有用的反应，是合成 $\alpha,\beta$-不饱和羰基化合物的重要方法，也是有机合成中增长碳链的重要方法之一。

用一个芳香醛和一个脂肪族的醛、酮，在氢氧化钠-乙醇水溶液中进行交叉的缩合反应，得到产率很高的 $\alpha,\beta$-不饱和醛酮，这种反应称为克莱森-施密特（Claisen-Schmidt）反应。

本实验利用苯甲醛与丙酮（摩尔比为 2∶1）在氢氧化钠-乙醇水溶液室温下反应，得到二亚苄基丙酮。反应式如下：

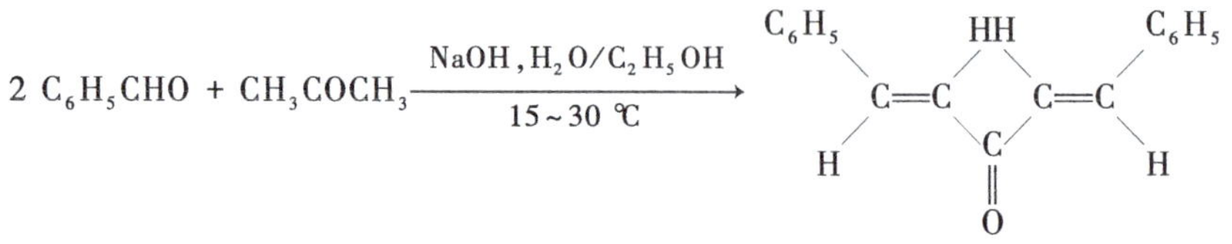

此反应条件有利于二亚苄基丙酮的形成，因产物生成后就从反应介质中沉淀出来，而反应物和中间产物——亚苄基丙酮都溶于稀乙醇中，因此促进反应进行完全。

本实验是采用微型实验技术完成的。微型有机化学实验可以在一些专门设计的微型化装置中进行，也可以在缩小了的普通仪器中进行，其药品与试剂的用量是常规实验的数十分之一甚至更少。而且具有独特的方法和技巧，绝不仅仅是常量实验的简单缩小。它具有常规实验的特点，现象明显，操作方便，结果理想。和常量实验相比，其经济效益和环保效益明显提高。由于原料用量小，反应条件较常量实验难于控制，操作过程中相对损失较大，产率偏低。

## 三、仪器与试剂

离心试管（5 mL）、滴管、吸量管（1 mL）、洗耳球、吸滤瓶（10 mL）、玻璃钉漏斗、热源

苯甲醛（新蒸馏）、10%氢氧化钠溶液、95%乙醇（CP）、丙酮（CP）

## 四、实验步骤

将 0.64 g(6 mmol)苯甲醛、0.17 g(3 mmol)丙酮和 3 mL 95%乙醇依次加入离心试管中，摇动试管使混合均匀。缓慢加入 1 mL 10% 氢氧化钠溶液，摇动至有沉淀生成，保持反应 20 min，并随时摇动试管。

将试管置于冰水中冷却 5~10 min，分层后用滴管吸去上层液。用冰水(2 mL×2)充分洗涤固体，用滴管吸去水层，最后用 95%乙醇进行重结晶，抽滤，空气干燥，称量，计算产率，测定熔点。

## 五、结果与讨论

1. 实验结果

| 结果 | | 颜色与状态 | 熔点/℃ | 产量/g | 产率/% |
|---|---|---|---|---|---|
| 二亚苄基丙酮 | 文献值 | 淡黄色片状晶体 | 110~113(分解) | 约 0.4 | 约 60 |
| | 实测值 | | | | |

2. 本实验应尽量避免副产物产生，使产率提高。
3. 二亚苄基丙酮(图 2-35)和亚苄基丙酮(图 2-36)的红外光谱图。

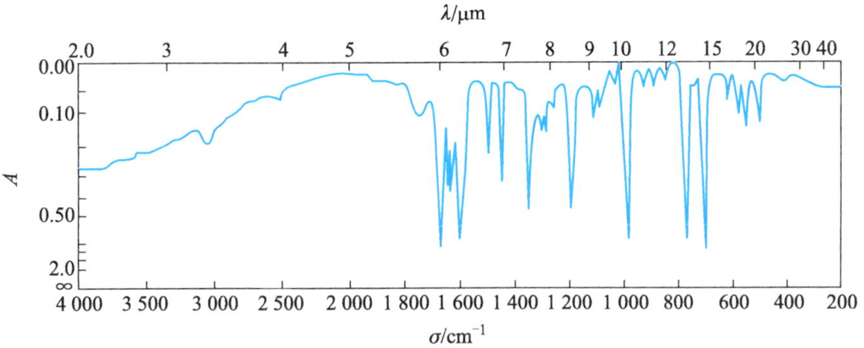


图 2-35 二亚苄基丙酮的红外光谱图

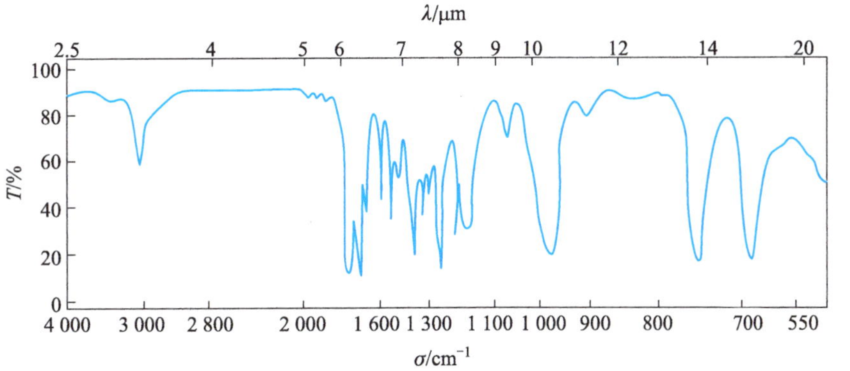


图 2-36 亚苄基丙酮的红外光谱图

## 六、实验要点及注意事项

1. 苯甲醛要重新蒸馏，因为苯甲醛易氧化，总会含有苯甲酸，从而明显地影响二亚苄基丙酮的产率。

2. 本实验的成败关键是试剂的用量是否准确，若丙酮过量则生成亚苄基丙酮。

3. 反应温度高于 30 ℃或低于 15 ℃均对反应不利。

4. 氢氧化钠必须除尽，否则重结晶很困难。

5. 微型实验的过滤和重结晶技术是本实验的操作重点，请参照附录 2、3。

6. 本实验原料用量小，在进行操作时，需要更加细心、认真，否则得不到预期的结果。

### 思考题

1. 为什么本实验要在稀乙醇介质中进行？

2. 本实验的操作关键是什么？你认为本实验哪些方面体现了绿色化学特征？

3. 请自行设计合成亚苄基丙酮的实验方法及步骤[亚苄基丙酮在 2 133.2 Pa (16 mmHg)下沸点为 140 ℃，纯品的熔点为 42 ℃]。

## 附录 微型实验的一些操作技术

1. 物质的称量与量取

微型有机制备实验中物质的称量与量取可根据反应对物料准确程度的要求不同选用不同的量具。

① 固体的称量　精确称取 100 mg 及以上固体物质时，可采用电子天平(精度为 0.01 g)，其特点是操作方便又可以满足实验的要求。精确称取 100 mg 以下的固体物质时，须采用精度为 0.1 mg 的分析天平或电子天平，方可满足实验要求。

② 液体的量取　精确量取 100 μL 及以上的液体量时，一般用 1~5 mL 的吸量管即可满足要求，必要时在吸量管上连接注射器以便于控制所需液量。精确量取 100 μL 以下的液体量时，须采用微量注射器来量取。

2. 微型有机制备实验中过滤技术

微型有机制备实验由于物料用量小，得到的粗(纯)产品量更小，为此过滤时需要用特制的仪器和操作方法。

① 抽滤　用带玻璃钉的漏斗配以 10 mL 吸滤瓶，用真空泵抽滤。抽滤前，须在玻璃钉上放置一直径略大于玻璃钉尾部平面的滤纸，用溶剂润湿之，并抽气使其紧贴漏斗壁间漏下，装置如图 2-37 所示。当真空度要求不高时，微型仪器整个容量小，可用洗耳球或针筒使其减压。

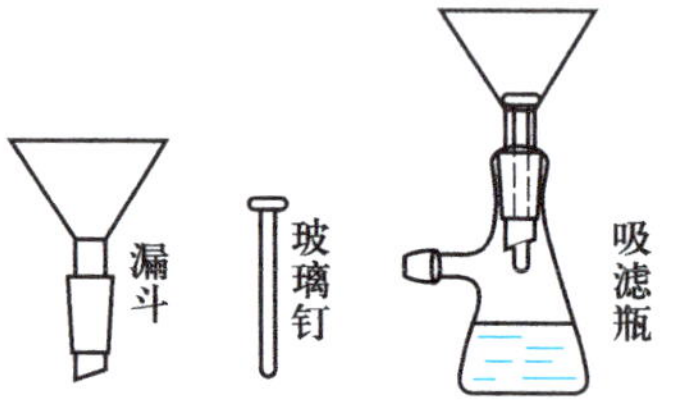

图 2-37　抽滤装置

② 过滤滴管过滤　对于少于 2 mL 的悬浊液的过滤，可用两支毛细滴管配合进行过滤。

具体操作是用干净细铁丝将一小团棉花紧密填入一支毛细滴管的细管中，制成过滤滴管，如图 2-38所示。用另一支毛细管将悬浊液转移到过滤滴管中，在过滤滴管上装上橡胶头，将滤液轻轻挤出，如图 2-39 所示。这种方法比较适用于保留微量滤液的过滤操作。

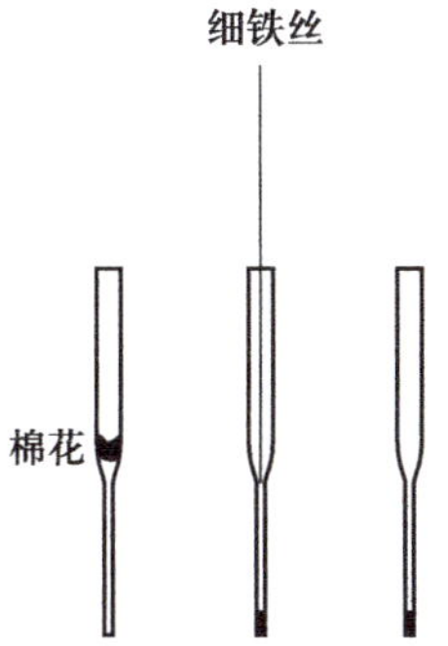


图 2-38　过滤滴管的制作

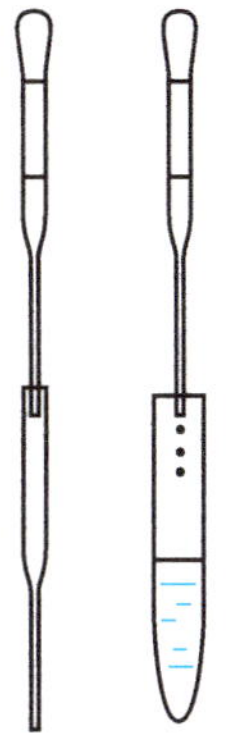

图 2-39　微量液体的过滤

③ 离心过滤　此法是将盛有混合物的离心试管放入离心机进行离心沉淀，使固体沉淀降到离心试管底部，然后用滴管吸去上层清液。这种方法较适用于保留微量固体的过滤操作，如图 2-40所示。

④ 热过滤　它是微量固体进行重结晶过程中重要的操作之一。微量液体的热过滤可用过滤滴管过滤。具体做法是用细端填有棉花的过滤滴管吸取热的滤液，然后将带有棉花的细管部分截去，再将滤液转移到干净容器中即可。也可取一段长度合适的玻璃管，在其靠近一端处熔融拉细成一带有喇叭口的毛细滴管，在喇叭口里塞进一小团棉花，滴管上部套上橡胶头，如图 2-41所示，然后从喇叭口吸取热溶液进行过滤，再用镊子除去过滤用的棉花，将滤液转移至干净容器中即可。

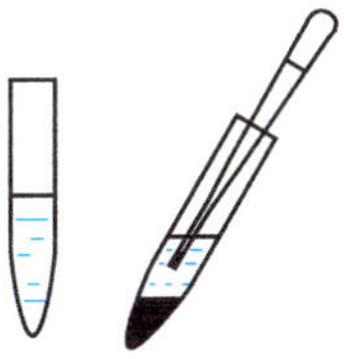

图 2-40　离心试管分离微量液体

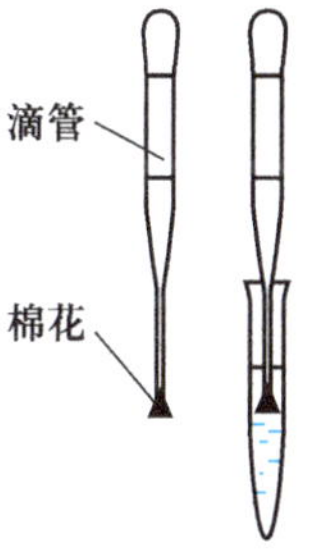


图 2-41　喇叭口过滤滴管的制作和过滤

有时热过滤也可按减压过滤的方法来操作。

3. 微型实验的重结晶操作技术

微型实验的重结晶提纯法与常量实验是相同的。

通常用 5~10 mL 锥形瓶进行溶解，脱色，热过滤后冷却析出结晶，抽滤、洗涤得重结晶产物。

当重结晶产物的质量在 10~100 mg 时，也可用 Mayo 重结晶管法进行重结晶。将粗产品热溶解，经脱色、热过滤后，滤液用重结晶管收集，冷却或蒸发溶剂，使结晶析出，然后插上重结晶管的上管,放入离心试管中,离心后滤液流入试管中,而结晶则留在重结晶管的砂芯玻璃上,借助系在重结晶管上的金属丝将重结晶管从离心管中取出,如图 2-42 所示。

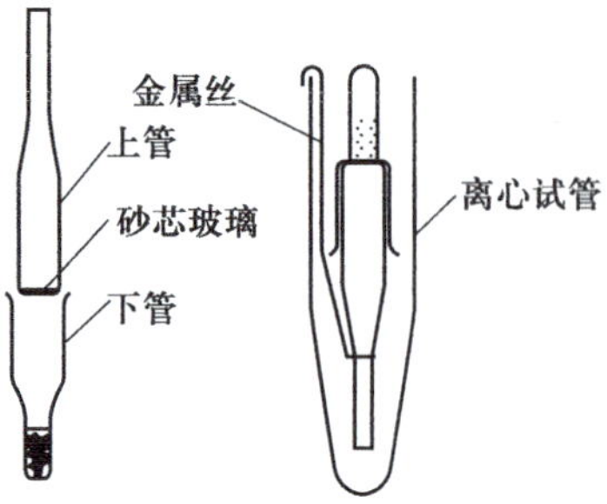

图 2-42 Mayo 重结晶管法

(编写:谢筱娟 复核:杨高升)

## · 实验十六 无溶剂研磨条件下的 Knoevenagel 缩合反应 ·

### 一、目的与要求

1. 了解 Knoevenagel 缩合反应的原理;
2. 了解无溶剂研磨法在有机合成中的应用;
3. 掌握实验中涉及的基本操作。

### 二、实验原理

芳香亚甲基丙二腈是合成杂环化合物及药物的重要中间体,常由活泼亚甲基化合物丙二腈和芳香醛在酸碱催化下通过 Knoevenagel 缩合反应而合成。这些反应通常在有机溶剂中加热,通过形成低沸点恒沸物蒸除生成的水,达到使反应完全的目的,操作步骤较烦琐,也不够环保。目前已有许多绿色合成方法,方便快速,对环境友好。本实验通过无溶剂研磨法,在室温下快速合成芳香亚甲基丙二腈,方法简单,容易操作,既避免使用对环境有害的有机溶剂,又可强化绿色化学的理念,对学生今后从事化学工作有一定的启发作用。

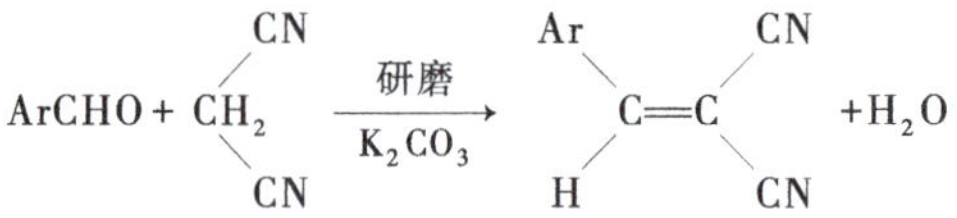

$$ArCHO + CH_2\begin{smallmatrix}CN\\ \\CN\end{smallmatrix} \xrightarrow[\text{K}_2\text{CO}_3]{\text{研磨}} \begin{smallmatrix}Ar\\ \\H\end{smallmatrix}C=C\begin{smallmatrix}CN\\ \\CN\end{smallmatrix} + H_2O$$

## 三、仪器与试剂

AV300 核磁共振谱仪、NMR 样品管、红外分光光度计(IR-440 型)、显微熔点测定仪、研钵、布氏漏斗、吸滤瓶等

苯甲醛(AR)、对羟基苯甲醛(AR)、丙二腈(AR)、碳酸钾(AR)、氘代氯仿(内标 TMS)、溴化钾(AR)

## 四、实验步骤

1. 苯基亚甲基丙二腈的制备

称取 1.06 g(10 mmol)苯甲醛、0.66 g(10 mmol)丙二腈、0.14 g(1 mmol)碳酸钾于研钵中,快速研磨 4 min,反应混合物用水洗,抽滤,用 10 mL 5%乙醇洗涤,抽干得产品苯基亚甲基丙二腈,称量,计算产率。

2. 对羟基苯基亚甲基丙二腈的制备

称取 1.22 g(10 mmol)对羟基苯甲醛、0.66 g(10 mmol)丙二腈、0.14 g(1 mmol)碳酸钾于研钵中,快速研磨 4 min,反应混合物用水洗,抽滤,用 10 mL 5%乙醇洗涤,抽干得产品对羟基苯基亚甲基丙二腈,称量,计算产率。

3. 测定产物的物理性质

利用显微熔点测定仪测定所得产物的熔点;利用 KBr 压片法测所得产物的红外光谱;以氘代氯仿(内标 TMS)为溶剂,测两种产物的核磁共振谱。

## 五、结果与讨论

1. 实验结果

| 结果 | | 颜色与状态 | 熔点/℃ | 产量/g | 产率/% |
|---|---|---|---|---|---|
| 苯基亚甲基丙二腈 | 文献值 | 白色固体 | 83.5 ~ 84 | 1.4 | 91 |
| | 实测值 | | | | |
| 对羟基苯基亚甲基丙二腈 | 文献值 | 乳白色粉末 | 188 ~ 188.5 | 1.6 | 94 |
| | 实测值 | | | | |

2. 产物的红外光谱和核磁共振谱数据

| | | |
|---|---|---|
| 苯基亚甲基丙二腈 | $^1$H NMR $\delta$ | 7.55(t,$J$=8 Hz,2 H),7.64(t,$J$=7.6 Hz,1 H),7.78(s,1 H),7.91(d,$J$=7.6 Hz,2 H) |
| | IR(KBr)$\sigma$/cm$^{-1}$ | 3 014,2 223,1 673,1 164,754 |

续表

| | | |
|---|---|---|
| 对羟基苯基亚甲基丙二腈 | $^1H$ NMR $\delta$ | 6.00(s,1 H),6.95(d,$J$=8.8 Hz,2 H),7.65(s,1 H),7.87(d,$J$=8.4 Hz,2 H) |
| | IR(KBr)$\sigma/cm^{-1}$ | 3 395,3 030,2 223,1 610,1 580,1 296,840 |

3. 反应混合物用水洗的目的是什么？

## 六、实验要点及注意事项

1. 合成第一种产物后，将研钵洗净，在烘箱里烘干后再用于合成第二种产物。
2. 测定产物熔点、红外光谱、核磁共振谱的有关操作要点参见实验教材有关内容。

## 思考题

1. 无溶剂研磨法和其他合成方法相比有什么优点？
2. 4-$CH_3OC_6H_4CHO$ 和 2-$ClC_6H_4CHO$ 与丙二腈发生 Knoevenagel 缩合反应的产物是什么？

（编写：孙礼林　复核：张　武）

# ·实验十七　有机电化学反应制备碘仿·

## 一、目的与要求

1. 了解电化学方法在有机合成上的应用；
2. 初步掌握电化学有机合成的基本操作。

## 二、实验原理

有机化学中的电化学合成方法很早就被人们所发现，著名的 Kolbe 反应（1894 年）就是其中一个例子。电化学有机合成就是利用电解反应来合成有机化合物。它具有转化率高、产物分离简单、对环境污染小等优点。电化学反应分为阳极氧化和阴极还原两大类，根据反应的过程可分为直接法和间接法。

本实验用电解碘化钾和丙酮水溶液来合成碘仿。其原理是：电解液中的碘离子在阳极被氧化成碘、碘在碱性介质中生成次碘酸根，次碘酸根与丙酮反应生成碘仿。反应式如下：

阴极：$2\ H^{+} + 2\ e^{-} \longrightarrow H_2$

阳极：$2\ I^{-} - 2\ e^{-} \longrightarrow I_2$

$I_2 + 2\ OH^{-} \longrightarrow IO^{-} + I^{-} + H_2O$

$CH_3COCH_3 + 3\ IO^{-} \longrightarrow CH_3COO^{-} + CHI_3\downarrow + 2\ OH^{-}$

副反应：$3\ IO^{-} \longrightarrow IO_3^{-} + 2\ I^{-}$

## 三、仪器与试剂

烧杯（150 mL）、石墨棒、0~12 V 可调的稳压电源、电磁搅拌器、布氏漏斗、吸滤瓶、滤纸

蒸馏水、碘化钾（AR）、丙酮（AR）、无水乙醇（AR）

## 四、实验步骤

用一个 150 mL 烧杯作电解槽，用两根石墨棒作电极，并选用合适的直流电源。烧杯中加入 100 mL 蒸馏水、6 g 碘化钾，搅拌使固体溶解，再加 1 mL 丙酮，混合均匀，将烧杯放在电磁搅拌器上搅拌。

接通电源，将电源调整到 1 A，并经常注意调整，尽量保持电流恒定。电解 30 min 即可停止。切断电流，停止搅拌，将电解液用布氏漏斗抽滤，滤液回收（溶液中仍有大量的碘化钾和丙酮，可用来继续做此实验）。用水将电极和烧杯壁上黏附的碘仿冲刷到漏斗上，最后用水将碘仿洗涤一次。干燥后称量，计算电流效率。

粗制的碘仿用乙醇或异丙醇为溶剂进行重结晶，得纯晶体。测定其熔点。纯碘仿为亮黄色晶体，熔点 119 ℃，能升华。

## 五、结果与讨论

1. 实验结果

| 结果 | | 颜色与状态 | 熔点/℃ | 产量/g | 电流效率/% |
|---|---|---|---|---|---|
| 碘仿 | 文献值 | 亮黄色晶体 | 119 | 约 0.6 | 约 50 |
| | 实测值 | | | | |

2. 从反应式可以看出，每生成 1 mol $CHI_3$ 需要 6 mol $I^{-}$ 即 6 mol 电子参加反应，即通过电解槽的电荷量理论上需要 $6\times96\ 500\ C\cdot mol^{-1}$。本实验通过的电荷量为 $(1\times30\times60)\ C = 1\ 800\ C$，理论上能生成 $1\ 800\ C/(6\times96\ 500)\ C\cdot mol^{-1} = 0.003\ 1$ mol 碘仿。据此可计算本实验的电流效率。

3. 本实验只电解 30 min，电解反应并未完全，故本实验不要求计算产率。

## 六、实验要点及注意事项

1. 可将旧的1号电池的石墨棒拆出来作电极，两电极间的距离越小越好，但不能互相接触造成短路。

2. 选用一个电流不小于1 A的0 ~ 12 V可调的稳压电源作为电解电源。

3. 用石墨作电极时，得到的粗制碘仿颜色呈灰绿色，需要进行重结晶。

### 思考题

1. 电解过程中阳极周围出现什么颜色的物质？随着电解的进行产生什么特殊气味？试解释为什么。

2. 电解过程中溶液的pH逐渐增大（可用pH试纸试验），试解释为什么。

3. 计算实验中碘化钾和丙酮的百分转化率。

4. 若实验中石墨棒直径为6 mm，浸入电解液的长度为40 mm，通过电流为1 A，试计算实验所控制的电流密度是多少？

（编写：孙礼林　复核：张　武）

# · 实验十八　有机光化学反应 ·

**——苯频哪醇的合成（微型实验）**

## 一、目的与要求

1. 通过苯频哪醇的制备，了解酮在光催化下，发生双分子还原偶联反应的原理；

2. 掌握有机光化学反应的实验操作技能；

3. 继续熟悉回流、吸滤、洗涤等微型实验技术。

## 二、实验原理

二苯甲酮在质子给予体的溶剂（如异丙醇）中及光（尤其是紫外光）的作用下，发生双分子还原偶联反应得到苯频哪醇：

$$(C_6H_5)_2C{=}O + (CH_3)_2CHOH \xrightarrow{h\nu} (C_6H_5)_2\underset{\displaystyle OH}{\underset{|}{C}}-\underset{\displaystyle OH}{\underset{|}{C}}(C_6H_5)_2 + (CH_3)_2C{=}O$$

这是一个典型的光化学反应。那么光化学反应和热化学反应有何区别呢?

热化学反应是分子基态时的反应,反应物分子没有选择地被活化。而在光化学反应中,光能的吸收具有严格的选择性,一定波长的光只能激发特定结构的分子;光化学反应中所吸收的光能远远超过一般热化学反应可以得到的能量。因此有些加热难以进行的反应,可以通过光化学反应来进行。本实验中二苯甲酮在异丙醇溶液中用 $300\sim350$ nm 紫外光照射时,异丙醇不吸收光能,只有二苯甲酮由于羰基接受光能后,外层的非键电子发生 $n\to\pi^{*}$ 跃迁,经单线态($S_1$)系间窜跃成三线态($T_1$),由于三线态($T_1$)有较长的半衰期和相当的能量($314\sim334.7$ kJ·mol$^{-1}$),它可以从异丙醇的 $C_2$ 上夺取氢,使 $C_2$ 上的 C—H 键均裂,形成自由基,再经自由基的转移、偶合形成苯频哪醇(四苯基乙二醇),其过程如下所示:

$$(C_6H_5)_2C{=\!=}O \xrightarrow{h\nu} [(C_6H_5)_2\overset{\cdot}{C}{-\!-}\overset{\cdot}{O}]^{*(S_1)} \xrightarrow{S_1 \to T_1} [(C_6H_5)_2\overset{\cdot}{C}{-\!-}\overset{\cdot}{O}]^{*(T_1)}$$

$$[(C_6H_5)_2\overset{\cdot}{C}{-\!-}\overset{\cdot}{O}]^{*(T_1)} + H{-}\underset{CH_3}{\overset{CH_3}{\underset{|}{\overset{|}{C}}}}{-}OH \longrightarrow (C_6H_5)_2\overset{\cdot}{C}{-}OH + \underset{CH_3}{\overset{CH_3}{\underset{|}{\overset{|}{\cdot C}}}}{-}OH$$

$$[(C_6H_5)_2\overset{\cdot}{C}{-\!-}\overset{\cdot}{O}]^{*(T_1)} + H{-}O{-}\underset{CH_3}{\overset{CH_3}{\underset{|}{\overset{|}{C}}}}{\cdot} \longrightarrow (C_6H_5)_2\overset{\cdot}{C}{-}OH + O{=\!=}\underset{CH_3}{\overset{CH_3}{\underset{|}{\overset{|}{C}}}}$$

$$2(C_6H_5)_2\overset{\cdot}{C}{-}OH \longrightarrow (C_6H_5)_2\underset{OH}{\overset{|}{C}}{-}\underset{OH}{\overset{|}{C}}(C_6H_5)_2$$

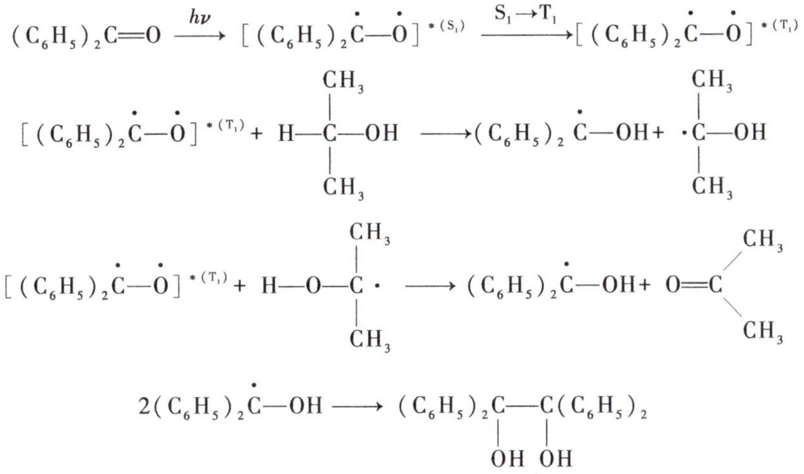

## 三、仪器与试剂

微型烧瓶(10 mL)、微型吸滤瓶、微型玻璃漏斗、玻璃钉、烧杯(50 mL)、熔点仪
二苯甲酮(CP)、异丙醇(CP)、冰醋酸(CP)

## 四、实验步骤

将 1 g 二苯甲酮晶体放入微型烧瓶,加入 $5\sim6$ mL 异丙醇,温水浴使其溶解,加入 1 滴冰醋酸,以消除玻璃痕迹的碱的影响。用更多异丙醇充满微型烧瓶,用干净的橡胶塞塞紧微型烧瓶,尽量不要让瓶中有空气存在。用橡胶圈固定橡胶塞以避免它滑落。振荡后将微型烧瓶倒置于烧杯中,放在向阳窗台上让太阳光(或日光灯下)直接照射。光照下的微型烧瓶 1 h 后即有无色晶体析出。一周后(下次实验)抽滤,用少量的异丙醇洗涤结晶,干燥,称量,计算产率,测定熔点。

## 五、结果与讨论

1. 实验结果

| 结果 | | 颜色与状态 | 熔点/℃ | 产量/g | 产率/% |
|---|---|---|---|---|---|
| 苯频哪醇 | 文献值 | 小的无色结晶 | 184~185 | 约 0.8 | 约 80 |
| | 实测值 | | | | |

2. 试分析影响实验结果的因素。

## 六、实验要点及注意事项

1. 加入 1 滴冰醋酸的目的是消除玻璃碱性的影响，因为玻璃具有微弱的碱性，而痕迹碱的存在，将使苯频哪醇分解生成二苯甲酮和二苯甲醇。反应式如下：

$$(C_6H_5)_2\underset{\large OH}{\underset{|}{C}}—\underset{\large OH}{\underset{|}{C}}(C_6H_5)_2 + OH^- \xrightarrow[-H_2O]{} (C_6H_5)_2\underset{\large OH}{\underset{|}{C}}—\underset{\large O^-}{\underset{|}{C}}(C_6H_5)_2 \longrightarrow (C_6H_5)_2\bar{C}—OH + O═C(C_6H_5)_2$$

$$(C_6H_5)_2\bar{C}—OH + H_2O \longrightarrow (C_6H_5)_2\underset{\large H}{\underset{|}{C}}—OH + OH^-$$

2. 要用异丙醇充满装有二苯甲酮的微型烧瓶，以排除氧。因为氧的存在会使光化学反应复杂化。

3. 在光照过程中，要经常振荡微型烧瓶，因光化学反应主要在紧靠器壁的很薄的一层溶液中进行，故振荡微型烧瓶可防止晶体结在瓶壁上，有利于反应继续进行。反应的程度与光照时间有关。

4. 选用微型烧瓶（即反应容器较小），由于该反应是双分子还原偶联反应，浓度大有利于反应的进行，所以选择较小的反应容器，产率较高。由此可见，反应容器的容量、振荡和光照时间是实验的关键。

### 思考题

1. 有机光化学反应有何特点？如何获得满意的苯频哪醇产率？
2. 试简单设计由苯频哪醇在酸作用下重排为苯频哪酮的实验操作方案。

（编写：杨高升　复核：朱先翠）

# ·实验十九　微波辐射·

## ——9,10-二氢蒽-9,10-α,β-富马酸二甲酯的合成(微型实验)

## 一、目的与要求

1. 了解 Diels-Alder 反应的原理及其两种不同加热方式的制备方法;
2. 初步掌握微波加热技术的原理和实验操作技能。

## 二、实验原理

Diels-Alder 反应又称双烯合成,它是由一个共轭双烯化合物与一个含活化双键或者三键的化合物(亲双烯体)只需加热就能发生的 1,4-加成反应,形成一个六元环化合物。其中共轭双烯可以是各种取代基的开链或环状的脂肪族化合物,也可以是某些芳香族化合物如蒽、呋喃、噻吩等。活化双键通常是指双键碳原子带有吸电子基的不饱和化合物,如马来酸酐、对苯二醌、丙烯腈等。改变共轭双烯和活化双键的结构,可以得到多种类型的化合物,并且许多反应在常温或溶剂中加热即可进行,产率也比较高。该反应在有机合成中不仅有着广泛的应用,而且还具有绿色化学特征(原子经济性)。

本实验采用原料蒽和富马酸二甲酯在溶剂中加热发生 Diels-Alder 反应,生成 9,10-二氢蒽-9,10-α,β-富马酸二甲酯,反应式为

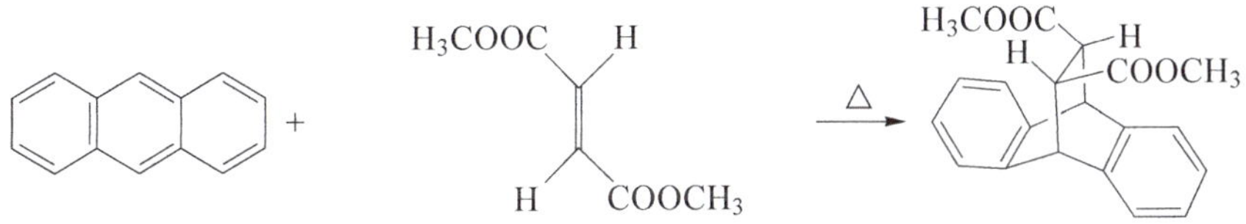


该反应传统的方法是把两种反应物在对二甲苯中回流 4 h,产率为 67%,若用微波辐射,以对二甲苯为溶剂,仅 4 min 其产率已达 87%。传统的加热方法是由外来热能通过辐射、传导和对流来进行的,而微波对物质的加热是通过极性分子旋转和离子传导两种机理来实现的,通过离子迁移和极性分子的旋转使分子运动,被作用物质的分子从相对静态瞬间转变成动态,即极性分子接受微波辐射能量后,通过分子偶极以每秒 24.5 亿次的高速频率旋转产生显著热效应。由于此瞬间的变态是从作用物质内部进行的,故常称为内加热。内加热具有加热速率快,反应灵敏,受热体系均匀等特点。国际上规定微波频率是 915 MHz 和2 450 MHz。家用微波炉以采用2 450 MHz 频率为主。根据有机反应需要,可将家用微波炉改装为变频的微波反应器,可以在反应瓶上安装回流装置,使微波加热技术在有机合成的应用更加广泛。

## 三、仪器与试剂

聚四氟乙烯瓶(10 mL,可用小塑料瓶代替)、微波炉(2 450 MHz,650 W)、吸量管

(5 mL)、洗耳球、过滤滴管、微型试管、微型抽滤装置、真空干燥器

蒽(CP)、富马酸二甲酯(CP)、对二甲苯(CP)

## 四、实验步骤

在 10 mL 聚四氟乙烯瓶中加入 178 mg(1 mmol)蒽、144 mg(1 mmol)富马酸二甲酯和 2.5 mL对二甲苯,搅拌溶解,旋紧瓶塞,将该聚四氟乙烯瓶置入微波炉(2 450 MHz, 650 W)的托盘中微波辐射 4 min。反应结束,待瓶子稍冷后,加入少许活性炭,搅匀,再微波辐射 15 s。趁热微型过滤[参见实验十五附录 2(4)],将滤液冷却即析出晶体。抽滤,产品经真空干燥并密闭保存。

## 五、结果与讨论

1. 实验结果

| 结果 | | 颜色与状态 | 熔点/℃ | 产量/mg | 产率/% |
|---|---|---|---|---|---|
| 9,10-二氢蒽-9,10-$\alpha$,$\beta$-富马酸二甲酯 | 文献值 | 无色固体 | 269~271 | 267 | 83 |
| | 实测值 | | | | |

2. 讨论

本实验采用微波辐射代替传统加热制备 9,10-二氢蒽-9,10-$\alpha$,$\beta$-富马酸二甲酯,你认为具有哪些优点?

## 六、实验要点及注意事项

1. 微波加热技术及微量法取样的技巧是本实验的操作重点。因 9,10-二氢蒽-9,10-$\alpha$,$\beta$-富马酸二甲酯遇水会水解成相应的二元酸,故反应所用仪器和试剂必须干燥。这是实验成败的关键。

2. 产物须放入真空干燥器内干燥并密闭保存,这是因为产物在空气中吸收水分,会发生部分水解,对测熔点带来困难或使熔点下降。

3. 反应结束时,若反应液颜色浅,则不必加活性炭脱色,直接冷却结晶即可。

## 思考题

1. 欲使 Diels-Alder 反应速率加快,最好采用什么方法?简述理由。
2. 为什么蒽可作为 Diels-Alder 反应的共轭双烯化合物?通常发生在蒽的哪个位置上?
3. 本实验要想得到纯度好、产率高的产物,应采取什么措施?

(编写:谢筱娟 复核:杨高升)

# ·实验二十　微波辐射·

## ——β-萘甲醚的合成(微型实验)

## 一、目的与要求

1. 通过以氯化铁为催化剂,微波辐射制备β-萘甲醚,进一步学习脱水制备醚的原理和方法;
2. 熟练掌握使用分液漏斗进行萃取的基本操作技能;
3. 巩固微型蒸馏、吸滤及重结晶的操作技术;
4. 进一步掌握在有机合成中的微波加热技术。

## 二、实验原理

β-萘甲醚,又名橙花醚,为白色鳞片状结晶,有橙花味。主要用于香皂中香料,是合成炔诺孕酮和米非司酮等药物的中间体。工业上用β-萘酚,在硫酸催化下与过量甲醇反应,或由甲醇与β-萘酚在加压下作用,或用硫酸二甲酯将β-萘酚甲基化,或用相转移催化法合成,耗时3~6 h。本实验采用结晶氯化铁为催化剂,微波加热10 min,简单地合成β-萘甲醚,其反应式为

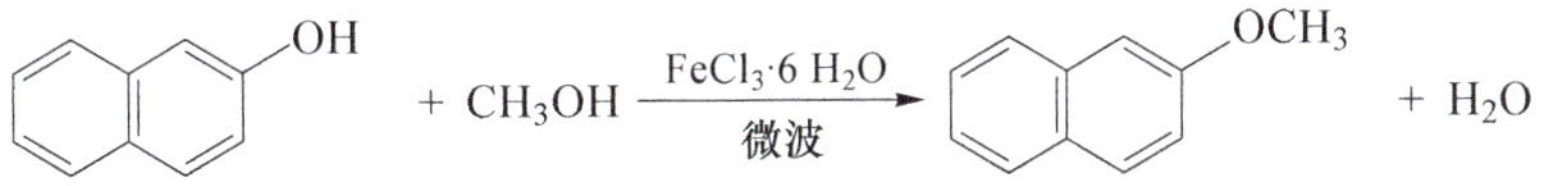


微波是电磁波,其电磁场对带电荷粒子产生作用而使之迁移或旋转。一般微波炉的工作频率可达2 450 MHz,分子集合体如液体或固体在电磁场快速变换方向时,发生摩擦而发热。微波加热具有5个特点:① 在大量离子存在时能快速加热,且加速到达反应温度;② 热能利用率高,节省能源;③ 分子水平意义上的搅拌;④ 产品质量高(加热温度均匀);⑤ 无污染(不排出烟尘等有害物质)。与传统的加热方法相比具有高效、节能、无污染等优点。自1986年Gedye发现微波可显著加快一些有机合成反应速率以来,微波技术在化学中的应用备受重视。

本实验既应用微型实验技术又使用了微波加热技术,使反应仅10 min完成,操作简便,无污染。

## 三、仪器与试剂

普通家用微波炉、聚四氟乙烯反应釜、分液漏斗(10 mL)、温度计、微型蒸馏头、微型冷凝管、微型干燥管、吸滤瓶、吸量管、烧杯、玻璃钉等

β-萘酚(CP)、无水甲醇(CP)、无水乙醇(CP)、无水乙醚(CP)、结晶氯化铁($FeCl_3·6H_2O$)、

10%氢氧化钠溶液、无水氯化钙(CP)

## 四、实验步骤

向聚四氟乙烯反应釜中依次加入 0.70 g β-萘酚、1.10 g 无水甲醇、0.15 g 氯化铁，旋紧反应釜盖，充分振荡使之完全溶解，放入微波炉中，用 280 W 微波辐射 10 min，再将反应釜取出冷却至室温，开釜加入 5 mL 水，再用 10 mL 无水乙醚分两次萃取，醚层再依次用 5 mL 10%氢氧化钠溶液和 5 mL 水洗涤。醚层经无水 $CaCl_2$ 干燥后，在水浴上蒸去乙醚。冷却析出浅黄色晶体，抽滤，得粗产品。再用 5 mL 热无水乙醇重结晶，得到白色鳞片状晶体，称量，计算产率，测熔点。

## 五、结果与讨论

1. 实验结果

| 结果 | | 颜色与状态 | 熔点/℃ | 产量/g | 产率/% |
|---|---|---|---|---|---|
| β-萘甲醚 | 文献值 | 白色鳞片状晶体 | 72 | 0.48~0.55 | 62~72 |
| | 实测值 | | | | |

2. 试分析你所得产品产率偏低的原因，你认为本实验的操作何以体现绿色化学特征？

## 六、实验要点及注意事项

1. 本实验使用氯化铁作催化剂替代常用的浓硫酸，且能回收，对环境友好。该反应的机理如下：

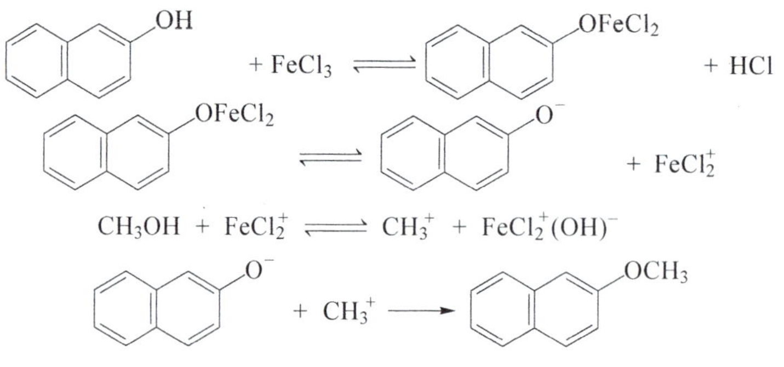


2. 萃取后的醚层除了含有产物还有部分未作用的 β-萘酚，故用 10%氢氧化钠溶液洗涤，使其转化为钠盐而分出醚层，再酸化，即可回收 β-萘酚。

3. 萃取后的水层可回收氯化铁。

4. 使用无水乙醚要特别注意安全，切记远离明火，须在通风橱内进行操作。乙醚要回收。

5. 蒸去乙醚时,须用微型蒸馏装置。对于 5~6 mL 液体进行常压蒸馏时可用常量蒸馏的微缩装置,如图 2-43(a)所示;对于 4 mL 以下液体进行常压蒸馏时,可用微型蒸馏头进行蒸馏,如图 2-43(b)和(c)所示。此装置是将液体置于 5 mL 或 10 mL 圆底烧瓶中受热汽化,在蒸馏头和冷凝管中被冷却,冷凝下来的液体沿壁流下,聚集于蒸馏头的馏液承接阱中。将温度计的水银液面与馏液承接阱口齐平,可读出馏液的沸程。蒸馏结束,取下冷凝管,用毛细滴管从侧口吸出馏出液。如还须将高沸点馏分蒸出,可在低沸点馏分蒸完,温度下降时,停止加热,冷却,迅速换一个蒸馏头,重新加热蒸馏出高沸点馏分。

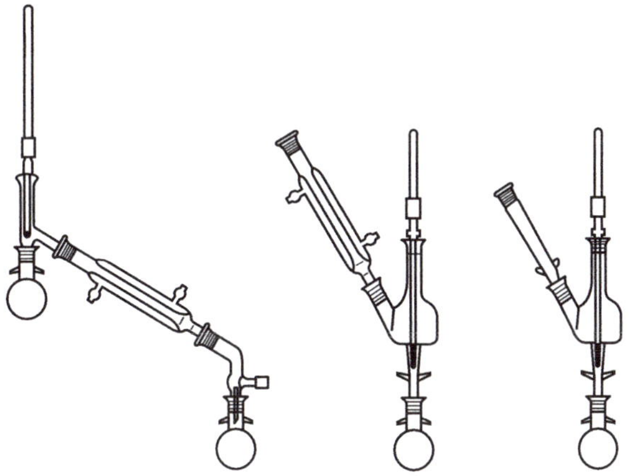

(a)蒸馏装置　(b)和(c)用微型蒸馏头蒸馏装置

图 2-43　蒸馏装置

## 思考题

1. 本实验制备 β-萘甲醚与一般制备醚的原理有何不同?操作上有什么特点?
2. 试简单设计以 β-萘酚,在硫酸催化下与过量甲醇反应制备 β-萘甲醚的实验方案。
3. 你认为有机合成实验改革的方向是什么?

## 附录　微型蒸馏头

微型蒸馏头是微型化学实验仪器的核心部件,是改进的 Hickman 蒸馏头,如图 2-44 所示,其结构可分回馏段、冷凝段、馏液承接阱、馏液出口四部分。它集冷凝管、尾接管、馏液接收瓶的功能为一体,显著地减少了器壁的黏附损失。馏液承接阱一次可容纳约 4 mL馏液,若需在减压下蒸馏,在微型蒸馏头上方馏液出口处插接真空指形冷凝管,便可与真空系统连接,如图 2-45 所示。

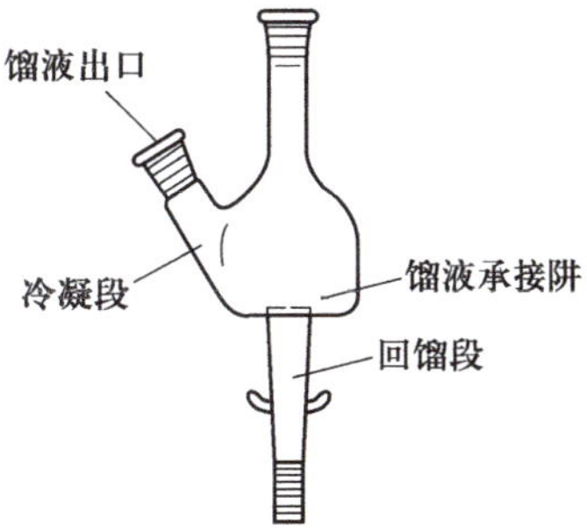


图 2-44　微型蒸馏头

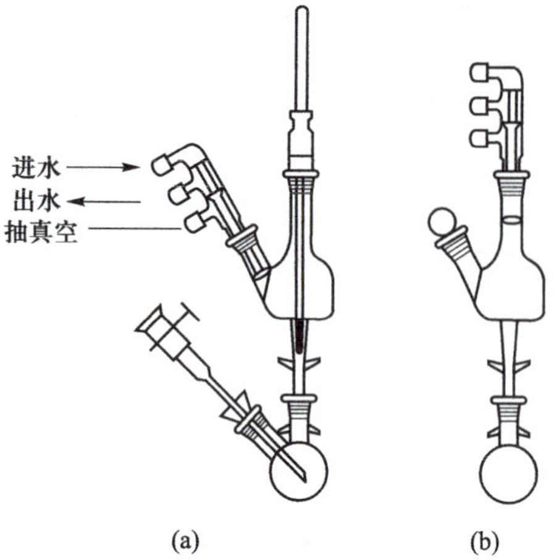


图 2-45 微型减压蒸馏装置

（编写：谢筱娟　复核：杨高升）

# 三、

# 物理化学实验

物理化学实验是通过测量物质的物理化学常数,深入研究这些物理化学常数与其化学反应之间关系的一门实验科学。在实验研究工作中,一方面要拟定实验的方案,选择一定精度的仪器和适当的方法进行测量;另一方面必须将所测得的数据加以整理归纳,科学地分析、综合并寻求被研究变量的规律。本部分选编了 23 个实验作为实际操作基本训练,包括化学热力学、电化学、化学动力学、表面与胶体、物质结构等具有代表性的物理化学实验,同时又将物理化学实验的实验方法和操作技能分散到各个实验中去,力求让学生得到全面、综合的基础训练。

物理化学实验的操作技能主要内容有:测温技术与控制、压力的测量、流动法技术、真空技术、量热技术、电势测量、电子技术、电导测量、光学测量技术、热分析技术、磁化学测量和 X 射线衍射技术、红外光谱和核磁共振等。在侧重近代实验技术的同时,也兼顾经典的基本操作。每个实验内容的编写,分为目的与要求、实验原理、仪器与试剂、实验步骤、结果与讨论、实验要点及注意事项、思考题、参考文献以及附录等项目,既要对实验所需要的基本理论做简要的介绍,又要详细叙述实验步骤和实验要点,使学生在阅读实验内容后,在教师的指导下能独立地进行实验。

随着电子技术、传感器技术和计算机技术的高速发展,现代测量技术在常数测量实验中逐步得到应用。如测温技术可用数字式电子温差测量仪代替贝克曼温度计;测压技术可用数字式测压仪代替水银压力计;量热技术可用计算机测控系统完成燃烧热测量实验等。

物理化学实验可根据各专业培养需要从 23 个实验中选做一定量的实验。实验项目及建议学时数为:液体饱和蒸气压的测量(4 学时);双液系气液平衡相图(4 学时);凝固点降低法测量摩尔质量(4 学时);燃烧热的测量(5 学时);二组分金属相图(5 学时);电导的测量及其应用(4 学时);原电池电动势的测量(4 学时);旋光法测量蔗糖水解反应速率常数(4 学时);乙酸乙酯皂化反应活化能的测量(5 学时);丙酮碘化反应速率常数的测量(4 学时);溶液表面张力的测量(4 学时);电泳法测量溶胶的电动电势(4 学时);溶液吸附法测定活性炭的比表面积(4 学时);水溶性表面活性剂临界胶束浓度的测定(4 学时);B-Z 化学振荡反应活化能的测量(4 学时);偶极矩的测量(4 学时);X 射线粉末法物相分析(4 学时);红外光谱法测量双原子分子的转动惯量(4 学时);核磁共振法测量丙酮酸水解速率常数及平衡常数(4 学时)。

# · 实验一　恒温槽的组装及性能测试 ·

## 一、目的与要求

1. 了解恒温槽的构造及恒温原理，学会恒温水浴的装配和调试技术；
2. 掌握接触温度计的调节技术和正确使用方法；
3. 绘制恒温槽的灵敏度曲线，学会分析恒温槽的性能。

## 二、实验原理

物质的许多物理化学性质如折射率、黏度、蒸气压、表面张力及反应速率常数、吸附量、电导、反应的平衡常数等都与温度有关。要准确测定这些数值，需要有高灵敏度的恒温装置。恒温槽即其中之一，主要依靠恒温控制器来控制恒温槽的热平衡。当恒温槽散热而使保温介质温度降低时，恒温控制器就使槽内的加热器工作，待加热到所需温度时，恒温控制器又使加热器停止加热，这样维持恒温。恒温槽装置一般如图 3-1 所示。

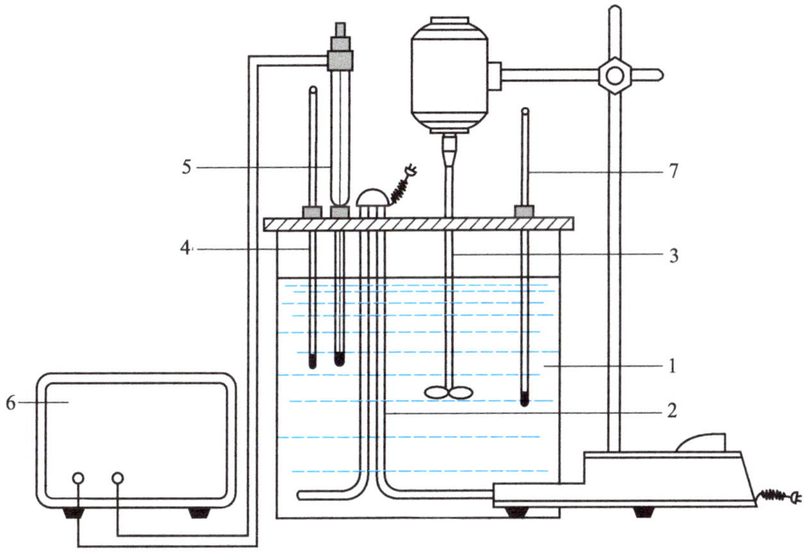


图 3-1　恒温槽装置图

1—浴槽；2—加热器；3—搅拌器；4—温度计；5—接触温度计；6—晶体管继电器；7—温度计(1/100 ℃)

1. 浴槽

通常采用玻璃槽以利于观察，其容量和形状视具体情况而定。一般用 10 L 圆形玻璃缸，有时利用金属容器。

2. 保温介质

保温介质的热容应尽可能大，这样温度变化不大而便于恒定温度，通常根据控制温度的需要选择适宜的温度。-60~30 ℃：乙醇或乙醇水溶液；0~80 ℃：水（大于 50 ℃时应在水面上加一层石蜡油，防止水分蒸发）；80~160 ℃：液体石蜡、甘油等；更高温度要用沙浴、空气浴等。

3. 加热器

常用电加热器。根据恒温槽的容量、恒温温度以及环境的温差大小来选择电加热器的功率。电加热器的选择原则是热容量小、导电性能好、功率适当。如容量为 20 L 的浴槽，要求恒温在20~30 ℃之间，一般需要功率为 250 W 的加热器。为了提高恒温槽的效率和精度，有时采用两套加热器。开始使用功率较大的加热器加热，当温度恒定时，使用功率小的加热器维持恒温。

4. 搅拌器

通常选用 40 W 的电动搅拌器，用变速器调节搅拌速率。搅拌器应安装在加热器附近，使热量迅速传递，保持槽内各部位温度均匀一致。

5. 温度计

常用经过校正的 1/10 ℃温度计随时观察恒温槽内的准确温度，用 1/100 ℃温度计或贝克曼温度计测定恒温槽的灵敏度。温度计的安装位置应尽量靠近被测系统。

6. 接触温度计

它是恒温槽的感觉中枢，是提高恒温槽灵敏度的关键。接触温度计的构造如图 3-2 所示，其上下两段均有刻度尺，上刻度由标铁 6 指示温度，标铁上连有一根钨丝，钨丝下端在下刻度段所指的温度与标铁上端面在上刻度所指的温度相同。标铁和钨丝的位置可由顶端调节帽内的一块磁铁的旋转来调节。当旋转磁性螺旋调节帽 1 时，帽内磁铁带动内部磁性螺旋杆 5 转动，使标铁和钨丝上下移动。分别从下端水银槽和上端螺杆引出两根电极线与继电器相连作为导电和断电用。当恒温槽温度未达到上端标铁所指示的温度时，水银柱和钨丝不接触，两线断开，加热器加热；当温度上升并达到标铁所指示的温度时，钨丝与水银柱接触，使两根导线连通，加热器停止加热。

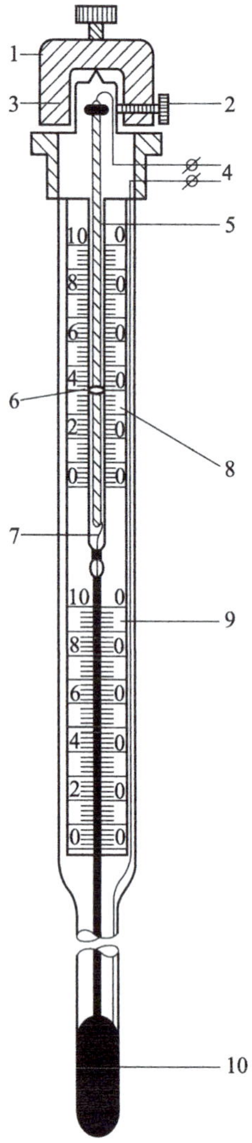


图 3-2 接触温度计的构造图

1—磁性螺旋调节帽；2—调节帽固定螺丝；3—磁铁；4—电极引出线；5—磁性螺旋杆；6—标铁；7—钨丝；8—上刻度尺；9—下刻度尺；10—水银槽

7. 晶体管继电器（恒温控制器）

晶体管继电器电路如图 3-3 所示。右侧为电源部分，电源变压器 T，四个二极管组成桥式全波整流器，$C_1$、$C_2$、$R_5$ 为滤波回路。左侧为晶体管继电器部分：三极管的基极电流由 200 kΩ 的电阻限制在120 μA左右，使集电极的电流略大于继电器 J 的工作电流。当接触温度计内水银柱未与钨丝接触时，1、2 点断路，在回路中径电阻 $R_1$ 和 $R_4$ 的分流作用基极有一定的电流，三极管的集电极电流使继电器工作，电加热器通电加热，恒温槽温度上升；当温度达到控制温度时，水银柱与钨丝接触，1、2 点短路，此时基极电流为零，集电极电流很小，继电器将衔铁放开，电加热器停止加热，恒温槽温度下降。当水银柱与钨丝断开，集电极电流增大，继电器重新吸引衔铁，电加热器重新加热。如此反复进行，使恒温槽温度恒定。

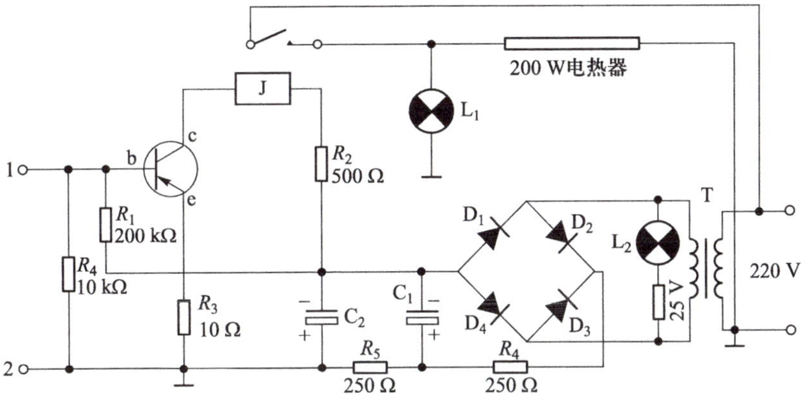


图 3-3　晶体管继电器电路图

T—电源变压器；$D_1$、$D_2$、$D_3$、$D_4$—2AP3 晶体二极管；J—121 型灵敏继电器；$C_1$、$C_2$—滤波电容；$L_1$—工作指示氖泡；$L_2$—电源指示灯泡

恒温槽的温度控制装置是通过电加热器的通断电来完成的。由于感温、温度控制器和加热器的动作需要一定时间，传热、传质有一个速率，保温介质可能存在温度梯度，造成温度传递的滞后。当接触温度计的水银触及钨丝时，实际上电加热器附近的水温已超过指定温度，恒温槽恒温温度必高于指定温度。同理降温时也会出现滞后现象。因此恒温槽控制的温度有一个波动范围，而不是控制在某一温度固定不变。

灵敏度是衡量恒温槽性能的主要标志。控制温度的范围越小，槽内各处温度越均匀，恒温槽的灵敏度越高。影响恒温槽灵敏度的因素很多，除与温度调节器、温度控制器有关外，还与搅拌器的效率、加热器的功率、环境温度、介质保温情况及各部件之间的位置有关。

恒温槽灵敏度的测定是指在设定温度下，观察温度随时间的变动情况。用较灵敏的温度计记录温度随时间的变化，若最高温度为 $T_1$，最低温度为 $T_2$，则恒温槽的灵敏度 $T_E$ 为 $T_E=\pm(T_1-T_2)/2$。灵敏度常以温度为纵坐标，以时间为横坐标，绘制温度-时间曲线来表示。在图 3-4 中，曲线(a)表示恒温槽灵敏度较高；(b)表示灵敏度较低；(c)表示加热器功率太大；(d)表示加热器功率太小或散热太快。

## 三、仪器与试剂

玻璃缸(10 L)、搅拌器(功率 40 W)、电加热器(250 W)、晶体管继电器、接触温度计、温度计(1/10 ℃、1/100 ℃)、秒表

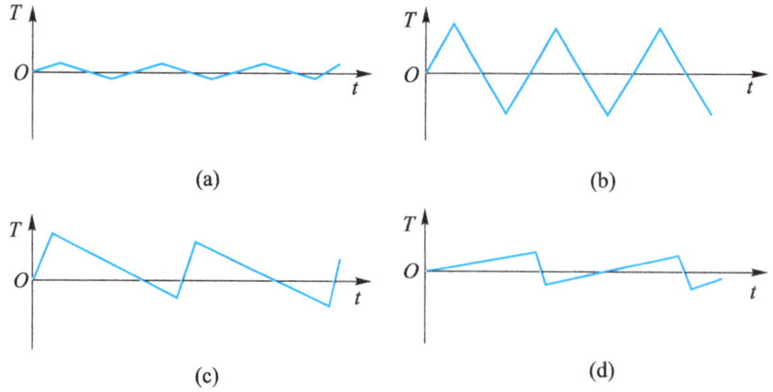


图 3-4 温度-时间曲线

## 四、实验步骤

1. 恒温槽的安装

按图 3-1 所示将接触温度计、晶体管继电器、搅拌器、电加热器、温度计等安装好，在浴槽内注入蒸馏水至容积的 4/5 处。

2. 调节温度

旋开接触温度计上部的调节帽固定螺丝，旋转调节帽使标铁上端面所指示温度略低于所需要控制的温度（如 25 ℃）1～2 ℃，固定调节帽。

接通电源，加热并搅拌，同时观察 1/10 ℃温度计读数和温度控制器的指示灯。当温度达到 24 ℃左右，如 24.2 ℃时，指示灯由红灯转为绿灯，指示加热器停止加热，需重新调节调节帽，使标铁位置适当上升，指示灯由绿灯转变为红灯亮，重新加热。经过几次调节，当 1/10 ℃温度计达到 25 ℃时调节调节帽使温度控制器由红灯刚好转为绿灯亮，固定调节帽。

3. 恒温槽灵敏度的测定

待测温度调节到 25 ℃后，观察 1/100 ℃温度计的读数，利用秒表每隔 2 min 记录1/100 ℃温度计的读数，连续测定约 60 min。温度变化范围要求在±0.15 ℃之内。

改变恒温槽内加热器与接触温度计的相对位置，按同样方法测定 30 ℃时恒温槽灵敏度。

4. 数据记录与处理

列表记录测量数据，并以时间为横坐标，温度为纵坐标绘制 25 ℃及 30 ℃时温度-时间曲线，计算灵敏度。

| 时间/min | 2 | 4 | 6 | 8 | 10 | 12 | 14 | 16 |
|---|---|---|---|---|---|---|---|---|
| 1/100 ℃温度计读数（25 ℃） | | | | | | | | |
| 1/100 ℃温度计读数（30 ℃） | | | | | | | | |

## 思考题

1. 接触温度计在恒温槽中起什么作用？并说明其工作原理。
2. 可以从哪些方面提高恒温槽的灵敏度？
3. 如果所需恒定温度低于室温，如何装配恒温槽？

（编写：唐业仓　复核：盛恩宏）

# · 实验二　凝固点降低法测量摩尔质量 ·

## 一、目的与要求

1. 用凝固点降低法测量蔗糖的摩尔质量；
2. 通过实验掌握溶液凝固点的测量技术，并加深对稀溶液依数性的理解；
3. 掌握 SWC-LG 凝固点测量仪的正确使用方法。

## 二、实验原理

固体溶剂与溶液成平衡的温度称为溶液的凝固点。含非挥发性溶质的双组分稀溶液的凝固点低于纯溶剂的凝固点。凝固点降低是稀溶液依数性的一种表现。当确定了溶剂的种类和数量后，溶剂凝固点降低值仅取决于所含溶质分子的数目。对于理想溶液，根据相平衡条件，稀溶液的凝固点降低与溶液成分关系由范托夫(van't Hoff)凝固点降低公式给出：

$$\Delta T_f=\frac{R(T_f^*)^2}{\Delta_f H_m(A)}\times\frac{n_B}{n_A+n_B} \tag{3-2-1}$$

式中，$\Delta T_f$ 为凝固点降低值；$T_f^*$ 为纯溶剂的凝固点；$\Delta_f H_m(A)$ 为摩尔凝固热；$n_A$，$n_B$ 为溶剂和溶质的物质的量。

当溶液浓度稀时，$n_B \ll n_A$，则

$$\Delta T_f=\frac{R(T_f^*)^2}{\Delta_f H_m(A)}\times\frac{n_B}{n_A}=\frac{R(T_f^*)^2}{\Delta_f H_m(A)}\times M_A b_B=K_f b_B \tag{3-2-2}$$

式中，$M_A$ 为溶剂的摩尔质量；$b_B$ 为溶质的质量摩尔浓度；$K_f$ 为凝固点降低常数。

如果已知溶剂的凝固点降低常数 $K_f$，并测得此溶液的凝固点降低值 $\Delta T_f$，以及溶剂和溶质的质量 $m_A$、$m_B$，则溶质的摩尔质量由下式求得

$$M_B = K_f \frac{m_B}{\Delta T_f m_A} \tag{3-2-3}$$

应该注意，如溶质在溶液中有解离、缔合、溶剂化和配合物形成等情况，不能简单地运用式(3-2-3)计算溶质的摩尔质量。显然，溶液凝固点降低法可用于溶液热力学性质的研究，如电解质的解离度、溶质的缔合度、溶剂的渗透系数和活度系数等。

纯溶剂的凝固点是它的液相和固相共存的平衡温度。若将纯溶剂逐步冷却，理论上其冷却曲线(或称步冷曲线)应如图3-5(Ⅰ)所示。但实际过程中往往发生过冷现象，即在过冷而开始析出固体时，放出的凝固热才使体系的温度回升到平衡温度，待液体全部凝固后，温度再逐渐下降，其步冷曲线呈图3-5(Ⅱ)形状。过冷太甚，会出现如图3-5(Ⅲ)的形状。

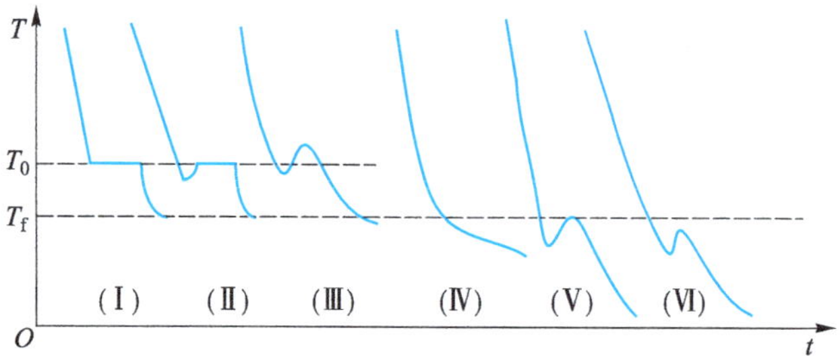


图3-5 步冷曲线示意图

溶液凝固点的精确测量，难度较大。当将溶液逐步冷却时，其步冷曲线与纯溶剂不同，见图3-5(Ⅳ)、(Ⅴ)、(Ⅵ)。由于溶液冷却时有部分溶剂凝固而析出，使剩余溶液的浓度逐渐增大，因而剩余溶液与溶剂固相的平衡温度也在逐渐下降，出现如图3-5(Ⅳ)的形状。通常发生稍有过冷现象，则出现如图3-5(Ⅴ)的形状，此时可将温度回升的最高值近似地作为溶液的凝固点。若过冷太甚，凝固的溶剂过多，溶液的浓度变化过大，则出现图3-5(Ⅵ)的形状，则测得的凝固点将偏低，必然会影响溶质摩尔质量的测定结果。因此在测量过程中应该设法控制适当过冷程度，一般可通过控制寒剂的温度、搅拌速率等方法来达到。

严格地说，纯溶剂和溶液的冷却曲线，均应通过外推法求得凝固点 $T_f^*$ 和 $T_f$。如图3-5(Ⅱ)曲线应以平台段温度为准。图3-5(Ⅴ)曲线则可以将凝固后固相的冷却曲线向上外推至与液相段相交，并以此交点温度作为凝固点。

## 三、仪器与试剂

SWC-LG凝固点测量仪1套、烧杯(250 mL)、电子天平(精度为0.000 1 g)、25 mL移液管

蔗糖(AR)、乙二醇、冰

## 四、实验步骤

1. 仪器安装

按图3-6将SWC-LG凝固点测量仪安装好。

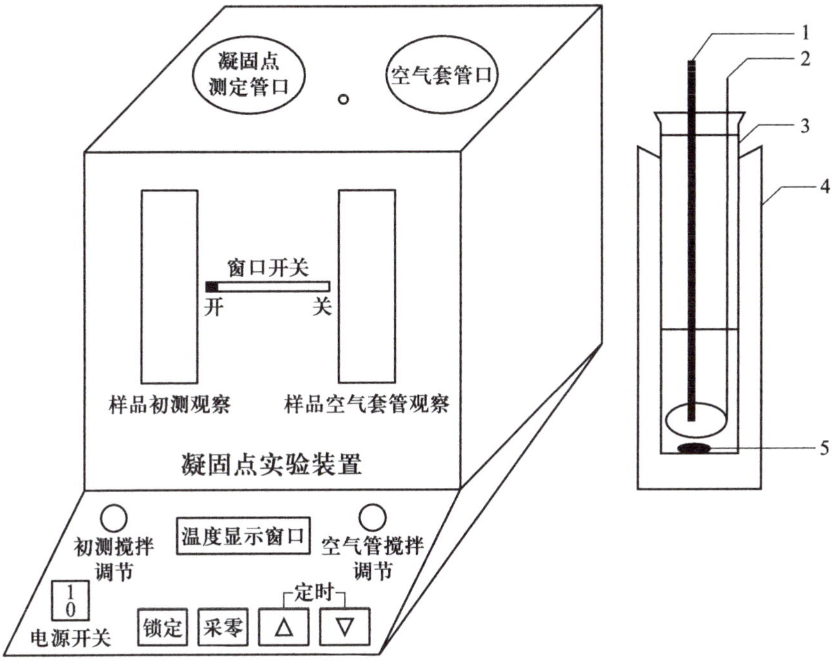


图 3-6　凝固点降低实验装置示意图

1—温度传感器;2—手动搅拌器;3—凝固点测定管;4—空气套管;5—搅拌磁珠

2. 调节寒剂的温度

取适量乙二醇与冰水混合,使寒剂温度为-3~-2 ℃,在实验过程中经常搅拌并不断补充少量的碎冰,使寒剂的温度基本保持不变。

3. 水的凝固点测量

测量装置如图 3-6 所示。用移液管吸取 25 mL 蒸馏水加入凝固点测量管中,同时放入小磁珠,并将温度传感器插入凝固点测量管中。注意温度传感器插入的位置应在与管壁平行的中央,插入深度以温度传感器顶端离凝固点测量管的底部 5 mm 为佳。

先将盛水的凝固点测量管直接插入寒剂中,开动磁力搅拌,并不时拉动手动搅拌器(勿拉过液面,约 1 s 一次),使水的温度逐渐降低,当过冷到水冰点以后,要快速搅拌,幅度要尽可能的小,待温度回升后,恢复原来的搅拌速率,同时注意观察温度显示窗口的数字变化,直到温度回升稳定为止,此温度即为水的近似凝固点。

取出凝固点测量管,用手局部温热,使管中固体全部熔化,再将凝固点测量管直接插入寒剂中缓慢搅拌,当水的温度降至高于初测凝固点温度 0.1~0.3 ℃时,迅速将凝固点测量管取出,擦干后插入空气套管中(空气套管插入寒剂中),调节磁力搅拌器调速旋钮缓慢搅拌使温度均匀下降。当温度低于初测凝固点时,及时调整磁力搅拌器调速旋钮加速搅拌,促使固体析出。当固体析出时温度开始上升,立即改为缓慢搅拌。回升后的稳定数据即为蒸馏水的精确凝固点。

取出凝固点测量管重复测定三次,每次之差不超过 0.01 ℃,三次平均值作为蒸馏水的凝固点。

4. 溶液凝固点的测量

取出凝固点测量管，使管中冰熔化，用电子天平准确称取蔗糖的质量约 1 g，加入凝固点测量管，待蔗糖全部溶解后，测定溶液的凝固点。测定的方法同蒸馏水，先粗测溶液的凝固点，再精确测量之，但溶液的凝固点是过冷后回升所达到的最高温度，重复 3 次，每次凝固点之差不超过 0.01 ℃，将 3 次测得值取平均值作为溶液凝固点。

5. 实验完成后，关掉电源，洗净凝固点测量管、空气套管和搅拌器。回收冰盐。

## 五、结果与讨论

1. 数据记录

室温：____________________；大气压：____________________。

| 物质 | 质量/g | 次数 | 凝固点/℃ | 凝固点平均值/℃ | 凝固点降低值/℃ |
|---|---|---|---|---|---|
| 蒸馏水 | | 1 | | | |
| | | 2 | | | |
| | | 3 | | | |
| 蔗糖 | | 1 | | | |
| | | 2 | | | |
| | | 3 | | | |

2. 根据实验温度下水的密度，计算所取水的质量 $m_A$。

3. 由实验测量的纯溶剂、溶液凝固点 $T_f^*$、$T_f$ 计算蔗糖的摩尔质量，并计算与理论值的相对误差。已知，水的凝固点降低常数 $K_f = 1.86\ kg \cdot K \cdot mol^{-1}$。

## 六、实验要点及注意事项

1. 寒剂温度对实验结果有很大影响，过高会导致冷却太慢，过低则测不出正确的凝固点。需要控制寒剂温度为-3～-2 ℃，注意防止过冷温度超过 0.5 ℃。

2. 溶液的凝固点随着溶剂的析出而不断下降，冷却曲线上得不到温度不变的水平线，因此在测量一定浓度的溶液凝固点时，析出的固体越少，测得的凝固点越准确。

3. 高温季节不宜做此实验，因为水蒸气易进入测量体系，造成测量结果偏低。

### 思考题

1. 为什么会产生过冷现象？如何控制过冷程度？
2. 根据什么原则考虑加入溶质的量？太多太少影响如何？
3. 过冷严重分别会给纯溶剂和溶液的凝固点测量结果带来什么影响？

## 附录 贝克曼温度计

1. 特点

贝克曼温度计也是水银温度计的一种，其结构如图 3-7 所示。它的主要特点如下：

(1) 刻度精细，刻线间隔为 0.01 ℃，用放大镜可以估读至 0.002 ℃，测量精度较高。

(2) 一般只有 5～6 ℃的刻度，所以量程较短。

(3) 与普通水银温度计不同，在它的毛细管 3 的上端加装了一个水银储管 4，用来调节水银球 6 中的水银量，所以可在不同的温度范围应用。

(4) 由于水银球 6 中的水银量是可变的，因此，水银柱的刻度值就不是温度的绝对读数，只能在量程范围内读出温度间的差数 $\Delta T$，主要用在量热技术中，如凝固点降低、沸点升高及燃烧热等测量工作中。

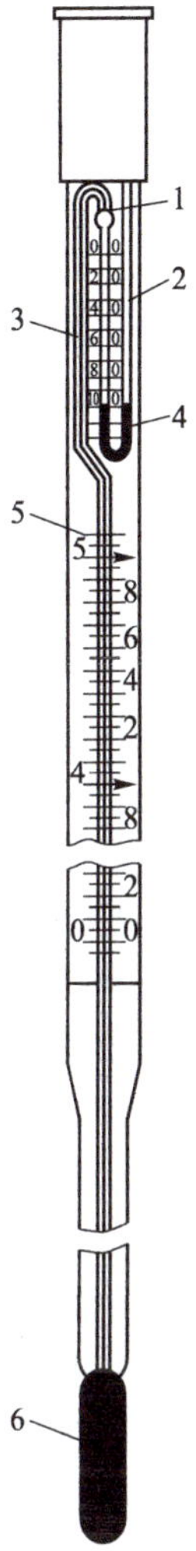


图 3-7 贝克曼温度计结构示意图

1—毛细管末端；2—标尺；3—毛细管；4—水银储管；5—最高刻度；6—水银球

2. 温度量程的调节

这里介绍两种方法，第一种是恒温浴调节法，操作步骤如下：

(1) 首先须确定所使用的温度范围。例如，测量水溶液的凝固点降低时，希望能读出 -5～1 ℃的温度读数；而测量水溶液的沸点升高时，则希望能读出 99～105 ℃的温度读数。

(2) 根据使用范围，估计当水银升至毛细管末端 1 处的温度值。一般的贝克曼温度计，水银柱由最高刻度处 5 上升至毛细管末端 1，还须再提高 3 ℃左右。根据这个估计值来调节水银球 6 中的水银量。

例如测定水的凝固点降低时，最高温度读数拟调节至 1 ℃，那么毛细管末端 1 温度应相当于 4 ℃。

(3) 将贝克曼温度计浸在温度较高的恒温浴中，使毛细管 3 内的水银柱升至毛细管末端 1，并在球形出口处形成滴状，然后从水浴中取出温度计，将其倒置，即可使它与水银储管 4 中的水银相连接，如图 3-8 所示。

(4) 另用一恒温浴，将其调至毛细管末端 1 所需的温度，把贝克曼温度计置于该恒温浴，恒温 5 min 以上。

(5) 取出温度计，以右手紧握它的中部，使它近垂直，用左手轻击右小臂，水银柱即可在毛细管末端 1 处断开(如图 3-9)。温度计从恒温浴中取出后，由于温度的差异，水银体积会迅速变化，因此这一调整步骤要求迅速、轻快，但不必慌乱，以防造成失误。

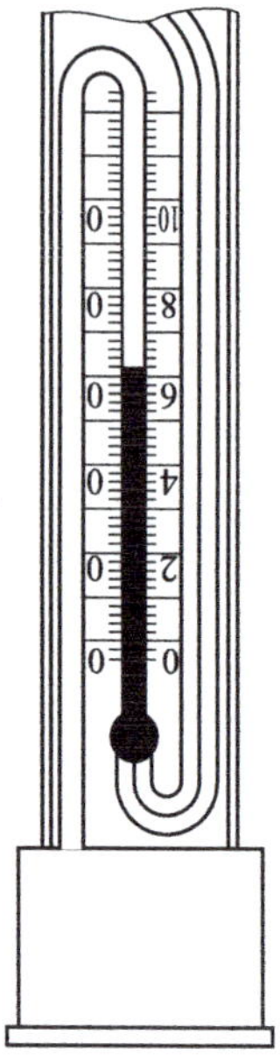

图 3-8 倒转温度计,使水银储管中的水银与毛细管口水银相接

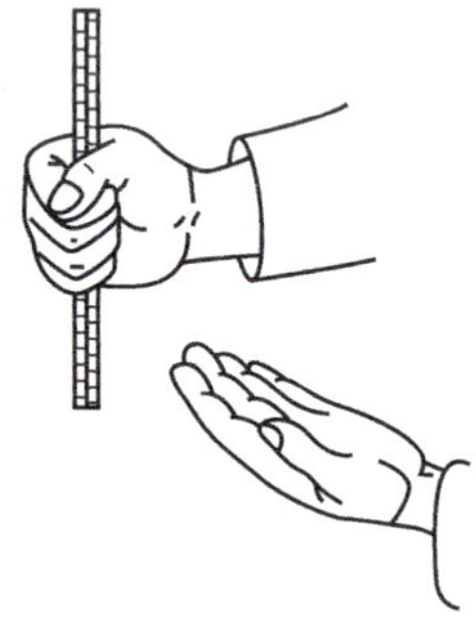

图 3-9 使水银柱在图 3-7 中毛细管末端 1 断开

(6) 将调好的温度计置于欲测温度的恒温浴中,观察读数值,并估计量程是否符合要求。例如,在凝固点降低的实验中,可用 0 ℃的冰水浴予以检验,如果温度值落在 3~5 ℃处,意味着量程合适。若偏差过大,则应按上述步骤重新调节。

第二种方法是标尺读数法,只有对操作比较熟练的人才可采用这种方法。该法是直接利用贝克曼温度计头部的标尺 2,而不必另外用恒温浴来调节,其步骤为

① 首先估计最高使用温度。

② 将温度计倒置,使水银球 6 的毛细管 3 中的水银从 1 处徐徐注入水银储管 4 中,再把温度计慢慢倾斜,使水银储管和毛细管中的水银相连接。

③ 若估计值高于室温,可利用重力作用,让水银储管的水银流入水银球,当标尺处的水银面到达所需温度时,如图 3-9 那样轻轻敲击,使水银柱在毛细管末端 1 处断开;若估计值低于室温,可将温度计浸于较低的恒温浴中,让水银面下降至标尺上的读数正好到达所需温度的估计值,同样可使水银柱在毛细管末端 1 断开。

④ 与上法同,试验调节水银量是否合适。

3. 使用注意事项

(1) 贝克曼温度计由薄玻璃制成,尺寸也较大,易损坏,所以一般只应放置 3 处:安装在使用仪器上,放置在温度计盒中或握在手中,不应任意搁置。

(2) 调节时,注意勿让它受骤热或骤冷,还应避免重击。

(3) 调节好的温度计,注意勿使毛细管中的水银柱再与水银储管的水银相接。

(编写:吴华强 修订:杜金艳 复核:唐业仓)

# ·实验三　液体饱和蒸气压的测量·

## 一、目的与要求

1. 明确液体饱和蒸气压的定义及气、液两相平衡的概念，了解纯液体饱和蒸气压与温度的关系——Clausius-Clapeyron 方程式；

2. 掌握静态法测量液体饱和蒸气压的原理及操作方法，学会由图解法求其平均摩尔汽化热和正常沸点；

3. 了解真空泵、玻璃恒温水浴、缓冲储气罐及精密数字压力计的使用及注意事项。

## 二、实验原理

通常温度下（距离临界温度较远时），纯液体与其蒸气达平衡时的蒸气压称为该温度下液体的饱和蒸气压，简称为蒸气压。蒸发 1 mol 液体所吸收的热量称为该温度下液体的摩尔汽化热。液体的蒸气压随温度而变化，温度升高时，蒸气压增大；温度降低时，蒸气压减小，这主要与分子的动能有关。当蒸气压等于外界压力时，液体便沸腾，此时的温度称为沸点。外压不同时，液体沸点将相应改变，当外压为 1 标准大气压时，液体的沸点称为该液体的正常沸点。

液体的饱和蒸气压 $p$ 与温度 $T$ 的关系用 Clausius-Clapeyron 方程式表示：

$$\frac{\mathrm{d}\ln p}{\mathrm{d}T}=\frac{\Delta_{\mathrm{vap}}H_{\mathrm{m}}}{RT^2} \tag{3-3-1}$$

式中，$R$ 为摩尔气体常数；$T$ 为热力学温度；$\Delta_{\mathrm{vap}}H_{\mathrm{m}}$ 为在温度 $T$ 时纯液体的摩尔汽化热。

假定 $\Delta_{\mathrm{vap}}H_{\mathrm{m}}$ 与温度无关，或因温度范围较小，$\Delta_{\mathrm{vap}}H_{\mathrm{m}}$ 可以近似作为常数，积分上式，得

$$\ln p=-\frac{\Delta_{\mathrm{vap}}H_{\mathrm{m}}}{R}\cdot\frac{1}{T}+C$$

或

$$\lg p=-\frac{\Delta_{\mathrm{vap}}H_{\mathrm{m}}}{2.303R}\cdot\frac{1}{T}+C \tag{3-3-2}$$

式中，$C$ 为积分常数；$p$ 为温度为 $T$ 时的液体的饱和蒸气压。

由式(3-3-2)可以看出，以 $\ln p$（或 $\lg p$）对 $\frac{1}{T}$ 作图，应为一直线，由直线的斜率可求算液体的 $\Delta_{\mathrm{vap}}H_{\mathrm{m}}$。

测量饱和蒸气压的方法主要有三种：① 饱和气流法，此法一般适用于蒸气压较小的液体；② 静态法，此法一般适用于蒸气压较大的液体；③ 动态法，在不同外界压力下，测定液体的沸点。

本实验采用静态法。静态法测定液体饱和蒸气压，是指在某一温度下，直接测量饱和蒸气压。本实验采用升温法测定不同温度下纯液体的饱和蒸气压，所用仪器是液体饱和蒸气压测定装置。

实验装置如图 3-10、图 3-11、图 3-12 和图 3-13 所示：平衡管 1 上接一冷凝管 3，以真空橡胶管与冷阱 4、缓冲储气罐 6 和精密数字压力计 5 相连。

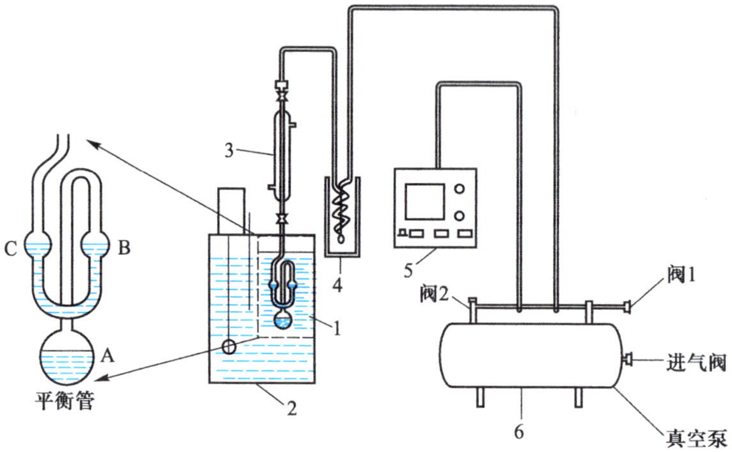


图 3-10　液体饱和蒸气压测定装置图

1—平衡管；2—玻璃恒温水浴；3—冷凝管；4—冷阱；5—精密数字压力计；6—缓冲储气罐

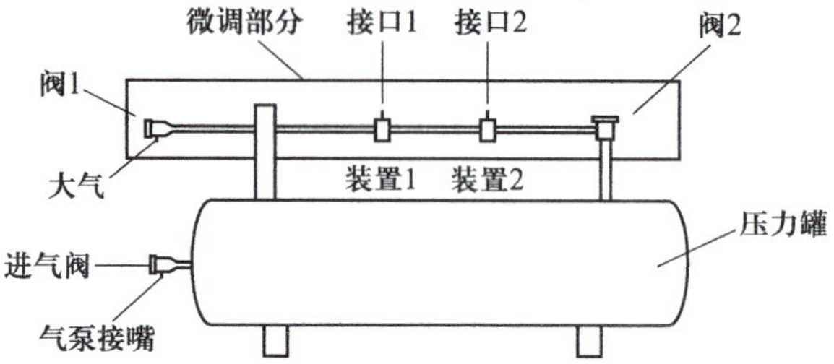


图 3-11　缓冲储气罐示意图

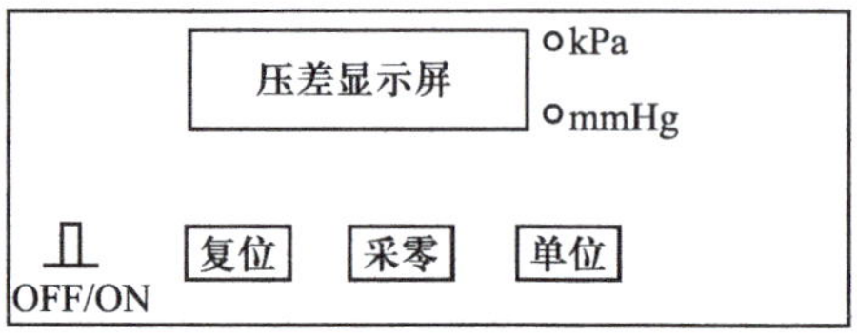


图 3-12　数字压力计前面板示意图

平衡管由 A 球和 U 形管 B、C 组成。A 球内装待测液体，当 A 球的液面上纯粹是待测液体的蒸气，而 B 管与 C 管的液面处于同一水平时，则表示 B 管液面上的压力（即 A 球液面上的蒸气压）与加在 C 管液面上的外压相等。此时，体系气、液两相平衡的温度称为液

体在此外压下的沸点。用当时的大气压加上精密数字压力计 5 的读数(或大气压减去精密数字压力计读数的绝对值),即为该温度下的液体的饱和蒸气压,公式为:$p=p_0+\Delta p$(或 $p=p_0-|\Delta p|$)。

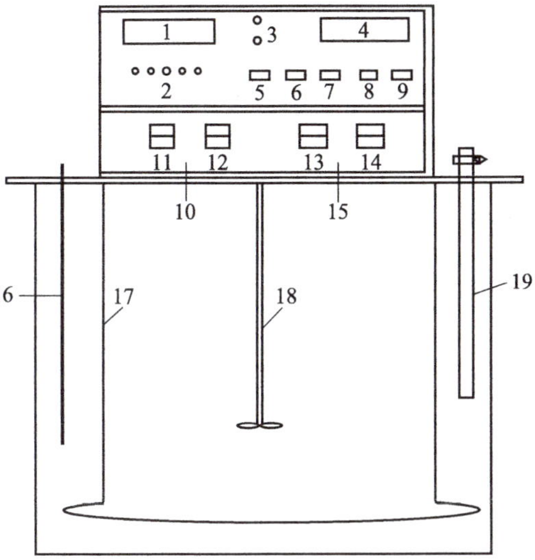


图 3-13　SYP-Ⅱ玻璃恒温水浴结构图

1—温度显示窗口;2—回差指示灯;3—工作和恒温指示灯;4—设定温度窗口;5—回差键;6—移位键;7—增加键;8—减少键;9—复位键;10—水搅拌;11—搅拌快慢开关;12—搅拌器电源开关;13—加热强弱开关;14—加热器电源开关;15—加热器;16—温度传感器;17—加热器;18—搅拌器;19—可升降支架

## 三、仪器与试剂

液体饱和蒸气压测定装置、真空泵、气压计

蒸馏水等

## 四、实验步骤

1. 装置仪器

将待测液体装入平衡管的 A 球约 $\frac{2}{3}$ 容积,U 形管中液面以平衡后接近 B 球和 C 球底部为佳,然后按装置如图 3-10 装好,冷阱 4 中加入适量冰水,所有接口处要严密。

将精密数字压力计 5 的电源接通并打开开关,单位选择“kPa”一挡,并在大气压条件下按“采零”键置零(注意:实验过程中的采零也要在大气压条件下进行)。

2. 系统气密性检查

先进行整体系统气密性检查。方法是打开进气阀和阀 2,关闭阀 1(三阀均为顺时针关闭,逆时针开启)。开动真空泵,此时 AB 弯管内的空气不断随蒸气经 C 管逸出,待空气被排除干净后,抽气减压至精密数字压力计显示压差接近-100 kPa 时,关闭进气阀后停止系统抽气,使真空泵与大气相通后再关闭电源。此时关闭阀 2,观察精密数字压力计,其变化值在标准范围内(小于 0.01 kPa/s),说明气密性良好。否则应逐段检查,消除漏气原因。

3. 不同温度下水的饱和蒸气压的测量

检查系统不漏气后,接通冷凝水,开启搅拌装置,将恒温槽温度调至 30 ℃左右,打开阀 2 使微调部分与罐内压力相等后再关闭阀 2。

当系统温度恒定后,打开阀 1 缓缓放入空气,直至 B、C 管中液面平齐,关闭阀 1,记录温度与压力。然后,用同样的方法,将恒温槽温度每升高 5 ℃测一次,记录各个温度和对应的压力。从低温到高温依次测定,共测 6~8 组。

4. 校正数据

实验前后分别测量大气压的数值,并按附录进行校正。

## 五、结果与讨论

1. 实验数据记录

被测液体________,室温________ ℃。已知 1 bar = $10^5$ Pa。

| | 大气压计读数 | | 校正后大气压/kPa | 校正后大气压平均值/kPa |
|---|---|---|---|---|
| | mbar | kPa | | |
| 实验开始时 | | | | |
| 实验结束时 | | | | |

测量实验数据记录

| 温度 | | 大气压 $p_0$/kPa | 压力计读数 $\Delta p$/kPa | 蒸气压 $p$/kPa | $\lg p$ | $\frac{1}{T}\Big/\text{K}^{-1}$ |
|---|---|---|---|---|---|---|
| $t$/ ℃ | $T$/K | | | | | |
| | | | | | | |
| | | | | | | |
| | | | | | | |
| | | | | | | |
| | | | | | | |
| | | | | | | |

2. 根据实验数据作 $\lg p-\frac{1}{T}$图。

3. 计算实验温度范围内水的平均摩尔汽化热与水的正常沸点。

## 六、实验要点及注意事项

1. 本实验采用精密数字压力计,具有无汞污染、数字显示、数据直观、使用方便的优点。但在使用前必须在定压下(一般用大气压)采零。

2. 抽气速率要合适,防止平衡管内液体沸腾过于剧烈。

3. 恒温水浴装置在使用过程中要注意安全。

4. 实验过程中,必须充分排除净 AB 弯管空间中全部空气,使 B 管液面上空只含液体的蒸气分子。AB 管必须放置于恒温水浴中的水面以下,否则其温度与水浴温度不同。

5. 测定中,放气不可太快,以免空气倒灌入 AB 弯管的空间中。如果发生倒灌,则必须重新排除空气。

## 思考题

1. Clausius-Clapeyron 方程在什么条件下才能应用?
2. 汽化热与温度有何关系?
3. 本实验中饱和蒸气压应如何计算?
4. 测量蒸气压是否可以从高温到低温进行?

## 附录

一、气压计的误差校正

在以定槽式水银气压计测量大气压时,要进行温度、纬度、海拔高度,以及仪器误差的校正。

1. 温度校正

$$p_0 = p_t(1-0.000\ 163t)$$

式中,$p_0$ 为 0 ℃时的大气压;$p_t$ 为 $t$ 时的大气压;$t$ 为温度。

2. 纬度校正

$$p_w = p_0(1-2.6\times10^{-3}\cos\theta)$$

式中,$p_w$ 为纬度为 $\theta$ 处的大气压;$\theta$ 为测量所在地的纬度(以度表示)。

3. 海拔高度校正

$$p_H = p_0(1-3.14\times10^{-7}H)$$

式中,$p_H$ 为海拔为 $H$ 处的大气压;$H$ 为测量所在地的海拔高度,m。

4. 仪器误差校正

本实验使用长春气象仪器有限公司生产的定槽式水银气压计,在 81~107 kPa 范围内的校正值为-20 Pa。

5. 校正总公式

若实验室所处海拔高度较低,可忽略其影响;若实验室所处海拔高度较高,则将所处的纬度(北纬 31°)位置数据代入计算,可得如下校正总公式:

$$p = 0.998\ 8p_t - 1.628\times10^{-4}p_t t - 0.20$$

式中,$p_t$ 为温度 $t$ 时,由仪器所读出的大气压值,mbar;$t$ 为室温,℃;$p$ 为测量的大气压的真实值,mbar。

二、缓冲储气罐(图 3-11)的使用说明

1. 安装

用橡胶管或塑料管分别将进气阀与气泵、装置 1 接口、装置 2 接口与数字压力计连接。安装时应注意连接管插入接口的深度要≥15 mm,并扣紧,否则会影响气密性。

2. 首次使用或长期未使用而重新启用时,应先做整体气密性检查

(1) 将进气阀、平衡阀 2 打开,阀 1 关闭(两阀均为顺时针关闭,逆时针开启)。启动油泵加压(或抽气)至 100~200 kPa,数字压力计的显示值即为压力罐中的压力值。

(2) 关闭进气阀,停止抽气,检查阀 2 是否开启,阀 1 是否完全关闭。观察数字压力计,若显示数字降值在标准范围内(小于 0.01 kPa/s),说明整体气密性良好。否则须查找并清除漏气原因直至合格。

(3) 再做微调部分的气密性检查:关闭阀 1,开启阀 2 调整微调部分的压力,使之低于压力罐中压力的 1/2,观察数字压力计,其变化值在标准范围内(小于±0.01 kPa/s),说明气密性良好。若压力值上升超过标准,说明阀 2 泄漏;若压力值下降超过标准,说明阀 1 泄漏。

3. 与被测系统连接进行测试

(1) 用橡胶管将装置 2 接口与被测系统连接、装置 1 接口与数字压力计连接。打开进气阀与阀 2,关闭阀 1,启动气泵,加压(或抽气),从数字压力计即可读出压力罐中的压力值。

(2) 测试过程中需调整压力值时,使压力计显示的压力略高于所需压力值,然后关闭进气阀,停止气泵工作,关闭阀 2,调节阀 1 使压力值至所需值。采用此方法可得到所需的不同压力值。

4. 测试完毕,打开进气阀、平衡阀均可释放储气罐中的压力,使系统处于常压下备用。

5. 操作注意事项

阀的开启不能用力过强,以防损坏影响气密性。

由于阀的阀芯未设防脱装置,关闭阀门时严禁将阀上阀体旋至脱离状态,以免阀在压力下造成安全事故。

维修阀必须先将压力罐的压力释放后,再进行拆卸。连接各接口时,用力要适度,避免造成人为的损坏。

压力罐的压力使用范围为-100~250 kPa,为了保证安全,加压时不能超出此范围。

使用过程中调节阀 1、阀 2 时压力计所示的压力值有时跳动属正常现象,待压力稳定后方可做实验。

【注意事项】

(1) 减压系统不能漏气,否则抽气时达不到本实验要求的真空度。

(2) 抽气速率要合适,必须防止平衡管内液体沸腾过剧,致使 B 管内液体快速蒸发。

(3) 实验过程中,必须充分排除净 AB 弯管空间中全部空气,使 B 管液面上空只含液体的蒸气分子。AB 管必须放置于恒温水浴中的水面以下,否则其温度与水浴温度不同。

(4) 测定中,打开进空气旋塞时,切不可太快,以免空气倒灌入 AB 弯管的空间中。如果发生倒灌,则必须重新排除空气。

(5) 在停止抽气前,应先把真空泵与大气相通,否则会造成泵油倒吸,造成事故。

(6) 阀 2 容易出现问题,一直保持打开状态,不用再调节。

(编写:杜金艳　复核:唐业仓)

# · 实验四　燃烧热的测量 ·

## 一、目的与要求

1. 明确燃烧热的概念，了解恒压燃烧热和恒容燃烧热之间的关系；
2. 掌握氧弹式热量计的原理、构造和使用方法，用氧弹式热量计测量萘的燃烧热；
3. 学会应用图解法校正温度改变值。

## 二、实验原理

燃烧热是指 1 mol 物质完全氧化时的反应热。所谓完全氧化是指 $C \longrightarrow CO_2(g)$，$H_2 \longrightarrow H_2O(l)$，$S \longrightarrow SO_2(g)$，$Cl \longrightarrow HCl(aq)$。例如萘的燃烧：

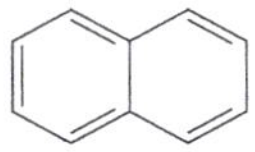 $(s) + 12O_2(g) \longrightarrow 10CO_2(g) + 4H_2O(l)$

燃烧热可在恒容或恒压条件下测定。1 mol B 物质在恒压条件下测得的热效应称为恒压热效应 $Q_p$，在数值上等于该物质的摩尔恒压燃烧热 $\Delta_c H_m$；1 mol B 物质在恒容条件下所测得的热效应称为恒容热效应 $Q_V$，在数值上等于该物质的摩尔恒容燃烧热，也等于体系热力学能变化。用氧弹式热量计测得的为恒容热效应 $Q_V$。若把参加反应的气体和反应生成的气体近似为理想气体，则有下列关系式：

$$Q_p = Q_V + \Delta nRT \qquad (3-4-1)$$

式中，$\Delta n$ 为产物与反应物中气体的物质的量之差，mol；$R$ 为摩尔气体常数；$T$ 为反应温度，K。

测量化学反应热的仪器称为热量计。本实验采用氧弹式热量计（图 3-14）测量萘的恒容燃烧热，进而求得萘的恒压燃烧热。

测量恒容燃烧热的基本原理是将一定量的待测物质样品在充足的氧弹中完全燃烧，放出的热量使热量计本身及氧弹周围介质（本实验用水）的温度升高。根据测定燃烧前后温度的变化值，可求出该样品的恒容燃烧热。其关系式为

$$-\frac{m}{M}Q_V - Q_{丝}L = C\Delta T \qquad (3-4-2)$$

式中，$m$ 为待测物质的质量，g；$M$ 为待测物质的摩尔质量，$g \cdot mol^{-1}$；$Q_{丝}$ 为单位长度点火丝的燃烧热，本实验 $Q_{丝} = -2.9\ J \cdot mol^{-1}$；$L$ 为燃烧掉的点火丝的长度，cm；$C$ 为吸热介质的热容，$J \cdot K^{-1}$。

为了保证样品完全燃烧，氧弹中必须充以高压氧气，因此，要求氧弹密封、耐高压、抗腐蚀。粉末样品必须压成片状，以免充气时冲散样品或者在燃烧时飞散开来，造成实验误差。

为了使系统不与外界或少与外界发生热交换，热量计放在一个恒温的套壳中（套壳中装有介质水），热量计与套壳中间为空气隔热层。另外，热量计壁均为高度抛光，这是为了减少热辐射。当然，在测量燃烧热过程中，对热量计温度测量的准确性直接影响燃烧热测定的结果，所以本实验采用 SWC-ⅡD 精密数字式温差测量仪测量温度变化值。

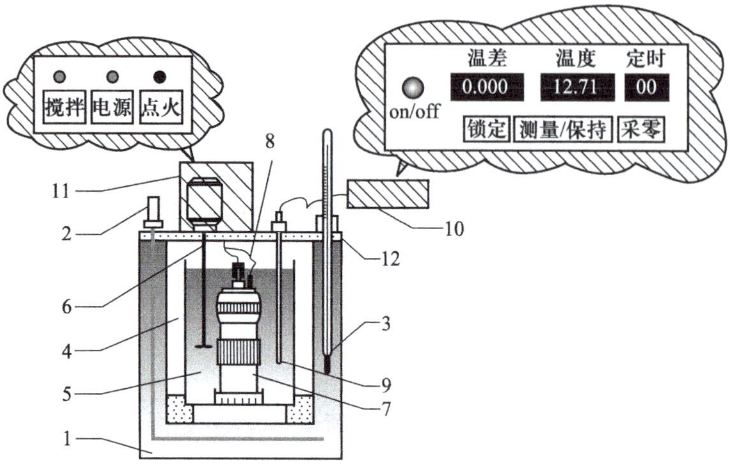


(a) 氧弹式热量计

1—外筒（恒温夹层）；2—外筒手动搅拌器；3—普通温度计；4—空气隔层；5—内筒；6—内筒电动搅拌器；7—氧弹；8—电极线；9—温度传感器（可换为贝克曼温度计）；10—SWC-ⅡD 精密数字式温差测量仪（可换为贝克曼温度计）；11—电源、搅拌、点火开关；12—盖板

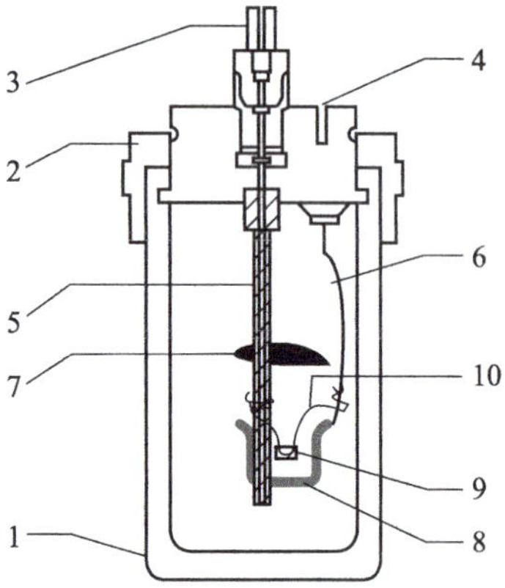


(b) 氧弹的构造

1—厚壁圆筒；2—弹盖；3—进气/排气孔（也是中心电极插口）；4—侧电极插口；5—中心电极（也是进气/排气管）；6—侧电极；7—火焰遮板；8—燃烧皿（与侧电极相连，不可与中心电极接触）；9—片状样品（燃烧丝穿过样品）；10—燃烧丝（两端缠在电极上）

图 3-14 氧弹式热量计和氧弹的构造图

系统除样品燃烧放出热量引起系统温度升高以外还有其他因素，这些因素都须进行校正。其中系统热漏必须经过雷诺作图法校正。校正方法如下：

称适量待测物质，使燃烧后水温升高 1.5～2.0 ℃，预先调节水温低于环境 0.5～1.0 ℃。然后将燃烧前后历次观察的水温对时间作图，连成 *FHID* 折线，见图 3-15，图中 *H* 相当于开始燃烧之点，$D$ 为观察到最高的温度读数点，在环境温度读数点，作一平行线 $JI$ 交折线于 $I$，过 $I$ 点作垂线 $ab$，然后将 $FH$ 线和 $GD$ 线外延交 $ab$ 于 $A$、$C$ 两点。$A$ 点与 $C$ 点所表示的温度差即为欲求温度的升高 $\Delta T$。图中 $AA'$ 为开始燃烧到温度上升至室温这一段时间 $\Delta t_1$ 内，由环境辐射和搅拌引进的能量而造成热量计温度的升高，必须扣除之。$CC'$ 为温度由室温升高到最高点 $D$ 这一段时间 $\Delta t_2$ 内，热量计向环境辐射出能量而造成热量计温度的降低，因此需要添加上。由此可见，$AC$ 两点的温差较客观地表示了由于样品燃烧促使温度计升高的数值，有时热量计的绝热情况良好，热漏小，而搅拌器功率大，不断引进能量使得燃烧后的最高点不出现，这种情况下 $\Delta T$ 仍然可以按照同法校正，如图 3-16 所示。

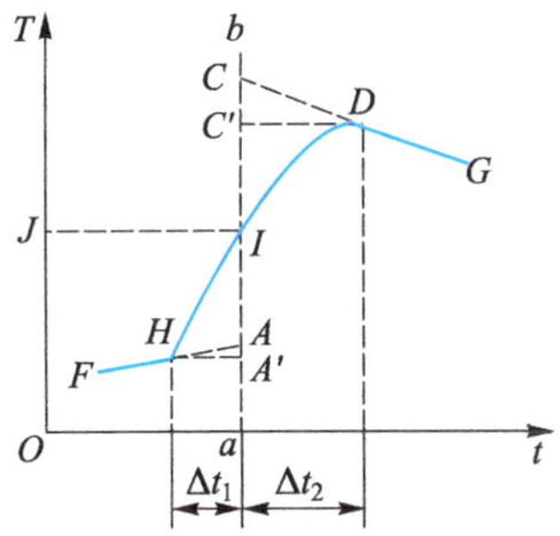

图 3-15 绝热较差时的温度校正图

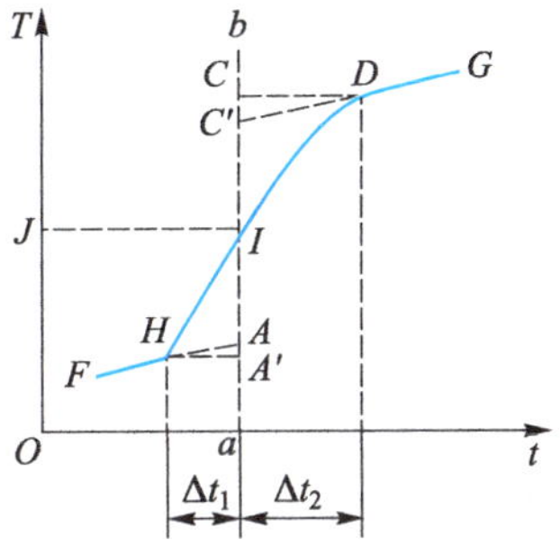

图 3-16 绝热良好时的温度校正图

## 三、仪器与试剂

SHR-15 氧弹式热量计、SWC-ⅡD 精密数字式温差测量仪（含电阻温度计）、计算机、打印机、氧气钢瓶、立式充氧器、氧气减压阀、氧气调节阀、燃烧丝、药匙、尺子、压片机、容量瓶（1 000 mL）、万用电表、温度计（0—100 ℃）、电子天平

萘（AR）、苯甲酸（AR）

## 四、实验步骤

1. 样品压片（以苯甲酸为标准物质，测量氧弹式热量计中吸热介质的热容 $C$）

压片前，仔细检查压片机的钢模，必须洁净才能进行压片。用电子天平称取样品 0.5~0.6 g，量取 10 cm 的燃烧丝，将燃烧丝弯折后在中间拧一个直径约 0.5 cm 的环，燃烧丝的圆环朝钢模内部，两端应有等长的留头并沿冲模的底部拉紧，然后将钢模底板装进模子中，从上面倒入已称取的苯甲酸样品，徐徐加压（既不能压得太紧，也不能压得太松），直到将样品压成片状为止。取出压好的样品，在电子天平上精确称其质量（$m_{总}$），苯甲酸样品的质量 $m=m_{总}-m_{丝}$（1 m 燃烧丝质量为 0.096 52 g）。

2. 充氧气

把氧弹的弹头放在弹头架上，把样品的燃烧丝两端分别紧绕在氧弹头的两个电极上（两电极与燃烧杯不能相碰）。在弹杯中加入约 5 mL 蒸馏水。然后把氧弹头放入弹杯中，一位学生抓紧氧弹下部，另一位学生抓紧氧弹盖拧紧，以免漏气。用万用表检查两电极是否为通路。使用高压钢瓶充氧气时必须严格遵守操作规则:将氧弹的进气口对准氧气钢瓶表头的导管。沿逆时针方向渐渐旋松氧气瓶阀,打开氧气出口,然后沿顺时针方向渐渐旋紧减压阀,压下充气手柄,开始先充少量氧气(约 0.5 MPa),用放气阀放掉氧气,借以赶出弹中空气,然后充入氧气(1.5 MPa),停 1~2 min 再抬起手柄停止充气。沿逆时针方向旋松减压阀,然后沿顺时针方向旋紧瓶阀。取下氧弹,放掉氧气钢瓶导管中的余气。

3. 安装热量计

安装好的热量计如图 3-14(a)所示,步骤如下:

(1) 将氧弹放入热量计的内筒 5 中,将氧弹两电极与电极线 8 相连。

(2) 打开 SWC-ⅡD 精密数字式温差测量仪 10,将温度传感器 9 插入热量计的外筒 1 水中,测其温度。

(3) 用筒取适量自来水,测其温度,如温度偏高或相平,则加冰调节水温使其低于外筒水温 0.5~1 ℃。用容量瓶精取 3 000 mL 调好温度的自来水注入内筒 5,水面刚好盖过氧弹。

(4) 盖好热量计的盖板 12,将温度传感器 9 从盖上小孔插入内筒。将一普通温度计 3 插入外筒。

4. 点火和测量温度

开启热量计的电源和搅拌开关,在温差测量仪上将定时时间设置为 30 s,观察显示的温差值(仪器上的温差是指实际温度与仪器所设基准温度的差值,即以基准温度为零点的相对温度 $T^*$),待温差变化小于 0.050 ℃/min 后,将温度传感器 9 从内筒取出,插入外筒,观察并记录外筒的水温,此温度作为燃烧反应的温度,然后按下温差测量仪的“采零”键并“锁定”(这相当于将反应温度设置成温差值的基准温度),将温度传感器插回内筒,测量温差-时间曲线。整个测量过程包括 3 个连续的阶段:燃烧前、燃烧中和燃烧结束后。测量期间每隔 30 s记录内筒的温差值一次。具体做法是:在尚未点火前,先记录 5 min 的温差数据;按下“点火”按钮,若点火成功,热量计上的点火指示灯会熄灭,氧弹内的样品开始燃烧,水温很快上升,期间持续记录温差变化,直到温度变化再次小于 0.050 ℃/min,表明燃烧反应结束;此后继续记录 5 min 的温差数据。

实验结束关闭热量计的搅拌和电源开关,取出温度传感器,翻开热量计的盖板,取出氧弹,用顶针顶开氧弹阀塞,放出氧弹中的废气。打开氧弹检查样品是否完全燃烧;取下剩余燃烧丝,量取长度。将内筒里的水倒掉,擦干仪器(包括氧弹)。

测定萘的燃烧热时称取 0.5~0.6 g 的萘,同上法重复实验。

## 五、结果与讨论

1. 以苯甲酸为标准物质,测量吸热介质的热容 $C$

燃烧丝初始长度 $L_1$:________ cm;燃烧后残余长度 $L_2$:________ cm;

$m_{总}$(苯甲酸+燃烧丝):________ g;苯甲酸质量 $m=m_{总}-m_{丝}=$________ g;

反应温度 $T_0$:________ ℃;

相对温度 $T^*$ 随时间的变化:

| $t$/min | | | | | | | | | | | | | | | | | | | |
|---|---|---|---|---|---|---|---|---|---|---|---|---|---|---|---|---|---|---|---|
| $T^*$/ ℃ | | | | | | | | | | | | | | | | | | | |

根据上表数据，绘制 $T^*-t$ 曲线，并按图 3-15 或图 3-16 的方式进行温度校正，求出苯甲酸燃烧引起的温度改变值 $\Delta T$；已知苯甲酸的标准燃烧热 $\Delta_c H_m^{\ominus}(20\ ℃)=-3226.9\ kJ\cdot mol^{-1}$，利用式(3-4-1)和式(3-4-2)计算热量计中吸热介质的热容 $C$。

2. 萘的燃烧热

燃烧丝初始长度 $L_1$：________ cm；燃烧后残余长度 $L_2$：________ cm；

$m_{总}$(萘+燃烧丝)：________ g；萘的质量 $m=m_{总}-m_{丝}=$________ g；

反应温度 $T_0$：________ ℃；

$T^*$ 随时间的变化：

| $t$/min | | | | | | | | | | | | | | | | | | | |
|---|---|---|---|---|---|---|---|---|---|---|---|---|---|---|---|---|---|---|---|
| $T^*$/ ℃ | | | | | | | | | | | | | | | | | | | |

根据上表数据，绘制 $T^*-t$ 曲线，并按图 3-15 或图 3-16 的方式进行温度校正，求出萘燃烧引起的温度改变值；利用式(3-4-2)计算萘的恒容热效应 $Q_V$ 及式(3-4-1)计算萘在实验温度下的摩尔恒压燃烧热 $\Delta_c H_m$(萘)。

## 六、实验要点及注意事项

1. 样品应保持干燥，受潮的样品不易燃烧且称量有误。
2. 压片的紧密程度要适当，太紧不易燃烧，太松容易破碎。
3. 注意识别压片机上的标签，压苯甲酸和萘的压片机不可混用，以免样品受到污染。
4. 装弹时，燃烧丝不能与筒壁和燃烧皿发生接触，否则通电点火短路时无法引燃样品。
5. 用气瓶对氧弹充气时，先开瓶阀(逆时针拧松)，再开减压阀(顺时针拧紧调压螺钉以顶开阀瓣)。整个实验结束后，先关闭氧气气瓶的瓶阀，然后放掉减压阀中的余气，最后关闭减压阀。

## 思考题

1. 充氧前，氧弹内的氮气对测量燃烧热有无影响？若有影响，怎样解决？
2. 本实验中，哪些是体系？哪些是环境？实验过程中应该采取哪些措施减少热能损耗？
3. 为什么在实验开始时内筒水温要低于外筒水温？低多少合适？
4. 固体样品为什么要压成片状？若不压片，实验能进行吗？本实验装置能否用于气体、液体燃烧热的测量？说明理由。

(编写：周　涛　复核：唐业仓)

# ·实验五 双液系气液平衡相图·

## 一、目的与要求

1. 绘制常压下异丙醇-环己烷体系的气液平衡相图；
2. 掌握回流冷凝法测定双组分液体沸点的方法；
3. 了解阿贝折光仪的构造原理，熟悉掌握用折射率确定二元液体组成的方法。

## 二、实验原理

常温下为液态的两种物质混合而成的二组分体系称为双液系。若两种液体可以以任意比例相互溶解，称为完全互溶双液系；若只能在一定比例范围内互相溶解，则称为部分互溶双液系。

液体的沸点是指液体的蒸气压和外压相等时的温度。在一定的外压下，纯液体的沸点有确定的值。但对于双液系，沸点不仅与外压有关，而且还与双液系的组成有关，即与双液系中两种液体的相对含量有关。

双液系在蒸馏时的另一个特点是：在一般情况下，双液系蒸馏时的气相组成和液相组成并不相同。因此原则上有可能用反复蒸馏的方法，使双液系中的两液体互相分离。但有时不能用单纯蒸馏双液系的办法使两液体分离。如工业上制备无水乙醇，不能用单纯蒸馏含水酒精的方法获得无水乙醇，因为水和乙醇在一定比例时发生共沸（或恒沸），需要先用石灰处理，再进行蒸馏。因此了解双液系在蒸馏过程中沸点及液相、气相组成的变化情况，对工业上进行双液系液体分离颇为重要。

对于两组分双液系体系，自由度 $f=2-\phi+2=4-\phi\leqslant3$，因此自由度最多为 3。要全面表示体系可能的平衡状态，需分别以温度 $T$、压力 $p$ 以及体系的组成 $x$ 为坐标，作三维立体的 $T$-$p$-$x$ 相图。如果只需要知道体系在特定情况下的状态，可以指定温度后作平面的 $p$-$x$ 图，或指定压力后作 $T$-$x$ 图。通常情况下用几何作图的方法在恒压下将双液系的沸点对其气相、液相组成作图，称为双液系 $T$-$x$ 相图，该相图表明了在各种沸点时的液相组成和与之平衡的气相组成的关系。蒸馏通常是在恒压下进行的，因此，$T$-$x$ 相图对工业上进行双液系液体分离非常重要。

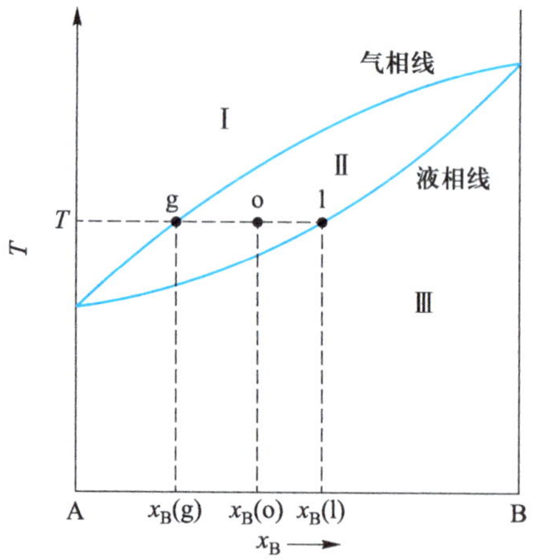

图 3-17 完全互溶双液系相图

图 3-17 是一种最简单的完全互溶双液系相图。纵坐标 $T$ 为体系的温度。横坐标 $x_B$ 是液体 B

的摩尔分数，其两端分别为 $x_B=0$ 和 $x_B=1$，对应纯液体 A 和 B。上面的一条曲线是**气相线**，下面的曲线是**液相线**。两条曲线将 $T-x$ 图分为三个区域：Ⅰ．气相区；Ⅱ．气液两相平衡区；Ⅲ．液相区。对应于同一沸点温度的两曲线上的两个点，就是互相平衡的气相点和液相点。从图 3-17 中可以看出，$x_B(g)<x_B(o)<x_B(l)$，因此气相中 A 的含量高于原始溶液，而蒸馏瓶中残余溶液中 B 的含量高于原始溶液。将气相分离出来，冷凝后重新蒸馏，气相中的 A 含量将更多；对原始溶液蒸馏残液再进行蒸馏，液相中 B 的含量也将更多。因此通过反复蒸馏，可以达到 A 和 B 分离的目的。

图 3-18 是另两种典型的完全互溶双液系相图，其特点是出现极值（极小值或极大值），即图中的 $d$ 点。相图中出现极值的那一点的温度称为恒沸点，因为具有该点组成的双液系在蒸馏时气相组成和液相组成完全一样，在整个蒸馏过程中的沸点也恒定不变。对应于恒沸点组成的溶液称为恒沸混合物。外压不同时，同一双液系的相图也不尽相同，所以恒沸点和恒沸混合物的组成还和外压有关。通常压力不大时，恒沸点和恒沸混合物组成的变动也不大，在未注明压力时，一般系指一个标准大气压的值。若原始溶液的组成介于 0 和 $x_B(d)$ 之间，通过反复蒸馏只能得到 A 和恒沸混合物；若组成介于 $x_B(d)$ 和 1 之间，则只能得到 B 和恒沸混合物；而恒沸混合物则无法通过反复蒸馏的方法使两组分进行分离。因此不能用单纯蒸馏的方法将 A 和 B 完全分离。

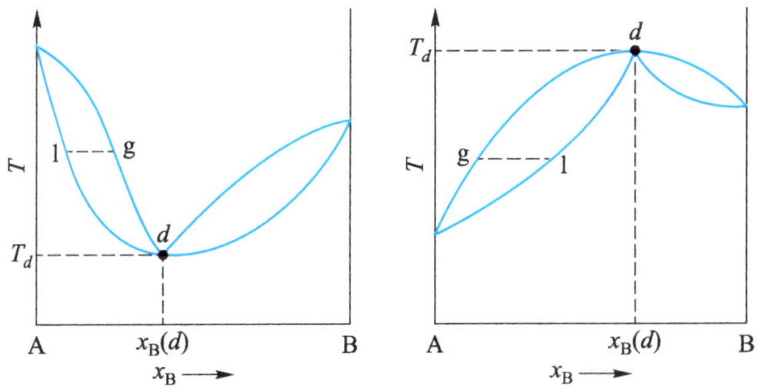


图 3-18　另两种典型的完全互溶双液系相图

本实验采用回流冷凝法测绘异丙醇-环己烷双液系恒压相图，需在恒压下同时测定溶液的沸点和气液平衡时两相的组成。所用的沸点测量仪如图 3-19 所示，是一只带有回流冷凝管的长颈圆底烧瓶。烧瓶内盛有原始溶液，在恒压下，通过直接浸没在溶液中的电热丝进行加热。沸腾后，逸出的蒸气被冷凝管冷凝，流入收集小槽。小槽收集满冷凝下来的气相样品后，将发生溢流，回到烧瓶中。

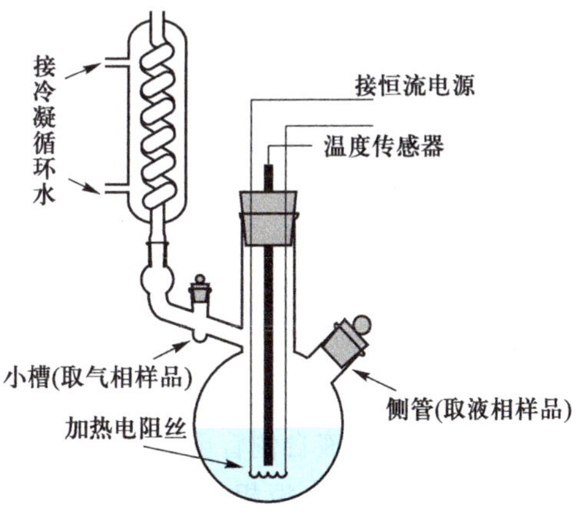


图 3-19　沸点测量仪

沸点测量仪在设计上主要是防止溶液过热和气相分馏效应。用浸没在溶液中的电热丝加热，可以减少溶液沸腾时的过热现象，并且防止暴沸。实验中利用冷凝回流的方法保持气液两相的组成和量保持一定，从而实现两相平衡，但气相分馏效应会影响气相的平衡组成。为减小气相分馏效应的影响，收集冷凝液的小槽体积应适中。如果小槽体积太大，冷凝液不易更新，造成气相蒸气分馏；体积太小，则为取样带来困难。此外，虽然理论上气液平衡时两相的温度应该相同，但实际上气相温度略低于液相，且存在温度梯度，这也是引起分馏效应的原因。因此在烧瓶内的溶液不会溅入小槽的前提下，应尽量缩短小槽和原溶液的距离，减少温度差异。

在沸腾的初期，由于两相尚未达到平衡，气相和液相的组成不断改变，同时沸点也逐渐升高（恒沸混合物例外）。当气液两相达到平衡后，两相的组成不再随时间变化，同时，沸点也稳定在一个确定值。沸点由水银温度计或数字温度计直接读出。从小槽和烧瓶内取样进行分析，可得到该沸点下气相和液相的组成。

溶液的组成用物理方法分析，环己烷和异丙醇的折射率有一定的相差，且折射率法所需样品量较少，因此，本实验采用折射率法分析气相冷凝物和液相的组成。折射率是物质的一个特征数值。在一定温度下，溶液的折射率和组成近似呈线性关系。因此，用阿贝折光仪测量一系列已知浓度溶液的折射率，绘制折射率-浓度标准工作曲线，通过测量未知溶液的折射率，再按内插法得到未知溶液的组成。

## 三、仪器与试剂

超级恒温槽、阿贝折光仪、玻璃沸点测量仪、WLS 数字恒流电源、数字温度计

异丙醇（AR）、环己烷（AR）

## 四、实验步骤

1. 仪器安装

沸点测量仪按图 3-19 安装好。检查带有温度传感器的橡胶塞是否塞紧，加热电阻丝要靠近容器底部的中心，并且不要让加热电阻丝和温度传感器碰在一起。

2. 测量沸点

使温度传感器浸入液体，同时液面应完全浸没加热电阻丝，否则通电加热时容易引起燃烧。打开冷凝水后，接通恒流电源。调节“加热电源调节”旋钮（加热电压约 15 V），将溶液缓慢加热至沸腾，再调节电压使蒸气在冷凝管中凝聚，但蒸气在冷凝管中回流的高度不宜太高，以 2 cm 较合适。如此沸腾一段时间，使冷凝液不断淋洗小槽中的液体，待温度稳定后，记下数字温度计的读数。

3. 取样

切断电源，停止加热，用水浴锅（内盛冷水）套在沸点测量仪底部冷却容器内的液体。用一支细长的干燥滴管伸入小槽，吸取其中全部冷凝液，用另一支干燥滴管自侧管吸取容器内的溶液几滴，上述两样品分别作为平衡时的气相样品和液相样品。这些样品可以分别储放在事先准备好的干燥小试管中，立即盖好盖子，以防挥发，并应尽早测量样品的折射率。将沸点测量仪内的溶液自侧管倒入原来的待测溶液中。按上述步骤，分别测量其他待测溶液的沸点和平衡时气相、液相的样品（沸点测量仪不要洗，晾干即能使用）。

4. 测量折射率

（1）测量异丙醇-环己烷标准溶液的折射率（见表 3-1）。

（2）测量各待测溶液气相样品和液相样品的折射率（见表 3-2）

## 五、结果与讨论

1. 实验记录

2. 根据表 3-1 中的数据，绘制折射率-浓度工作曲线。

表 3-1　标准溶液的浓度和折射率

| 标准溶液浓度/($mol\cdot L^{-1}$) | | | | | | |
|---|---|---|---|---|---|---|
| 折射率 | | | | | | |

3. 根据上述工作曲线，利用各待测溶液达到气液平衡时两相样品的折射率数据，确定气相和液相的浓度，填入表 3-2。

表 3-2　待测溶液的沸点、折射率和含量

| 样品 | 沸点/ ℃ | 馏出物（气相） | | 剩余液（液相） | |
|---|---|---|---|---|---|
| | | 折射率 | $x_{环己烷}$ | 折射率 | $x_{环己烷}$ |
| ① | | | | | |
| ② | | | | | |
| ③ | | | | | |
| ④ | | | | | |
| ⑤ | | | | | |
| ⑥ | | | | | |
| ⑦ | | | | | |
| ⑧ | | | | | |

4. 每份被测溶液的沸点和气、液相组成都在 $t-x$ 图中给出两点，分别位于气相线和液相线上，将同属气相或液相的点平滑地连接起来，即得异丙醇-环己烷双液系的恒压相图（$t-x$ 图）。根据画出的相图，确定最低恒沸点和恒沸组成。

## 六、实验要点及注意事项

1. 加热电阻丝应完全浸没在被测液体中，否则通电时会引起有机液体燃烧。

2. 实验过程中必须在冷凝管中通入冷却水，以使气相冷凝。

3. 一定要使体系达到气液平衡，即温度恒定时方可读数。在测量溶液样品时，为加速平衡，应倾斜沸点测量仪，使初期冷凝液回到长颈圆底烧瓶中。

4. 被测样品浓度不需要配制得非常准确，并且可反复使用，测量后应倒回试剂瓶储存。这是因为绘制相图是根据平衡时气、液相的组成来确定的，不需要知道总组成。而相的组成是通过折射率确定的，只要折射率测量准确，就可以保证相图的准确性。因此，被测样品被多次使用后，虽然总组成有轻微变化，但导致的结果只是相图上的实验点会有轻微移动，不会引起相图产生误差。

5. 基于与 2 同样的理由，每次更换样品时，如果要测量混合溶液的沸点和组成时，长颈圆底烧瓶不必清洗、晾干。但是，如果要测纯液体的沸点，沸点测量仪必须用纯液体清洗并晾干。

6. 大多数液体有机化合物的折射率随温度升高而降低，因此，用阿贝折光仪测量折射率时，应接上超级恒温水浴。

7. 测量气、液相样品的折射率时，动作要迅速，以免样品的成分发生变化，最好将样品放入带盖的干燥小试管内，冷却后尽快测量。

## 思考题

1. 过热现象对实验产生什么影响？如何在实验中尽可能避免？
2. 气、液两相平衡的标志是什么？
3. 根据相图说明是否可以通过反复蒸馏的方法将异丙醇和环己烷分离。

## 附录　WYA（2WAJ）型阿贝折光仪

1. 基本概念

光的传播速度等于波长和频率的乘积，光进入另外一种介质时，频率不变但是波长改变，从而传播速度发生改变。光的折射现象是由于光在不同介质的传播速度不同引起的。介质的折射率（$n$）定义为光在真空中的传播速度（$c$）与光在介质中的速度 $v$ 的比值：

$$n=\frac{c}{v}$$

折射率与光的波长有关。规定真空的折射率为 1。

如图 3-20(a) 所示，$M_1$ 和 $M_2$ 是各向同性的介质，单色光从介质 $M_1$ 进入介质 $M_2$，设介质的折射率分别为 $n_1$ 和 $n_2$，入射角和折射角（入射光线和折射光线与界面法线的夹角）分别为 $\theta_1$，$\theta_2$，根据折射定律（Snell's Law）：

$$n_1\sin\theta_1=n_2\sin\theta_2$$

比值 $n_2/n_1$ 称为介质 $M_2$ 对 $M_1$ 的相对折射率。

光从折射率小的光疏介质进入折射率大的光密介质时，根据折射定律，入射角 $\theta_1$ 将大于折射角 $\theta_2$，如图 3-20(a) 所示。当入射角 $\theta_1$ 进一步增大到 90°（最大值），折射角 $\theta_2$ 也达到最大，且小于 90°，如图 3-20(b) 所示，此时的折射角称为临界角（如果反向地将光从光密介质射入光疏介质，且入射角大于临界角，将只有反射没有折射，即全反射）。

2. 临界角法测量液体折射率的原理

折射率的测量方法很多，有偏向角法、自准直法、临界角法、干涉法等。液体介质通常使用临界角法（阿贝折光仪）。

如图 3-21 所示，阿贝折光仪的主要部分是两块直角棱镜，其中进光棱镜的斜面是磨砂的，折射棱镜的斜面是抛光的，待测液体夹在进光棱镜和折射棱镜之间，展开成薄层。光进入进光棱镜，在磨砂面上发生漫反射，以各种不同的角度进入液体样品层，然后到达折射棱镜的抛光面，一部分光在界面上折射，透过折射棱镜。

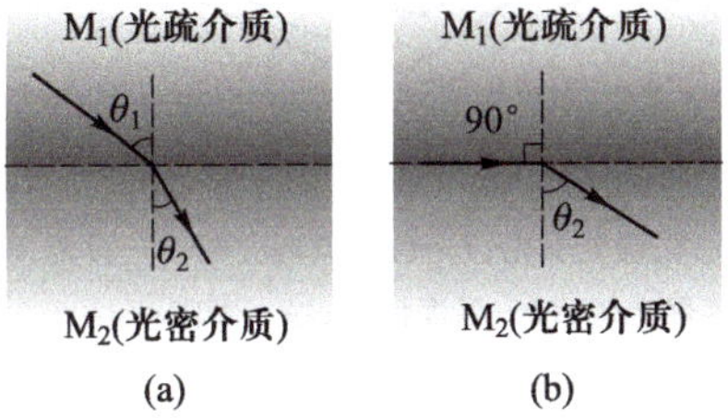

图 3-20　光的折射和临界角

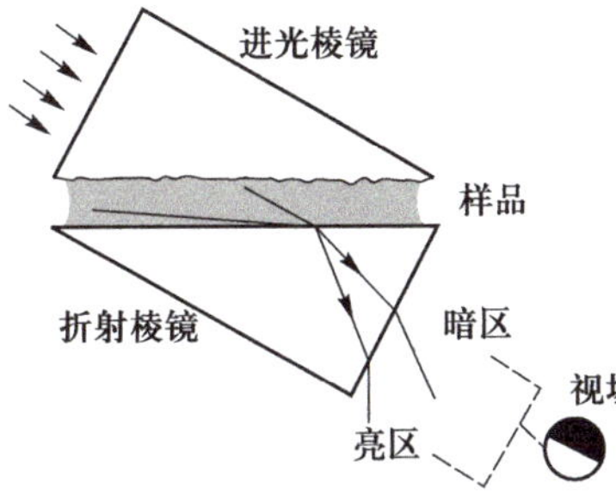

图 3-21　临界角法的测量原理

光线由液体进入折射棱镜时，入射角小于或等于 90°，由于液体的折射率小于折射棱镜，因此折射角不会超过临界角。小于临界角的范围为亮区，大于临界角的范围为暗区，在目镜视场中可观察到亮区和暗区的分界线，由此可测定临界折射角 $\theta$ 并得到液体的折射率 $n_1$ 为

$$n_1 = n_2 \sin\theta \quad (\text{其中 } n_2 \text{ 是棱镜材料的折射率})$$

3. WAY(2WAJ)型阿贝折光仪的构造和使用方法

阿贝折光仪的光学系统如图 3-22 所示，进光棱镜 1 和折射棱镜 2 之间是待测液体，光线依次通过进光棱镜和折射棱镜，再进入阿米西色散棱镜组 3，通过物镜 4 后，明暗分界线成像于分划板 5 上，分划板上有“×”形分划线，再经目镜 6 放大后可观察到如图 3-23 所示的明暗图像。

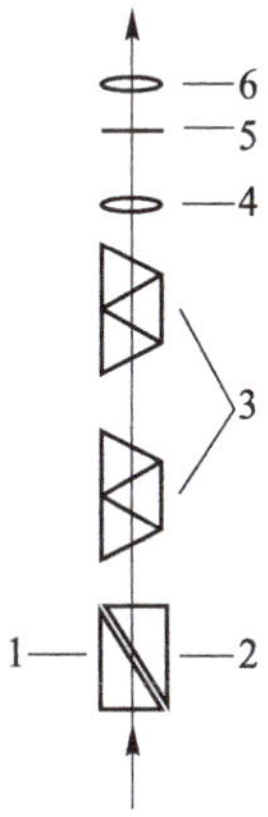

图 3-22　阿贝折光仪的光学系统

1—进光棱镜；2—折射棱镜；3—阿米西色散棱镜组；4—物镜；5—分划板；6—目镜

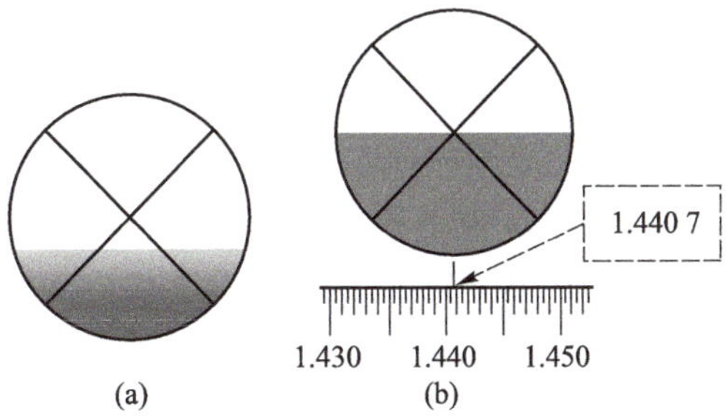

图 3-23　阿贝折光仪的目镜视场和读数

WAY(2WAJ)型阿贝折光仪的构造如图3-24所示。

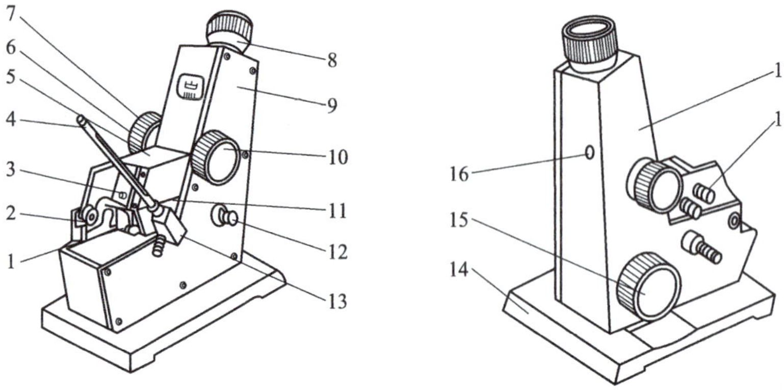


图 3-24 WYA(2WAJ)型阿贝折光仪的构造

1—反射镜;2—转轴;3—遮光板;4—温度计;5—进光棱镜;6—色散调节手轮;7—色散值刻度圈;8—目镜;9—盖板;10—锁定手轮;11—折射棱镜;12—照明刻度盘聚光镜;13—温度计座;14—底座;15—刻度调节手轮;16—校正螺丝;17—壳体;18—恒温器接头

4. 仪器的使用方法

① 安装 将折光仪置于靠窗的桌上或普通白炽灯前,但切勿放在直射的阳光中。用橡胶管将仪器的恒温器接头18与超级恒温槽相连,温度稳定10 min后方可测量。恒温温度以折光仪的温度计4读数为准,通常采用(20±0.1) ℃或(25±0.1) ℃。

② 清洁 向上打开进光棱镜5,用滴管滴1~2滴丙酮或无水乙醇于折射棱镜11的抛光面上,盖上进光棱镜5,使棱镜表面全部被丙酮润湿后再打开,用擦镜纸吸干两个棱镜表面。

③ 加样 滴数滴待测样品在折射棱镜11上,合上进光棱镜5,转动锁定手轮10锁紧。若样品易挥发,可用滴管将样品从两个棱镜之间的小槽滴入。打开进光棱镜5后部的遮光板3,并合上折射棱镜11后部的反射镜1。

④ 对光 调节目镜8,使视场中"×"形交叉线最清晰。转动刻度调节手轮15,使目镜视场中能观察到如图3-23(a)所示的明暗分界线。如果在界线处呈现彩色(用白光作为光源时产生的色散),则转动色散调节手轮6,使彩色消失,呈现清晰的明暗边界线。

⑤ 测量和读数 转动刻度调节手轮15,直至明暗边界线正好位于"×"的交叉点上,如图3-23(b)所示。如果此时又出现微色散,应再次转动色散调节手轮6,使明暗边界线清晰。再适当转动照明刻度盘聚光镜12,从目镜视场下面的标尺上直接读出液体的折射率。标尺上最小刻度是0.001,可估读到0.000 1。

阿贝折光仪应定期加以校正。校正的方法是:将已知折射率的标准液体加在折光仪中,一般用纯水,25 ℃时水对钠D线的折射率为$n=1.332\ 5$,转动刻度调节手轮15使刻度指示在标准样品的折射率数值上,从目镜中观察明暗分界线是否在"×"的交叉点上,若有偏差,则用螺丝刀微量旋转仪器的校正螺丝16,使分界线位移至十字线中心。校正可重复若干次,使误差降至最小。

5. 注意事项

① 使用前后和更换样品时,必须清洁折射棱镜的抛光面。

② 为了防止折射棱镜的抛光面被划伤或拉毛,清洁时滴管不可碰折射棱镜的抛光面,也不可用滤纸擦拭抛光面。被测液体中不应有硬性杂质。如果测试固体样品,固体上需

要有一个平整的抛光面，在折射棱镜的抛光面上加 1~2 滴溴代萘，并将被测物体的抛光面擦干净放上去，使其粘在折射棱镜上。

③ 仪器应避免强烈振动或撞击，以防止光学零件损伤或影响精度。

④ 仪器应置放于干燥、空气流通的室内，以免光学零件受潮后生霉。不用时应做好清洁工作，盖上塑料罩或放在有干燥剂的箱内。

（编写：周　涛　修订：唐业仓）

# · 实验六　二组分金属相图 ·

## 一、目的与要求

1. 掌握热分析法的测量技术；
2. 用热分析法测绘 Sn-Bi 二组分金属相图，了解固、液相图的基本特点。

## 二、实验原理

1. 互不相溶的二组分金属体系的相图

对于和冶金有关的合金、化合物、融盐等体系，气相可以忽略，只考虑固相和液相。这种没有气相的体系称为凝聚体系。两种金属形成的二组分体系属于凝聚体系，凝聚体系可分为三种类型：① 两种金属互不相溶；② 部分互溶的固溶体（固态溶液）；③ 完全互溶的固溶体。本实验所测量的 Sn-Bi 二组分金属体系属于第一种类型。

对于二组分金属体系，平衡状态受外压的影响很小，因此在测绘相图时，通常固定外压，一般为标准状况下的大气压力，得到平面的温度-组成图。由于外界影响因素中只考虑温度，相律可表示为 $f=C-\phi+1=3-\phi$，自由度（$f$）最大为 2。

图 3-25 是典型的互不相溶的二组分金属体系的相图。横坐标 $w_B$ 表示金属 B 在整个体系中的质量分数，纵坐标为温度。

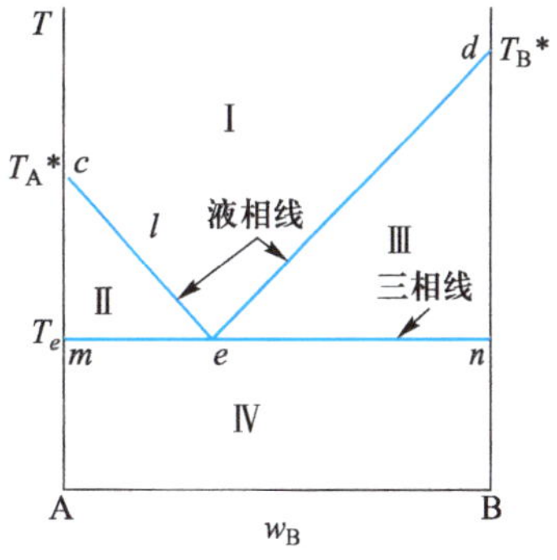

图 3-25　互不相溶的二组分金属体系的相图

$T_A^*$ 和 $T_B^*$ 分别代表纯 A 和纯 B 的熔点。人们很早就知道，一种金属中加入另外一种金属可以降低熔点，因此可以配制出熔点低于两种纯金属的合金来。因此，当在金属 A 中加入 B 后，熔点将沿 $ce$ 下降，直到 $e$ 点。同样，在金属 B 中加入 A，熔点沿 $de$ 下降，直到 $e$ 点。体系在 $e$ 点对应的组成下具有最低熔点，这个熔点 $T_e$ 称为低共熔点，相应的混合物称为低共熔混合物。熔融状态的低共熔混合物在冷却过程中，A 和 B 两种金属同时结晶。

图 3-25 中的熔点曲线 *ce* 和 *de* 称为液相线。水平直线 *men* 称为三相线，当物系点落在三相线上时，体系中存在固态 A、固态 B 和熔融物三相平衡。根据相律，三相平衡时自由度 $f=2-3+1=0$，因此各相组成必然分别为固态纯 A、固态纯 B、液态低共熔混合物，温度必然为低共熔点。

液相线和三相线将相图划分为 4 个区域：Ⅰ. 熔融物的单相区；Ⅱ. 固态 A 和熔融物的两相平衡区；Ⅲ. 固态 B 和熔融物的两相平衡区；Ⅳ. 固态 A 和固态 B 的两相平衡区。

2. 热分析法

热分析法是绘制相图常用的方法之一。其基本原理是：将体系缓慢地加热或冷却，如果没有发生相变，温度会随着时间均匀地变化。温度-时间关系曲线上呈现一条直线。当体系发生相变时，由于相变过程中伴随着热效应（吸热或放热），温度随时间的变化速率将发生改变，温度-时间关系曲线出现转折，转折点的位置就是发生相变时的温度。

通常的做法是将体系加热至完全熔化的状态，然后自然冷却，每隔一定时间记录一次温度。由此作出的温度-时间曲线称为步冷曲线（图 3-26）。

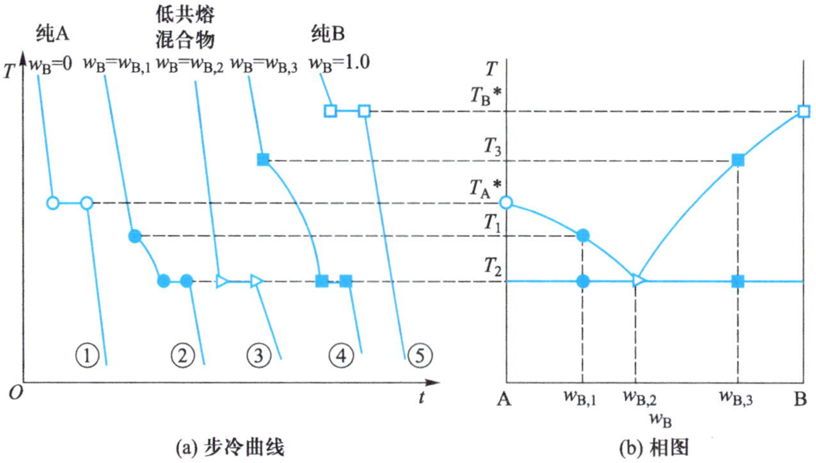


图 3-26 步冷曲线和相图

图 3-26(a) 是完全不互溶二组分金属体系的几种典型的步冷曲线。

步冷曲线①和⑤是纯金属样品。曲线最上面一段表示熔化物的温度均匀下降。当温度下降到金属的熔点时，金属开始从液相中析出，形成固相，在步冷曲线上出现转折点。由于金属凝固放热抵消了体系热量的损失，所以在凝固的过程中温度保持不变，步冷曲线上出现平台。完全凝固后，液相消失，曲线上出现第二个转折点，温度又开始下降。

步冷曲线③是低共熔混合物，其形状和纯金属相似，区别在于，第一次相变时，体系中同时形成两个固相，即固态 A 和固态 B，平台所对应的温度是低共熔点。

步冷曲线②是混合物样品，其中固态 A 的含量高于低共熔混合物。冷却过程中依次发生如下相变：

（1）纯金属 A 首先析出。曲线上出现第一个转折点（对应于熔点）。由于只有 A 结晶，其放出的热量不足以抵消体系热量的损失，因此温度仍然下降，只是速率降低，呈现坡度较缓的一段曲线。

(2) A、B 同时结晶。A 首先结晶导致熔化物的组成也不断变化，当其组成和低共熔混合物相同时，A、B 同时结晶，此时体系热量的损失可被完全抵消，温度将不再下降，曲线上出现平台（对应于低共熔点）。

(3) 熔化物完全凝固。体系的温度继续下降。

步冷曲线④也是混合物样品，但 B 的含量高于低共熔混合物，其形状和②相似，只是在第一次相变时首先析出固态金属 B。

由步冷曲线确定了熔点或低共熔点后，即可进一步绘制出相图。图 3-26(b) 给出了步冷曲线和相图的对应关系。

用热分析法测绘相图时，冷却速率应足够慢，这样体系才能充分接近平衡状态，才能得到好的结果。

体系温度的测量。由于水银温度计的测温范围有限，精度又低，而且易破损，所以采用热电偶来进行测温。用热电偶测温有许多优点：灵敏度高、重现性好、量程宽。本实验用热电偶和 Pt100 传感器作为控温、测温元件，采用数字测控温巡检仪定时观察、记录，与计算机连接后，可循环观测、同时记录 6 组数据，仪器前面板如图 3-27 所示。

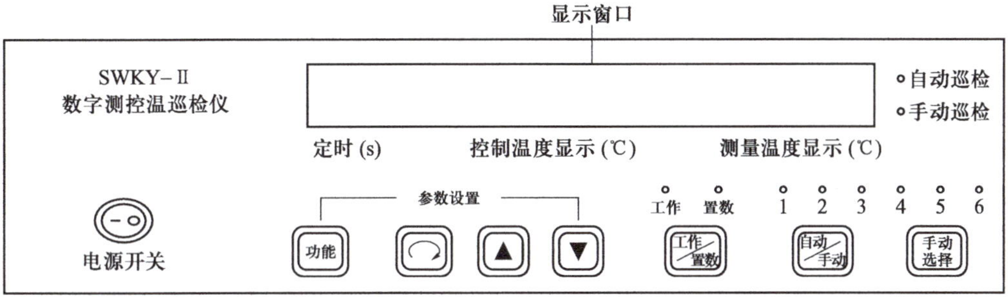


图 3-27　SWKY-Ⅱ数字测控温巡检仪前面板示意图

## 三、仪器与试剂

KWL-Ⅲ金属相图实验装置、KWL-10 可控升降温电炉、SWKY-Ⅱ数字测控温巡检仪（含热电偶和 Pt100 传感器）、计算机（含软件）、不锈钢试管

纯锡、纯铋、石墨粉

## 四、实验步骤

1. 配制样品

用托盘天平称量，分别配制含 Bi 量为 30%，58%，70%（质量分数）的 Sn-Bi 混合物 50 g，另外称纯 Sn 和纯 Bi 各 50 g，分别放在 5 个不锈钢试管内，并加适量石墨粉覆盖。5 个待测样品管放入 KWL-10 可控升降温电炉，检查传感器并插入对应插孔。

2. 加热样品至融化

（1）设置控温仪参数：用参数设置键将定时时间设为 0 s，此时置数灯亮，再设置控制温度显示为 330 ℃。

（2）操作电炉（如图 3-28）：打开电炉开关 5，将电炉面板的冷风量调节旋钮 3 逆时针旋转到底，即冷风调至零。

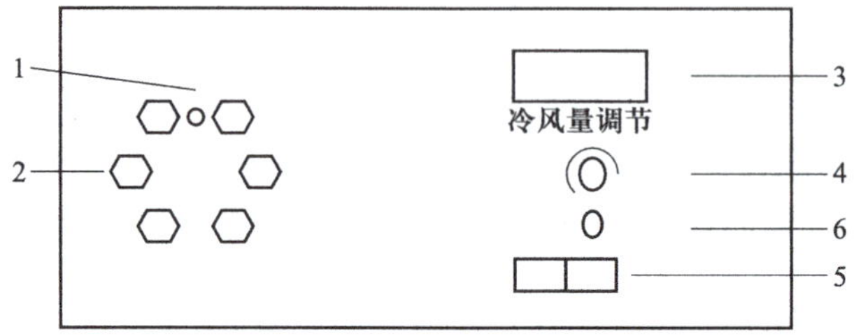


图 3-28　KWL-10 可控升降温电炉前面板示意图

1—热电偶插入处；2—试管摆放区；3—直流电压表；4—冷风量调节；5—开关；6—电源指示灯

（3）按控温仪的“工作/置数”键，使工作灯亮，开始加热。

（4）观测巡检温度，五个样品均达到 290 ℃左右时，按“工作/置数”键使置数灯亮，此时停止加热并开始降温。

3. 测量步冷曲线

（1）设置软件　点击图标，打开软件金属相图数据处理系统，选择学生端“多探头”，选择“数据采集”，填写采集框下面信息，五个样品均要填写并且一致。

（2）绘制步冷曲线　在文件菜单栏寻找通讯口（COM1 或 COM3），点击对应通讯口直到连接成功；五个样品测量窗口分别点开始通讯，分别进行数据收集，同时绘制步冷曲线。

（3）保存数据　温度降至 80 ℃时五个样品测量窗口分别点停止收集数据，按顺序分别保存数据并按序号命名。

4. 绘制相图

点击“数据处理”，打开保存的文件，找出五条曲线对应的转折点和平台温度，填写相应的信息，点绘制曲线即可。连接打印机打印并分析相图。

5. 实验结束，关闭仪器电源。

## 五、结果和讨论

1. 根据样品冷却过程中温度随时间变化的数据，用软件作各样品的步冷曲线。
2. 根据实验数据给出各样品的组成、步冷曲线上转折点或平台对应的温度。
3. 根据实验数据和结果，绘制 Sn-Bi 相图，在相图中标明各区域的相。

## 六、实验要点和注意事项

1. 样品上应覆盖适量石墨粉，以隔离空气。否则金属在高温下容易氧化，导致体系变成另一个多组分体系。

2. 测量前设置信息时一定要一致，样品编号、传感器要一一对应，样品浓度统一用一种组分（如 Bi 含量）表示。

3. 冷风量调节要控制适当，冷却速率不能过快，以保证测量体系尽量接近相平衡状态。

## 思考题

1. 步冷曲线上为什么出现转折点？纯金属、低共熔混合物、非低共熔混合物的转折点各有几个？曲线形状的差异及原因是什么？

2. 试用相律分析低共熔点、熔点曲线及相图中各区域内的相及自由度数。

3. 两相平衡的标志是什么？

## 附录　热电偶的工作原理

热电偶是一种常用的测温元件，具有精度高、响应快、测量范围大、机械强度高、寿命长等优点。

如图 3-29 所示，热电偶是由 A，B 两种不同导体（或半导体）构成的闭合回路，回路中有两个接合点，其中一个接合点处于工作环境中，称为工作端（或测量端），用于测量介质温度；另一个接合点通常处于恒定温度下，称为自由端（或补偿端）。

热电偶能将热信号转变成电信号。当工作端和自由端的温度不同时，热电偶的回路中会产生热电势。热电势包括温差电势和接触电势：① 温差电势是导体两端温度不同引起的（自由电子从高温端向低温端迁移），如图 3-30（a）所示；② 接触电势是导体接触面两侧的电子扩散引起的（电子从自由电子密度大的导体向密度小的导体扩散），如图 3-30（b）所示。

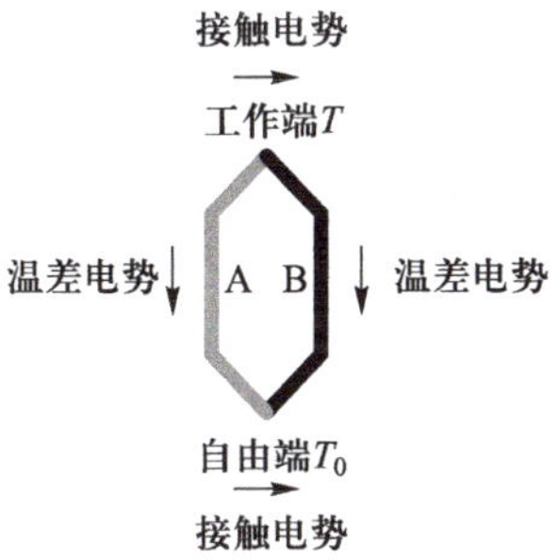


图 3-29　热电偶

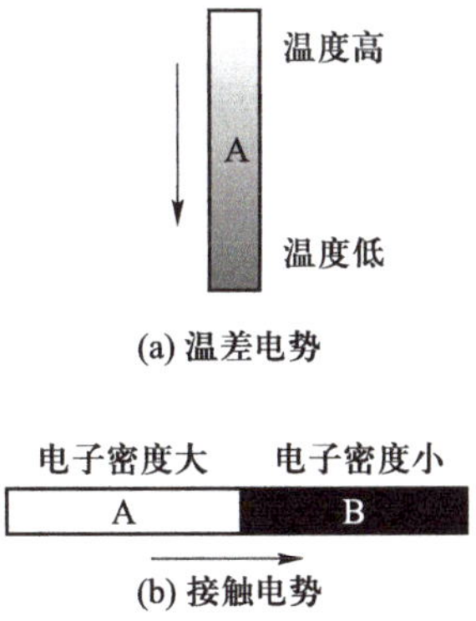


图 3-30　热电势

热电势与热电偶材质和两端的温度有关。如果热电偶材质确定并且自由端的温度 $T_0$ 恒定，则热电偶的热电势仅仅是工作端温度 $T$ 的单值函数。

物理学上可以证明，在热电偶回路中接入第三种金属材料时，只要该材料两个接合点的温度相同,热电偶所产生的热电势将保持不变。因此,在热电偶测温时,可用第三种导线接入测量仪表,图 3-31 所示为实际的测温热电偶回路的示意图。测得热电势后,根据热电势与温度的关系,就可以测量被测介质的温度。

将热电偶的热电势与温度的对应关系列成数字表格,称为热电偶分度表。国标指定了 8 种标准化热电偶的分度表,分别是:R 型(铂铑 13/铂,铂铑 13 是指合金中含铑 13%)、S 型(铂铑 10/铂)、B 型(铂铑 30/铂铑 6)、J 型(铁/铜镍)、T 型(铜/铜镍)、E 型(镍铬/铜镍)、K 型(镍铬/镍铝)、N 型(镍铬硅/镍硅)。

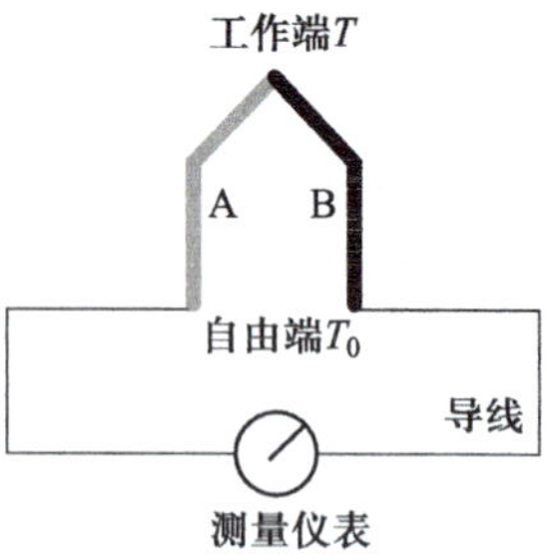

图 3-31 实际的测温热电偶回路

(编写:陈华茂 修订:周 涛)

# ·实验七 电导的测量及其应用·

## 一、目的与要求

1. 掌握 Wheatstone 电桥法测量电导的原理和技能;
2. 测量电解质溶液的摩尔电导率,计算醋酸的解离平衡常数。

## 二、实验原理

电解质溶液是第二类导体,通过正、负离子的迁移而导电。其导电能力的大小常以电导来表示:

$$G=\frac{1}{R} \tag{3-7-1}$$

式中,$G$ 为电导,S;$R$ 为电阻,Ω。

电阻与其长度($L$)成正比,与其截面积($A$)成反比,即

$$R=\rho\frac{L}{A} \tag{3-7-2}$$

式中,$\rho$ 为电阻率或比电阻。

根据电导与电阻的关系,则有

$$G=\kappa\frac{A}{L} \tag{3-7-3}$$

式中，$\kappa$ 为电导率或比电导（电阻率的倒数 $\kappa=\frac{1}{\rho}$），它相当于导体的截面积 $A=1\ \mathrm{m}^2$，长度 $L=1\ \mathrm{m}$ 时的电导，单位为 $\mathrm{S\cdot m^{-1}}$。

为了比较电解质溶液的导电能力，常使用摩尔电导率 $\Lambda_m$，其定义为：在相距为 1 m 的两个平行电极之间放置含有 1 mol 电解质的溶液，此溶液的电导称为摩尔电导率 $\Lambda_m$，单位为 $\mathrm{S\cdot m^2\cdot mol^{-1}}$。在一定温度下，电解质溶液的浓度 $c(\mathrm{mol\cdot m^{-3}})$、$\Lambda_m$ 与电导率 $\kappa$ 的关系为

$$\Lambda_m=\frac{\kappa}{c} \tag{3-7-4}$$

在弱电解质溶液中，只有已解离部分才能承担传递电荷的任务。在无限稀释的溶液中可以认为弱电解质已全部解离，此时溶液的摩尔电导率为 $\Lambda_m^\infty$，而且可用离子无限摩尔电导率相加而得，即

$$\Lambda_m^\infty=\Lambda_{m,+}^\infty+\Lambda_{m,-}^\infty \tag{3-7-5}$$

一定浓度的摩尔电导率 $\Lambda_m$ 与无限稀释的摩尔电导率 $\Lambda_m^\infty$ 是有差别的。这由两个因素造成：一是电解质在溶液中不完全解离，二是离子间存在着相互作用力。所以，弱电解质的解离度 $\alpha$ 应等于溶液在无限稀释时的摩尔电导率之比，即

$$\alpha=\frac{\Lambda_m}{\Lambda_m^\infty} \tag{3-7-6}$$

醋酸在溶液中解离达到平衡时，其解离平衡常数 $K_c$、浓度 $c$ 和解离度 $\alpha$ 有以下关系：

$$K_c=\frac{c\cdot\alpha^2}{1-\alpha} \tag{3-7-7}$$

或

$$K_c=\frac{c\cdot\Lambda_m^2}{\Lambda_m^\infty\cdot(\Lambda_m^\infty-\Lambda_m)} \tag{3-7-8}$$

$\Lambda_m^\infty$ 可根据离子独立运动定律求得，$\Lambda_m$ 则可从电导率的测定求得，然后可求算出 $K_c$。

电导率是通过测量溶液电导 $G$，代入式（3-7-3）求得。对于确定的电导池来说，$\frac{L}{A}$ 是常数，用 $K_{cell}$ 表示，称为电导池常数。电导池常数可以通过测定已知电导率的电解质溶液电导来确定：将已知电导率的标准 KCl 溶液装入电导池，测定其电导 $G$，由已知电导率 $\kappa$ 可计算出电导池常数。

电导是电阻的倒数，因此测定电解质溶液的电导，实际上是测定其电阻。测量溶液的电阻，可利用 Wheatstone 电桥来测量。但不能使用直流电源，因为直流电通过电解质溶液时，由于电化学反应的发生，不但使电极附近溶液的浓度改变，还会在电极上析出产物而改变电极的本质。因此必须采用频率高于 1 000 Hz 的交流电源。另外电极应采用惰性铂电极，以免电极与溶液间发生化学反应。

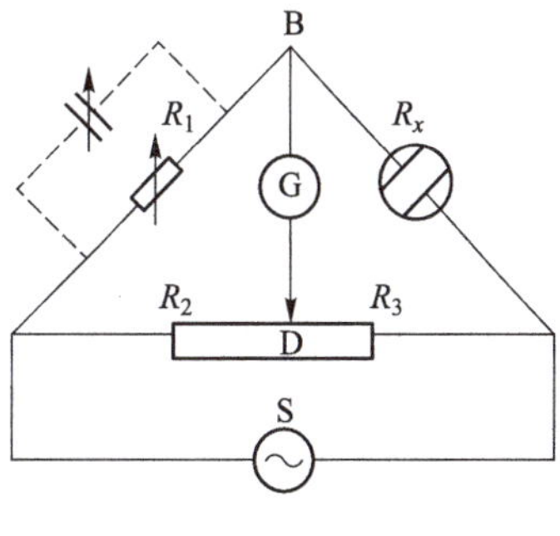

图 3-32　交流电桥法测量电路图

交流电桥法测量电路如图 3-32 所示。S 为高频

(1 000 Hz)交流电源，$R_2$ 和 $R_3$ 由一均匀且带有刻度的滑线电阻组成，G 为伏特表（示波器），$R_1$ 为可调电阻，$R_x$ 为电导池两极间的电阻。调节电阻 $R_3$ 或移动接触点 D，使 BD 两点间电势差等于零，此时 BD 间没有电流，即

$$\frac{R_1}{R_x}=\frac{R_2}{R_3}$$

$$R_x=\frac{R_1R_3}{R_2} \tag{3-7-9}$$

## 三、仪器与试剂

交流电桥、电导池、容量瓶(50 mL)、移液管(25 mL)、恒温槽

KCl 标准溶液(0. 010 0 $mol \cdot L^{-1}$)、HAc 溶液(0. 100 $mol \cdot L^{-1}$)

## 四、实验步骤

1. 调节恒温槽温度为(298. 2±0. 1)K。

2. HAc 溶液的配制

用移液管取 25 mL 0. 100 $mol \cdot L^{-1}$ HAc 溶液，注入 50 mL 容量瓶中并用蒸馏水定容，即得 0. 050 0 $mol \cdot L^{-1}$ HAc 溶液。从上述容量瓶中取 25 mL 0. 050 0 $mol \cdot L^{-1}$ HAc 溶液，注入另一个 50 mL 容量瓶中并用蒸馏水定容，即得 0. 025 0 $mol \cdot L^{-1}$ HAc 溶液。同法依次配制 0. 012 5 $mol \cdot L^{-1}$，0. 006 25 $mol \cdot L^{-1}$，0. 003 125 $mol \cdot L^{-1}$的 HAc 溶液。

3. 测定电导池常数 $K_{cell}$

用少量 0. 010 0 $mol \cdot L^{-1}$ KCl 溶液洗涤电导池和铂电极 2~3 次，然后倒入 0. 010 0 $mol \cdot L^{-1}$ KCl 溶液，使液面超过电极 1~2 cm，再将电导池置于所需温度的恒温槽中，恒温 5~10 min，电导测量如图 3-33 所示。测量方法：打开电源开关，按“测量/读数”按钮置于读数状态，调节滑线电阻器至最大(右旋到底)，记录此时的电阻值大小(即确定本台仪器的 $R_2+R_3$ 值的大小)。调节滑线电阻器显示 500 Ω(即得到 $R_2$ 值的大小)，再用 $R_2+R_3$ 值减去 $R_2$ 即得到 $R_3$ 值的大小。按“测量/读数”按钮置于测量状态，调节可调电阻器 $R_1$(开始左旋到底，再慢慢右旋)，当电势差读数为零时，按“测量/读数”按钮置于读数状态，记录此时 $R_1$ 电阻值大小。利用式(3-7-9)计算 $R_x$ 电阻值。同法再重复测定 2 次。实验共得到三个不同的 $R_x$，计算其平均值。

4. 测定醋酸溶液的电导(浓度由小至大测定)

将电导池和铂电极用蒸馏水洗涤。再用少量的被测的醋酸溶液洗涤三次，然后注入被测的醋酸溶液，使溶液超过电极 1~2 cm，再将电导池置于调好温度的恒温槽中，恒温 5~10 min，同测电导池常数一样，记下三个不同的 $R_x$，计算其平均值。同法测定另四种浓度醋酸溶液的电导。

5. 实验结束关闭电源，充分洗净电导池并浸入蒸馏水中备用。

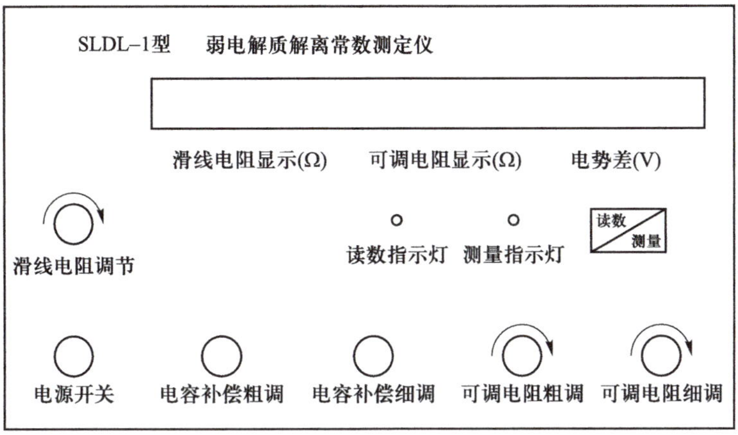


图 3-33　电导测量装置示意图

## 五、结果与讨论

1. 电导池常数($K_{cell}$):将所测标准 KCl 溶液的数据填入表内,并计算 $K_{cell}$。

| 次数 | $R_1/\Omega$ | $R_2/\Omega$ | $R_3/\Omega$ | $R_x/\Omega$ | 平均 $R_x/\Omega$ | $G/S$ | $K_{cell}$ |
|---|---|---|---|---|---|---|---|
| 1 | | | | | | | |
| 2 | | | | | | | |
| 3 | | | | | | | |

已知 298.2 K,0.010 0 $mol\cdot L^{-1}$的 KCl 溶液的电导率为 0.141 1 $S\cdot m^{-1}$。

2. 醋酸溶液的解离平衡常数:将所测不同浓度醋酸溶液的数据及处理结果填入下表。

| HAc 浓度 / $mol\cdot L^{-1}$ | $R_1/\Omega$ | $R_2/\Omega$ | $R_3/\Omega$ | $R_x/\Omega$ | $\overline{R}_x/\Omega$ | $G/S$ | $\kappa / S\cdot m^{-1}$ | $\Lambda_m / S\cdot m^2\cdot mol^{-1}$ | $\alpha$ | $K_c$ |
|---|---|---|---|---|---|---|---|---|---|---|
| 0. 003 125 | | | | | | | | | | |
| | | | | | | | | | | |
| | | | | | | | | | | |
| 0. 006 25 | | | | | | | | | | |
| | | | | | | | | | | |
| | | | | | | | | | | |
| 0. 012 5 | | | | | | | | | | |
| | | | | | | | | | | |
| | | | | | | | | | | |
| 0. 025 0 | | | | | | | | | | |
| | | | | | | | | | | |
| | | | | | | | | | | |
| 0. 050 0 | | | | | | | | | | |
| | | | | | | | | | | |
| | | | | | | | | | | |

实验测定解离平衡常数 $K_c$ 平均值 =　　　　实验温度 $T$=　　℃

已知 298.2 K 时，无限稀释溶液中 $\Lambda_{m,H^+}^{\infty}=349.82\times10^{-4}\ S\cdot m^2\cdot mol^{-1}$；$\Lambda_{m,Ac^-}^{\infty}=40.9\times10^{-4}\ S\cdot m^2\cdot mol^{-1}$。醋酸的解离平衡常数的文献参考值为 $1.754\ 0\times10^{-5}$。

## 六、实验要点及注意事项

1. 本实验配制溶液均须用电导水。因普通蒸馏水中常溶有 $CO_2$ 和氨等杂质，故存在一定电导，实验所测的电导值是待测电解质和水的电导之和。因此做电导实验时需纯度较高的水，称为电导水。其制备方法通常是在蒸馏水中加少许高锰酸钾，用石英或硬质玻璃蒸馏器再蒸馏 1 次得到。

2. 温度对电导有较大影响，因此，把待测溶液置于恒温槽中恒温。对 $0.010\ 0\ mol\cdot L^{-1}$ KCl 溶液通常温度升高 1 ℃ 电导平均增加 1.9%。

3. 本实验采用的电导电极为镀铂黑电极。其目的在于减少极化现象，且增加电极表面积，使测定电导时有较高灵敏度。铂黑电极不用时，应保存在蒸馏水中，不可使之干燥。

4. 在测定低浓度的醋酸溶液时，由于电阻大，要求 $R_2$ 值取小一点（如 200 Ω 左右）。

### 思考题

1. 为什么在 Wheastone 电桥法测定溶液电导时，采用交流电作为电源？

2. 实验中为何用镀铂黑电极？使用时应注意哪些事项？

3. 电导池常数（$L/A$）是否可用卡尺来测量？若实际过程中电导池常数发生改变，它对平衡常数有何影响？

（编写：吴华强　修订：杜金艳　审核：唐业仓）

## · 实验八　原电池电动势的测量 ·

## 一、目的与要求

1. 掌握对消法（补偿法）测量电动势的原理和电位差计、标准电池的使用方法和操作技能；

2. 学会一些电极、盐桥的制备和处理方法；

3. 测量 Cu-Zn 电池的电动势和 Cu、Zn 电极的电极电势，以及 Cu 电极的浓差电势。

## 二、实验原理

电池由正、负两个电极组成，电池的电动势等于两个电极电势的差值：

$$E=\varphi_{+}-\varphi_{-} \tag{3-8-1}$$

式中，$\varphi_{+}$为正极的电极电势；$\varphi_{-}$为负极的电极电势。

以 Cu-Zn 电池为例：

$$Zn \mid ZnSO_4(a_{Zn^{2+}}) \parallel CuSO_4(a_{Cu^{2+}}) \mid Cu$$

负极反应　$Zn-2e^{-} \longrightarrow Zn^{2+}(a_{Zn^{2+}})$

正极反应　$Cu^{2+}(a_{Cu^{2+}})+2e^{-} \longrightarrow Cu$

电池反应　$Zn+Cu^{2+}(a_{Cu^{2+}}) = Cu+Zn^{2+}(a_{Zn^{2+}})$

Zn 电极的电极电势

$$\varphi_{-}=\varphi^{\ominus}_{Zn^{2+}/Zn}-\frac{RT}{2F}\ln\frac{a_{Zn}}{a_{Zn^{2+}}} \tag{3-8-2}$$

Cu 电极的电极电势

$$\varphi_{+}=\varphi^{\ominus}_{Cu^{2+}/Cu}-\frac{RT}{2F}\ln\frac{a_{Cu}}{a_{Cu^{2+}}} \tag{3-8-3}$$

所以 Cu-Zn 电池的电动势为

$$\begin{aligned}E&=\varphi_{+}-\varphi_{-}=\varphi^{\ominus}_{Cu^{2+}/Cu}-\varphi^{\ominus}_{Zn^{2+}/Zn}-\frac{RT}{2F}\ln\frac{a_{Cu}\cdot a_{Zn^{2+}}}{a_{Zn}\cdot a_{Cu^{2+}}}\\&=E^{\ominus}-\frac{RT}{2F}\ln\frac{a_{Cu}\cdot a_{Zn^{2+}}}{a_{Zn}\cdot a_{Cu^{2+}}}\end{aligned} \tag{3-8-4}$$

纯固体的活度为 1，即 $a_{Cu}=1$，$a_{Zn}=1$，所以

$$E=E^{\ominus}-\frac{RT}{2F}\ln\frac{a_{Zn^{2+}}}{a_{Cu^{2+}}} \tag{3-8-5}$$

在一定温度下，电极电势的大小取决于电极的性质和溶液中有关离子的活度。由于电极电势的绝对值不能测量，在电化学中，通常将标准氢电极的电极电势定为零，其他电极的电极电势值是与标准氢电极比较而得到的相对值，即假设标准氢电极与待测电极组成电池，并以标准氢电极为负极，待测电极为正极，这样的电池电动势数值就为该电极电势。由于使用标准氢电极条件要求苛刻，难以实现，故常用一些制备简单、电势稳定的可逆电极作为参比电极来代替标准氢电极，如甘汞电极、银-氯化银电极等。本实验采用饱和甘汞电极作为参比电极。

电池电动势不能用伏特计直接测量。因为当把伏特计与电池接通后，由于电池放电，不断发生化学变化，电池中溶液的浓度将不断改变，因而电动势值也会发生变化；另一方面，电池本身存在内电阻，所以伏特计所量出的只是两极上的电势降而不是可逆电池的电动势，只

有在几乎没有电流通过时的电势降才是可逆电池的电动势。电位差计是利用对消法原理进行电势差测量的仪器，即在几乎没有电流通过电池时测得两电极的电势差，此时的电势差就是电池的电动势。

本实验使用的是 SDC-Ⅲ型数字电位差计，其工作原理如图 3-34 所示。$E_N$ 是标准电池的电动势，$E_x$ 是待测电池的电动势，G 是检流计，$R_N$ 是标准电池的补偿电阻，$R_x$ 是待测电池的补偿电阻（调节不同的电阻值使电压降与 $E_x$ 相对消），$R$ 是调节工作电流的变阻器，$E_B$ 是作为电源用的工作电池的电动势，K 为转换开关。

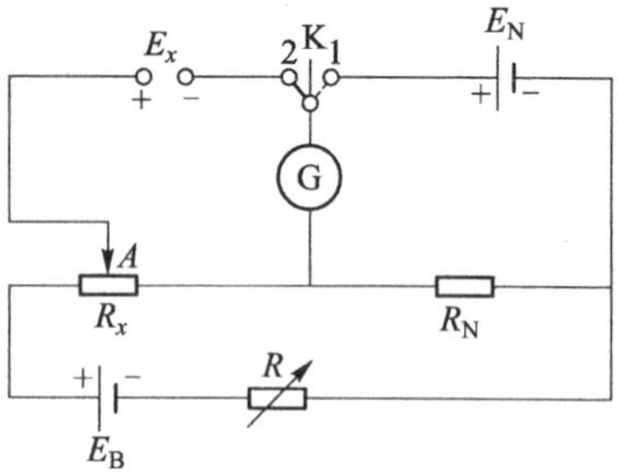

图 3-34 SDC-Ⅲ型数字电位差计工作原理图

测量电动势分两步进行：

第一步是电流标准化。首先将 $R_N$ 调到等于实验温度下的标准电池 $E_N$ 的数值（$E_N$ 需根据实验温度计算），将转换开关 K 合在 1 的位置上，然后调节变阻器 $R$，使检流计 G 指示到零为止，此时 $R_N$ 两端的电势差应等于标准电池的电动势，那么流经 $R_N$ 的电流 $I=E_N/R_N$，因为 $E_N$ 和 $R_N$ 都是标准值，所以 $I$ 也就是标准电流，是一个常数。

第二步是测量待测电池的电动势。将开关 K 合在 2 的位置上，然后移动滑动触点 $A$，使检流计 G 指示到零。根据滑动触点 $A$ 在调节电阻上的位置，$R_x$ 准确数值可以得到，这样 $E_x=I\cdot R_x$，因为 $I$ 值恒定，所以待测电池电动势 $E_x$ 可由 $R_x$ 的电阻值直接得到。设计仪器时，在 $R_x$ 上直接进行电动势值的标度，这样待测电池的电动势可直接方便读出。

## 三、仪器与试剂

SDC-Ⅲ型数字电位差计、饱和式标准电池（BC7 型）、铜电极、锌电极、饱和甘汞电极、电极管、整流器

饱和 KCl 溶液、$CuSO_4$ 溶液（0. 100 0 mol·L$^{-1}$）、$CuSO_4$ 溶液（0. 010 0 mol·L$^{-1}$）、$ZnSO_4$ 溶液（0. 100 0 mol·L$^{-1}$）、镀铜液、稀 $H_2SO_4$、稀 $HNO_3$ 等

## 四、实验步骤

1. 电极制备

（1）锌电极　先用稀 $H_2SO_4$ 浸洗锌表面的氧化物，再用蒸馏水淋洗，然后浸入饱和硝酸亚汞溶液中 3～5 s（或在金属汞中浸片刻），取出后用滤纸擦拭锌电极，使锌电极表面上有一层均匀的汞齐，再用蒸馏水洗净（汞剧毒，用过的滤纸投入指定的有盖的广口瓶中，瓶中应有水浸没滤纸，不要随便乱丢）。把处理好的锌电极插入清洁的电极管内并塞紧，将电极管的虹吸管口浸入盛有 0. 100 0 mol·L$^{-1}$ $ZnSO_4$ 溶液的小烧杯内，用洗耳球自支管抽气，将溶液吸入电极管至浸没电极略高一点，停止抽气，夹紧活夹。电极的虹吸管（包括管口）不能有气泡，也不能有漏液现象。

（2）铜电极

① 化学除油：用毛刷蘸有肥皂或洗涤剂的水，刷洗铜片表面的油污，然后用水冲洗。

② 酸洗:将铜电极在稀硝酸内浸洗,取出后冲洗干净,用蒸馏水淋洗,紧接着进行镀铜。

③ 镀铜:因要制备两个铜电极,可将两个铜电极连在一起作为阴极,另取铜片作阳极,在镀铜液内进行电镀,其装置如图 3-35 所示。电镀条件是:电流密度 25 $mA\cdot cm^{-2}$左右,电镀时间 15~20 min。使表面上有一紧密的铜镀层,取出铜电极,用蒸馏水淋洗,分别插入两个电极管,按上法分别吸入 0.100 0 $mol\cdot L^{-1}$ $CuSO_4$ 溶液和 0.010 0 $mol\cdot L^{-1}$ $CuSO_4$ 溶液。

2. 电池的组合

将饱和 KCl 溶液注入 50 mL 小烧杯中,制成盐桥,再将上述制备的锌电极和铜电极以盐桥连接起来,即得 Cu-Zn 电池装置,如图 3-36 所示,其电池表示式为

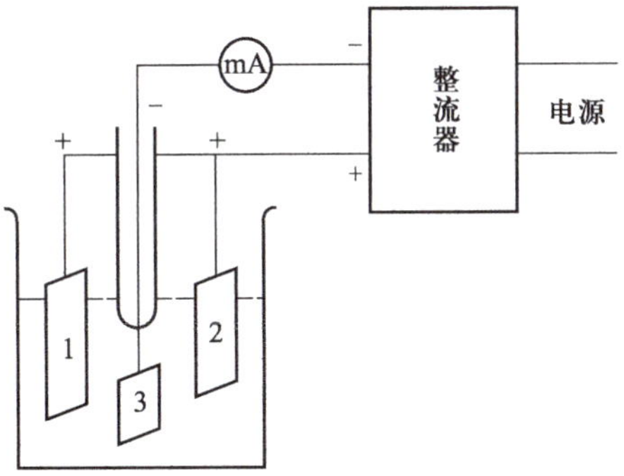


图 3-35　制备铜电极的电镀装置

1、2—铜阳极;3—铜阴极

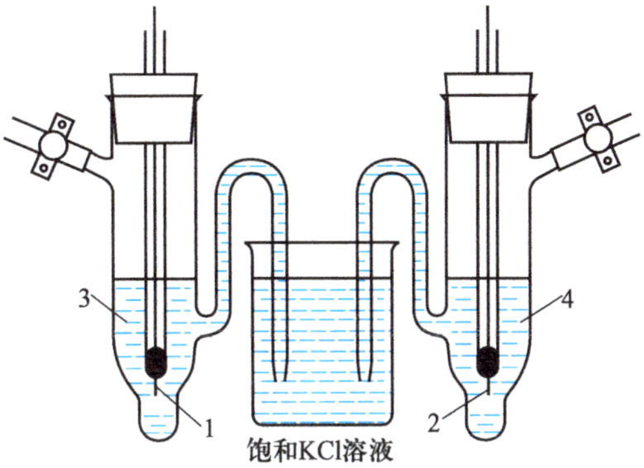


图 3-36　铜-锌电池

1—Zn 电极;2—Cu 电极;3—$ZnSO_4$ 溶液;4—$CuSO_4$ 溶液

$$Zn \mid ZnSO_4(0.100\,0\ mol\cdot L^{-1}) \parallel CuSO_4(0.100\,0\ mol\cdot L^{-1}) \mid Cu$$

同法组成下列电池:

$$Zn \mid ZnSO_4(0.100\,0\ mol\cdot L^{-1}) \parallel KCl(饱和) \mid Hg_2Cl_2(s) \mid Hg$$

$$Hg \mid Hg_2Cl_2(s) \mid KCl(饱和) \parallel CuSO_4(0.100\,0\ mol\cdot L^{-1}) \mid Cu$$

$$Cu \mid CuSO_4(0.010\,0\ mol\cdot L^{-1}) \parallel CuSO_4(0.100\,0\ mol\cdot L^{-1}) \mid Cu$$

3. 电动势的测量

(1) 如图 3-37 所示,连接 SDC-Ⅲ型数字电位差计电源线,打开开关,预热 15 min。

(2) 电流标准化　SDC-Ⅲ型数字电位差计可以采用内含的标准电池、饱和式标准电池(BC7 型)两种方式进行电流标准化。

① 用内含的标准电池标准化:将"测量选择"旋钮置于"内标",测试线分别插入测量孔,将"$\times 10^0$ V"旋钮置于"1","补偿"旋钮逆时针旋到底,其他旋钮均置零,此时"电位指示"显示 1.000 000 V;待"检零指示"数值稳定后,按下"归零"键,"检零指示"应显示"0000"。

② 用饱和式标准电池(BC7 型)标准化:根据标准电池电动势的温度校正公式(3-8-6),计算出室温($t$ ℃)下标准电池的电动势 $E_t$;

$$E_t = 1.018 - 0.000\,04(t-20) - 0.000\,001(t-20)^2 \tag{3-8-6}$$

将"测量选择"旋钮置于"外标",测试线分别插入"外标"孔,并连接饱和式标准电池(BC7 型),注意正、负极不要接错;调节 $10^0$—$10^{-4}$旋钮及"补偿"旋钮,使"电位指示"等于 $E_t$;待"检零指示"数值稳定后,按下"归零"键,"检零指示"应显示为"0000"。

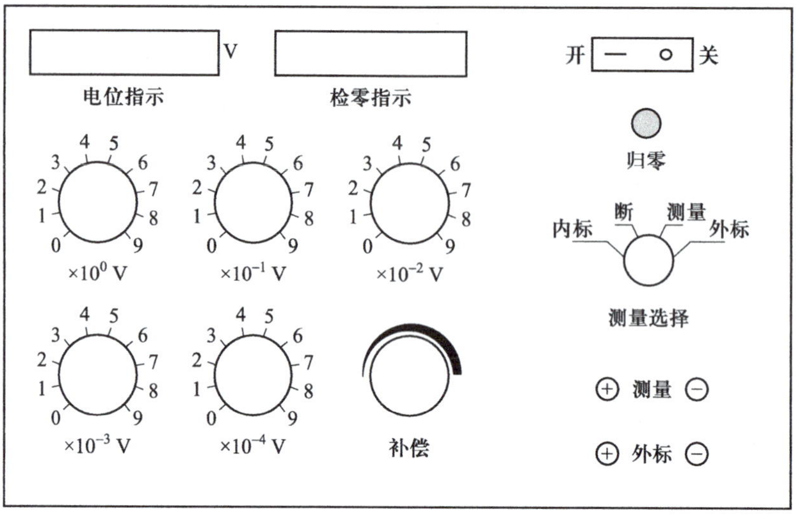


图 3-37 SDC-Ⅲ型数字电位差计示意图

(3) 测量待测电池电动势 将"测量选择"转换开关拨向"测量";连接待测电池,注意正、负极不要接错;调节 $10^0$—$10^{-4}$旋钮,"检零指示"显示数值为负且绝对值最小;调节"补偿"旋钮,使"检零指示"显示数值"0000",此时,"电位指示"的数值即为被测电池的电动势。

(4) 分别测量以上各电池的电动势 每次测量前,均应在室温下用标准电池进行电流标准化。

(5) 实验完毕,回收废液,洗净各种玻璃仪器,并将电极管置于鼓风干燥机上干燥。

## 五、结果与讨论

1. 根据饱和甘汞电极的电极电势温度校正公式(3-8-7),计算室温时饱和甘汞电极的电极电势:

$$\varphi_{甘汞}=0.2415-0.00065(t-25) \tag{3-8-7}$$

2. 计算下列电池电动势的理论值

$$Zn \mid ZnSO_4(0.1000\ mol\cdot L^{-1}) \parallel CuSO_4(0.1000\ mol\cdot L^{-1}) \mid Cu$$

$$Cu \mid CuSO_4(0.0100\ mol\cdot L^{-1}) \parallel CuSO_4(0.1000\ mol\cdot L^{-1}) \mid Cu$$

计算时,物质的浓度要用活度表示,如 $a_{Zn^{2+}}=\gamma_{\pm}\cdot c_{Zn^{2+}}$,$a_{Cu^{2+}}=\gamma_{\pm}\cdot c_{Cu^{2+}}$,$\gamma_{\pm}$的数值见表 3-3。

表 3-3 离子平均活度系数 $\gamma_{\pm}$(25 ℃)

| 物质 | 浓度 | |
|---|---|---|
| | 0.1000 mol·L$^{-1}$ | 0.0100 mol·L$^{-1}$ |
| $CuSO_4$ | 0.16 | 0.40 |
| $ZnSO_4$ | 0.15 | 0.387 |

将计算所得的理论值与实验值进行比较。

3. 根据下列电池的电动势的实验值（$E_{实}$），分别计算出锌的电极电势及铜的电极电势，以及它们的标准电极电势，并与手册中查到的标准电极电势进行比较。

$$Zn \mid ZnSO_4(0.100\,0\ mol\cdot L^{-1}) \parallel KCl(饱和) \mid Hg_2Cl_2(s) \mid Hg$$

$$Hg \mid Hg_2Cl_2 \mid KCl(饱和) \parallel CuSO_4(0.100\,0\ mol\cdot L^{-1}) \mid Cu$$

## 六、实验要点及注意事项

1. 把已制备好的 Zn 电极和 Cu 电极分别插入电极管时，不能漏液和有气泡产生，以免发生短路。

2. 连接线路时，切勿正、负极接反。

3. 电动势的测量方法属于平衡测量，在测量过程中尽可能地做到在可逆条件下进行，测量前可根据电化学基本知识，初步估算被测电池的电动势的大小，以便在测量时能迅速找到平衡点，这样可以避免电极极化。

### 思考题

1. 补偿法测电池电动势的基本原理是什么？
2. 在测量电动势的过程中，若“电位指示”不显示数值，可能是什么原因？
3. 盐桥有什么作用？应选择什么样的电解质作盐桥？

（编写：金莉莉　复核：唐业仓）

# · 实验九　碳钢电极（阳极）极化曲线的测定 ·

## 一、目的与要求

1. 掌握恒电位法测量阳极极化曲线的原理和方法；
2. 测量碳钢在碳酸铵溶液中的极化曲线；
3. 学会恒电位仪的使用方法及操作规程。

## 二、实验原理

测定极化曲线实际上是测定当电极上有电流通过时，电极上电位与电流的关系，极化曲线的测定可以用恒电流和恒电位两种方法。恒电流法是控制通过电极的电流(或电流密度),测定各个不同电流密度时的电极电位,从而得到极化曲线;恒电位法是将电极的电位控制在一定数值,然后测定不同电极电位时通过电极的电流(或电流密度),从而得出极化曲线。

由于在同一电流密度下,碳钢电极可能对应有不同的电极电位,因此用恒电流法不能完整地描述出电流密度与电位间的全部复杂关系,而恒电位法可以做到,因此本实验采用控制电极电位的恒电位法来测定碳钢在碳酸铵溶液中的阳极极化曲线,该曲线可分为四个区域,如图 3-38 所示。

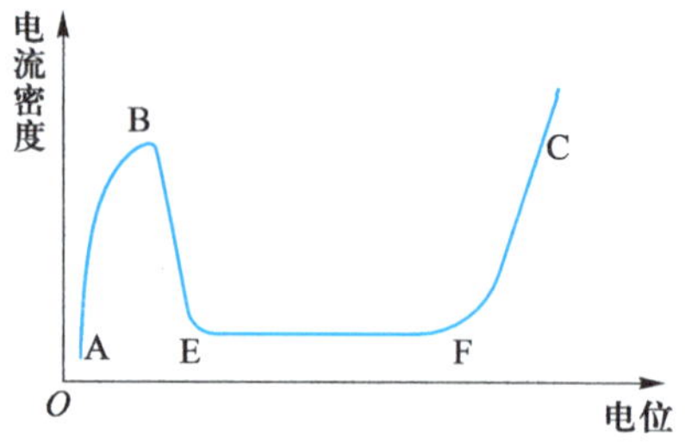

图 3-38 碳钢电极极化曲线示意图

(1) AB 段的电位范围称为金属活化溶解区。此区域内的 AB 线段是金属的正常阳极溶解,铁以二价形式进入溶液,即 $Fe \rightarrow Fe^{2+} + 2e^-$。A 点称为金属的自然腐蚀电位。

(2) BE 段称为钝化过渡区。BE 线是由活化态到钝化态的转变过程,B 点所对应的电位称为致钝电位,其对应的电流密度称为致钝电流密度。

(3) EF 段称为钝化区。在此区域内由于金属的表面状态发生了变化,形成致密的氧化膜,使金属的溶解速率降低到最小值,与之对应的电流密度很小,基本上不随电位的变化而改变。此时的电流密度称为维持钝化的电流密度,其数值几乎与电位变化无关。

(4) FC 段称为过钝化区。在此区域内阳极电流密度又重新随电位增大而增大,金属的溶解速率又开始增大,这种在一定电位下使钝化了的金属又重新溶解的现象叫作过钝化。电流密度增大的原因可能是产生了高价离子(如铁以高价转入溶液),如果达到了氧的析出电位,则析出氧气。

凡是能使金属保护层破坏的因素都能使钝化了的金属重新活化。例如加热,通入还原性气体,或加入某些活性离子,改变溶液的 pH 等都能出现过钝化现象。实验表明,$Cl^-$可有效地使钝化了的金属活化。

测量中,常用的恒电位方法有静态法和动态法两种。静态法是将电极电位较长时间地维持在某一恒定值,同时测量电流密度随时间的变化,直到电流基本上达到某一稳定值。如此逐点测量在各个电极电位下的稳定电流密度,以得到完整的极化曲线。动态法是控制电极电位以较慢的速率连续地改变或扫描,测量对应电极电位下的瞬时电流密度,并以瞬时电流密度值与对应的电位作图就得到整个极化曲线。

改变电位的速率或扫描速率可根据所研究体系的性质而定。一般说来,电极表面建立稳态的速率越慢,电位改变也应越慢,这样才能使所得的极化曲线与采用静态法测得的结果接近。从测量结果的比较看,静态法测量的结果虽然接近稳定值,但测量时间太长。有时需要在某一个电位下等待几个甚至几十个小时,所以在实际测量中常采用动态法。本实验采用的是手工动态法。

饱和甘汞电极电位为 0.240 1 V,开始溶液中 $Fe^{2+}$浓度很小,设为 $10^{-6}$,那么碳钢(铁电极)的电位为

$$\varphi_{Fe^{2+}/Fe} = \varphi^{\ominus}_{Fe^{2+}/Fe} + \frac{0.059\ 16}{2} \lg 10^{-6} = -0.624\ V$$

因此饱和甘汞电极和碳钢电极的电池电动势:$E = 0.240\ 1 - (-0.624) = 0.864\ 1\ V$

测量系统采用三电极法:三个电极(碳钢电极、辅助电极和参比电极),两条回路(参比

电极与研究电极组成一个原电池，两端连接电位差计组成测量回路。辅助电极与碳钢电极组成一个电解池，两端连接工作电源组成极化回路)。

利用研究电极与辅助电极组成的极化回路，让一定量电流通过碳钢电极，使其极化，极化回路中的电流表测出电流值(辅助电极作用是与工作电极组成回路，使工作电极上电流畅通)。由参比电极(饱和甘汞电极)与碳钢电极组成一个原电池，测量回路中的电位差计测量出电池电动势，而参比电极的电极电位是不变的，就可以测得研究电极在此极化状态下的电极电位。

三电极法测碳钢阳极极化曲线工作电路的工作原理如图 3-39 所示：

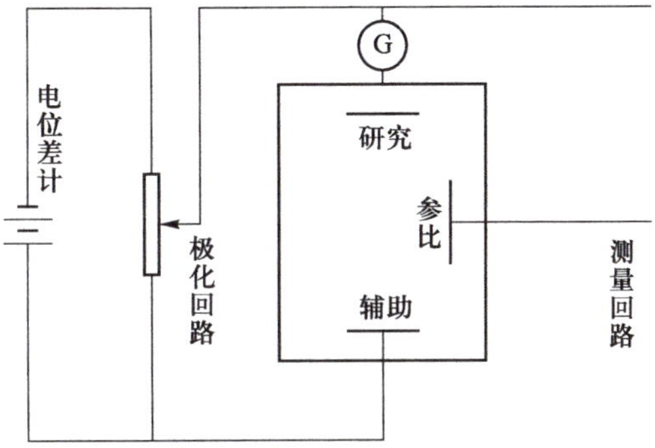


图 3-39　测量原理图

(1) 测量极化曲线的过程中，在碳钢电极处理良好的情况下，当断开极化回路转换到测量回路(工作方式按键选择“参比”)，电位差计显示的数字为 0.864 1 V。

(2) 转换到极化回路(工作方式选择为“恒电位”)，碳钢电极与辅助电极之间或大或小都有一个电位差，通过极化回路中的工作电源给这两个电极加上一个电压，此电压与两电极电位差大小相等方向相反，从而产生对消，保证了电解池上没有电流通过，研究电极处于平衡电极电位状态，此时电位差计上的数值依然是 0.864 1 V。

(3) 极化回路中滑动变阻器(给定调节)稍加改变，给碳钢电极提供一个极化电流，碳钢电极阳极极化，使碳钢电极上产生 0.02 V 的过电位，碳钢电极电位增大为-0.604 V，电位差计上的数值为 0.844 1 V，读取极化回路中电流表上的数值，测得了第一组数据；滑动变阻器再稍加改变，碳钢电极再增大 0.02 V 的过电位，电位差计上的数值为 0.824 1 V，读取电流表数值测得第二组数据，依此方法不断增大碳钢电极的电极电位，逐点读取电流表的数值，从而测得一组组的数据。

本实验采用的恒电位仪为 HDY-Ⅰ恒电位仪，其前后面板如图 3-40 和图 3-41 所示：

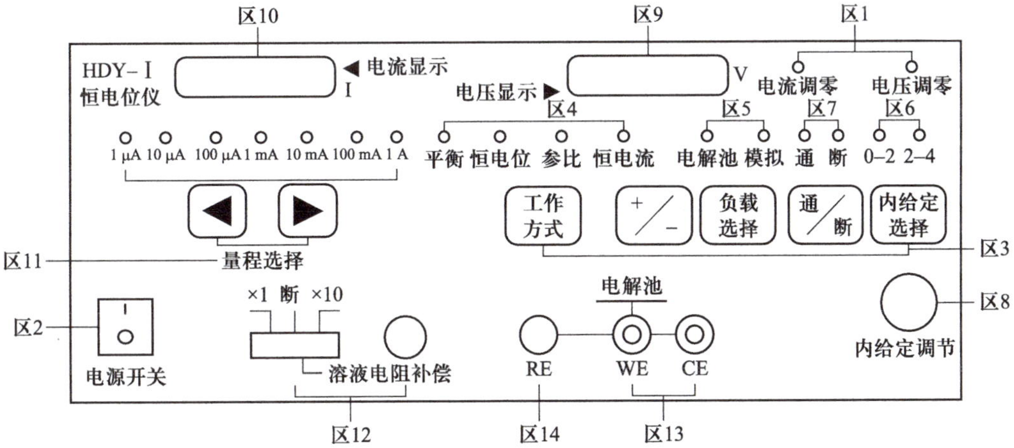


图 3-40　恒电位仪前面板示意图

1—系统调零；2—开关；3—功能控制键；4—指示灯；5—负载指示灯；6—指示灯(内给定范围)；7—负载开关指示灯；8—内给定调节电位器；9—电压显示区；10—电流显示区；11—量程选择；12—电阻补偿；13,14—电极插孔

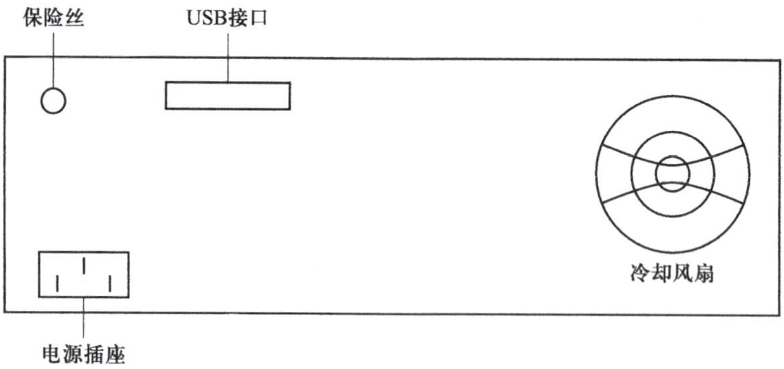


图 3-41 恒电位仪后面板示意图

## 三、仪器与试剂

HDY-Ⅰ恒电位仪、扫描信号发生器、计算机(含软件系统)、电解池、碳钢电极、铂电极、饱和甘汞电极、金属相砂纸、烧杯等

碳酸铵饱和溶液、1%稀硫酸、蒸馏水等

## 四、实验步骤

1. 开机预热

打开计算机,“内给定调节”旋钮左旋到底;电流“量程选择”选择“100 mA”档;“溶液电阻补偿”控制开关置于“断”;接通电源开关,前面板显示如下:“工作方式”“恒电位”指示灯亮;“负载选择”“模拟”指示灯亮;“内给定选择”“0-2”指示灯亮;“通/断”的“断”指示灯亮。若各状态指示正确,预热 15 min。

2. 电极处理

用金属相砂纸将碳钢电极擦至镜面光亮状,然后浸入稀 $H_2SO_4$溶液中约 1 min,取出用蒸馏水洗净备用。

3. 电解池安装

电解池加入碳酸铵饱和溶液。电极连接方法为:研究电极“WE”(碳钢电极平面,靠近毛细管口)插孔接研究电极引线;参比电极“RE”(饱和甘汞电极)接参比电极,辅助电极“CE”(铂电极)插孔接辅助电极引线。实验装置如图 3-42 所示。

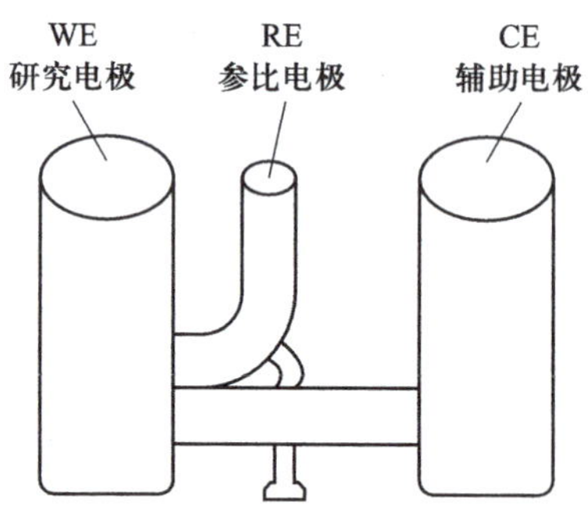


图 3-42 电解池实验装置图

4. 参比电位差的测量

通过“工作方式”按键选择“参比”;“负载选择”为“电解池”,“通/断”置于“通”,此时仪器电压显示的值为参比电位差,将“通/断”置于“断”。

5. 测量准备

计算机桌面双击“极化曲线实验”软件打开,选择通讯口联通实验装置;设置扫描信号发生器,方法:按“设置”“起始”闪跳,调节起始参数为-0.9 V,按“移位”至“结束”,调节结束参数1.1 V,按“移位”至“步进”,调节为8.5 mV,按“移位”,选“自动”。

6. 极化测量与记录

“工作方式”选择为“恒电位”,再将“负载选择”为“电解池”,按扫描信号发生器的“工作/设置”,开始扫描(“开始”不再闪跳),“通/断”置于“通”,鼠标点击软件开始记录,当扫描电压接近1.1 V时点击停止记录,保存为Excel格式;“通/断”置于“断”,此时,扫描信号发生器亦停止扫描。

7. 数据处理

将记录的Excel数据作图,分析极化曲线图。

8. 整理仪器

将“内给定调节”左旋到底,关闭电源,将电极取出用水洗净,玻璃仪器清洗干净,整理台面。

## 五、结果与讨论

1. 根据数据列表,以电流密度为纵坐标,过电位为横坐标,绘出碳钢在碳酸铵溶液中的阳极极化曲线。

2. 求出实验条件下碳钢电极的致钝电位、致钝电流和维钝电流。

3. 讨论各段曲线的意义。

## 六、实验要点及注意事项

1. 参比电极与研究电极之间的开路电位差值须达到0.8 V左右,否则应重新处理研究电极。

2. 熟悉恒电位仪的性能,正确操作仪器,切不可盲目操作。

3. 测量开始后再启动软件记录和绘图,实验结束时先停止记录再断开测量及停止扫描。

4. 电极使用时应注意保护,所有电极用过要清洗干净,铂电极使用时不能用手触摸电极片,甘汞电极用完后盖上橡胶冒收好。

5. 使用稀硫酸等溶液时注意安全,电解液用后要妥善处理。

## 思考题

1. 平衡电位与极化电位是否相同?为什么?

2. 研究电极与辅助电极之间有无电流?研究电极与参比电极之间有无电流?

3. 阳极保护法,碳钢电位应控制在什么范围内?

4. 测量钝化曲线为何不能用恒电流法?

(编写:陈华茂　复核:唐业仓)

# ·实验十 旋光法测量蔗糖水解反应速率常数·

## 一、目的与要求

1. 了解旋光仪的结构和工作原理，掌握旋光仪的使用方法和操作技能；
2. 掌握旋光法测量反应速率常数的原理；
3. 用旋光法测量蔗糖水解反应的反应速率常数和半衰期。

## 二、实验原理

1. 旋光性物质

某些物质，如石英晶体、酒石酸晶体、NaCl 晶体、糖类溶液、松节油等，能够使线偏振光的振动方向随着光的行进而发生偏转，具有这种作用的物质称为旋光性物质。

旋光性物质有左旋和右旋之分。迎着线偏振光的传播方向观察，光的振动方向发生顺时针偏转的为右旋，发生逆时针方向偏转的为左旋。

大多数旋光性物质都具有左旋和右旋两种形态，它们在结构上互为镜像，如果把它们等物质的量混合，则左、右旋光相互抵消，不产生旋光现象，得到所谓的外消旋体。判断一种物质是否具有旋光性，要看其是否具有对映异构体，就是说该物质存在两种结构的分子，像左右手这样互为镜像，而且不能重合。

单色的线偏振光通过旋光性物质后，振动方向所转过的角度称为旋光度。右旋物质的旋光度用正值表示，左旋物质的旋光度用负值表示。旋光度可用旋光仪进行测量。

旋光度的大小与温度、单色光波长、旋光物质的性质、厚度、浓度等因素有关。溶液的比旋光度$[\alpha]_{\lambda}^{t}$定义为：在温度 $t$ 下，使用波长为 $\lambda$ 的单色线偏振光，对单位厚度（规定为 1 dm 即 10 cm）、单位质量浓度（规定为 1 $g \cdot mL^{-1}$）的溶液测得的旋光度。例如，$[\alpha]_{D}^{20}$代表在 20 ℃下、采用钠光 D 线为光源、对 10 cm 厚的浓度为 1 $g \cdot mL^{-1}$的溶液所测得的旋光度。比旋光度的单位是$[° \cdot cm^2 \cdot (10\ g)^{-1}]$。比旋光度作为特定条件下测得的旋光度，仅仅依赖于物质本身的性质。

比旋光度$[\alpha]_{\lambda}^{t}$可表示成

$$[\alpha]_{\lambda}^{t}=\frac{\alpha}{l\rho_{B}} \tag{3-10-1}$$

式中，$\alpha$ 为在温度 $t$ 和波长 $\lambda$ 下对某旋光性物质溶液测得的旋光度；$l$ 为溶液厚度，dm；$\rho_B$ 为旋光性物质 B 的质量浓度，$g \cdot mL^{-1}$。

式（3-10-1）表明，对于特定的旋光性物质，旋光度 $\alpha$ 与溶液的厚度 $l$ 及质量浓度 $\rho_B$ 成正比关系。因此当温度、波长、溶液厚度都固定时，溶液的旋光度 $\alpha$ 与旋光性物质 B 的浓度 $c_B$ 成正比，即

$$\alpha = K'_B \rho_B = K_B c_B \quad (3-10-2)$$

式中，$K'_B$，$K_B$ 为与物质性质有关的常数（其中 $K_B$ 的数值依赖于浓度 $c_B$ 所采用的单位）。

溶液中含有多种旋光性物质时，旋光度是各个物质的旋光度的贡献之和，即

$$\alpha = K_1 c_1 + K_2 c_2 + \cdots + K_n c_n \quad (3-10-3)$$

2. 旋光法测量蔗糖水解反应的反应速率常数的原理

（1）反应溶液旋光度的变化　蔗糖水解生成葡萄糖和果糖，它们都属于旋光性物质，其中蔗糖为右旋（$[\alpha]_D^{20} = 66.6° \cdot cm^2 \cdot (10\ g)^{-1}$），葡萄糖为右旋（$[\alpha]_D^{20} = 51.5° \cdot cm^2 \cdot (10\ g)^{-1}$），果糖为左旋（$[\alpha]_D^{20} = -91.9° \cdot cm^2 \cdot (10\ g)^{-1}$）。

蔗糖水解反应是一个酸催化的反应。设反应起始时刻蔗糖的浓度为 $c_0$，$t$ 时刻蔗糖的浓度为 $c$，则反应过程中各物质的浓度如下所示：

| | $C_{12}H_{22}O_{11}$（蔗糖）（右旋） $+ H_2O \xrightarrow{H^+}$ | $C_6H_{12}O_6$（葡萄糖）（右旋） $+$ | $C_6H_{12}O_6$（果糖）（左旋） |
|---|---|---|---|
| $t=0$ 时 | $c_0$ | 0 | 0 |
| $t$ 时刻 | $c$ | $c_0-c$ | $c_0-c$ |
| $t=\infty$ 时 | 0 | $c_0$ | $c_0$ |

用下标 A，B，C 分别代表蔗糖、葡萄糖和果糖。在反应开始时刻（$t=0$），溶液中只有蔗糖，根据式（3-10-2）和式（3-10-3），旋光度可表示为

$$\alpha_0 = K_A c_0 \quad (3-10-4a)$$

在反应时间为 $t$ 时，溶液旋光度是三种物质的贡献之和：

$$\alpha_t = K_A c + K_B (c_0 - c) + K_C (c_0 - c) \quad (3-10-4b)$$

当水解完全后（$t=\infty$），溶液中全为葡萄糖和果糖。溶液的旋光度为

$$\alpha_\infty = K_B c_0 + K_C c_0 \quad (3-10-4c)$$

用式（3-10-4a）减式（3-10-4c），用式（3-10-4b）减式（3-10-4c），分别得

$$c_0 = (\alpha_0 - \alpha_\infty)/(K_A - K_B - K_C) \quad (3-10-5a)$$

$$c = (\alpha_t - \alpha_\infty)/(K_A - K_B - K_C) \quad (3-10-5b)$$

以上两式给出了蔗糖浓度与旋光度之间的关系。

反应刚开始时，溶液中只有蔗糖，故初始溶液是右旋的；水解完全后，溶液中只有葡萄糖和果糖，由于果糖的旋光能力大于葡萄糖，所以完全水解溶液是左旋的。也就是说，随着反应的进行，溶液的旋光度由正值逐渐减小，最后会变成负值。

（2）反应速率常数的测量　实验表明，蔗糖水解反应的速率与蔗糖浓度的 1 次方、水浓度的 6 次方、催化剂 $H^+$ 浓度的 1 次方成正比，即该反应为八级反应。但是，由于水是大量的，与溶质相比，反应过程中水的浓度几乎不变。在一次实验中，催化剂的浓度也是不变的，因此可以认为蔗糖水解反应是准一级反应，反应速率方程为

$$-\frac{dc}{dt} = kc \quad (3-10-6)$$

式中，$-dc/dt$ 为用蔗糖浓度 $c$ 随时间 $t$ 的变化率所表示的反应速率，引入负号是因为蔗糖是反应物（浓度随时间减小）；$k$ 为反应速率常数，单位为 $s^{-1}$。

解微分式（3-10-6），得到积分式：

$$\ln\frac{c}{c_0}=-kt \tag{3-10-7}$$

由积分式（3-10-7）可得反应的半衰期为

$$t_{1/2}=\frac{\ln 2}{k} \tag{3-10-8}$$

半衰期与反应物的浓度无关，这是一级反应的特点。

将前面给出的式（3-10-5）代入积分式（3-10-7），得

$$\ln\frac{\alpha_t-\alpha_\infty}{\alpha_0-\alpha_\infty}=-kt \tag{3-10-9}$$

式中 $\ln(\alpha_0-\alpha_\infty)$ 由反应起始和结束时的旋光度决定，在一级反应中是常数。根据式（3-10-9），在反应过程中测量旋光度 $\alpha_t$ 的变化，并测出完全水解后的旋光度 $\alpha_\infty$，用 $\ln(\alpha_t-\alpha_\infty)$ 对时间 $t$ 作图可得一直线，由直线斜率可求得反应速率常数 $k$。

## 三、仪器与试剂

WGX-4 型圆盘旋光仪（数字自动旋光仪，见附录）、温度计（100 ℃）、烧杯（200 mL）、锥形瓶（150 mL）、移液管（50 mL）、加热台、水浴锅、托盘天平

HCl 溶液（4 $mol\cdot L^{-1}$）、蔗糖（AR）

## 四、实验步骤

1. 仔细阅读附录：圆盘旋光仪

了解圆盘旋光仪的工作原理、构造和使用方法。

2. 用蒸馏水校正旋光仪的零点

打开旋光仪，预热 10 min。在旋光管中注满蒸馏水（非旋光性物质），旋好管盖并擦净。将旋光管放入旋光仪的样品室，盖上室盖。调整目镜调节手轮使视野清晰。转动刻度盘手轮，直至出现零度视场，记下旋光度的数值。重复 3 次，取平均值，此平均值即为旋光仪的零点误差，用于对测量值进行校正。

3. 测量蔗糖水解反应过程中的旋光度 $\alpha_t$

用托盘天平称取 20 g 蔗糖倒入烧杯，加入 100 mL 蒸馏水，使蔗糖溶解。若溶液混浊，则需过滤。用移液管取 50 mL 蔗糖溶液置于 150 mL 带塞锥形瓶中，用另一支移液管取 50 mL 4 $mol\cdot L^{-1}$ HCl 溶液注入该锥形瓶，HCl 溶液从移液管流出约一半时开始计时，作为反应起点（$t=0$）。立即摇匀混合溶液，用少量混合溶液清洗旋光管 2～3 次，再将溶液注满旋光管，旋好管盖，擦净，放入样品室，测量旋光度 $\alpha_t$ 随时间的变化。要求在反应开始后 2～3 min 测第一个数据；以后的 20 min 内，每 2 min 读数一次；随后由于反应物浓度降低，反应速率变

慢,每 5 min 读数一次。整个测量持续 60 min。在测量时,读数之前先要迅速调至零度视场,并记下调好的准确时间,然后再读数。

4. 测量完全水解溶液的旋光度 $\alpha_\infty$

在开始测时,立刻将装有剩余蔗糖/盐酸混合溶液的锥形瓶盖好瓶塞,置于水浴锅中加热 60 min,水温不得超过 60 ℃,否则会发生副反应,使溶液颜色变黄。待 $\alpha_t$ 测量结束后,将锥形瓶从水浴锅中取出,冷却至室温,得到蔗糖已完全水解的溶液,在旋光仪上测量其旋光度 $\alpha_\infty$。

实验结束后,立即将样品管洗净,在整个实验过程中应该避免旋光仪被盐酸腐蚀。

## 五、结果与讨论

1. 实验记录

(1) 实验温度__________ ℃;盐酸质量浓度__________ $g\cdot L^{-1}$;蔗糖溶液浓度__________ $mol\cdot L^{-1}$。

(2) 零点误差

| 次数 | 旋光度/(°) | | | 零点误差/(°) |
|---|---|---|---|---|
| | 左窗口读数 | 右窗口读数 | 平均值 | |
| 1 | | | | |
| 2 | | | | |
| 3 | | | | |

(3) 完全水解溶液的旋光度 $\alpha_\infty$

左窗口读数________;右窗口读数________;平均值________;

校正值(扣除零点误差)________。

(4) 反应溶液的旋光度 $\alpha_t$

| 时间/min | 旋光度 $\alpha_t$/(°) | | | | $\ln(\alpha_t-\alpha_\infty)$ |
|---|---|---|---|---|---|
| | 左窗口读数 | 右窗口读数 | 平均值 | 校正值 | |
| | | | | | |

2. 以 $\ln(\alpha_t-\alpha_\infty)$ 对时间 $t$ 作图,拟合成直线。根据式(3-10-9),由直线斜率求出实验温度下的反应速率常数 $k$。

3. 根据式(3-10-8),由反应速率常数 $k$ 求反应的半衰期 $t_{1/2}$。

## 六、实验要点及注意事项

1. 测量反应溶液的旋光度变化时,应准确记录每次调至零度视场的时间,然后再读数。如果在调节零度视场之前就记录时间或者读数后再记录时间,由于每次调节时间或读数时间的长短不一,会导致 $\ln(\alpha_t-\alpha_\infty)-t$ 图上的数据点产生不定的偏移,从而影响反应速率常数 $k$ 的计算结果。

2. 旋光度与温度有关,所以蔗糖溶液加热完全水解后,需冷却至实验温度后才能测量其旋光度。

3. 整个实验过程中应避免旋光仪被反应溶液中的 HCl 腐蚀。实验结束后,立即洗净样品管。

4. 旋光管只要旋至不漏水即可,旋得过紧会造成损坏,或因玻璃片受力产生应力而致使有一定的假旋光。

5. 旋光仪中的钠光灯不宜长时间开启,若测量间隔较长,应熄灭,以免损坏。

### 思考题

1. 本实验中,用蒸馏水校正旋光仪的零点,若不校正,对反应速率常数 $k$ 的计算结果是否有影响?

2. 混合蔗糖和盐酸溶液时,将盐酸加入蔗糖溶液,能否将蔗糖溶液加到盐酸中?为什么?

3. 若改变蔗糖溶液的初始浓度,对完全水解溶液的旋光度 $\alpha_\infty$ 和反应速率常数 $k$ 是否产生影响?若改变酸的浓度呢?

## 附录　圆盘旋光仪

1. 线偏振光和非偏振光

振荡的电场与磁场在空间中以波的形式传递能量和动量,形成电磁波。如图 3-43 所示,电磁波的电矢量 $\boldsymbol{E}$ 和磁矢量 $\boldsymbol{H}$ 相互垂直,并且都和传播方向 $r$ 垂直,故电磁波是横波。对人眼、底片或光电探测器起作用的是电磁波中的电场强度 $E$,因此,一般把电磁波中的电矢量 $\boldsymbol{E}$ 称为光矢量,$\boldsymbol{E}$ 的振动称为光振动。

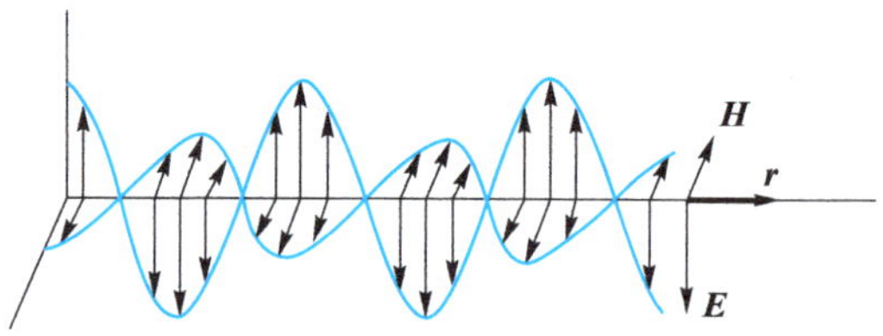

图 3-43　电磁波(平面单色波)

如图 3-44 所示,沿着 $z$ 轴方向传播、并且在一个包含着 $z$ 轴的平面内振动的光,称为平面偏振光。当迎着 $z$ 轴的方向看的时候,任意一点的光振动都在一条直线上,因此平面偏振光又称线偏振光。线偏振光的光振动可分解为 $x$,$y$ 轴方向上的两个分量。

在普通光源中，每个原子或分子以大约为 $10^{-8}$ s 的辐射周期发射线偏振光。大量原子在同一时间内发出的光具有不同的初相位和振动方向，如图 3-45 所示，在垂直于光的传播方向的平面上，光矢量的分布是均匀和对称的，故称为非偏振光，它是沿不同方向振动、强度相同的线偏振光的叠加。

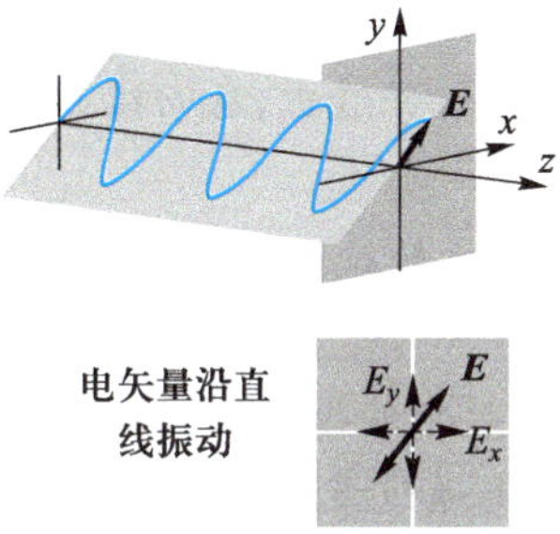


图 3-44　线偏振光

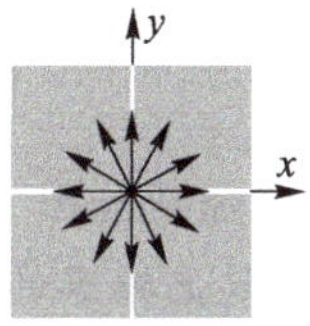


图 3-45　非偏振光

2. 偏振器

偏振器是一种光学元件。偏振器的重要性质是：只有沿某个特定方向振动的线偏振光才能完全通过它，这个特定方向称为偏振器的透光轴，如图 3-46(a) 中的虚线所示。如果线偏振光的振动方向垂直于透光轴，如图 3-46(b) 所示，线偏振光会被偏振器吸收而无法通过。一般而言，如果线偏振光的振动方向与透光轴成 $\theta$ 角，如图 3-46(c) 所示，则垂直于透光轴的振动分量将被过滤掉，只有平行于透光轴的振动分量才能通过。

偏振器依据其用途可分为起偏振器和检偏振器。① 非偏振光通过偏振器后会被过滤成线偏振光，透射光的振动方向平行于透光轴，此时偏振器称为起偏振器。② 如图 3-47 所示，由于非偏振光是线偏振光的混合，并且光矢量在不同方向上的分布是平均的，因此，如果绕着光的传播方向转动偏振器，透射光的强度保持不变。对于线偏振光，情况则有所不同，从图 3-46 可以看出，绕着光的传播方向转动偏振器，透射光的强度将随转动角度而不断变化：入射光的振动方向平行于透光轴时最亮，垂直时全黑。因此，偏振器还可用于检验是否为线偏振光，或者检验线偏振光的振动方向，此时偏振器称为检偏振器。

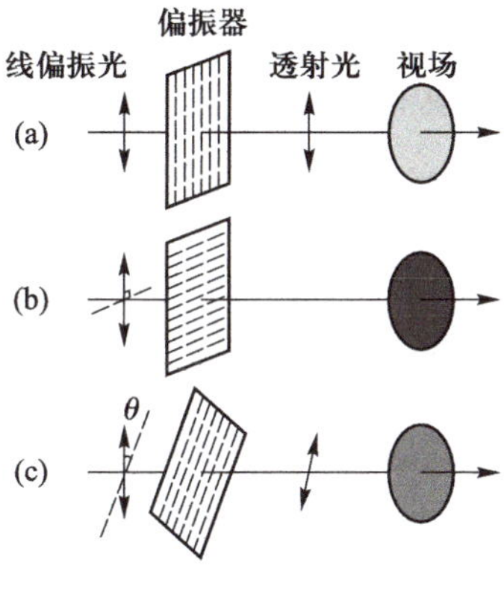


图 3-46　线偏振光通过偏振器

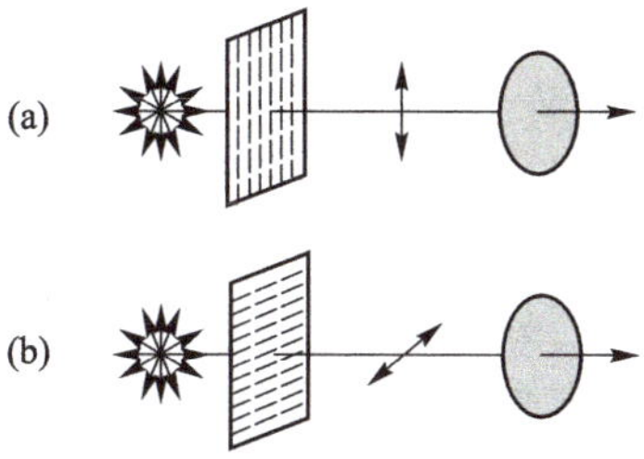


图 3-47　非偏振光通过偏振器

早期的偏振器多利用晶体的双折射现象制作而成，如 Nicol 棱镜。现在，在很多场合已由二向色性物质（如聚乙烯醇）制成的偏振片所代替。所谓双折射现象是指：非偏振的单色光射入晶体后，折射光会分成两支线偏振光，其中一支符合折射定律，称为寻常光或 o 光，另一支不符合折射定律，且一般不在入射面内，称为非常光或 e 光。o 光和 e 光的振动方向相互垂直。Nicol 棱镜由方解石直角棱镜构成，用加拿大树脂黏合在一起。光进入第一块棱镜折射分成 o 光和 e 光，由于棱镜切割时有特定的角度设计，可使 o 光在棱镜/树脂界面上发生全反射，而 e 光的折射率小于 o 光，能进入第二块棱镜并透出，从而得到线偏振光。

3. 旋光仪的工作原理

旋光性物质能使线偏振光的振动方向发生偏转，所转过的角度为旋光度。旋光度可用旋光仪进行测量。

旋光仪的工作原理如图 3-48 所示，单色光源发射非偏振光，通过起偏振器后成为线偏振光（振动方向与起偏振器的透光轴平行），线偏振光通过装有液体样品的玻璃管（称为旋光管），到达检偏振器。检偏振器与刻度盘相连，可以转动。① 如图 3-48(a) 所示，让旋光管为空或者装上非旋光性物质（如水），转动刻度盘（同时带动检偏振器转动），当检偏振器的透光轴垂直于起偏振器的透光轴时，视场全黑，此时将刻度盘上对着定位记号“▼”处的刻度标记为 0°，相应地，将观察到的全黑视场称为零度视场。② 如图 3-48(b) 所示，旋光管内换成旋光性物质（如糖溶液），线偏振光通过旋光性物质后，光的振动方向偏转一定角度 $\alpha$（旋光度），原来全黑的零度视场被破坏，呈现一定亮度。为了恢复零度视场，必须将检偏振器转动相同的角度 $\alpha$，所转动的角度数值可从刻度盘上读出。这就是测量旋光度的基本原理。

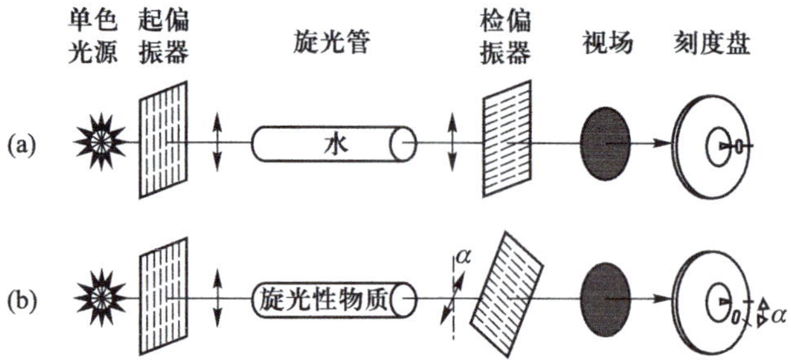


图 3-48 旋光仪的工作原理

用全黑视场作为零度视场并不精确（观察者很难判断何时为全黑），实际测量中，为改善精度，可采用照度相等时的三分视场来作为零度视场。具体做法是：在起偏振器后面增加一个占视野 $\frac{1}{3}$ 面积的石英片，如图 3-49(a) 所示。石英具有旋光性，会使光路中间的线偏振光的振动方向转动一个小的角度 $\theta$，但两侧的线偏振光不受影响，如图 3-49(b) 所示，从而形成了三分视场。如前所述，垂直于检偏振器透光轴的振动分量会被过滤掉，只有平行分量才能通过。一般情况下，中间和两侧的光透过的分量不同，导致三分视场的两侧比中间暗，或者中间比两侧暗，如图 3-49(c) 和 (d) 所示。适当转动检偏振器，可使三分视场中各部分的照度相同，此时有两种可能：① 检偏振器的透光轴与中间、两侧线偏振光的振动方向成相等的 $\frac{\theta}{2}$ 角，三分视场各部分照度相等、视野较亮，如图 3-49(e) 所示；② 透光轴与线偏振光的两种振动方向成相等的 $\left(90°-\frac{\theta}{2}\right)$ 角，三分视场各部分照度仍然相等，但视野较暗，如图 3-49(f)所示。考虑到人眼对弱光条件下的明暗变化比较敏感，将后一种情形[图 3-49(f)]定义为零度视场。

综上所述，定义了零度视场后，对非旋光性物质，转动检偏振器(带动刻度盘转动)直至观察到零度视场；对旋光性物质，同样转动检偏振器直至观察到零度视场；后者相对于前者刻度盘所转过的角度就是旋光性物质的旋光度。在实际的旋光仪中，图 2-48 中所示的刻度盘定位标志"▶"处刻有游标，以提高读数精度。

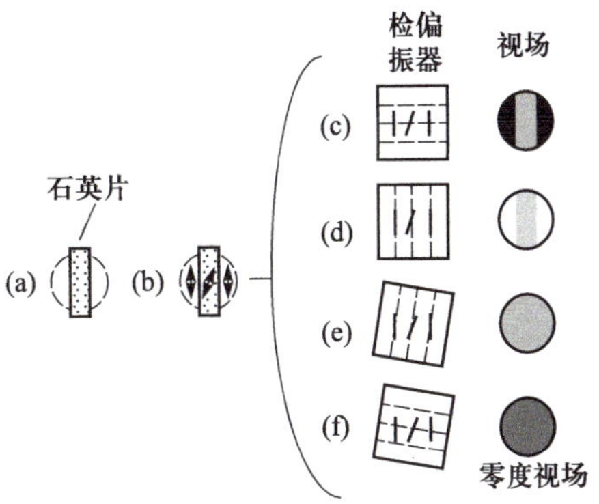


图 3-49 三分视场的各种情形

4. 旋光仪的构造和使用方法

旋光仪的光路图如图 3-50 所示。

WGX-4 型圆盘旋光仪(上海仪电科学仪器股份有限公司)的构造如图 3-51 所示，光学系统以倾斜 20°的角度安装在底座上，光源采用 20 W 钠光灯(波长 $\lambda$ = 589.44 nm)。

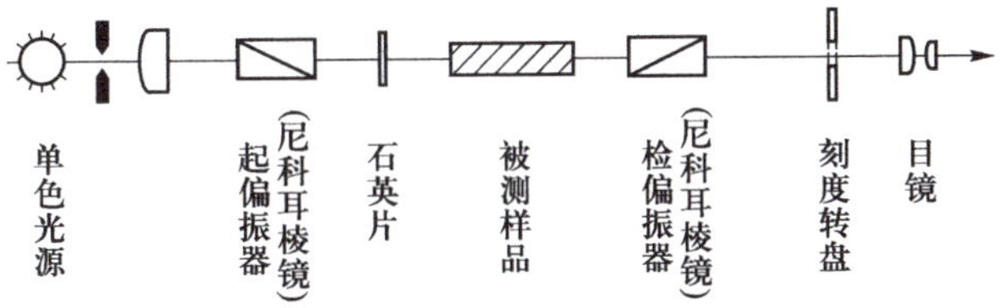


图 3-50 旋光仪的光路图

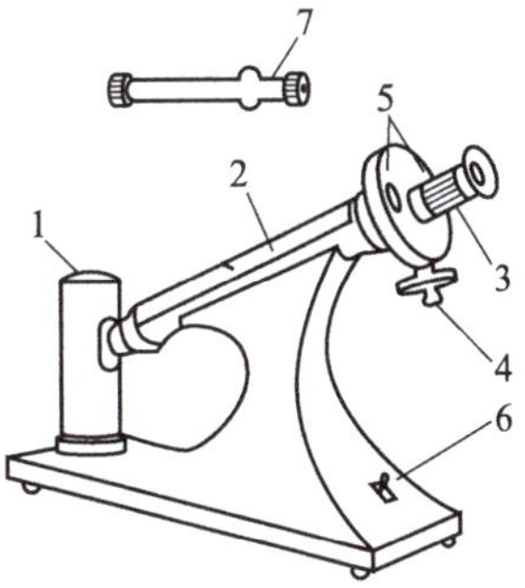


图 3-51 WGX-4 型圆盘旋光仪的构造

1—钠光灯；2—样品室；3—目镜调节手轮；4—刻度盘旋转手轮；5—刻度盘读数窗口(2 个)；6—电源开关；7—旋光管

仪器采用双游标读数。可转动的环状刻度盘总共 360 格，每格 1°。刻度盘分为对称的两部分，每部分的刻度范围 0°~180°，左半部分的 0°就是右半部分的 180°，反之亦然。紧靠刻度盘里侧是固定不动的游标，共 20 格，最小分格为 0.05°。与游标配合，可读准至 0.05°。

如图 3-52 所示，刻度盘从零点位置顺时针转动了一定角度，右窗口的读数为右旋 8.45°。需要说明的是，如果是逆时针转动了 8.45°，显示的读数将是 171.55°，这种情况下，正确的读数是将其减去 180°，得到负值-8.45°，即左旋 8.45°。采用双游标读数法时，结果取左、右游标窗口读数的平均值。双游标读数的目的是校正仪器的偏心误差。如果存在偏心(转动刻度盘的轴与刻度盘的轴不重合)，单用一个游标度数会导致偏心带来的误差，这时候和该游标对称的另外一个游标也会出现同样大小的偏心误差，而且两个误差方向相反，两个度数相加抵消掉偏心误差。如果两个游标读数不同，说明轴心有偏移，因此需要对两个读数取平均值。如果仪器的轴心没有偏移，则在任何位置上两个游标的读数都相同，这时随便看哪个游标都可以。

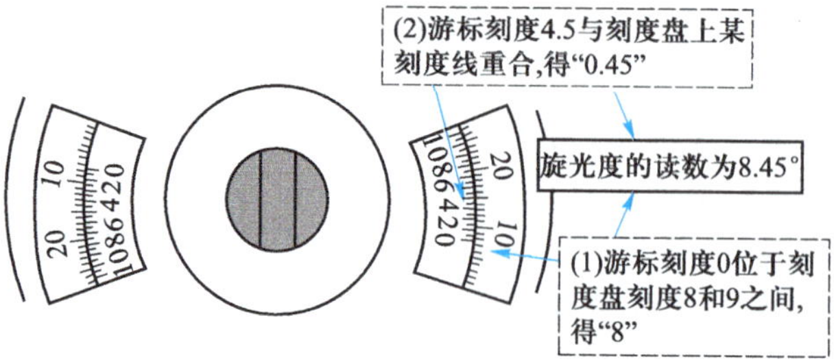


图 3-52　刻度盘的读数

旋光仪的使用方法如下：

（1）仪器与 220 V 交流电源接通　开启电源开关 6，约 10 min 后钠光灯 1 完全发出钠黄光后，才可开始工作。

（2）检查仪器零点　不放旋光管，或者放进充满蒸馏水的旋光管，适当调整目镜调节手轮 3 进行聚焦，使得目镜中能看到清晰的三分视场[图 3-49(c)或(d)]。转动刻度盘旋转手轮 4，带动仪器中的检偏振器同时转动，直至出现零度视场。采用双游标读数法，通过目镜两侧的放大镜从刻度盘上读数，如果读数不是 0°，则该读数为零点误差值，以后测量样品时要从测量值中扣除该误差值。需要强调的是，正确的零度视场是：三分视场中各部分的照度相同且视野很暗，如图 3-49(f)所示。初学者常见的错误是将图 3-49(e)的情形（各部分照度相同但视野较亮）当作零度视场。

（3）装样　拧开旋光管 7 一端的螺帽，取下橡胶垫圈和玻璃片，在管内注满待测试液，在液面凸起的情况下盖上玻璃片（避免有气泡），再盖上垫圈，旋上螺帽。螺帽不宜旋得太紧，不漏水即可，否则玻璃会受到应力而产生附加的偏振作用，影响读数正确性。擦干旋光管两端的残余溶液，以免影响观察清晰度及测定精度。注入试液后，若有小气泡（较高温度测量时应留一小气泡），则应将气泡赶至旋光管的凸起处，使其不在光路上。

（4）测量　将旋光管放入倾斜的样品室 2 中，旋光管有凸起的一端置于较高的一侧，合上样品室的盖子。转动刻度盘，调至零度视场。采用双游标读数法从刻度盘上读数。读数是正的为右旋物质，读数是负的为左旋物质。并扣除掉步骤(2)中得到的误差。

5. 注意事项

（1）仪器应放在通风干燥、温度适宜的地方，注意仪器清洁，平时要用防尘罩盖好，使用前用镜头纸揩擦镜头。

（2）仪器连续使用时间不宜超过 4 h，使用时间过长，中间应关熄 10～15 min，待钠光灯冷却后再继续使用，或用电风扇吹，减少灯管受热程度，以免亮度下降或寿命降低。

（3）旋光管用后要及时将溶液倒出，用蒸馏水洗干净并晾干。所有镜片只能用镜头纸揩擦，不能直接用手擦。仪器金属部分切忌沾污酸碱。

（4）旋光度与温度有关。对大多数物质，用钠光测定时，当温度升高 1 ℃，旋光角约减少 0.3%。对于要求较高的测定工作，最好能在(20±2) ℃的条件下进行。

## 数字旋光仪

1. 操作步骤

(1) 开机预热 15 min。

(2) 测量界面设置,方法如下:

点操作键区"测量菜单",在测量菜单界面分别设测量模式(连续测量或多次测量),测量方法(旋光度),旋光管长度(2.0 dm 或 1.0 dm),温度控制开启和温度补偿选择"否",GLP 选"关闭",其他如输出设置和标样校准等参数一一设好。返回测量。

(3) 仪器采零,旋光管装蒸馏水,点测量键区校零键采零。主界面数值区显示为 0。

(4) 装样测量,将蒸馏水换成测量样品,点测量键开始测量,记录数据,可联机自动记录或打印数据。

(5) 停止测量,点测量键停止测量,打开盖子,取出并清洗旋光管,晾干或擦干回收,关闭电源。

2. 注意事项

(1) 仪器应放在通风干燥、温度适宜的地方,注意仪器清洁,平时要用防尘罩盖好,使用前后将仪器样品室小心清洁。

(2) 旋光管装入前检查是否漏液,并将外表面擦拭干净。

(3) 旋光管用后要及时将溶液倒出,用蒸馏水洗干净并晾干或擦干。所有镜片只能用镜头纸揩擦,不能直接用手擦。仪器主机部分切忌沾污酸碱。

(4) 测量前要预热,使用时严格按照操作方法规范操作,操作时要轻触屏幕;仪器不能长时间开启使用。

(5) 大型贵重仪器请爱惜使用,不可擅自拆开仪器,使用时避免触碰温度传感器探头。

(编写:周　涛　修订:陈华茂　复核:唐业仓)

# · 实验十一　乙酸乙酯皂化反应活化能的测量 ·

## 一、目的与要求

1. 了解测量化学反应速率常数的一种物理方法——电导法;

2. 了解二级反应的特点,学会用图解法求二级反应的速率常数及反应活化能的测量方法;

3. 掌握电导率仪的使用方法和控温技能。

## 二、实验原理

乙酸乙酯皂化是二级反应，其反应式为

$$CH_3COOC_2H_5+Na^++OH^- \longrightarrow CH_3COO^-+Na^++C_2H_5OH$$

在反应过程中，各物质的浓度随时间而改变。某一时刻的 $OH^-$ 浓度，可以用标准酸进行滴定求得，也可以通过测量溶液的某些物理量而求出。以电导率仪测定溶液的电导 $G$ 随时间的变化关系，可以监测反应的进程，进而可求算反应的速率常数。二级反应的速率与反应物的浓度有关。为了处理方便起见，在设计实验时将反应物 $CH_3COOC_2H_5$ 和 NaOH 采用相同的浓度 $c_0$ 作为起始浓度。当反应时间为 $t$ 时，反应所生成的 $CH_3COONa$ 和 $C_2H_5OH$ 的浓度为 $c_t$，那么 $CH_3COOC_2H_5$ 和 NaOH 的浓度则为 $(c_0-c_t)$。设逆反应可以忽略，则应有

| | $CH_3COOC_2H_5$ | + NaOH $\longrightarrow$ | $CH_3COONa$ | + $C_2H_5OH$ |
|---|---|---|---|---|
| $t=0$ 时 | $c_0$ | $c_0$ | 0 | 0 |
| $t=t$ 时 | $c_0-c_t$ | $c_0-c_t$ | $c_t$ | $c_t$ |
| $t\to\infty$ 时 | 0 | 0 | $c_0$ | $c_0$ |

二级反应的速率方程可表示为

$$\frac{dc_t}{dt}=k(c_0-c_t)(c_0-c_t) \tag{3-11-1}$$

积分得

$$kt=\frac{c_t}{c_0(c_0-c_t)} \tag{3-11-2}$$

显然，只要测出反应进程中 $t$ 时的 $c_t$ 值，再将 $c_0$ 代入，就可以算出反应速率常数 $k$。

由于反应在稀的水溶液中进行，因此可以假定 $CH_3COONa$ 全部解离。溶液中参与导电的离子有 $Na^+$、$OH^-$ 和 $CH_3COO^-$ 等，而 $Na^+$ 在反应前后浓度不变，$OH^-$ 的迁移率比 $CH_3COO^-$ 的迁移率大得多。随着反应时间的增加，$OH^-$ 不断减少，而 $CH_3COO^-$ 不断增加，所以体系的电导不断下降。在一定范围内，可以认为体系电导的减少量和 $CH_3COONa$ 的浓度 $c_t$ 的增加量成正比，即

$$t=t\text{ 时},c_t=\beta(G_0-G_t) \tag{3-11-3}$$

$$t\to\infty\text{ 时},c_0=\beta(G_0-G_\infty) \tag{3-11-4}$$

式中，$G_0$，$G_t$ 为起始时和 $t$ 时的电导；$G_\infty$ 为反应终了时的电导；$\beta$ 为比例常数。

将式(3-11-3)、式(3-11-4)代入式(3-11-2)得

$$kt=\frac{\beta(G_0-G_t)}{c_0\beta[(G_0-G_\infty)-(G_0-G_t)]}=\frac{G_0-G_t}{c_0(G_t-G_\infty)} \tag{3-11-5}$$

或写成

$$\frac{G_0-G_t}{G_t-G_\infty}=c_0kt \tag{3-11-6}$$

从直线方程式(3-11-6)可知,只要测定出 $G_0$、$G_\infty$ 及一组 $G_t$ 以后,利用$(G_0-G_t)/(G_t-G_\infty)$对 $t$ 作图,应得一直线,由斜率即可求得反应速率常数 $k$,$k$ 的单位为 $mol^{-1}\cdot dm^3\cdot min^{-1}$。

如果知道不同温度下的速率常数 $k(T_1)$和 $k(T_2)$,按 Arrhenius 公式可计算出该反应的活化能 $E_a$:

$$E_a=\ln\frac{k(T_2)}{k(T_1)}\times R\left(\frac{T_1T_2}{T_2-T_1}\right) \tag{3-11-7}$$

## 三、仪器与试剂

DDS-11C 型电导率仪、恒温槽、电导池、移液管(10 mL,25 mL)、容量瓶(100 mL)

0.010 0 $mol\cdot L^{-1}$ NaOH 溶液(新鲜配制)、0.020 0 $mol\cdot L^{-1}$ NaOH 溶液(新鲜配制)、0.010 0 $mol\cdot L^{-1}$ $CH_3COONa$ 溶液(新鲜配制)、0.020 0 $mol\cdot L^{-1}$ $CH_3COOC_2H_5$ 溶液(新鲜配制)

## 四、实验步骤

1. 调节温度

仔细阅读“附录　DDS-11C 型电导率仪的使用说明”,了解使用方法。调节恒温槽温度为(25±0.2) ℃

2. 配制溶液

(1) 取已知浓度的 NaOH 标准溶液,在容量瓶中稀释成 0.020 0 $mol\cdot L^{-1}$ NaOH 溶液 100 mL。

(2) 配制 0.010 $mol\cdot L^{-1}$ NaOH 溶液 100 mL。

(3) 准确称量 $CH_3COONa$(所需量实验前应计算好),在容量瓶中配成 0.010 0 $mol\cdot L^{-1}$ $CH_3COONa$ 溶液 100 mL。

(4) 用移液管吸取相对密度 0.900 2 的 $CH_3COOC_2H_5$(所需量实验前应计算好),在容量瓶中配成 0.020 0 $mol\cdot L^{-1}$ $CH_3COOC_2H_5$ 溶液 100 mL。

3. 电导率仪操作步骤

本实验所用 DDS-11C 型电导率仪如图 3-53 所示,其操作如下:

(1) 按[ON/OFF]键打开电源开关,预热 10 min。

(2) 按[MODE]键选择 S 模式,显示电导率的测量值。

(3) 按[▲][▼]键调整实验温度值。

(4) 按[SET]键使屏幕出现“电极规格 K”闪动。根据所用的电极,按[▲][▼]键调整到在 1.0 挡的电极规格。按[MODE]键可结束设置并回到测量界面。

(5) 按[SET]键使屏幕出现“电导池常数 K”闪动。按[▲][▼]键调整到所用电极的电导池常数。按[MODE]键可结束设置并回到测量界面。

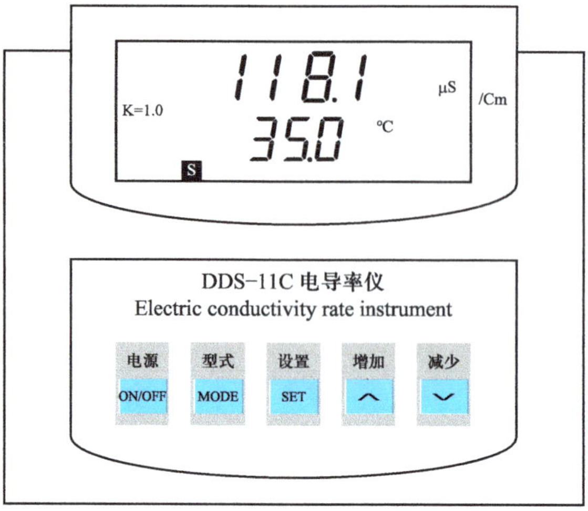


图 3-53 电导率仪示意图

(6) 用蒸馏水和待测溶液清洗电极后，将电极插入待测溶液，待屏幕上的读数稳定后，记下测量值。

4. $G_0$ 和 $G_\infty$ 的测量

将 0.010 0 $mol \cdot L^{-1}$ $CH_3COONa$ 溶液装入干燥的大试管中，将铂黑电极浸入溶液（液面高出铂黑片 1 cm 左右），将大试管置于恒温槽中，恒温 5 min，接通电导率仪，测量其电导，即为 $G_\infty$。

按同样操作，测量 0.010 0 $mol \cdot L^{-1}$ NaOH 溶液的电导，即为 $G_0$。

注意：铂黑电极插入溶液前，要用蒸馏水淋洗 3 次，再用待测溶液淋洗电极 3 次。

5. $G_t$ 的测量

(1) 将铂黑电极浸于一盛有蒸馏水的大试管中，置于恒温槽中恒温。

(2) 用两支 25 mL 移液管分别取 25 mL 0.020 0 $mol \cdot L^{-1}$ NaOH 溶液及 25 mL 0.020 0 $mol \cdot L^{-1}$ $CH_3COOC_2H_5$ 溶液装入两支干净干燥的大试管中，并用塞子将试管口塞紧，置于恒温槽中恒温 5 min。

(3) 将恒温后的 $CH_3COOC_2H_5$ 溶液倒入 NaOH 溶液，当溶液倒入一半时，开始记录反应时间。再将两溶液反复倾倒几次，使之混合均匀，并置于恒温槽中。

(4) 将铂黑电极从恒温蒸馏水中取出，并用混合液淋洗 3 次，然后插入混合液中，进行电导-时间测定，每隔 5 min 测量 1 次，30 min 后，每隔 10 min 测量 1 次，反应进行 1 h 后停止测量。

(5) 测定结束后，将铂黑电极用蒸馏水淋洗 3 次，并浸入蒸馏水中。

6. 反应活化能的测量

按上述操作步骤和计算方法，测量 35 ℃ 下的反应速率常数 $k(T_2)$，再用 Arrhenius 公式计算反应活化能。

## 五、结果与讨论

1. 记录数据如下：

恒温槽温度：________；$G_0$：________；$G_\infty$：________。

| $t$/min | 5 | 10 | 15 | 20 | 25 | 30 | 40 | 50 | 60 |
|---|---|---|---|---|---|---|---|---|---|
| $G_t$/S | | | | | | | | | |
| $(G_0-G_t)$/S | | | | | | | | | |
| $(G_t-G_\infty)$/S | | | | | | | | | |
| $\frac{G_0-G_t}{G_t-G_\infty}$ | | | | | | | | | |

恒温槽温度：________。

| $t$/min | 5 | 10 | 15 | 20 | 25 | 30 | 40 | 50 | 60 |
|---|---|---|---|---|---|---|---|---|---|
| $G_t$/S | | | | | | | | | |
| $(G_0-G_t)$/S | | | | | | | | | |
| $(G_t-G_\infty)$/S | | | | | | | | | |
| $\frac{(G_0-G_t)}{(G_t-G_\infty)}$ | | | | | | | | | |

2. 以$\frac{G_0-G_t}{G_t-G_\infty}-t$作图得一直线，由直线的斜率求出反应速率常数 $k$。

3. 由 298.2 K、308.2 K 所求得的 $k$(298.2 K)、$k$(308.2 K)按 Arrhenius 公式计算该反应的活化能。

## 六、实验要点及注意事项

1. 配制溶液所用的水应为电导水。所用溶液都应新鲜配制。

2. 盛有乙酸乙酯溶液的电导管恒温时一定要塞好塞子，以防乙酸乙酯挥发而影响其浓度。

3. 乙酸乙酯皂化反应是吸热反应，混合后体系温度降低，所以混合后的起始几分钟内溶液电导偏低，因此最好在反应 4~6 min 后开始测试，否则由$\frac{G_0-G_t}{G_t-G_\infty}$对 $t$ 作图得不到直线。

## 思考题

1. 若 NaOH 溶液和 $CH_3COOC_2H_5$ 溶液起始浓度不相等，试问应如何计算 $k$ 值？
2. 如果 NaOH 溶液与 $CH_3COOC_2H_5$ 溶液为浓溶液，能否用此法求 $k$ 值？为什么？

## 附录　DDS-11C 型电导率仪的使用说明

1. 概述

电导率仪通过测量液体的电阻 $R$ 而实现测量电导率。基本公式如下：

(1) 溶液的电导 $G=\frac{1}{R}$；

(2) 溶液的电导率 $\kappa=G\cdot K_{cell}$，其中 $K_{cell}=L/A$ 是电导电极的极板间距 $L$ 和面积 $A$ 之比，称为电导池常数。

2. 屏幕显示内容

仪器可显示的参数和测量结果有：

(1) 温度 $t$：温度补偿的设定温度。

本仪器带有温度补偿功能（内置的温度系数为 2%/℃，近似于 KCl 溶液在 0~50 ℃范围的温度系数）。在测出实际温度下的电导 $G$ 后，仪器按下式进行温度补偿

$$\frac{G}{[1+0.02(t-25)]}$$

其结果近似为 25 ℃下的电导值 $G_{25}$。因此，如果将 $t$ 设成实际温度，则电导 $G$ 变成校正值 $G_{25}$。

注意，如果将 $t$ 设成 25 ℃，则相当于不作温度补偿，$G$ 仍然是被测液体在实际温度下的电导，这也是最常用的设置。

(2) 电极规格 K：电导电极的设定规格。

本仪器可设置的电极规格有三种，K=0.1、1.0、10。

使用 K=1.0 挡时，量程为：

2.000~19.99 $\mu S\cdot cm^{-1}$；

20.00~199.9 $\mu S\cdot cm^{-1}$；

200.0~1 999 $\mu S\cdot cm^{-1}$；

2.000~19.99 $mS\cdot cm^{-1}$；

使用 K=0.1 挡，量程可进一步缩小至 1/10（0.2~1.999 $\mu S\cdot cm^{-1}$）；使用 K=10 挡，量程可进一步扩大 10 倍（20.00~199.9 $mS\cdot cm^{-1}$）。

本仪器配套的电导电极的规格是 K=1.0，其实际的电导池常数 $K_{cell}$=0.8~1.2 $cm^{-1}$，准确值可用电导率已知的 KCl 标准溶液进行标定，标定方法见附录。

(3) 电导池常数 $K_{cell}$：电导池常数的设定数值。

根据所设置的电导池常数 $K_{cell}$ 的值，仪器由 $\kappa=G\cdot K_{cell}$ 计算出电导率并显示在屏幕上。

注意,如果 $K_{cell}$ 设成 1.000 而不是真实的 $K_{cell}$ 值,则仪器的显示值将是电导(而不是电导率)。

(4) 测量值显示模式 S 、Ω 、TDS

在 S 模式下,显示电导率的测量值。

在 Ω 模式下,显示电阻率的测量值(电导率的倒数)。

在 TDS 模式下,显示液体中可溶性固体的总量(total dissolved solids,TDS),本仪器所设的计算公式为 TDS=电导率/2,它反映了水中可溶性杂质的含量,TDS 值越高,水质越差。

3. 按键

仪器设有 5 个按键:

[ON/OFF]:电源键。用于开启/关闭电源。

[MODE]:测量模式的切换键。用于在"电导率/电阻率/TDS"三种测量模式间进行切换。

[SET]:设置键。用于设置和确认电极规格和电导池常数。

[▲]和[▼]:向上和向下滚动键。① 在测量状态下,用于调整温度补偿的设定温度;② 在"SET"状态下,用于调整电极规格和电导池常数的设定值。

4. 使用说明

(1) 按[ON/OFF]键打开电源开关,预热 5 min。

(2) 按[MODE]键选择 S、Ω、TDS 中的一种。

(3) 按[▲][▼]键调整温度值。如果温度设为被测液体的实际温度,测量结果将校正为 25 ℃的数值;如果温度设为 25 ℃,则不作温度补偿,测量结果是被测液体在实际温度下的测量值。

(4) 按[SET]键使屏幕出现"电极规格 K"闪动。根据所用的电极,按[▲][▼]键在 0.1/1.0/10 三挡中选择正确的电极规格。按[MODE]键可结束设置并回到测量界面。

(5) 按[SET]键可使屏幕出现"电导池常数 K"闪动。按[▲][▼]键调整到所用电极的电导池常数。如果将电导池常数的数值设置为 1.000,则在 S 模式下显示的是电导而不是电导率。按[MODE]键可结束设置并回到测量界面。

(6) 用蒸馏水和待测溶液清洗电极后,将电极插入待测溶液,待屏幕上的读数稳定后,记下测量值。

5. 注意事项

(1) 电极使用前必须放入蒸馏水中浸泡数小时,经常使用的电极应储存在蒸馏水中。

(2) 为保证测量精度,电极使用前应用小于 0.5 μS/cm 的去离子水或蒸馏水冲洗两次,然后用被测样品冲洗,用滤纸吸去残余液体(不能用滤纸擦拭电极表面),之后方可测量。测量过程中,从甲溶液转到乙溶液时,先用蒸馏水清洗后再用乙溶液清洗。

(3) 盛被测溶液的容器必须清洁,无离子沾污。

(4) 电极长期使用,电导池常数会发生变化。为保证仪器的测量精度,必要时在仪器使用前,用该仪器对电导池常数进行重新标定。同时应定期进行电导池常数标定。

(5) 仪器内置的温度系数为 2%/℃,与此温度系数不符的溶液使用温度补偿将会有误差。因此,进行高精度测量或检测高纯水时,应采用无温度补偿方式进行,然后查表,或者将被测溶液恒温在 25 ℃,求其在 25 ℃时的电导率值。

(6) 在测量高纯水时应避免污染，正确选择电导电极常数并最好采用密封、流动的测量方式(否则电导率增加很快，因为空气中的 $CO_2$ 溶入水里变成碳酸根离子)。

6. 电导电极的储存与清洗

(1) 电导电极的储存

电极(长期不用)应储存在干燥的地方。电极使用前必须放入(储存在)蒸馏水中数小时，经常使用的电极可以放入(储存在)蒸馏水中。

(2) 电导电极的清洗

① 可以用含有洗涤剂的温水清洗电极上有机成分污垢，也可以用酒精清洗。

② 钙、镁沉淀物最好用10%柠檬酸清洗。

③ 镀铂黑的电极，只能用化学方法清洗，用软刷子机械清洗时会破坏镀在电极表面的镀层(铂黑)。注意：某些化学方法清洗可能会破坏被轻度污染的铂黑层。

④ 光亮的铂电极，可以用软刷子机械清洗。但在电极表面不可以产生裂痕，绝对不可以使用螺丝起子之类硬物清理电极表面，甚至在用软刷子清洗时也要特别注意。

7. 电导池常数的校正

电导电极的电导池常数 $K_{cell}$ 可以用标准 KCl 溶液进行标定。

(1) 精确配制 KCl 标准溶液(KCl 应使用一级试剂，并须在 110 ℃烘箱中烘 4 h，取出在干燥器中冷却后方可称量)。

(2) 将电导电极插入 KCl 溶液，按[MODE]键选择 S。

(3) 按[▲][▼]键调整温度为 KCl 溶液的实际温度。

(4) 按[SET]键使屏幕出现“电极规格 K”闪动。根据所用的电极，按[▲][▼]键在 0.1/1.0/10 三挡中选择正确的电极规格。

(5) 按[SET]键使屏幕出现“电导池常数 K”闪动。按[▲][▼]键调整 K 的数值，此时电导率也随之变化，当电导率显示值与下表的参照值一致时，按[MODE] 键确认。

| KCl 溶液浓度/($mol \cdot L^{-1}$) | 1 | 0.1 | 0.01 |
|---|---|---|---|
| 电导率(25 ℃)/($mS \cdot cm^{-1}$) | 12.88 | 2.765 | 1.413 |

(编写：金莉莉　复核：唐业仓)

## • 实验十二　丙酮碘化反应速率常数的测量 •

### 一、目的与要求

1. 掌握分光光度法测量反应动力学曲线的原理和方法；

2. 掌握孤立法、微分法测量动力学方程的原理，测量丙酮碘化反应的反应级数和反应速率常数。

## 二、实验原理

丙酮碘化反应是一个复杂的反应，在反应的初始阶段，其总反应为

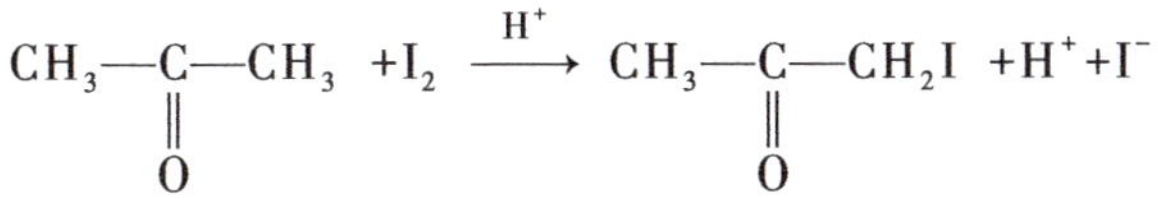

丙酮碘化反应并不停留在一元碘化丙酮上，如果碘浓度较高，还会继续发生多元取代。

丙酮碘化反应是一个酸催化反应，在中性溶液中反应很慢，而在酸性溶液中则可以很快地进行。同时，该反应生成的 $H^+$ 也起着催化作用，因此这是一个自催化反应。其动力学方程可表示为

$$r=-\frac{dc_{I_2}}{dt}=kc_{丙}^{\alpha}c_{I_2}^{\beta}c_{H^+}^{\delta} \tag{3-12-1}$$

式中，$k$ 为反应速率常数；$c_{丙}$、$c_{I_2}$、$c_{H^+}$ 分别是丙酮、碘和酸的浓度；$\alpha$、$\beta$、$\delta$ 分别是丙酮、碘和酸的反应级数。

由于丙酮和酸在可见光区无吸收，而碘在可见光区有吸收，所以本实验用分光光度法测量反应过程中碘浓度随时间的变化曲线。根据 Lambert-Beer 定律，当入射光为一定波长的单色光时，其溶液的吸光度 $A$（即透射比的负对数）与溶液中吸光物质的浓度及溶液的厚度成正比，即

$$A=-\lg\frac{I}{I_0}=\kappa cL \tag{3-12-2}$$

式中，$I_0$ 为入射光强度；$I$ 为透过光强度；$I/I_0$ 为透射比 $T$；$\kappa$ 为摩尔吸收系数；$c$ 为溶液浓度，$mol\cdot L^{-1}$；$L$ 为液层厚度，cm。

实际测量时，样品装在厚度固定的样品池（称为比色皿）中测量吸光度，这时 $\kappa$ 和 $L$ 都是常数，于是式（3-12-2）可写成 $c=F\cdot A$，其中 $F=\frac{1}{\kappa L}$，称为浓度因子或 $F$ 因子，可用标准溶液测出。这样，测出吸光度-时间曲线后，就可得到浓度-时间曲线，由此可求出任一时刻的反应速率。

如果反应体系中丙酮和酸的浓度远大于 $I_2$ 的浓度（$c_{丙}, c_{H^+} \gg c_{I_2}$），则反应过程中丙酮和酸的消耗量非常少，浓度几乎不变，$c_{丙}$，$c_{H^+}$ 可看作常数，于是

$$r=-\frac{dc_{I_2}}{dt}\approx k'c_{I_2}^{\beta} \tag{3-12-3}$$

实验表明，在这一条件下，如果反应溶液中酸的浓度不太高，那么在 $I_2$ 全部消耗完之前，$I_2$ 的浓度-时间曲线将是一条直线（即反应过程中反应速率 $r$ 恒定不变），于是，任一时刻的反应速率（包括初始速率）都等于平均速率（可由直线的斜率求出）。

根据式(3-12-1)，初始时刻的反应速率可表示为

$$r_0=kc_{丙,0}^{\alpha}c_{I_2,0}^{\beta}c_{H^+,0}^{\delta} \tag{3-12-4}$$

对式(3-12-4)取自然对数，有

$$\ln r_0=\ln k+\alpha\ln c_{丙,0}+\beta\ln c_{I_2,0}+\delta\ln c_{H^+,0} \tag{3-12-5}$$

式中有 4 个待定参数：$\alpha,\beta,\delta,k$。为确定这些参数，至少需要 4 次不同的实验，配制一系列具有不同初始浓度的反应溶液，在同一温度下分别测量初始速率 $r_0$，对每种反应溶液都能写出形如式(3-12-5)的方程，联立方程组，就能求出 $\alpha,\beta,\delta,k$。

为了便于计算，按表 3-4 配制 4 种反应溶液，依次标记为(＊)、(1)、(2)和(3)号。

**表 3-4　不同配比的反应溶液**

| 反应溶液编号 | 标准丙酮溶液体积/mL | 标准碘溶液体积/mL | 标准 HCl 溶液体积/mL |
|---|---|---|---|
| (＊) | 5 | 2 | 10 |
| (1) | 2.5 | 2 | 10 |
| (2) | 5 | 1 | 10 |
| (3) | 5 | 2 | 5 |

(1) 号反应溶液中碘和酸的初始浓度与(＊)号反应相同，而丙酮的初始浓度是(＊)号反应的 $u$ 倍，即 $c_{丙,0}^{(1)}=uc_{丙,0}^{(*)}$，相应的两个方程相减，得

$$\ln r_0^{(1)}-\ln r_0^{(*)}=\alpha(\ln c_{丙,0}^{(1)}-\ln c_{丙,0}^{(*)})=\alpha\ln u \tag{3-12-6}$$

即

$$\alpha=\frac{\ln\dfrac{r_0^{(1)}}{r_0^{(*)}}}{\ln u} \tag{3-12-7}$$

(2) 号反应溶液中丙酮和酸的初始浓度与(＊)号反应相同，而碘的初始浓度是(＊)号反应的 $w$ 倍，即 $c_{I_2,0}^{(2)}=wc_{I_2,0}^{(*)}$，可得碘的分级数 $\beta$ 为

$$\beta=\frac{\ln\dfrac{r_0^{(2)}}{r_0^{(*)}}}{\ln w} \tag{3-12-8}$$

(3) 号反应溶液中丙酮和碘的初始浓度与(＊)号反应相同，而酸的初始浓度是(＊)号反应的 $x$ 倍，即 $c_{H^+,0}^{(3)}=xc_{H^+,0}^{(*)}$，可得酸的分级数 $\delta$ 为

$$\delta=\frac{\ln\dfrac{r_0^{(3)}}{r_0^{(*)}}}{\ln x} \tag{3-12-9}$$

算出 $\alpha,\beta,\delta$ 后，利用上述任一反应溶液的初始速率和初始浓度，可算出反应速率常数 $k$ 为

$$k=\frac{r_0}{c_{丙,0}^{\alpha}c_{I_2,0}^{\beta}c_{H^+,0}^{\delta}} \tag{3-12-10}$$

如果在两个不同温度下分别测量反应速率常数 $k(T_1)$ 和 $k(T_2)$，那么根据 Arrhenius 公式还可以计算出反应的活化能 $E_a$。

## 三、仪器与试剂

UV-6100S 紫外-可见分光光度计（上海元析仪器有限公司）、超级恒温槽、容量瓶（25 mL）、磨口瓶（250 mL）、移液管（5 mL）

碘溶液（0.02 $mol\cdot L^{-1}$）、HCl 溶液（0.5 $mol\cdot L^{-1}$）、标准丙酮溶液（2.5 $mol\cdot L^{-1}$）（以上溶液用 AR 试剂配制，均须准确标定）

## 四、实验步骤

1. 阅读仪器使用手册

阅读“UV-6100S 紫外-可见分光光度计”的使用手册，了解使用方法和注意事项。

2. 准备工作

打开分光光度计的电源开关，预热 15 min 后，按提示跳过系统校刻步骤，然后屏幕显示主界面。本实验中，光谱带宽使用默认值 2.0 nm。

用已标定的 0.02 $mol\cdot L^{-1}$碘溶液，在 25 mL 容量瓶中稀释成 0.002 $mol\cdot L^{-1}$碘溶液，此溶液将用于测 $F$ 因子。

调节恒温槽温度为 25 ℃，将丙酮、碘、盐酸溶液及蒸馏水置于磨口瓶中，放入恒温槽内恒温。

3. 用碘的标准溶液测 $F$ 因子

（1）依仪器屏幕主界面的提示，按 1 键进入“1. 光度计模式”。

（2）按 SET λ 键，用数字键输入单色光波长 565 nm；依屏幕下面提示，按 F1 键“设置单位”，用◀▶切换选项，将浓度单位设置为“mmol/L”并确认；按 F2 键“模式”，用◀▶切换选项，将测量模式设置为“吸光度”并确认。

（3）取一只仪器所附的 1 cm 厚的比色皿，清洗干净后注入蒸馏水（空白样品），放入样品室内光路上，按 ZERO 键对仪器进行空白校正（$A$=0.000/$T$=100%）。

（4）用少量 0.002 $mol\cdot L^{-1}$碘溶液清洗比色皿两次，再注入 0.002 $mol\cdot L^{-1}$碘溶液，放入样品室内光路中。依屏幕下面提示，按 F4 键“标样测量”，输入标样浓度 2（mmol/L）并确认，仪器将根据标样的浓度及此时的吸光度算出 $F$ 因子，结果显示在屏幕上。

（5）用标样重复测量三次 $F$ 因子，结果取平均值。

4. 配制 4 种不同的反应溶液，分别测量反应的初始速率

（1）按 ESC/STOP 键，使仪器返回到主界面，按 4 键进入“4. 动力学测量”。

（2）按 SET λ 键，用数字键输入单色光波长 565 nm；依屏幕下面提示，按 F1 键“扫描设置”，依次用数字键输入测量时间（420 s）和延迟时间（0 s），接着用◀▶键将扫描间隔设置为“30 s”并确认；按 F2 键“模式”，用◀▶切换选项，将测量模式设置为“吸光度”并确认；按▲或▼键，会逐步提示“请输入 Y 轴下限:__”和“请输入 Y 轴上限:__”，分别输入 Y 轴（吸光度）的最小值 0 和最大值 0.4。

（3）将比色皿清洗干净后注入蒸馏水（空白样品），放入样品室内光路上，按 ZERO 键对

仪器进行空白校正。

(4) 用已恒温好的丙酮、碘、盐酸溶液及蒸馏水,在 25 mL 容量瓶内配制反应溶液。实验过程中共配制 4 份不同配比的反应溶液,如表 3-4 所示。

各份溶液的配制方法如下:用移液管移取一定量的碘溶液和酸溶液注入 25 mL 容量瓶,置于恒温槽恒温 10 min。用移液管移取一定量的丙酮溶液,迅速加入装碘溶液和酸溶液的容量瓶,当丙酮溶液流出一半时开始用秒表计时。用已恒温的蒸馏水将此溶液稀释至刻度,摇匀,用混合好的反应溶液清洗比色皿 2 次,然后将反应溶液注入比色皿。上述操作要迅速进行,不能超过 3 min。

将装有反应溶液的比色皿放入分光光度计,在第 3 min 时按 START 键,开始扫描。

扫描完毕后,按屏幕提示,按 F3 键"波谱处理",输入起始时间(0 s)、终止时间(420 s),以及前面测得的 $F$ 因子,系统会计算出 0~420 s 范围内的浓度的平均变化率(IU 因子),$IU=\frac{\Delta c}{\Delta t}=\frac{F\cdot\Delta A}{\Delta t}$,其中浓度单位为前面所设的 mmol/L,时间单位是 min。计算结果显示在屏幕右下侧。

## 五、结果与讨论

1. 数据记录

反应温度:25 ℃;$F=\frac{c_{标}}{A}=$________。

| 反应溶液编号 | $c_{丙,0}/(mol\cdot L^{-1})$ | $c_{H^+,0}/(mol\cdot L^{-1})$ | $c_{I_2,0}/(mol\cdot L^{-1})$ | $\frac{初始速率}{mol\cdot L^{-1}\cdot min^{-1}}$ | $k/(L\cdot mol^{-1}\cdot min^{-1})$ | |
|---|---|---|---|---|---|---|
| (*) | | | | | | 平均值: |
| (1) | | | | | | |
| (2) | | | | | | |
| (3) | | | | | | |

2. 求各组分的分级数 $\alpha,\beta,\delta$

根据反应溶液配比表可知,式(3-12-7)~式(3-12-9)中的 $u=w=x=0.5$。利用四份反应溶液的初始速率,计算 $\alpha=$________,$\beta=$________,$\delta=$________。

3. 求反应速率常数 $k$

根据上表数值,依据式(3-12-10)计算实验温度下的反应速率常数 $k$,求平均值。

## 六、实验要点及注意事项

1. 实验注意事项

(1) 实验采用 565 nm 的单色光测量吸光度,这是因为碘的溶解度较小,为了促进其溶解,实验所用的碘溶液中加入了 KI,发生如下化学平衡:$I_2+I^- \rightleftharpoons I_3^-$。用 $a$ 和 $b$ 分别表示 $I_2$

和 $I_3^-$,则碘溶液的浓度等于 $c_a+c_b$。实验表明,$I_2$ 在 203 nm 有一个吸收峰;$I^-$ 在 193 nm 和 226 nm处有两个吸收峰;$I_3^-$ 在 288 nm 和 350 nm 处有两个吸收峰。波长大于 250 nm 时,$I^-$ 没有吸收,$A=\kappa_a c_a L+\kappa_b c_b L$。为了使 $A$ 与 $c_a+c_b$ 成正比,选择单色光波长为 565 nm,这时 $I_2$,$I_3^-$ 的摩尔吸收系数相等,即 $\kappa_a=\kappa_b$,从而有 $A=\kappa_a(c_a+c_b)L$。

(2) 实验所用的丙酮、碘、酸溶液一定要标定,各份反应溶液的配制要准确,否则会给结果带来较大误差。

(3) 反应溶液中碘的含量低,而且碘见光易分解,所以从溶液配制到测量要迅速,从溶液开始混合到测量结束不超过 600 s。

(4) 温度对反应速率常数的影响很大,反应温度要准确控制在实验温度±0.1 ℃。

2. 仪器注意事项

(1) 开机前确保仪器光路畅通(样品室内没有挡光物体,且样品架定位正确),以免仪器自检出错。

(2) 仪器上不可放置重物,以免光路移位。

(3) 溶液装入比色皿应小心,避免产生气泡从而附在比色皿的壁上,以装到比色皿 $\frac{2}{3}$ 高度为宜。若溶液残留在比色皿外壁,先用滤纸吸干,再用擦镜纸轻轻擦拭比色皿光面。易挥发样品,建议使用比色皿盖,避免样品污染样品室和样品架。

(4) 比色皿在使用前后都应清洗干净。指纹会影响测量准确性,拿放比色皿时,手指接触毛面,避免接触光面。

(5) 测试过程中,取放样品都要及时关闭样品室盖,切勿长时间敞开。测试完毕后,及时取出样品。保持样品室干燥,无液体残留,以免光学部件发霉。

(6) 为延长灯的使用寿命,测试中,若某一光源不用,可从主界面上进入“7. 系统设置”,用其中的“光源管理”功能将氘灯或钨灯关闭。仪器不用时,及时关机。

(7) 长时间使用会导致系统误差累计,可使用“系统设置”中的“波长定位”和“暗电流测试”功能进行校正。

(8) 不得随意拆卸仪器,不得用手或其他物品触摸光学器件表面(包括光源)。

(9) 保持仪器表面和工作环境的清洁(但不可用有机试剂擦拭表面)。仪器不用时盖上防尘罩,并注意防潮。若长时间不用,建议定期开机。

## 思考题

1. 本实验中,将丙酮溶液加入含有碘、酸溶液的容量瓶时,并不立即开始计时,而是在放入比色皿时才开始计时,这样做是否可以,为什么?

2. 影响本实验结果精确度的主要因素有哪些?

(编写:周　涛　复核:唐业仓)

# · 实验十三　溶液表面张力的测量 ·

## 一、目的与要求

1. 掌握最大气泡压力法测量溶液表面张力的原理和技能；
2. 通过对不同浓度乙醇溶液表面张力的测量，计算表面吸附量和乙醇分子的横截面积。

## 二、实验原理

在液体内部，任何分子周围的吸引力是平衡的，而在液体表面层的分子却不相同，因为表面层的分子一方面受到液体内层的邻近分子的吸引，另一方面受到液面外部气体分子的吸引，而且前者的作用要比后者大，因此在液体表面层中，每个分子都受到垂直于液面并指向液体内部的不平衡力，如图 3-54 所示。这种吸引力使表面上的分子向内挤压，促成液体的最小表面积。要使液体的表面积增大，就必须反抗分子的内向力而做功，增加分子的势能。所以说分子在表面层比在液体内部有较大的势能，这一势能就是表面自由能。通常把增大 1 $m^2$ 所引起的表面自由能的变化 $\Delta G$ 称为单位表面的表面能，其单位为 $J\cdot m^{-2}$；而把液体限制在其表面及试图使它收缩的单位直线长度上所作用的力，称为表面张力，其单位是 $N\cdot m^{-1}$。液体单位表面的表面能和它的表面张力在数值上是相等的。

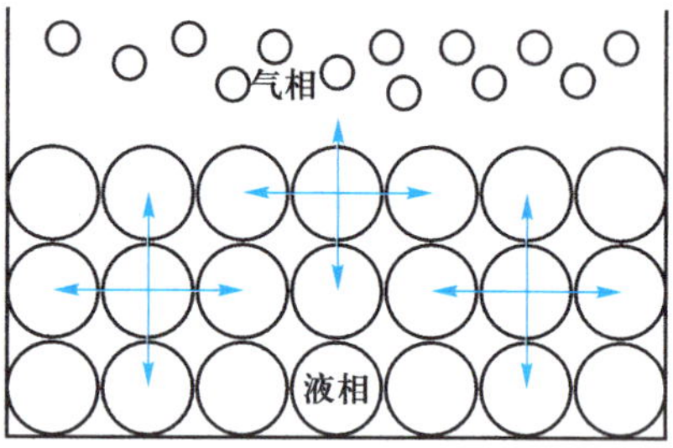

图 3-54　液体表面张力的产生

如欲使液体表面积增加 $\Delta A$，所消耗的可逆功 $W$ 应该是

$$W=\Delta G=\gamma\cdot\Delta A$$

液体的表面张力($\gamma$)与温度有关，温度越高，表面张力越小，到达临界温度时，液体与气体不分，表面张力趋近于零。液体的表面张力也与液体的纯度有关，在纯净的液体(溶剂)中如果掺进杂质(溶质)，表面张力就要发生变化，其变化的大小取决于溶质的本性和加入量的多少。

对于纯溶剂而言，其表面层与内部的组成是相同的，但对溶液来说则不然。当加入溶质后，溶剂的表面张力要发生变化。根据能量最低原则，若溶质能降低溶剂的表面张力，则表面层中溶质的浓度应比溶液内部的浓度高；如果所加溶质能使溶剂的表面张力升高，那么溶质在表面层中的浓度应比溶液内部的浓度低。这种表面浓度与溶液内部浓度不同的现象叫作溶液的表面吸附。在一定的温度和压力下，溶液表面吸附溶质的量与溶液的表面张力和加入的溶质的量有关，它们之间的关系可用 Gibbs 吸附公式表示：

$$\Gamma=-\frac{c}{RT}\cdot\left(\frac{\partial\gamma}{\partial c}\right)_T \tag{3-13-1}$$

式中，$\Gamma$ 为吸附量，$mol\cdot m^{-2}$；$\gamma$ 为表面张力，$N\cdot m^{-1}$；$c$ 为溶液浓度，$mol\cdot L^{-1}$。

如果 $\gamma$ 随浓度的增加而减少，即 $\left(\frac{\partial\gamma}{\partial c}\right)_T<0$，则 $\Gamma>0$，溶液表面层的浓度大于溶液内部的浓度，称为正吸附作用；如果 $\gamma$ 随浓度的增加而增加，即 $\left(\frac{\partial\gamma}{\partial c}\right)_T>0$，则 $\Gamma<0$，此时溶液表面层的浓度小于溶液内部的浓度，称为负吸附作用。

从式(3-13-1)可看出，只要测量溶液的浓度和表面张力，就可求出各种不同浓度下溶液的吸附量 $\Gamma$。本实验中，溶液浓度的测量是根据浓度与折射率的对应关系；表面张力的测量是根据最大气泡压力法。

图 3-55 是最大气泡压力法测量表面张力的装置示意图。将被测液体装于具有夹层的样品管 7 中，使毛细管 8 的下端面与液面相切，液面即沿着毛细管上升，打开压力计的微压调节阀进行缓慢通气，此时毛细管内液面所受压力（$p_{体系}$）大于样品管中液面的压力（$p_{大气}$），毛细管内的液面下降，并从毛细管端逐个地逸出气泡，在气泡的形成过程中，由于表面张力的作用，凹液面产生了一个指向液面外的附加压力 $p_s$，因此有如下关系：

$$p_s=p_{体系}-p_{大气} \tag{3-13-2}$$

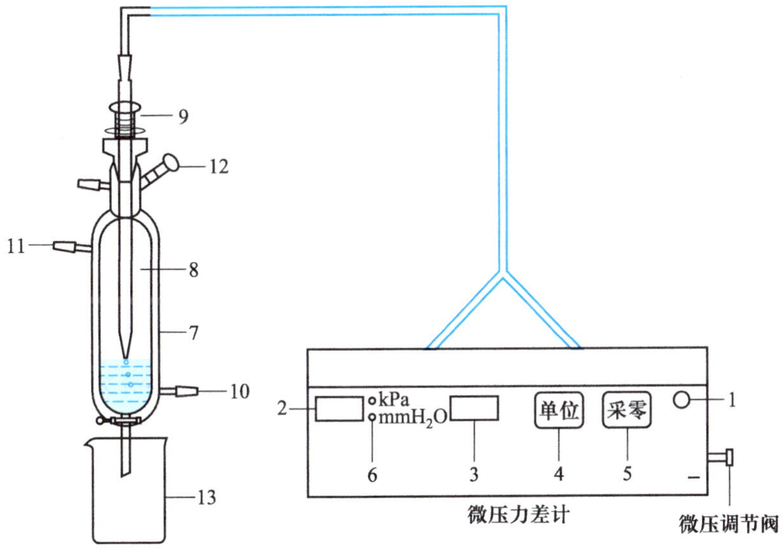


图 3-55　最大气泡压力法测量表面张力的装置

1—开关；2—压力显示窗口；3—峰值保持窗口；4—单位键；5—采零键；6—指示灯；7—具有夹层的样品管；8—毛细管；9—毛细管调节螺栓；10—恒温水进口；11—恒温水出口；12—侧管；13—烧杯

附加压力 $p_s$ 与表面张力 $\gamma$ 成正比，与气泡的曲率半径 $R$ 成反比，其关系式为

$$p_s=\frac{2\gamma}{R} \tag{3-13-3}$$

若毛细管半径较小，则形成的气泡可视为球形。气泡刚形成时，由于表面几乎是平的，这时曲率半径 $R$ 极大；随着气泡的形成，曲率半径逐渐变小，直到形成半球形，这时曲率半径 $R$ 和毛细管半径 $r$ 相等，此时 $R$ 为最小；随着气泡的进一步增大，$R$ 又趋增大（见图 3-56），附加压力则变小，直至气泡逸出液面。

根据式（3-13-3），当 $R=r$ 时附加压力最大，$p_{s,max}=\dfrac{2\gamma}{r}$，其数值可由压力计直接读出。

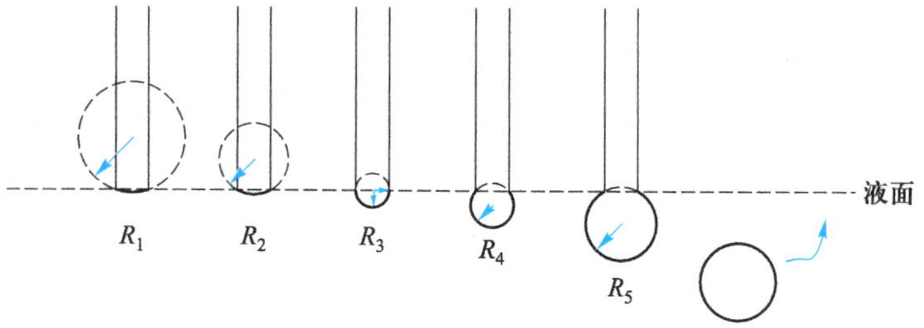


图 3-56 气泡形成过程示意图

实验中，若使用同一支毛细管，则 $\dfrac{r}{2}$ 是常数，称为仪器常数，用 $K$ 表示，则

$$\gamma=K\cdot p_{s,max} \tag{3-13-4}$$

如果将已知表面张力的液体作为标准，由实验测得其 $p_{s,max}$ 后，就可求出 $K$。然后用同一仪器测出各液体的 $p_{s,max}$，通过式（3-13-4）计算，即可求出各液体的表面张力（如不同温度下水的表面张力见附表 3）。

只要测出不同浓度溶液的表面张力，以 $\gamma-c$ 作图，在图的曲线上作不同浓度的切线，把切线的斜率代入 Gibbs 吸附公式，即可求出不同浓度时气、液界面上的吸附量 $\Gamma$。

在一定温度下，吸附量与溶液浓度之间的关系由 Langmuir 等温式表示：

$$\Gamma=\Gamma_{\infty}\frac{Kc}{1+Kc} \tag{3-13-5}$$

式中，$\Gamma_{\infty}$ 为单层饱和吸附量；$K$ 为经验常数，与溶质的表面活性大小有关。

将式（3-13-5）写成直线方程，则

$$\frac{c}{\Gamma}=\frac{c}{\Gamma_{\infty}}+\frac{1}{K\Gamma_{\infty}} \tag{3-13-6}$$

若以 $\dfrac{c}{\Gamma}-c$ 作图可得一直线，由直线斜率即可求出 $\Gamma_{\infty}$。

假若在饱和吸附的情况下，在气、液界面上铺满一单分子层，则可利用下式求得被测物质的横截面积 $S_0$：

$$S_0=\frac{1}{\Gamma_{\infty}\cdot N_A} \tag{3-13-7}$$

式中，$N_A$ 为阿伏伽德罗（Avogadro）常数。

## 三、仪器与试剂

DP-AW-Ⅱ表面张力测试仪、阿贝折光仪、毛细管(0.2~0.3 mm)、超级恒温槽

乙醇水溶液标准样品(5 个)、重蒸馏水、待测乙醇水溶液样品(8 个)

## 四、实验步骤

1. 安装仪器

(1) 仔细洗净样品管和毛细管,按照图 3-55 所示连接装置,必须使毛细管处于垂直位置。

(2) 接通压力计电源,仪器预热 10 min,同时打开恒温槽,设置恒温槽温度为 25 ℃。

2. 仪器常数 $K$ 的测量

(1) 关闭进气阀,在空气中按采零键。

(2) 从侧管口中加入蒸馏水,再将加样口旋塞塞上,旋转毛细管螺栓,使毛细管管口刚好与液面相切。接入恒温水,恒温 10 min,然后把毛细管上端的旋塞塞上。

(3) 缓缓打开微压调节阀(向内旋为关闭,向外旋为打开),压力计显示数值逐渐增加,调节气泡逸出的速率不超过每分钟 20 个,在气泡刚脱离毛细管管端破裂的一瞬间,蜂鸣器鸣响,显示屏上显示峰值,记录峰值,当每次显示的峰值大致相同时,连续取三次,取其平均值(起始出泡峰值可能不太稳定,等峰值稳定后再记录峰值)。

3. 待测样品表面张力的测量

(1) 用待测溶液淋洗毛细管,加入适量的样品于样品管中。

(2) 按仪器常数的测量步骤,由低浓度向高浓度依次测量未知浓度的乙醇溶液的 $p_{s,\max}$,样品测定后,回收样品至试剂瓶。

4. 待测样品浓度的测量

(1) 工作曲线:分别用阿贝折光仪测量 10%、20%、30%、40%、50%的各标准乙醇溶液的折射率,作出浓度-折射率的工作曲线。

(2) 用阿贝折光仪测量待测溶液的折射率,并从工作曲线上找出其相应的浓度值。

## 五、结果与讨论

1. 实验记录

实验温度:__________。

(1) 乙醇标准溶液的折射率

| 标准溶液质量分数/% | 标准溶液折射率 |
|---|---|
| 10 | |
| 20 | |
| 30 | |
| 40 | |
| 50 | |

（2）待测溶液的浓度和表面张力

| 待测溶液 | 折射率 | 真实质量分数/% | $p_{s,max}$/kPa | | | $\overline{p_{s,max}}$/kPa | 仪器常数 $K$ | $\gamma$/(N·m$^{-1}$) |
|---|---|---|---|---|---|---|---|---|
| 水 | — | — | | | | | | |
| 1# | | | | | | | | |
| 2# | | | | | | | | |
| 3# | | | | | | | | |
| 4# | | | | | | | | |
| 5# | | | | | | | | |
| 6# | | | | | | | | |
| 7# | | | | | | | | |
| 8# | | | | | | | | |

2. 以溶液表面张力 $\gamma$ 为纵坐标，乙醇浓度 $c$ 为横坐标，绘制 $\gamma-c$ 曲线图。

3. 在 $\gamma-c$ 曲线上取 8 个点作切线，求出各浓度对应的斜率 $\left(\frac{\partial\gamma}{\partial c}\right)_T$，并计算在各相应浓度的吸附量 $\Gamma$。

4. 用 $\frac{c}{\Gamma}-c$ 作图，得一直线，由斜率求出 $\Gamma_\infty$。

| 曲线上取点 | 质量分数/% | $\left(\frac{\partial\gamma}{\partial c}\right)_T$ | $\Gamma$/(mol·m$^{-2}$) | $\frac{c}{\Gamma}\Big/$m$^{-1}$ | $\frac{1}{\Gamma_\infty}\Big/$(m$^2$·mol$^{-1}$) |
|---|---|---|---|---|---|
| ① | | | | | |
| ② | | | | | |
| ③ | | | | | |
| ④ | | | | | |
| ⑤ | | | | | |
| ⑥ | | | | | |
| ⑦ | | | | | |
| ⑧ | | | | | |

5. 计算乙醇分子的横截面积 $S_0$。

## 六、实验要点及注意事项

1. 仪表每测一次后，再测试前必须按一下“采零”键，以保证所测压力值的准确度。
2. 仪器系统不能漏气，所用毛细管必须干净、干燥，应保持垂直，其管口刚好与液面相切。

3. 读取微压力差计的压差时，应取气泡单个逸出时的最大压力差。

4. 在测量中，通气速率不宜过快，应控制在每 3 s 逸出单个气泡为宜。

## 思考题

1. 表面张力为什么必须在恒温槽中进行测量？温度变化对表面张力有何影响？

2. 用最大气泡法测量表面张力时为什么要读最大压力差？如果气泡逸出得很快，或几个气泡同时送出，对实验结果有无影响？

3. 哪些因素影响表面张力测量结果？如何减少乃至消除这些因素对实验的影响？

# 附录

附表 1　20 ℃下乙醇水溶液的密度

| 乙醇的质量分数/% | $\rho/(10^3\ kg\cdot m^{-3})$ | 乙醇的质量分数/% | $\rho/(10^3\ kg\cdot m^{-3})$ |
|---|---|---|---|
| 0 | 0.998 28 | 55 | 0.902 58 |
| 10 | 0.981 87 | 60 | 0.891 13 |
| 15 | 0.975 14 | 65 | 0.879 48 |
| 20 | 0.968 64 | 70 | 0.867 66 |
| 25 | 0.961 68 | 75 | 0.855 64 |
| 30 | 0.953 82 | 80 | 0.843 44 |
| 35 | 0.944 94 | 85 | 0.830 95 |
| 40 | 0.935 18 | 90 | 0.817 97 |
| 45 | 0.924 72 | 95 | 0.804 24 |
| 50 | 0.913 84 | 100 | 0.789 34 |

摘自：International Critical Tables of Numerical Data. Physics, Chemistry and Technology. Ⅲ：116。

附表 2　乙醇水溶液的混合体积与浓度的关系（温度为 20 ℃，混合物的质量为 100 g）

| 乙醇的质量分数/% | $V_{混}$/mL | 乙醇的质量分数/% | $V_{混}$/mL |
|---|---|---|---|
| 20 | 103.24 | 60 | 112.22 |
| 30 | 104.84 | 70 | 115.25 |
| 40 | 106.93 | 80 | 118.56 |
| 50 | 109.43 | | |

附表 3　不同温度下水的表面张力

| $t$/ ℃ | $\gamma$/($10^{-3}$ N·m$^{-1}$) | $t$/ ℃ | $\gamma$/($10^{-3}$ N·m$^{-1}$) | $t$/ ℃ | $\gamma$/($10^{-3}$ N·m$^{-1}$) | $t$/ ℃ | $\gamma$/($10^{-3}$ N·m$^{-1}$) |
|---|---|---|---|---|---|---|---|
| 0 | 75.64 | 17 | 73.19 | 26 | 71.82 | 60 | 66.18 |
| 5 | 74.92 | 18 | 73.05 | 27 | 71.66 | 70 | 64.42 |
| 10 | 74.22 | 19 | 72.90 | 28 | 71.50 | 80 | 62.61 |
| 11 | 74.07 | 20 | 72.75 | 29 | 71.35 | 90 | 60.75 |
| 12 | 73.93 | 21 | 72.59 | 30 | 71.18 | 100 | 58.85 |
| 13 | 73.78 | 22 | 72.44 | 35 | 70.38 | 110 | 56.89 |
| 14 | 73.64 | 23 | 72.28 | 40 | 69.56 | 120 | 54.89 |
| 15 | 73.59 | 24 | 72.13 | 45 | 68.74 | 130 | 52.84 |
| 16 | 73.34 | 25 | 71.97 | 50 | 67.91 | | |

摘自：John A Dean. Lange's Hand book of Chemistry,1973:10~265。

（编写：金莉莉　复核：唐业仓）

# · 实验十四　电泳法测量溶胶的电动电势 ·

## 一、目的与要求

1. 掌握凝聚法制备 $Fe(OH)_3$ 溶胶和纯化溶胶的方法；
2. 掌握电泳法测量 $\zeta$ 电势的技术；
3. 了解胶体电动现象。

## 二、实验原理

几乎所有胶体体系颗粒都带有一定的电荷。电荷的主要来源有：① 胶粒本身的电离；② 胶粒在分散介质中选择性地吸附一定量的离子；③ 胶粒在非极性介质中与分散介质摩擦生电。

根据 Stern 双电层理论，由于静电力、范德华力及其他形式的吸引力，胶粒表面会牢固地吸附分散介质中的反号离子，形成固定层或紧密层。若介质为水溶液，被吸附的离子应当是水化的。被吸附的水化离子中心距离胶粒表面约为水化离子的半径，这些水化离子的中心连线所形成的假想面，称为 Stern 面。Stern 面与胶粒吸附表面的空间称为 Stern 层（即紧密层）。Stern 面之外至溶液本体（即电势为零处）称为扩散层。上述二层即为 Stern 双电层。

当胶粒固体表面与分散介质固、液两相发生相对移动时，滑动面在 Stern 面之外，与胶粒固体表面的距离约为分子直径大小的数量级，一旦固、液两相发生相对移动，滑动面便呈现出来。滑动面与溶液本体之间的电势差称为 $\zeta$ 电势或电动电势。只有当固、液两相发生相对移动时，才呈现出 $\zeta$ 电势。$\zeta$ 电势是胶粒的重要性质之一，它与胶粒的大小、形状及所带电荷有关，还与外加电场强度 $E$、胶粒运动速率、介质的介电常数 $\varepsilon$ 及黏度 $\eta$ 有关。利用电泳现象可以测定 $\zeta$ 电势。

在外加电场的作用下，胶粒在分散介质中定向移动的现象称为电泳。原则上任何一种胶体的电动现象（电泳、电渗、电动电势和沉降电势），都可以用来测定 $\zeta$ 电势，但实际应用中电泳法最方便、广泛。

电泳法又分为两类，即宏观法和微观法。宏观法是观察胶体溶液与另一不含胶粒的无色导电液体的界面在电场中的移动速率。微观法是直接观察单个胶粒在电场中的泳动速率。对高度分散的胶体[如 $Fe(OH)_3$ 和 $As_2S_3$]或过浓的胶体，因不易观察个别粒子的运动，只能用宏观法。对颜色太淡或浓度过稀的胶体，则宜用微观法。本实验采用宏观法。

$\zeta$ 电势可根据 Helmholtz 公式计算

$$\zeta = \frac{40\pi\eta}{\varepsilon E}\cdot u\cdot 300^2 \tag{3-14-1}$$

式中，$E$ 为电势梯度，$E=U/L$；$u$ 为电泳速率，$u=s/t$。

式(3-14-1)又可表示为

$$\zeta = \frac{40\pi\eta}{\varepsilon}\cdot\frac{s/t}{U/L}\cdot 300^2 \tag{3-14-2}$$

式中，$\eta$ 为分散介质的黏度，Pa·s；$\varepsilon$ 为介电常数（当分散介质为水时，在 25 ℃下，$\varepsilon=81$，$\eta=0.001\ 005$ Pa·s）；$U$ 为加于电泳管两端的电压，V；$L$ 为两电极间的距离，cm；$s$ 为 $t$ 秒内胶体溶液界面移动距离，cm。

对一定的胶体，若固定 $U$ 和 $L$，测出不同 $t$ 时的 $s$ 值，就可计算出 $\zeta$ 电势。

## 三、仪器与试剂

电泳仪、电泳管、电炉、烧杯、锥形瓶、量筒、铂电极、透析袋（截留分子量 1 000）、绳子、直尺

$AgNO_3$ 溶液、2% $FeCl_3$ 溶液

## 四、实验步骤

1. 制备 $Fe(OH)_3$ 溶液

在 300 mL 烧杯中加入 130 mL 蒸馏水，加热至沸腾时，把 20 mL 2% $FeCl_3$ 溶液逐滴加入沸水中，即得红棕色的 $Fe(OH)_3$ 溶胶。

2. 渗析法净化溶胶

(1) 透析袋的预处理：用洁净的剪刀剪取适当长度的透析袋，并将其浸泡在蒸馏水中，过夜。

(2) 净化溶胶：把 $Fe(OH)_3$ 溶胶倒入透析袋中，两端夹好，将其置于 2~3 倍溶胶体积的蒸馏水中，使水温保持在 60~70 ℃之间进行热渗析，20 min 换一次水，直至渗析液用 $AgNO_3$ 溶液检查不出 $Cl^-$ 为止。

3. 测量 $Fe(OH)_3$ 溶胶的 $\zeta$ 电势

(1) 如图 3-57 装置,取 80 mL 已净化的 $Fe(OH)_3$ 溶胶由小漏斗注入 U 形电泳管的旋塞口(注意:管内不能有气泡)并立即关闭旋塞。再取 35 mL 渗析液作为辅助液(事先将其调至电导率与已净化的溶胶的电导率一样大小),加入 U 形管中。将漏斗的液面与 U 形管液面相平,缓慢打开旋塞,将漏斗慢慢提升(越慢界面越清晰),使辅助液与红棕色的溶胶之间产生明显界面。当辅助液离 U 形管口 1 cm 处,关闭旋塞。

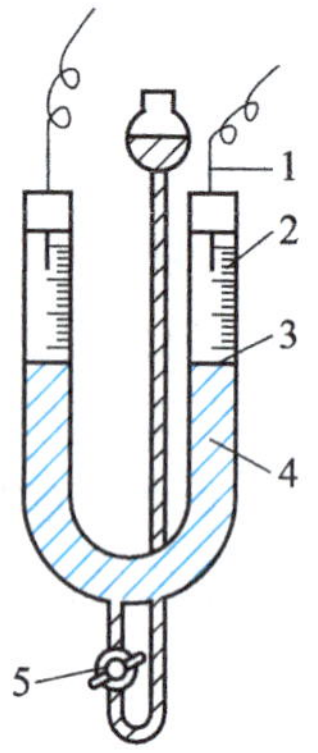


图 3-57 电泳管示意图

1—电极;2—辅助液;3—界面;4—溶胶;5—旋塞

(2) 轻轻将铂电极插入辅助液层中(不要搅动),记下 U 形管左右两边辅助液与溶胶界面的高度位置。

(3) 将两电极连接在电泳仪上,然后接通电源,调节直流电压为 50 V,并同时开始计时,观察溶胶液面移动现象及电极表面现象。记录通电 1 h 内界面移动的距离 $s$,用绳子和尺子量出两电极间的距离 $L$。

## 五、结果与讨论

1. 记录数据

温度:____________________。

| 通电时间 $t$/s | 电压 $U$/V | 移动距离 $s$/cm | 两极间 U 形管内导电距离 $L$/cm |
|---|---|---|---|
| | | 左:<br>右: | |

2. 根据实验数据计算电泳速度和平均电势梯度。

3. 将电泳速度、电势梯度和介质黏度及介电常数代入式(3-14-2)求 $\zeta$ 电势。

4. 根据实验现象,判断 $Fe(OH)_3$ 溶胶的胶粒带何种电荷?

## 六、实验要点及注意事项

1. 本实验的关键在于溶胶与辅助液的界面应保持清晰分明,否则不能实验。因此,本实验采用:① 将辅助液的电导率与溶胶的电导率调节一致,避免因界面处电场强度的突变造成两臂界面移动速度不等产生界面模糊;② 在 U 形管中,漏斗的液面与 U 形管液面相平时,一定要缓慢提升漏斗液面,才能保证产生明显界面。

2. 胶体纯化不严格时也会使界面不清晰,因化学反应得到的溶胶都带有电解质,而电解质浓度过高则会影响胶体的稳定性。通常用半透膜来提纯溶胶,称为渗析。本实验用热水渗析是为了提高渗析效率,保证纯化效果。

3. 由于电泳仪输出电压较高,通电过程中不要触摸电极,否则有触电危险。

## 思考题

1. 电泳速度与哪些因素有关？
2. 辅助液的电导率为什么必须和净化后的溶胶电导率尽量接近？
3. 写出 $FeCl_3$ 水解反应式，解释 $Fe(OH)_3$ 胶粒带何种电荷取决于什么因素？

（编写：吴华强 修订：杜金艳 复核：唐业仓）

# · 实验十五 溶液吸附法测定活性炭的比表面积 ·

## 一、目的与要求

1. 掌握测量固体在溶液中吸附作用的方法和技能；
2. 用溶液吸附法测定活性炭的比表面积；
3. 熟悉紫外-可见分光光度计的使用方法。

## 二、实验原理

比表面积很大的多孔性或高度分散的吸附剂，如活性炭和硅胶等，除了用于吸附气体外，在溶液中也有较强的吸附能力。由于吸附剂表面结构的不同，对不同的吸附质有着不同的相互作用，因此吸附剂能够从溶液中选择性地吸附某一种溶质。这种吸附能力的选择性，在工业上有着广泛的应用。

吸附能力的大小常用吸附量 $\Gamma$ 表示。$\Gamma$ 通常指每克吸附剂吸附溶质的物质的量，即

$$\Gamma=\frac{n}{m}=\frac{(c_0-c)V}{m} \tag{3-15-1}$$

式中，$n$ 为吸附质的物质的量，mol；$m$ 为吸附剂的质量，g；$c_0$ 为吸附质初始浓度，$mol\cdot L^{-1}$；$c$ 为吸附平衡时吸附质的浓度，$mol\cdot L^{-1}$；$V$ 为溶液的总体积，L。

亚甲基蓝在固体表面具有较大的吸附倾向，研究表明，在一定的浓度范围内，大多数固体对亚甲基蓝的吸附是单分子层吸附，符合 Langmuir 吸附理论。但当原始溶液的浓度过高时，会出现多分子层吸附，而如果平衡后的浓度过低，吸附又不能达到饱和，因此，原始溶液的浓度及吸附平衡后的浓度应选择在适当的范围内。

在一定浓度范围内，当吸附速率和脱附速率相等时，达到吸附平衡。当吸附剂表面完全被吸附质以单分子层覆盖时，吸附达到饱和状态，此时对应的吸附量称为饱和吸附量 $\Gamma_\infty$。在一

定温度下，吸附量 $\Gamma$ 与平衡浓度 $c$ 的关系可用与 Langmuir 单分子层吸附等温式相似的经验公式表示，即

$$\Gamma=\Gamma_{\infty}\frac{cK}{1+cK} \tag{3-15-2}$$

式中，$K$ 为吸附平衡常数。

将式(3-15-2)整理可得

$$\frac{c}{\Gamma}=\frac{1}{\Gamma_{\infty}\cdot K}+\frac{c}{\Gamma_{\infty}} \tag{3-15-3}$$

以 $\frac{c}{\Gamma}$ 对 $c$ 作图得一直线，由此直线的斜率可求得 $\Gamma_{\infty}$，结合截距可求得吸附平衡常数 $K$。若每个吸附质分子在吸附剂上所占据的面积为 $\sigma_A$，按照 Langmuir 单分子层吸附模型，则吸附剂的比表面积 $S_0(m^2\cdot g^{-1})$ 可按下式计算得到：

$$S_0=\Gamma_{\infty}\cdot N_A\cdot\sigma_A \tag{3-15-4}$$

式中，$N_A$ 为阿伏伽德罗常数。

亚甲基蓝的阳离子大小为 $(17.0\times7.6\times3.25\times10^{-30})\ m^3$。亚甲基蓝的吸附有三种取向：平面吸附投影面积为 $135\times10^{-20}\ m^2$，侧面吸附投影面积为 $75\times10^{-20}\ m^2$，端基吸附投影面积为 $39\times10^{-20}\ m^2$。对于非石墨型的活性炭，亚甲基蓝是以端基吸附取向吸附在活性炭表面，因此 $\sigma_A=39\times10^{-20}\ m^2$。

一般来说，光的吸收定律能适用于任何波长的单色光，但同一种溶液在不同波长所测得的吸光度不同，为了提高测量的灵敏度，工作波长一般选择在 $A$ 最大处。亚甲基蓝溶液在 445 nm 和 665 nm 处有吸收峰，但在 445 nm 处活性炭吸收对吸收峰有很大干扰，故本实验选用的工作波长为 665 nm，用分光光度法测量吸光度，按照式(3-12-2)计算亚甲基蓝溶液浓度。

## 三、仪器与试剂

UV-6100S 型紫外-可见分光光度计(上海元析仪器有限公司)、康氏振荡器、容量瓶(50 mL，5 个)、容量瓶(100 mL，5 个)、有刻度移液管(25 mL)、具塞锥形瓶(50 mL，5 只)

亚甲基蓝溶液[$6.25\times10^{-3}\ mol\cdot L^{-1}$(0.2%)和 $0.3126\times10^{-3}\ mol\cdot L^{-1}$(0.01%)]、颗粒状活性炭(60～100 目)

## 四、实验步骤

1. 样品活化

将颗粒活性炭置于瓷坩埚中，放入 500 ℃ 马弗炉活化 1 h，或在真空烘箱中 300 ℃ 活化 1 h，然后放入干燥器中备用。

2. 溶液吸附

用差减法称取活性炭各约 0.1 g 置于 5 只干燥洁净的具塞锥形瓶中，按下表方法配制不同浓度的亚甲基蓝溶液，盖好瓶塞，在康氏振荡器上振荡 60 min。样品振荡达到平衡后，用砂芯漏斗过滤，得到吸附平衡滤液，分别取 1.0 mL 放入 100 mL 容量瓶，用蒸馏水稀释到刻度，此时平衡液已稀释到了 100 倍，待用。

| 瓶编号 | 1 | 2 | 3 | 4 | 5 |
| --- | --- | --- | --- | --- | --- |
| $V$(0.2% 亚甲基蓝溶液)/mL | 2.5 | 5 | 7.5 | 10 | 12.5 |
| $V$(蒸馏水)/mL | 22.5 | 20 | 17.5 | 15 | 12.5 |

3. 配制亚甲基蓝标准溶液

分别量取 0.5 mL、1.0 mL、1.5 mL、2.0 mL 和 2.5 mL $0.312\ 6\times10^{-3}$ $mol\cdot L^{-1}$亚甲基蓝标准溶液于 50 mL 容量瓶中，用蒸馏水稀释至刻度，待用。

4. 仪器预热

打开分光光度计的电源开关，仪器进行自检并预热 15 min，预热结束后蜂鸣三声，然后提示是否进行系统校刻，按 ENTER 键跳过，屏幕上将显示主界面（有 7 个功能选项，本实验使用的功能是“3. 光谱扫描”和“2. 定量测量”）。

5. 选择工作波长

(1) 依仪器屏幕主界面的提示，按下 3 键进入“3. 光谱扫描”。

(2) 依屏幕下方提示，按下 F1 键“扫描设置”，用数字键依次输入波长(nm)的扫描起点值500 nm 和终点值 700 nm；然后显示的是扫描间隔选项，用◀▶键切换至“1.0 nm”；接着显示扫描速率的选项，用◀▶键切换至“高”。在每次设置中，输入数值或选择选项后按 ENTER 键进行确认。

(3) 依屏幕下方提示，按 F2 键“模式”，用◀▶键进行切换，选择“吸光度”。

(4) 依屏幕右边提示，按▲或▼键，会逐步提示“请输入 Y 轴下限：__”和“请输入 Y 轴上限：__”，分别输入 Y 轴(吸光度)的最小值 0 和最大值 1。

(5) 取一只仪器所附的 1 cm 厚的比色皿，清洗干净后注入蒸馏水(空白样品)，放入样品室内光路上，按下 ZERO 键对仪器进行基线校正($A=0.000/T=100\%$)。系统将从长波向短波方向进行扫描，结束后蜂鸣三声，波长回到扫描起点位置。

(6) 用 $3.126\times10^{-6}$ $mol\cdot L^{-1}$标准溶液清洗比色皿两次，然后将标准溶液注入比色皿，放入样品室光路中，按下 START 键开始光谱扫描，屏幕上将实时显示吸光度对波长的变化曲线，结束后蜂鸣三声，波长回到扫描起点位置。样品扫描结束后，如果曲线超出屏幕，可按▲或▼键重新调整 Y 轴的上下限；如果曲线不够平滑，可按 F4 键“光滑滤波”进行平滑、滤波处理，多次按 F4 键则继续进行平滑、滤波。

(7) 依屏幕下方提示，按 F3 键“检索”。在检索界面按 F1 键，提示“请输入峰高：__”，输入某个数值并确认(如果有多个峰，可用▲或▼键对曲线逐次进行峰高检索。输入的峰高值越小，可检索到的峰越多)。以吸光度值最大时的波长为工作波长。

6. 用标准溶液测量 $F$ 因子 (拟合 $c$–$A$ 标准工作曲线)

(1) 光谱扫描结束后，按 ESC/STOP 键退回主界面，然后按下 2 键进入“2. 定量测量”。

(2) 按下 SET λ 键,提示选择测量方式,用◀▶键切换,选择“单波长”。然后提示输入波长,此时输入前面测得的亚甲基蓝的最大吸收波长(工作波长)。

(3) 依屏幕下面提示,按下 F1 键“单位”,用◀▶切换选项,选择浓度单位为“$mol \cdot L^{-1}$”。

(4) 比色皿洗净后注入蒸馏水(空白样品),放入样品室内光路上,按下 ZERO 键进行空白校正($A=0.000/T=100\%$)

(5) 依屏幕下面提示,按下 F2 键“拟合曲线”,在拟合曲线的界面中,按如下步骤操作:① 按 F1 键,提示选择拟合方式,用◀▶键进行切换,选择“过零点拟合”($c=K \cdot A$)。② 按 F3 键,提示修改参数,按 ENTER 键确认,接着提示输入标样含量,同时,光标指在第一行浓度输入栏,输入浓度值 $3.126 \times 10^{-6}$ $mol \cdot L^{-1}$并确认,光标自动移动到第二行浓度输入栏,输入浓度值 $1.563 \times 10^{-6}$ $mol \cdot L^{-1}$,依次类推,输入全部五个标样的浓度。③ 标样浓度输入完毕后,按 ESC/STOP 键返回到上一界面,此时提示测量标样 1#,用 1#标样清洗比色皿两次,然后将标样注入比色皿并放入样品室,按 START 键或 ENTER 键可将 1#标样的吸光度记录在屏幕的数据列表中,同时提示测量下一标样。依次可测量全部五个标样的吸光度。④ 当所有标样都被测量后,界面下方将显示曲线方程,并显示相关系数,按 F4 键查看曲线。曲线方程的斜率就是亚甲基蓝溶液(1 cm 厚度)的 $F$ 因子。

(6) 标准工作曲线测量完毕后,按 ESC/STOP 键返回到定量测量的界面。在比色皿中注入蒸馏水,放入样品室光路中,按 ZERO 键进行空白校正。然后测量稀释的平衡液,用 1#平衡溶液清洗比色皿,然后注入比色皿,放入样品室,按 START 键,样品的吸光度和浓度的值将记录在屏幕上的数据列表中。同样方法测量其余样品。

7. 打印、存储、调用

在光谱扫描界面、拟合曲线界面,或者定量测量界面,按 PRINT 键可打印曲线或数据;按 SAVE 键可保存测量结果,按 LOAD 键可调用已保存过的文件。光谱扫描数据文件的扩展名是“. wav”;标准曲线文件的扩展名是“. fit”;定量测量数据文件的扩展名是“. qua”。

## 五、结果与讨论

1. 实验记录

工作波长:________ nm,实验室温度:________℃。按下表填实验数据:

(1) 标准溶液的吸光度

| 编号 | 1 | 2 | 3 | 4 | 5 |
|---|---|---|---|---|---|
| 标准溶液体积/mL | 0.5 | 1.0 | 1.5 | 2.0 | 2.5 |
| 标准溶液浓度/($mol \cdot L^{-1}$) | | | | | |
| 吸光度 $A$ | | | | | |

（2）平衡溶液的吸光度及平衡浓度

| 编号 | 1 | 2 | 3 | 4 | 5 |
|---|---|---|---|---|---|
| 吸附溶液的初始浓度 $c_0/(\mathrm{mol \cdot L^{-1}})$ | | | | | |
| 平衡溶液的吸光度 $A$ | | | | | |
| 平衡溶液浓度 $c/(\mathrm{mol \cdot L^{-1}})$ | | | | | |
| 吸附量 $\Gamma/(\mathrm{mol \cdot g^{-1}})$ | | | | | |
| $\frac{c}{\Gamma}\Big/(\mathrm{g \cdot L^{-1}})$ | | | | | |

2. 以亚甲基蓝的标准溶液浓度对吸光度作图，所得直线即工作曲线。

3. 根据平衡溶液的吸光度，从工作曲线上查得相应的浓度，再乘以溶液稀释倍数100，即为平衡溶液浓度 $c$。

4. 由平衡溶液浓度 $c$ 和初始浓度 $c_0$，根据式(3-15-2)计算吸附量 $\Gamma$。

5. 计算$\frac{c}{\Gamma}$，作$\frac{c}{\Gamma}-c$ 图求得 $\Gamma_\infty$。

6. 根据式(3-15-4)计算活性炭的比表面积 $S_0$。

## 六、实验要点及注意事项

1. 减量法称量，容量瓶装活性炭烘干放在干燥器中，称量精确至毫克，迅速称完立即放回干燥器中。

2. 移液过程中不能把活性炭移入容量瓶（因为是动态平衡，经稀释会发生脱附），如果移入移液管，把移液管垂直静置后迅速放出下面沉淀部分。

3. 因为亚甲基蓝有很强的吸附倾向，会吸附在玻璃上，因此所有容量瓶须用肥皂水洗净，实验完毕后所有容量瓶装满肥皂水，锥形瓶用肥皂水洗净，倒置在桌面上。

4. 比色皿用肥皂水洗净。测量前用蒸馏水校准，测量后清洗到用蒸馏水校正时和测量前一样，实验结束后浸泡在肥皂水中。

## 思考题

1. 比表面积的测定与温度、吸附质的浓度、吸附剂颗粒、吸附时间等有什么关系？

2. 用分光光度计测定亚甲基蓝水溶液的浓度时，为什么还要将溶液进一步稀释才进行测量？

（编写：唐业仓　复核：周　涛）

# · 实验十六　水溶性表面活性剂临界胶束浓度的测定 ·

## 一、目的与要求

1. 用电导法测定十二烷基硫酸钠的临界胶束浓度；
2. 了解表面活性剂的特性及胶束形成原理；
3. 掌握 DDS-11C 型数字式电导率仪的使用方法。

## 二、实验原理

具有明显“两亲”性质的分子，既含有亲油的足够长的（10~12 个碳原子）烃基，又含有亲水的极性基团（通常是离子化的），由这一类分子组成的物质称为表面活性剂，如肥皂和各种合成洗涤剂等。表面活性剂分子都是由极性部分和非极性部分组成的，若按离子的类型分类，可分为三大类：① 阴离子型表面活性剂，如羧酸盐（肥皂，$C_{17}H_{35}COONa$），烷基硫酸盐[十二烷基硫酸钠，$CH_3(CH_2)_{11}SO_4Na$]，烷基磺酸盐[十二烷基苯磺酸钠，$CH_3(CH_2)_{11}C_6H_5SO_3Na$]等；② 阳离子型表面活性剂，主要是铵盐，如十六烷基三甲基溴化铵[$CH_3(CH_2)_{15}N(CH_3)_3Br$]；③ 非离子型表面活性剂，如聚氧乙烯类[$R-O-(CH_2CH_2O)_nH$]。

表面活性剂为了使自己成为溶液中的稳定分子，有可能采取两种途径：一是把亲水基留在水中，亲油基伸向油相或空气；二是让表面活性剂的亲油基团相互靠在一起，以减少亲油基与水的接触面积。前者就是表面活性剂分子吸附在界面上，其结果是降低界面张力，形成定向排列的单分子膜，后者就形成了胶束。由于胶束的亲水基方向朝外，与水分子相互吸引，使表面活性剂能稳定地溶于水中。如图 3-58 所示，当表面活性剂溶于水中后，不但定向地吸附在水溶液表面，而且达到一定浓度时还会在溶液中发生定向排列而形成胶束。随着表面活性剂在溶液中浓度的增长，球形胶束还可能转变成棒形胶束，甚至层状胶束，如图 3-59所示。后者可用来制作液晶，它具有各向异性的性质。

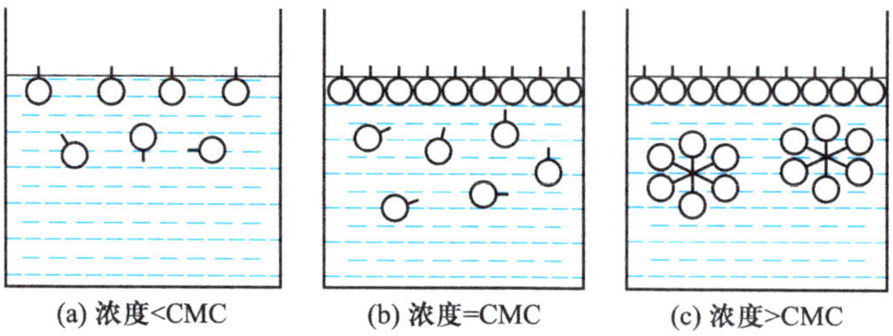


图 3-58　胶束形成过程示意图

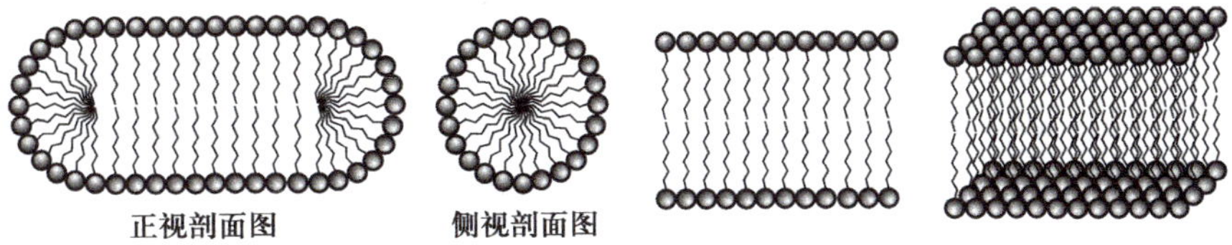


图 3-59　胶束结构示意图

表面活性剂的渗透、润湿、乳化、去污、分散、增溶和起泡作用等基本原理广泛应用于石油、煤炭、机械、化学、冶金、材料及轻工业、农业生产中，研究表面活性剂溶液的物理化学性质——表面性质（吸附）和内部性质（胶束形成）有着重要意义。临界胶束浓度（CMC）可以作为表面活性剂的表面活性的一种量度。因为 CMC 越小，则表示这种表面活性剂形成胶束所需浓度越低，达到表面（界面）饱和吸附的浓度越低。因而改变表面性质起到润湿、乳化、增溶、起泡等作用所需的浓度也越低。另外，CMC 又是表面活性剂溶液性质发生显著变化的一个“分水岭”。因此，表面活性剂的大量研究工作都与各种体系中的 CMC 测定有关。

测定 CMC 的方法很多，常用的有表面张力法、电导法、染料法、增溶作用法和激光光散射法等。这些方法，原则上都是从溶液的物理化学性质随浓度变化关系出发求得。其中电导法比较简便准确，但只限于离子型表面活性剂，此法对于有较高活性的表面活性剂准确性高，但过量无机盐存在会降低测定灵敏度，因此配制溶液应该用电导水。

本实验利用 DDS-11C 型数字式电导率仪测定不同浓度的十二烷基硫酸钠水溶液的电导值。进一步计算出溶液的电导率 $\kappa$ 和摩尔电导率 $\Lambda_m$。

摩尔电导率 $\Lambda_m$ 随电解质浓度而变，对强电解质的稀溶液，$\Lambda_m^\infty$ 为浓度无限稀时的摩尔电导率，$\beta$ 为常数，即

$$\Lambda_m=\Lambda_m^\infty(1-\beta\sqrt{c}) \tag{3-16-1}$$

对于离子型表面活性剂溶液，当溶液浓度很稀时，电导的变化规律也和强电解质一样；但当溶液浓度达到 CMC 时，随着胶束的生成，电导率发生改变，摩尔电导率出现转折，所以测量出电导率，再计算出摩尔电导率 $\Lambda_m$，然后作 $\kappa-c$ 或 $\Lambda_m-c^{1/2}$ 图，得相应的曲线，曲线上转折点对应的浓度即是临界胶束浓度（CMC）。

## 三、仪器与试剂

DDS-11C 型数字式电导率仪、恒温水浴、容量瓶（1 000 mL）、容量瓶（50 mL，12 只）

氯化钾（AR）、十二烷基硫酸钠（AR）

## 四、实验步骤

1. 十二烷基硫酸钠在 80 ℃烘干 3 h，用电导水准确配制 0.002 $mol\cdot L^{-1}$，0.004 $mol\cdot L^{-1}$，0.006 $mol\cdot L^{-1}$，0.007 $mol\cdot L^{-1}$，0.008 $mol\cdot L^{-1}$，0.009 $mol\cdot L^{-1}$，0.010 $mol\cdot L^{-1}$，0.012 $mol\cdot L^{-1}$，0.014 $mol\cdot L^{-1}$，0.016 $mol\cdot L^{-1}$，0.018 $mol\cdot L^{-1}$和 0.020 $mol\cdot L^{-1}$的十二烷基硫酸钠溶液各 50 mL。

2. 调节恒温水浴温度至（25±0.1）℃。

3. 电导率仪操作见实验十一附录。

4. 用电导率仪从稀到浓分别测定上述各溶液的电导。用后一个溶液荡洗前一个溶液的电导池三次以上，各溶液测定时必须恒温 10 min，每个溶液的电导率读数 3 次，取平均值。

5. 测量结束后，将铂黑电极用蒸馏水淋洗 3 次，并浸入蒸馏水中。

## 五、结果与讨论

1. 实验记录

| $c/(\mathrm{mmol\cdot L^{-1}})$ | 2 | 4 | 6 | 7 | 8 | 9 | 10 | 12 | 14 | 16 | 18 | 20 |
|---|---|---|---|---|---|---|---|---|---|---|---|---|
| 电导率 $\kappa/(\mathrm{S\cdot m^{-1}})$ | | | | | | | | | | | | |

2. 作 $\kappa-c$ 或 $\Lambda_{\mathrm{m}}-c^{1/2}$ 关系图，从转折点求出十二烷基硫酸钠的临界胶束浓度。

## 六、实验要点及注意事项

1. 配制溶液时必须用电导水，并保证表面活性剂完全溶解。
2. 测定溶液电导时要从稀到浓的顺序测定。
3. 电导率的测量要在恒温条件下进行。
4. 测量临界胶束浓度有一定的范围，不一定是一个具体数值。

## 思考题

1. 采用什么实验方法可以验证所测得的临界胶束浓度是否准确？

2. 本实验方法能否测定非离子型表面活性剂的临界胶束浓度？为什么？若不能，则可用何种方法测定？

3. 溶解的表面活性剂分子和胶束之间的平衡与温度和浓度满足如下关系式：

$$\frac{\mathrm{d}\ln c_{\mathrm{CMC}}}{\mathrm{d}T}=-\frac{\Delta H}{2RT^2}$$

试问如何测出其热效应 $\Delta H$ 值？

4. 查阅文献，了解电解质和有机化合物对表面活性剂临界胶束浓度的影响。

（编写：唐业仓　复核：周　涛）

# · 实验十七　B-Z 化学振荡反应活化能的测量 ·

## 一、目的与要求

1. 了解 B-Z 化学振荡反应的基本原理；
2. 探讨温度、浓度等因素对化学振荡反应的影响；
3. 初步理解自然界中普遍存在的非平衡非线性的问题。

## 二、实验原理

在一定条件下的反应体系中产生并积累某些中间体或产物对反应起催化作用，使反应经过一段诱导期后大大加速，这种作用称为自催化作用。有的自催化反应可使体系中某些物质的浓度随时间或空间发生周期性的变化，这种化学反应的自组织现象称为化学振荡。

非平衡非线性问题是自然科学领域中普遍存在的问题，大量的研究工作正在进行。研究的主要问题是：体系在远离平衡状态下，由于本身的非线性动力学机制而产生宏观时空有序结构，称为耗散结构。最典型的耗散结构是 B-Z 体系的时空有序结构，所谓 B-Z 体系是指由溴酸盐、有机化合物在酸性介质中，在有（或无）金属离子催化剂催化下构成的体系。

20 世纪 50 年代，苏联科学家 Belousov、Zhabotinski 等人用重现性极好的实验确认化学振荡的存在，而后相继发现一些化学振荡反应体系，此后人们对 B-Z 化学振荡反应进行了大量的研究，提出了一些机理，对 B-Z 化学振荡反应做出了解释。其主要思想是：体系中存在着两个受溴离子浓度控制过程 A 和 B，当$[Br^-]$高于临界浓度$[Br^-]_{crit}$时发生 A 过程，当$[Br^-]$低于$[Br^-]_{crit}$时发生 B 过程。也就是说$[Br^-]$起着开关作用，它控制着从 A 到 B，再由 B 到 A 过程的转变。在 A 过程中，由于化学反应$[Br^-]$降低，当$[Br^-]$到达$[Br^-]_{crit}$时，B 过程发生。在 B 过程中，$Br^-$再生，$[Br^-]$增加，当$[Br^-]$达到$[Br^-]_{crit}$时，A 过程发生，这样体系就在 A 过程、B 过程间往复振荡。下面以 $BrO_3^- - Ce^{4+} - H_2SO_4$ 体系为例加以说明。

当$[Br^-]$足够高时，发生下列 A 过程：

$$BrO_3^- + Br^- + 2\ H^+ \xrightarrow{k_1} HBrO_2 + HOBr \tag{3-17-1}$$

$$HBrO_2 + Br^- + H^+ \xrightarrow{k_2} 2\ HOBr \tag{3-17-2}$$

其中第一步是速率控制步骤，当达到准定态时，有

$$[HBrO_2] = \frac{k_1}{k_2}[BrO_3^-][H^+] \tag{3-17-3}$$

当$[Br^-]$低时，发生下列 B 过程，$Ce^{3+}$被氧化：

$$BrO_3^- + HBrO_2 + H^+ \xrightarrow{k_3} 2\ BrO_2 + H_2O \tag{3-17-4}$$

$$BrO_2 + Ce^{3+} + H^+ \xrightarrow{k_4} HBrO_2 + Ce^{4+} \tag{3-17-5}$$

$$2\ HBrO_2 \xrightarrow{k_5} BrO_3^- + HOBr + H^+ \tag{3-17-6}$$

反应(3-17-4)是速率控制步骤,反应经式(3-17-4)、式(3-17-5)将自催化产生 $HBrO_2$,达到准定态时

$$[HBrO_2] \approx \frac{k_3}{2k_5}[BrO_3^-][H^+] \tag{3-17-7}$$

该体系的总反应为

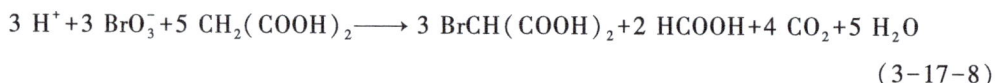

$$3\ H^+ + 3\ BrO_3^- + 5\ CH_2(COOH)_2 \longrightarrow 3\ BrCH(COOH)_2 + 2\ HCOOH + 4\ CO_2 + 5\ H_2O \tag{3-17-8}$$

振荡的控制物种是 $Br^-$。

## 三、仪器与试剂

带恒温水套反应器(100 mL)、超级恒温槽、217 型饱和甘汞电极、光亮铂丝电极、磁力搅拌器、记录仪、数字电压表

丙二酸(AR)、溴酸钾(AR)、硫酸铈铵(AR)、溴化钠(AR)、浓硫酸(AR)、试亚铁灵溶液(0.025 mol·L$^{-1}$)

## 四、实验步骤

1. 按图 3-60 接好仪器,打开超级恒温槽,将温度调节至(25.0±0.1) ℃。

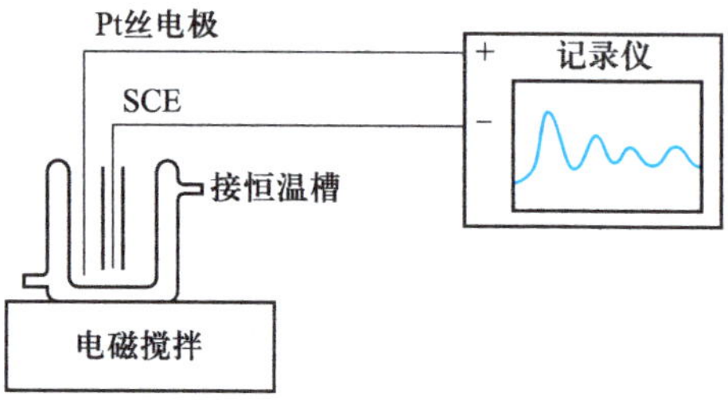


图 3-60 实验装置

2. 配制溶液:分别配制 0.45 mol·L$^{-1}$ 丙二酸溶液,0.25 mol·L$^{-1}$ 溴酸钾溶液,3.00 mol·L$^{-1}$硫酸溶液,4×10$^{-3}$ mol·L$^{-1}$硫酸铈铵溶液各 250 mL。

3. 将记录仪测量挡调至 25 mV·cm$^{-1}$,走纸速度控制在 60 格·min$^{-1}$为宜。

4. 在带恒温水套反应器中加入已配好的丙二酸溶液、溴酸钾溶液、硫酸溶液各 15 mL,恒温 5 min 后(同时取 15 mL 硫酸铈铵溶液放在小试管中恒温 5 min),将 15 mL 硫酸铈铵溶液加入带恒温水套反应器中,观察溶液颜色的变化,同时记录相应的电势曲线(如图 3-61 所示)。

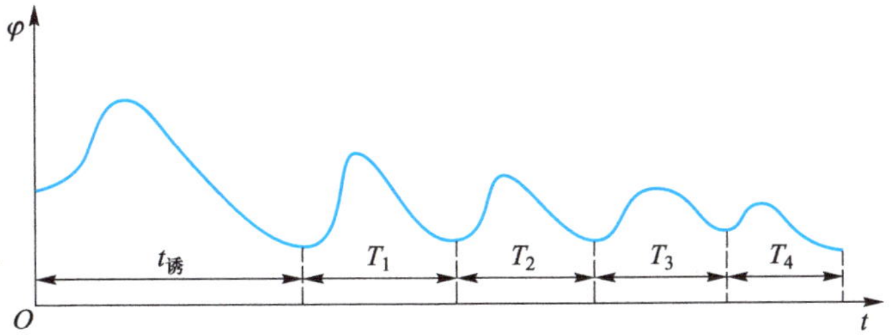


图 3-61　φ-t 图

5. 断开记录仪，接上数字电压表，重复上述实验，观察体系的颜色变化，记下其电势变化的范围。

6. 用上述方法改变温度为 30 ℃，35 ℃，40 ℃，45 ℃，50 ℃时重复实验。

7. 观察 $NaBr-NaBrO_3-H_2SO_4$ 体系加入试亚铁灵溶液后的颜色变化及时空有序现象。

(1) 配制三种溶液①、②、③：

① 取 3 mL 浓硫酸稀释在 134 mL 水中，加入 10 g 溴酸钠溶解。

② 取 1 g 溴化钠溶在 10 mL 水中。

③ 取 2 g 丙二酸溶解在 20 mL 水中。

(2) 在一个小烧杯中，先加入 6 mL①溶液，再加入 0.5 mL②溶液，再加入 1 mL③溶液，几分钟后，溶液成无色，再加入 1 mL 0.025 $mol\cdot L^{-1}$试亚铁灵溶液充分混合。

(3) 把上述混合液注入一个直径为 9 cm 的培养皿中(清洁，干净)，加上盖子。观察此时溶液呈均匀红色。几分钟后，溶液出现蓝色，并呈环状向外扩展，形成各种同心圆状花纹。

## 五、结果与讨论

1. 根据 $t_{诱}$ 与温度数据作 $\ln\left(\frac{1}{t_{诱}}\right)-\frac{1}{T}$图，求出表观活化能。

2. 本实验测量可用 B-Z 化学振荡反应的计算机控制，此装置由计算机、8098 系统、放大部分、传感器部分、控制部分所组成。实验时首先把计算机与接口装置连接，接口装置上的输入、输出线与实验装置连接。然后打开电源，按计算机指令逐一操作，屏幕上显示当前系统温度，而且进行电势采集扫描，测量曲线就直观地展示在眼前，其扫描速率可根据需要调节。实验结束后，可重新调出图形，进行数据处理。

## 六、实验要点及注意事项

1. 配制 $4\times10^{-3}$ $mol\cdot L^{-1}$硫酸铈铵溶液时，一定要在 0.20 $mol\cdot L^{-1}$硫酸介质中配制，以防止发生水解呈混浊。

2. 217 型饱和甘汞电极用 1 $mol\cdot L^{-1}$ $H_2SO_4$ 作液接。

3. 使用的带恒温水套反应器一定要冲洗干净，转子位置及速度必须适宜。

## 思考题

1. 影响诱导期的主要因素有哪些?
2. 本实验记录的电势主要代表什么意思?与 Nernst 方程求得的电势有何不同?

(编写:吴华强 复核:董吉溪 范少华)

# · 实验十八 磁化率的测量 ·

## 一、目的与要求

1. 通过对一些配合物的磁化率测量,求出未成对电子数,从而判断这些分子的几何构型及配位键类型;
2. 掌握 Gouy 磁天平测量磁化率的原理和方法;
3. 学会用 Hall 法测量磁感应强度。

## 二、实验原理

1. 磁化率

任何物质都会与外磁场相互作用,并产生附加的感生磁场,因此任何物质都是磁介质。磁介质可分为顺磁质、反磁质和铁磁质。有磁介质时,空间任意一点的磁感应强度 $B$ 是外磁场 $B_0$ 和附加磁场 $B'$的叠加,即 $B=B_0+B'$。磁感应强度 $B$ 的单位是 $N \cdot s \cdot C^{-1} \cdot m^{-1}$(即特斯拉,T)。为处理问题的方便,还经常使用磁场强度 $H$ 描述空间磁场,其单位是 $A \cdot m^{-1}$。$H$ 的定义是

$$H=\frac{B}{\mu_0}-M_{磁} \tag{3-18-1}$$

式中,$M_{磁}$ 为磁介质的磁化强度,即磁介质中单位体积内所有分子的磁矩的矢量和,$A \cdot m^{-1}$;$\mu_0$ 为真空磁导率,其值为 $4\pi\times10^{-7}\ N \cdot A^{-2}$。

顺磁质和反磁质的感应磁场都极其微弱,不会对空间磁场产生明显影响。在外磁场不太强时,对于各向同性的顺磁质或反磁质,其磁化强度 $M_{磁}$ 与空间的磁场强度 $H$ 成正比:

$$M_{磁}=\chi H \tag{3-18-2}$$

$\chi$ 称为物质的单位体积磁化率,即单位磁场强度时的磁化强度,简称磁化率。$\chi$ 是量纲一的

量,它反映了磁介质被磁化的难易程度。对于顺磁质,$M_{磁}$ 与 $H$ 同向,$\chi>0$;对于反磁质,$M_{磁}$ 与 $H$ 反向,$\chi<0$。顺磁质和反磁质都是弱磁质,即 $|\chi| \ll 1$,并且前者比后者大 1~3 个数量级。化学上通常用单位质量磁化率 $\chi_m$ 和摩尔磁化率 $\chi_M$ 来表示物质的性质,其定义式为

$$\chi_m = \frac{\chi}{\rho} \tag{3-18-3}$$

$$\chi_M = \chi_m \times M = \frac{\chi M}{\rho} \tag{3-18-4}$$

式中,$\rho$ 为物质的密度;$M$ 为物质的摩尔质量。

显然,$\chi_m$ 的单位是密度单位的倒数($m^3 \cdot kg^{-1}$),$\chi_M$ 的单位是 $m^3 \cdot mol^{-1}$。

2. 磁化率与分子磁矩

物质的磁性与组成物质的原子、离子或分子的微观结构有关。分子的每个电子都有轨道运动和自旋运动,分别产生轨道磁矩和自旋磁矩。分子中所有电子的轨道磁矩的矢量和叫作分子的轨道磁矩;所有电子的自旋磁矩的矢量和叫作分子的自旋磁矩;分子的轨道磁矩和自旋磁矩的矢量和叫作分子磁矩。没有外磁场时,如果分子磁矩不等于 0,则称分子为有矩分子(具有永久磁矩);否则,为无矩分子。在分子中,每一对成对电子的自旋磁性会相互抵消;每个半充满或全充满亚层中电子的轨道磁矩会相互抵消,因此大多数分子都是无矩分子。

顺磁质由有矩分子构成。没有外磁场时,由于热运动,分子的永久磁矩指向各个方向的机会相同,所以磁矩的统计平均值等于零。在外磁场作用下,一方面,永久磁矩会顺向外磁场的方向排列,从而增强外磁场,表现出顺磁性;另一方面,分子内部电子的轨道运动和自旋运动状态被外磁场改变,感应出与外磁场方向相反的感应磁矩,表现为反磁性。顺磁质的摩尔磁化率 $\chi_M$ 是摩尔顺磁化率 $\chi_{顺}$ 和摩尔反磁化率 $\chi_{反}$ 之和:

$$\chi_M = \chi_{顺} + \chi_{反} \tag{3-18-5}$$

其中 $\chi_{顺}>0$,$\chi_{反}<0$,且 $|\chi_{顺}| \gg |\chi_{反}|$,故 $\chi_M \approx \chi_{顺}>0$。

反磁质由无矩分子构成,分子没有永久磁矩,从而只有 $\chi_{反}$,故 $\chi_M = \chi_{反}<0$。

铁磁质(如 Fe、Ni 等金属及合金)极易磁化,并且磁化强度与磁场强度不存在正比关系。随着外磁场的增强,其磁化强度在开始时会急剧增大,然后变缓,最终趋于不变(磁饱和状态)。当外磁场消失后,铁磁质的磁性并不完全消失(剩磁效应),本实验不讨论此类物质。

对于顺磁质,用统计力学方法可推出,在磁场不太强、温度不太低时,$\chi_{顺}$ 和分子的永久磁矩 $\mu_m$ 的关系为

$$\chi_{顺} = \frac{N_A \mu_m^2 \mu_0}{3kT} \tag{3-18-6}$$

式中,$N_A$ 为阿伏伽德罗常数;$k$ 为玻尔兹曼常数;$T$ 为热力学温度。

对顺磁性物质因 $\chi_M \approx \chi_{顺}$,所以

$$\chi_M = \frac{N_A \mu_m^2 \mu_0}{3kT} \tag{3-18-7}$$

式(3-18-7)将宏观量$\chi_M$和微观量$\mu_m$联系起来，只要测出顺磁性物质的$\chi_M$就可以求出$\mu_m$，如果忽略分子的轨道磁矩，即近似认为分子磁矩$\mu_m$等于分子自旋磁矩$\mu_s$，则可进一步估算分子中的未成对电子数$n$。$\mu_s$与$n$的关系是

$$\mu_s=\sqrt{n(n+2)}\mu_B \tag{3-18-8}$$

式中，$\mu_B$为玻尔磁子，$\mu_B=9.274\times10^{-24}\ \mathrm{J\cdot T^{-1}}$。

对于反磁质，分子没有永久磁矩(各个亚层全充满)，其未成对电子数为0。

综上所述，只要实验测得物质的$\chi_M$，根据其正负性可判断物质是顺磁质还是反磁质。如果是顺磁质，进一步由$\chi_M$求出$\mu_m$，即可估算未成对的电子数$n$。它为研究原子或离子的电子组态，正确断定配合物分子的键型、立体构型都提供了重要的信息。

3. 磁化率的测量

Gouy法测定物质磁化率是借助测定非均匀外磁场对该物质作用力的大小来进行计算的，其实验装置如图3-62所示。

将装有样品的圆柱形玻璃管按图示悬挂在天平的臂上，使样品底部处于磁铁两极中心，即磁场最强处($B_2$)，上端处于磁场最弱处($B_1$)，若样品够长，$B_1$可忽略不计。这样，圆柱形样品被置于一不均匀磁场中，沿样品轴心方向$z$，存在一磁场强度梯度$\mathrm{d}B/\mathrm{d}z$，若圆柱形样品截面积为$A$，则厚度为$\mathrm{d}z$的圆柱形小体积元受到的力$\mathrm{d}F$为

$$\mathrm{d}F=\frac{\chi B}{\mu_0(1+\chi)}A\mathrm{d}z\frac{\mathrm{d}B}{\mathrm{d}z}\approx\frac{\chi A}{\mu_0}B\mathrm{d}B \tag{3-18-9}$$

对顺磁性物质而言，作用力$F$指向磁场增强的方向($B_1\rightarrow B_2$)；对反磁性物质来说，作用力$F$指向磁场减弱的方向($B_2\rightarrow B_1$)。

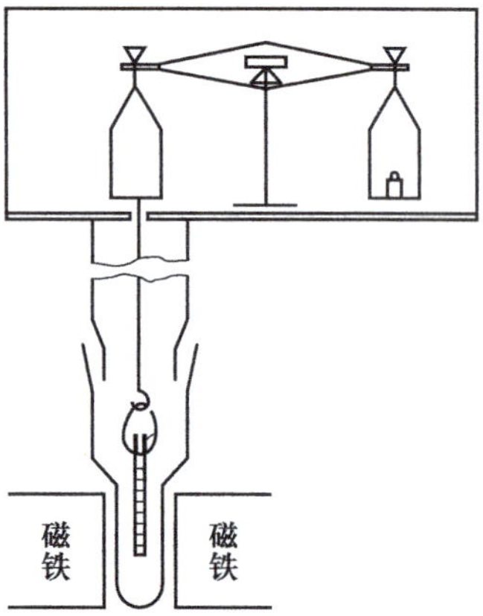

图3-62 磁天平示意图

当不考虑样品周围介质(如空气，其磁化率很小)和$B_1$的影响时，对式(3-18-9)进行积分，得到作用于整个样品的力$F$为

$$F=\int_{B_1}^{B_2}\frac{\chi A}{\mu_0}B\mathrm{d}B=\frac{\chi A}{2\mu_0}(B_2^2-B_1^2)\approx\frac{\chi A}{2\mu_0}B_2^2 \tag{3-18-10}$$

当样品受到磁场作用力时，天平的另一臂增减砝码使之平衡，设$\Delta m$为施加磁场前后的质量差，则

$$F=\frac{\chi A}{2\mu_0}B_2^2=\Delta m_{空+样}g \tag{3-18-11}$$

式中，$g$为重力加速度；$\Delta m_{空+样}$为样品加空管的质量差(也可为空管的质量差)。

如果$\rho$、$h$、$A$分别为圆柱形样品的密度、高度和面积，则样品质量$m_{样}=\rho hA$，应用式(3-18-11)可得到

$$\chi=\frac{2\mu_0\cdot\Delta m_{空+样}g}{AB_2^2} \tag{3-18-12}$$

由于$\chi_m=\frac{\chi}{\rho}$，$\rho=\frac{m_{样}}{hA}$，代入式(3-18-12)得

$$\chi_m=\frac{2\mu_0\cdot\Delta m_{空+样}gh}{m_{样}B_2^2} \tag{3-18-13}$$

由式(3-18-13)可得

$$\chi_M=\frac{2\mu_0 M\cdot\Delta m_{空+样}gh}{m_{样}B_2^2} \tag{3-18-14}$$

式(3-18-14)中的$B_2$可以用特斯拉计直接测量，但通常是用已知磁化率的标准物质(如莫尔盐)间接测量。当待测样品和标准样品在同一样品管中的装填高度$h$相同，且在同样磁场下进行测量，在此情况下若把式(3-18-13)用于标准样品，以$\chi_{m标}$表示标样的摩尔磁化率，并以$\Delta m_{空}$代表空管在施加磁场前后的质量差，$m_{标}$和$M_{标}$分别表示标样的质量和摩尔质量，则$\chi_{M标}$与$B_2$的关系是

$$\chi_{M标}=\frac{2\mu_0 M_{标}\cdot(\Delta m_{空+标}-\Delta m_{空})gh}{m_{标}B_2^2} \tag{3-18-15}$$

再把式(3-18-14)应用于待测样品，以$\chi_{M待}$表示其摩尔磁化率，而以$m_{待}$和$M_{待}$分别表示待测样品的质量和摩尔质量，又以$\Delta m_{空+待}$表示待测样品与空管在有无磁场时的质量差，当然$\Delta m_{空}$仍表示空管在有无磁场时的质量差，因此得

$$\chi_{M待}=\frac{2\mu_0 M_{待}\cdot(\Delta m_{空+待}-\Delta m_{空})gh}{m_{待}B_2^2} \tag{3-18-16}$$

将式(3-18-16)比式(3-18-15)消去$g$、$h$、$\mu_0$、$B_2^2$，推得待测样品的摩尔磁化率

$$\chi_{M待}=\chi_{M标}\cdot\frac{M_{待}}{M_{标}}\cdot\frac{m_{标}}{m_{待}}\cdot\frac{(\Delta m_{空+待}-\Delta m_{空})}{(\Delta m_{空+标}-\Delta m_{空})} \tag{3-18-17}$$

式(3-18-17)的右方各量皆为已知或可以通过实验测得，从而可计算得到$\chi_{M待}$。如果$\chi_{M待}<0$，则待测样品是反磁质(没有永久磁矩)，分子中的未成对电子数$n=0$；如果$\chi_{M待}>0$，则是顺磁质，利用式(3-18-7)可算出分子的永久磁矩$\mu_m$，如果忽略轨道磁矩对$\mu_m$的贡献，还可利用式(3-18-8)对分子中的未成对电子数$n$进行估算。

本实验采用莫尔盐[$(NH_4)_2SO_4\cdot FeSO_4\cdot 6H_2O$]作为标准物质，其摩尔磁化率与热力学温度$T$的关系式为

$$\chi_{M莫尔盐}=M_{莫尔盐}\times\frac{9\ 500}{T+1}\times 4\pi\times 10^{-9}\ \mathrm{m^3\cdot kg^{-1}} \tag{3-18-18}$$

## 三、仪器与试剂

磁天平(包括电磁铁、特斯拉计、电子天平等)、样品管(带高度标尺)、装样品的工具(包括研钵、角匙、小漏斗、玻璃棒)、温度计

莫尔盐$(NH_4)_2SO_4 \cdot FeSO_4 \cdot 6H_2O$(AR)、硫酸亚铁 $FeSO_4 \cdot 7H_2O$(AR)、亚铁氰化钾 $K_4Fe(CN)_6 \cdot 3H_2O$(AR)

## 四、实验步骤

1. 磁场两极中心处磁感应强度 $B_2$ 的测量

(1) 用特斯拉计直接测量磁感应强度 $B_2$

① 将特斯拉计的探头放入磁铁的中心架中，套上保护套，调节特斯拉计的数字显示为"0"(注意开机须预热 5 min，然后再调零测试)。

② 拿下保护套，把探头平面垂直于磁场两极中心，缓慢调节旋钮，分别读取不同励磁电流值和对应的 $B_2$ 值。

| 励磁电流 $I$/A | $B_2^{(1)}$/mT | $B_2^{(2)}$/mT | $B_2$/mT |
|---|---|---|---|
| 0 | | | |
| 1 | | | |
| 2 | | | |
| 3 | | | |
| 4 | 不记录数据 | | |

(2) 用莫尔盐作为标准物质间接测量磁感应强度 $B_2$

① 取一支清洁干燥的空样品管悬挂在磁天平的挂钩上，使样品管底部处于磁场的中间并与磁极中心线平齐，准确称得空样品管的质量，然后将励磁电流电源接通，由小至大调节电流至 $I_1$，迅速且准确地称取此时空样品管的质量，继续由小至大调节励磁电流至 $I_2$，再称质量，$I_3$ 时称质量，$I_4$ 时不称质量便将电流降至 $I_3$、$I_2$、$I_1$ 分别称取质量，最后将电流降至零，在其无励磁电流的情况下，最后称取一次空样品管质量。

| 励磁电流 $I$ | $m_{空}^{(1)}$/g | $m_{空}^{(2)}$/g | $m_{空}^{(平均)}$/g | 有无磁场质量差 $\Delta m_{空}$/g |
|---|---|---|---|---|
| $I=0A$ | 数据① | 数据①′ | $a=\frac{1}{2}$(①+①′) | |
| $I_1=1A$ | 数据② | 数据②′ | $b=\frac{1}{2}$(②+②′) | $b-a$ |
| $I_2=2A$ | 数据③ | 数据③′ | $c=\frac{1}{2}$(③+③′) | $c-a$ |
| $I_3=3A$ | 数据④ | 数据④′ | $d=\frac{1}{2}$(④+④′) | $d-a$ |
| $I_4=4A$ | (不记录数据) | | | |

采用励磁电流由小至大，再由大到小这种测量方法是为了抵消实验时磁场剩磁现象的影响。

② 取下样品管，将研细的莫尔盐通过小漏斗装入样品管，在装样时必须将管底部在软垫上轻轻碰击，使样品均匀填实，直至所需高度（约为 15 cm）。用直尺准确测量样品高度 $h$。

用①指明的步骤，将装有莫尔盐的样品管置于磁天平中，在相应的励磁电流 $I$ 为 0、1 A、2 A、3 A 下分别进行测量，用同法测量两次取平均值。

| 励磁电流 $I$/A | $m^{(1)}_{空+样}$/g | $m^{(2)}_{空+样}$/g | $m^{(平均)}_{空+样}$/g | 有无磁场质量差 $\Delta m_{空+样}$/g |
|---|---|---|---|---|
| 0 | | | | |
| 1 | | | | |
| 2 | | | | |
| 3 | | | | |

测量完毕后，将样品管中的莫尔盐倒入回收瓶中，然后将试管处理干净。

2. 用同一样品管，同上述步骤分别测定 $FeSO_4 \cdot 7H_2O$ 和 $K_4Fe(CN)_6 \cdot 3H_2O$ 的 $\Delta m_{空+待}$。测量后的样品要倒入回收瓶中，可重复使用。

## 五、结果与讨论

1. 数据记录

按实验步骤中给出的各表形式，准确记录下实验的具体数据，并记下样品管中样品的高度 $h$ 和实验时热力学温度 $T$。

2. 数据处理

(1) 算出莫尔盐的单位质量磁化率($\chi_m$)，并结合实验有关数据利用式(3-18-15)计算相应电流下的磁场强度值（可与相应特斯拉计测量的值加以对照）。

(2) 按式(3-18-17)算出待测样品 $FeSO_4 \cdot 7H_2O$ 和 $K_4Fe(CN)_6 \cdot 3H_2O$ 的摩尔磁化率 $\chi_M$，根据 $\mu_m$ 判断样品是顺磁质还是反磁质。如果是顺磁质，利用式(3-18-7)算出分子的永久磁矩 $\mu_m$，并利用式(3-18-18)求出分子中的未成对电子数 $n$。

(3) 根据未成对电子数讨论两待测样品中 $Fe^{2+}$ 的最外层电子结构，并由此判断配位键类型。

## 六、实验要点及注意事项

1. 正确掌握磁天平的使用方法，电流升降应缓慢、平稳，以保证励磁线圈不产生反电动势。

2. 所用样品应事先研细，空样品管须干燥洁净，装样后应使样品均匀填实。

3. 待测样品在试管中的高度应与原试管中装莫尔盐时的高度相等。

4. 悬挂样品的悬线和样品管勿与任何物件相接触，样品管底部要与磁极中心线齐平，称量时要保证样品管处于两磁极之间。

5. 正确使用称量天平，每次测量后，或更换样品时，要将天平盘托起。

6. 样品用后倒回试剂回收瓶，但要注意瓶上标签，切忌倒错。

## 思考题

1. 在磁天平中测量样品底端处的磁感应强度时，可以用特斯拉计直接测量，也可用标准物质间接测量，哪种方式得到的结果更准确？为什么？

2. 不同励磁电流下测得样品的摩尔磁化率 $\chi_M$ 是否相同？

3. 用 Gouy 磁天平测定物质磁化率的精密度与哪些因素有关？

## 附录　磁天平简介

磁天平是由半自动电光分析天平、电磁铁、稳流电源、自动数显毫特斯拉计、Hall 探头、照明系统、吊试管的尼龙丝（或金属丝）、整体机架、仪表开关、电流表等部件构成。电磁铁最大磁感应强度可达 0. 85 T、励磁电源是 220 V 交流电、励磁电流工作范围为 0～10 A。改进后的 FM－A 型磁天平可以不用冷却水，主要用于对顺磁或反磁物质结构的测量和研究。

1. 磁感应强度测量

磁感应强度可用毫特拉斯计（$1\ \mathrm{T}=10^3\ \mathrm{mT}$）和仪器传感器 Hall 探头直接测量。测量时，可将 Hall 探头固定于两磁极间（调节两边的有机玻璃螺丝）。开启电源开关，在某一励磁电流下，稍微转动探头，使毫特斯拉计显示最大值时，即为最佳位置，注意 Hall 探头平面要与磁场方向垂直（在用于样品测量时，要移去 Hall 探头）。

2. 使用时的注意要点

（1）磁天平的总机架必须水平放置。

（2）开机须预热 5 min，然后再调零测试。

（3）开启电源开关后，要让电流平稳、缓慢地升至所需要的值。

（4）在关闭电源开关前，必须先将电流值缓慢降至零，然后再关闭电源开关，以防止反电动势产生。严禁在负载时突然切断电源。

（5）被测样品试管必须安装悬挂于两磁铁的中间（试管底部与磁极中心线平齐）。

（6）两磁铁间距应调整为 20 mm。

（编写：董吉溪　修订：周　涛　复核：吴华强　范少华）

# · 实验十九　偶极矩的测量 ·

## 一、目的与要求

1. 了解溶液法测量丙酮偶极矩的原理及方法；
2. 了解分子偶极矩与分子电性质的关系；
3. 掌握小电容测量仪使用方法及它与介电常数的关系。

## 二、实验原理

1. 偶极矩与极化度

分子结构可近似看成由分子骨架(原子核)和电子云所组成。由于其空间构型不同,正、负电荷中心可以重合(此时为非极性分子),也可以不重合(此时为极性分子)。1921 年 Debye 提出偶极矩概念来度量分子极性大小,其定义为

$$\boldsymbol{\mu} = qd \tag{3-19-1}$$

式中,$q$ 为正、负电荷中心所带的电荷量;$d$ 为正、负电荷间距离;$\boldsymbol{\mu}$ 为偶极矩矢量,其方向规定为从负到正,C·m。

例如,电荷量为一个电子($1.602\ 2\times10^{-19}$ C)的正、负电荷相距 $10^{-10}$ m,其偶极矩 $\boldsymbol{\mu}=1.602\ 2\times10^{-29}$ C·m。

通过偶极矩测量可以了解分子结构中有关电子云的分布、分子的对称性,还可以用来判别几何异构体和分子的立体结构等。

极性分子具有永久偶极矩,由于分子的热运动,偶极矩取向是随机的,从宏观看分子偶极矩的统计值等于零。当极性分子处于均匀外电场的作用下,分子发生一定的转向作用,使其在电场方向的平均偶极矩不为零,称之为分子的转向极化。在给定的电场中,极性分子发生转向极化的难易程度可用摩尔转向极化度 $P_0$ 衡量。统计力学证明:当电场不太强、温度不太低时,$P_0$ 与分子的永久偶极矩(无外电场时的分子偶极矩)$\mu$ 的平方成正比,与热力学温度 $T$ 成反比:

$$P_0=\frac{N_A\alpha_0}{3\varepsilon_0}=\frac{N_A\mu^2}{9\varepsilon_0 kT} \tag{3-19-2}$$

式中,$N_A$ 为阿伏伽德罗常数;$\alpha_0$ 为分子转向极化率,$\alpha_0=\dfrac{\mu^2}{3kT}$;$\varepsilon_0$ 为真空介电常数(真空电容率);$k$ 为玻尔兹曼常数。

在均匀外电场作用下,不论是极性还是非极性分子都会发生电子云对分子骨架的相对移动,从而产生电子位移极化,其难易程度可用摩尔电子极化度 $P_E$ 来衡量:

$$P_E=\frac{N_A\alpha_E}{3\varepsilon_0} \tag{3-19-3}$$

式中，$\alpha_E$ 为电子极化率。

在均匀电场中，极性分子既有转向极化也有电子位移极化，其摩尔极化度 $P$ 为

$$P=P_0+P_E \tag{3-19-4}$$

非极性分子的 $\mu=0$，故只有电子位移极化，其摩尔极化度为

$$P=P_E \tag{3-19-5}$$

2. 介电常数与电容值

物质的介电常数 $\varepsilon$ 是物质的宏观性质。若平行板电容器在真空时电容为 $C_0$，当充以某种不导电物质（电介质）时电容变为 $C$，则 $C$ 与 $C_0$ 比值称为该电介质的介电常数：

$$\varepsilon=\frac{C}{C_0} \tag{3-19-6}$$

电介质的介电常数是由于介质分子被极化引起的。对于非极性气体、低压极性气体，摩尔极化度 $P$ 与介电常数 $\varepsilon$ 之间关系为

$$P=\frac{N_A\alpha}{3\varepsilon_0}=\frac{N_A}{3\varepsilon_0}(\alpha_0+\alpha_E)=\frac{N_A}{3\varepsilon_0}\left(\frac{\mu^2}{3kT}+\alpha_E\right)=\frac{\varepsilon-1}{\varepsilon+2}\cdot\frac{M}{\rho} \tag{3-19-7}$$

式中，$M$ 为摩尔质量；$\rho$ 为 $T$ 温度下的密度；$\alpha$ 为分子的极化率，$\alpha=\alpha_0+\alpha_E=\frac{\mu^2}{3kT}+\alpha_E$。

式（3-19-7）称为 Clausius-Mossotti 方程。它是在假设分子间无相互作用时，从电磁理论推得的，所以不适用于极性液体。对于由极性分子构成的电介质，测量气相介质的介电常数和密度在实验上困难较大，对某些物质甚至根本无法获得其气相状态，于是就提出了溶液法。溶液法的基本想法是：在无限稀释的非极性溶液中，溶质分子所处的状态和气相时相近，于是在无限稀释溶液中溶质的摩尔极化度就可以看作式（3-19-7）中的 $P$。

为求得介电常数必须先测量电介质的电容值。应用小电容测量仪测定电容时，除电容池两极间有电容 $C_0$ 外，整个测试系统中还有分布电容 $C_d$ 的存在（测试时将电容池两极并联在小电容测量仪上），所以实测的电容为 $C_0$ 和 $C_d$ 之和，即

$$C_x=C_0+C_d \tag{3-19-8}$$

$C_0$ 值随介质而异，但对 $C_d$ 同一台仪器是一个定值。如果直接将测得 $C_x$ 值当作 $C_0$ 值来计算就会引进误差，因此必先求出 $C_d$ 值（又叫底值），并在以后的各次测量中予以扣除。测求 $C_d$ 的方法如下：

用一已知介电常数的标准物质测得电容 $C'_{标}$：

$$C'_{标}=C_{标}+C_d \tag{3-19-9}$$

再测得电容器中不放样品时电容 $C'_{空}$：

$$C'_{空}=C_{空}+C_d \tag{3-19-10}$$

若将空气的电容近似为 $C_{空}=C_0$，则式(3-19-9)减式(3-19-10)得

$$C'_{标}-C'_{空}=C_{标}-C_0 \tag{3-19-11}$$

由于已知标准物的介电常数

$$\varepsilon_{标}=\frac{C_{标}}{C_0} \tag{3-19-12}$$

由式(3-19-11)、式(3-19-12)可求得 $C_0$，再代入式(3-19-10)可求出 $C_d$ 值。

3. 折射率与偶极矩测量

由电学原理可证明电介质的介电常数等于折射率 $n$ 的平方，即 $\varepsilon=n^2$，代入式(3-19-7)中，有

$$R=\frac{N_A\alpha}{3\varepsilon_0}=\frac{n^2-1}{n^2+2}\cdot\frac{M}{\rho} \tag{3-19-13}$$

$R$ 称为摩尔折射度，式(3-19-13)称为 Lorentz-Lorenz 公式。必须指出，用 $n^2$ 代替 $\varepsilon$，此时 $\varepsilon$ 是指交变电场中测得的 $\varepsilon$，它与静电场中测得的 $\varepsilon$ 可能不同，这是因为建立极化需要时间：

(1) 在静电场或电力频率电场中(频率 $10^2\sim10^6$ Hz)，极性分子有足够的时间建立转向极化和电子位移极化，$P=P_0+P_E$。

(2) 在光频电场中($10^{14}\sim10^{15}$ Hz)，极性分子的转向运动跟不上电场变化，此时只有电子位移极化，$P=P_E$。

在实验上通常用可见光测出折射率 $n$，进而计算 $R$，此时式(3-19-13)常写成

$$R=P_E=\frac{N_A\alpha_E}{3\varepsilon_0}=\frac{n^2-1}{n^2+2}\cdot\frac{M}{\rho} \tag{3-19-14}$$

然后在低频电场下测得极性分子的 $\varepsilon$ 值代入式(3-19-7)求出摩尔极化度 $P$，由 $P-P_E=P_0$，用 $P_0$ 值代入式(3-19-2)可求出分子的永久偶极矩 $\mu$。

测定折射率 $n$ 的方法大致可分为折射法和干涉法，本实验采用阿贝折光仪测得 $n$(阿贝折光仪的使用方法见第三部分实验五“双液系气液平衡相图”)。

4. 测量偶极矩的基本公式

为了消除极性分子间相互作用，本实验将极性溶质以较小的浓度溶于非极性溶剂中，配成几种不同浓度的溶液，其摩尔极化度 $P_{12}$ 包括非极性溶剂和极性溶质的贡献：

$$P_{12}=P_1x_1+P_2x_2=\frac{\varepsilon_{12}-1}{\varepsilon_{12}+2}\cdot\frac{M_1x_1+M_2x_2}{\rho_{12}}=\frac{\varepsilon_{12}-1}{\varepsilon_{12}+2}\cdot\overline{V}_{m12} \tag{3-19-15}$$

式中，下标 12 为溶液；下标 1 为溶剂；下标 2 为溶质(即待测物质)；$x$ 为摩尔分数；$\overline{V}_{m12}$ 为溶液的平均摩尔体积，$\overline{V}_{m12}=(M_1x_1+M_2x_2)/\rho_{12}$。

对于纯溶剂，其摩尔极化度

$$P_1=\frac{\varepsilon_1-1}{\varepsilon_1+2}\cdot\frac{M_1}{\rho_1}=\frac{\varepsilon_1-1}{\varepsilon_1+2}\cdot V_{m1} \tag{3-19-16}$$

式中，$V_{m1}$ 为纯溶剂的摩尔体积，$V_{m1}=M_1/\rho_1$。

溶质的摩尔极化度

$$P_2=\frac{N_A}{3\varepsilon_0}\left(\frac{\mu^2}{3kT}+\alpha_E\right) \tag{3-19-17}$$

将式(3-19-16)、式(3-19-17)代入式(3-19-15)：

$$P_{12}=\frac{\varepsilon_1-1}{\varepsilon_1+2}\cdot V_{m1}x_1+\frac{N_A}{3\varepsilon_0}\left(\alpha_A+\alpha_E+\frac{\mu^2}{3kT}\right)x_2=\frac{\varepsilon_{12}-1}{\varepsilon_{12}+2}\overline{V}_{m12} \tag{3-19-18}$$

同样，如果在高频可见光下测出折射率 $n$，则有

$$R_{12}=\frac{n_1^2-1}{n_1^2+2}\cdot V_{m1}x_1+\frac{N_A}{3\varepsilon_0}\alpha_E x_2=\frac{n_{12}^2-1}{n_{12}^2+2}\overline{V}_{m12} \tag{3-19-19}$$

用式(3-19-18)减式(3-19-19)，可得

$$P_{12}-R_{12}=\left(\frac{\varepsilon_{12}-1}{\varepsilon_{12}+2}-\frac{n_{12}^2-1}{n_{12}^2+2}\right)\overline{V}_{m12} \tag{3-19-20}$$

$$P_{12}-R_{12}=\left(\frac{\varepsilon_1-1}{\varepsilon_1+2}-\frac{n_1^2-1}{n_1^2+2}\right)V_{m1}x_1+\frac{N_A\mu^2}{9\varepsilon_0 kT}x_2 \tag{3-19-21}$$

因为溶液浓度很稀，在式(3-19-21)中，$V_{m1}x_1\approx\overline{V}_{m12}$，从上面两式得

$$\left(\frac{\varepsilon_{12}-1}{\varepsilon_{12}+2}-\frac{n_{12}^2-1}{n_{12}^2+2}\right)\overline{V}_{m12}=\left(\frac{\varepsilon_1-1}{\varepsilon_1+2}-\frac{n_1^2-1}{n_1^2+2}\right)\overline{V}_{m12}+\frac{N_A\mu^2}{9\varepsilon_0 kT}x_2 \tag{3-19-22}$$

对式(3-19-22)两边除以 $\overline{V}_{m12}$，由于 $x_2/\overline{V}_{m12}=c_2(\text{mol}\cdot\text{L}^{-1})\times10^3$，其中因子 $10^3$ 是因为采用 $\text{mol}\cdot\text{L}^{-1}$ 作为浓度单位时 $c_2$ 的数值是 SI 制下的 1/1 000，于是，式(3-19-22)可写成

$$\left(\frac{\varepsilon_{12}-1}{\varepsilon_{12}+2}-\frac{n_{12}^2-1}{n_{12}^2+2}\right)=\left(\frac{\varepsilon_1-1}{\varepsilon_1+2}-\frac{n_1^2-1}{n_1^2+2}\right)+\frac{N_A\mu^2\cdot10^3}{9\varepsilon_0 kT}c_2 \tag{3-19-23}$$

或写成

$$\left(\frac{\varepsilon_{12}-1}{\varepsilon_{12}+2}-\frac{n_{12}^2-1}{n_{12}^2+2}\right)-\left(\frac{\varepsilon_1-1}{\varepsilon_1+2}-\frac{n_1^2-1}{n_1^2+2}\right)=\frac{N_A\mu^2\cdot10^3}{9\varepsilon_0 kT}c_2 \tag{3-19-24}$$

由式(3-19-23)，根据测得各不同浓度溶液的 $c_2$、$\varepsilon_{12}$、$n_{12}$，以 $\left[\frac{\varepsilon_{12}-1}{\varepsilon_{12}+2}-\frac{n_{12}^2-1}{n_{12}^2+2}\right]$ 对 $c_2$(横坐标)作图，得一直线，其斜率为

$$\tan\theta=\frac{N_A\mu^2\cdot10^3}{9\varepsilon_0 kT} \tag{3-19-25}$$

所以

$$\mu=\sqrt{\frac{9\varepsilon_0 k}{N_A\times10^3}}\cdot\sqrt{T\tan\theta}=1.355\times10^{-30}\sqrt{T\tan\theta}\ (\text{C}\cdot\text{m}) \tag{3-19-26}$$

纯溶剂的两个数据 $\varepsilon_1$、$n_1$ 也有用，对式(3-19-23)，由 $\varepsilon_1$、$n_1$ 计算截距，与图上截距作比较，对结果加以检验。对式(3-19-24)若以等式左边的全部值对 $c_2$ 作图，图线要经过原点，增加一个图线的端点坐标，给作图带来方便。

## 三、仪器与试剂

精密电容测量仪、电容池、阿贝折光仪、电吹风、容量瓶(25 mL，5 只)、移液管、小滴管

环己烷(AR)、丙酮(AR)

## 四、实验步骤

1. 溶液配制

分别于 4 只小容量瓶中，配制丙酮的环己烷溶液各 25 mL，其浓度分别为 0.200 $mol\cdot L^{-1}$、0.400 $mol\cdot L^{-1}$、0.800 $mol\cdot L^{-1}$、1.000 $mol\cdot L^{-1}$，操作时应注意防止溶质、溶液的挥发，以及吸收极性较大的水汽，为此溶液配好后应迅速盖上瓶盖。

2. 折射率的测量

用阿贝折光仪测定纯溶剂环己烷及配好 4 份溶液的折射率 $n$，注意各样品须加样 3 次，读取 3 个数据。

3. 介电常数的测量

(1) 电容 $C_0$ 和 $C_d$ 的测定　本实验采用环己烷作为标准物质，其介电常数的温度公式为

$$\varepsilon_{标}(t)=2.023-1.60\times10^{-3}(t-20) \qquad (3-19-27)$$

式中，$t$ 为室温，℃。

用电吹风将电容池样品室吹干，并将电容池与精密电容测量仪连线接上，开启精密电容测量仪工作电源，预热后即可测定，盖好电容池样品室盖，待数显稳定后记下 $C'_{空}$。

用移液管量取 1 mL 左右环己烷注入电容池样品室，然后用滴管逐滴加入样品，使之浸没内、外电极，盖好样品室盖，待数显稳定后记下 $C'_{标}$。然后打开电容池样品室盖倒去室内环己烷(放入回收瓶中)，用电吹风将样品室吹干，至数显的数字与 $C'_{空}$ 的值相差无几(小于 0.02 pF)，再重新加入环己烷测量 $C'_{标}$。代入式(3-19-10)、式(3-19-11)、式(3-19-12)可求出 $C_0$ 和 $C_d$。

(2) 溶液电容的测定　按上述方法分别测定各浓度溶液的 $C'_{12}$，重复测定时，不但要倒去样品室内溶液，还要用电吹风吹干，复测 $C'_{空}$，再加入该浓度溶液测 $C'_{12}$，两次测定数据的差值应小于 0.05 pF。用 $C'_{12}$ 平均值扣去 $C_d$ 即为此溶液的 $C_{12}$。

## 五、结果与讨论

1. 实验记录及数据处理

按测试结果完成下表：

| 编号 | $\frac{c}{\text{mol}\cdot\text{L}^{-1}}$ | $C_{12}$/F | | | $\frac{\varepsilon_{12}}{\text{F}\cdot\text{m}^{-1}}$ | $n_{12}$ | | | $a$（或 $a'$） | $b$（或 $b'$） | $a-b$（或 $a'-b'$） |
|---|---|---|---|---|---|---|---|---|---|---|---|
| | | 1 | 2 | 平均 | | 1 | 2 | 平均 | | | |
| 0 | 0 | | | | | | | | | | |
| 1 | 0.200 | | | | | | | | | | |
| 2 | 0.400 | | | | | | | | | | |
| 3 | 0.800 | | | | | | | | | | |
| 4 | 1.000 | | | | | | | | | | |

注:0号样品为纯溶剂环己烷,此行 $C_{12}$ 为 $C_1$,$\varepsilon_{12}$ 为 $\varepsilon_1$,$n_{12}$ 为 $n_1$,$a'=\frac{\varepsilon_1-1}{\varepsilon_1+2}$,$b'=\frac{n_1^2-1}{n_1^2+2}$。并令 $a=\frac{\varepsilon_{12}-1}{\varepsilon_{12}+2}$,$b=\frac{n_{12}^2-1}{n_{12}^2+2}$,$C_{空}=\frac{C'_{标}-C'_{空}}{\varepsilon_{标}-1}$,$C_d=C'_{空}-C_{空}=\frac{\varepsilon_{标}C'_{空}-C'_{标}}{\varepsilon_{标}-1}$,$C_{12}=C'_{12}-C_d=\frac{\varepsilon_{标}C_{空}-C'_{标}}{\varepsilon_{标}-1}$,$\varepsilon_{标}=\varepsilon_1=\frac{C_1}{C_0}$,$\varepsilon_{12}=\frac{C_{12}}{C_0}$。

2. 作图求偶极矩 $\mu$

（1）应用4份溶液的$(a-b)$值对浓度 $c$ 作图,求出该直线斜率。

（2）将直线斜率值代入式(3-19-26),求出偶极矩 $\mu_1$。

（3）应用4份溶液的$(a-b)-(a'-b')$值对浓度 $c$ 作一过原点的直线,由直线斜率求出偶极矩 $\mu_2$。

3. 讨论

（1）对比 $\mu_1$ 和 $\mu_2$。

（2）求出相对误差(丙酮 $\mu=9.61\times10^{-30}$ C·m,气相)。

## 六、实验要点及注意事项

1. 丙酮易挥发,配制溶液时动作要迅速,配好后立即盖上盖子,以防挥发和吸收空气中的水分。

2. 本实验配制溶液中要防止含有水分,所配制溶液的器皿须干燥,配成的溶液应为透明的,不能出现混浊现象。

3. 用阿贝折光仪测定折射率要迅速准确,动作太慢溶液挥发对测定有影响。

4. 测定电容时,不要忘记盖紧样品室盖子,以防溶液挥发及吸收空气中极性较大的水汽,影响测定结果。

5. 向电容池内注入溶液时应浸没内外电极,但勿接触端盖(不要太满以防溢出),然后将密封圈和加料盖旋紧,防止漏气。

### 思考题

1. 摩尔极化度应包括哪几部分？
2. 在式(3-19-23)、式(3-19-24)推导过程中作了哪些近似？对实验影响如何？
3. 本实验中有哪些误差来源？

（编写：董吉溪　修订：周　涛　复核：吴华强　范少华）

# ·实验二十　差热分析和热重分析·

## 一、目的与要求

1. 了解差热分析、热重分析的基本原理；

2. 掌握差热分析和热重分析的实验技术和分析方法，测定和分析 $CuSO_4 \cdot 5H_2O$ 的脱水过程。

## 二、实验原理

在对物质进行加热或冷却的过程中，伴随着结构、相态、化学性质的变化，一些物理性质（包括质量、温度、尺寸、光、声、力、电、磁等性质）也会相应地发生变化。

热分析法是在程序控温下，测量物质的物理性质与温度的变化的一类技术。这里所说的物质也包括它的反应物质。最为常用的热分析法有三种：差热分析（DTA）、差示扫描量热法（DSC）和热重分析法（TG）。热分析法可以提供热力学参数和动力学数据，在材料研究和选择、热力学和动力学的理论研究上都是重要的分析手段。

1. 差热分析法（differential thermal analysis，DTA）

（1）基本原理　物质在加热或冷却的过程中会发生物理变化和化学变化，如吸附、脱附、相变、氧化还原、分解、脱水等，与此同时往往伴随有热效应的变化。有些物理变化虽然无热效应发生，但比热容等物理性质发生改变，如玻璃化转变等。差热分析正是在物质这类性质的基础上建立的一种技术。

在差热分析法中，将样品和参比物（在实验温区热稳定性的物质）一起放在加热系统中，以线性升温程序对它们加热，并测量样品与参比物的温度差随温度（或时间）的变化关系。当样品没有产生热效应并且与温度程序之间不存在温度滞后时，样品和参比物的温度都与线性程序温度一致，即样品和参比物的温度差 $\Delta T=0$。若样品发生放热变化，由于热量不可能从样品中瞬间导出，于是样品温度偏离线性升温线，且向高温方向移动，其温度高于参比物，于是 $\Delta T>0$；反之，若发生吸热变化，则 $\Delta T<0$。当样品的变化结束后，需经历一段时间的传热过程，才能重新恢复到与程序温度相同的温度。

以金属熔点的测定为例，早期采用的是简单的热分析法（升温或降温曲线），如图 3-63 所示，理想情形下，金属的升温曲线上出现一个水平线段（*bc* 段），这是因为金属在熔化过程中吸热并且温度保持不变所引起的。这种方法的测量灵敏度很低，如果样品的热效应较小，则温度曲线上的转折不明显。

如图 3-64 所示，差热分析法中测量的是样品-参比物之间的温度差 $\Delta T$ 随时间变化的曲线（实线），此外还有参比物温度 $T$ 的时间变化曲线（虚线）。① *ab* 段：金属尚未熔化，其温度与参比物温度一致，$\Delta T=0$，在曲线上表现为水平基线；② *bc* 段：金属熔化吸热，$\Delta T<0$；③ *cd* 段：熔化结束，由于热传导，金属温度逐渐恢复到程序温度；④ *de* 段：曲线回到基线，$\Delta T=0$。对于参比物，其温度始终与程序温度一致，通常就是以参比物的温度为程序温度。由于是线性升温，根据程序温度与时间的对应关系，可以将图 3-64（横坐标是时间）转换成图 3-65（横坐标是程序温度）的形式。

图 3-64 所示的 $\Delta T\sim t$ 曲线或者图 3-65 所示的 $\Delta T\sim T$ 曲线都称作差热曲线，它们反映了样品-参比物之间的温度差随时间或温度变化的情况。在上例中，样品发生吸热变化，故差热曲线有向下的峰。如果样品发生了放热变化，则差热曲线有向上的峰。在差热分析中，温度和温度差信号可用电子技术放大，与简单的热分析法相比，灵敏度得到了极大提升。

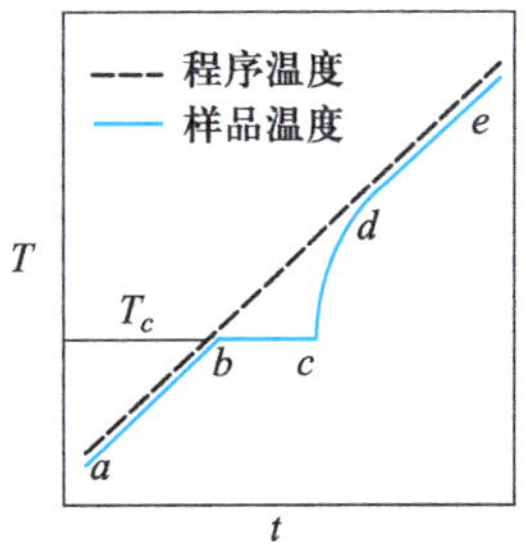

图 3-63　金属的升温曲线（理想）

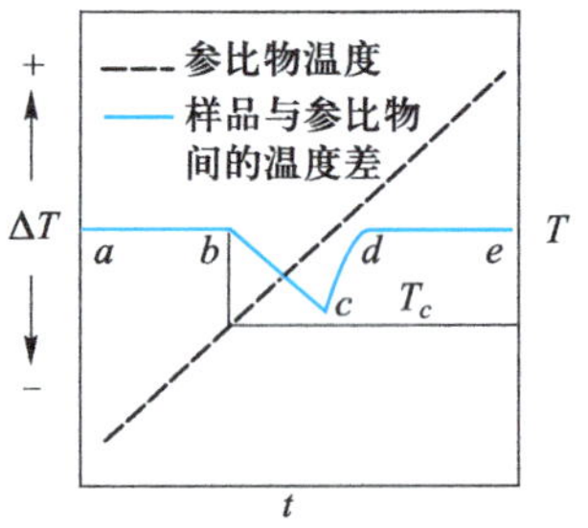

图 3-64　金属的差热曲线（理想）

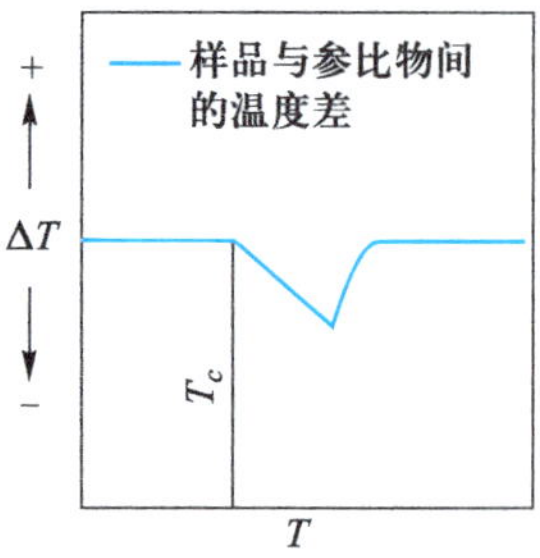

图 3-65　金属的差热曲线（理想）

（2）差热分析仪的结构　图 3-66 所示为差热分析仪的结构示意图，包括加热炉、样品支持器（包括装样品和参比物的容器、测温元件和支架等）、气氛控制设备、温度记录单元、温度程序控制单元、差热放大单元等。

样品和参比物分别放在两个圆形坩埚内，坩埚置于金属或陶瓷均热块中，用加热炉同时加热。

气氛控制设备用于控制实验过程中样品周围的气氛和压力。

测温元件为两只反向串联的热电偶，如图 3-67 所示，左侧热电偶为测温热电偶，其工作端与盛参比物的坩埚接触，用于测量参比物的温度（测温热电偶），并借此控制温度程序；右侧热电偶的工作端与盛样品的坩埚接触。这两种反向串联的热电偶合称为差热电偶。若样品无热效应产生，差热电偶的两支热电偶产生的热电势大小相等、方向相反，从而相互抵消；若样品出现热效应，则会使样品与参比物之间产生温度差，此时两支热电偶产生不等的热电势，显然热效应越大，热电势的差值越大。

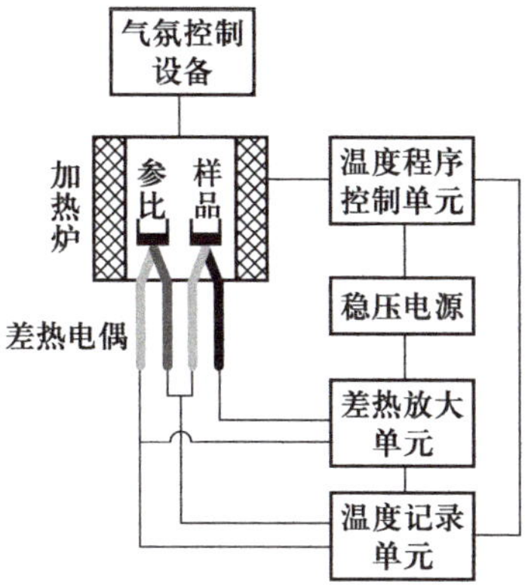


图 3-66　差热分析仪结构示意图

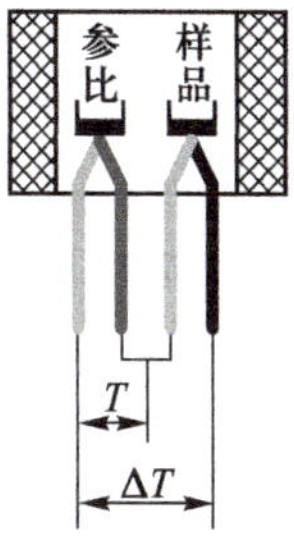


图 3-67　差热电偶

测温热电偶产生的热电势，以及差热电偶产生的热电势经电子放大器放大后，同时由电子电位差计记录下来。采用电压放大技术后，大大提高了测定微小温差的灵敏度和准确性，从而能将样品量减少到毫克级甚至微克级。在所用样品为毫克级时，温度差一般不超过 10 ℃，差热电偶的热电势为几十至数百微伏。在差热分析中，一般直接用差热电偶的热电势(μV)作为温度差的量度。

在实际测量中，差热曲线的温度轴除了采用参比物温度表示外，也有的用电炉温度表示。升温程序也可以是升温、降温或恒温。

(3) 差热曲线的分析　图 3-64 或图 3-65 所示是一种理想情形下的差热曲线，在实际测量中，样品、参比物与加热炉间有着复杂的传热过程，有诸多因素会影响差热曲线的形状，比较典型的差热曲线见图 3-68。

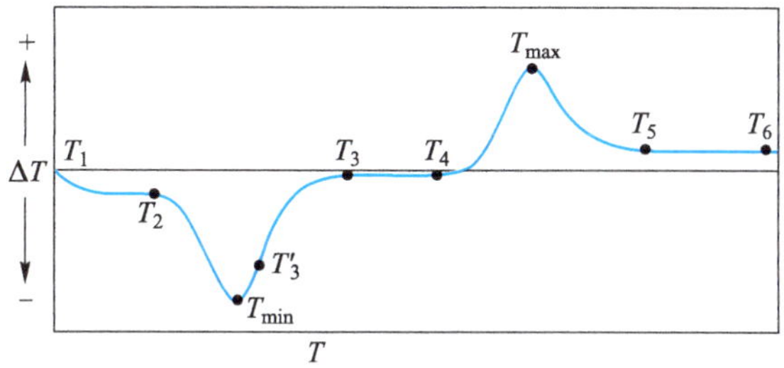


图 3-68　典型的差热曲线

① $T_1$—$T_2$ 段：此时样品无热效应，但差热曲线并不是 $\Delta T=0$ 的水平基线，而是近于零线的基线。基线偏离零线的主要原因是，(a) 热阻：加热过程中存在传热阻力，加热开始后，样品和参比物需要过一段时间才能以程序升温速率开始升温，导致样品和参比物的温度均滞后于程序温度；(b) 温度滞后程度不同：样品和参比物的热容等性质不同，造成温度滞后程度不同，温度有差异，即 $\Delta T\neq 0$。

② $T_2$—$T_{min}$—$T_3$ 段：样品有吸热变化发生，吸收的热量部分或全部用于样品的变化，导致样品温度低于参比物，曲线离开基线向下，$T_2$ 称为始点温度，该温度与仪器的灵敏度有关。$T_{min}$是曲线转折向上的温度，称为峰值温度。$T_3$ 是曲线回到基线的温度，称为终止温度。

在此阶段，由于样品内存在温度梯度，各部分并不是同时开始或停止变化，导致 $T_2$ 和 $T_{min}$ 处的转折处于一个时间范围内，而不是图中所示的突然转折。根据同样的理由，对于一个反应，反应真正终止的温度既不是 $T_{min}$，更不是 $T_3$，而是略滞后于 $T_{min}$ 的 $T_3'$。

③ $T_3$—$T_4$ 段：差热曲线再次回到基线。由于反应后的物质往往发生了热容等的热性质的变化，故对程序温度的滞后也发生改变，所以反应后的基线和反应前通常不在同一水平线上。一个典型的例子是玻璃化转变温度的测定，如图 3-69 所示，玻璃化转变过程中无热效应，但是热容会增大，导致变化后基线位置降低，此时差热曲线上只有基线的转折。

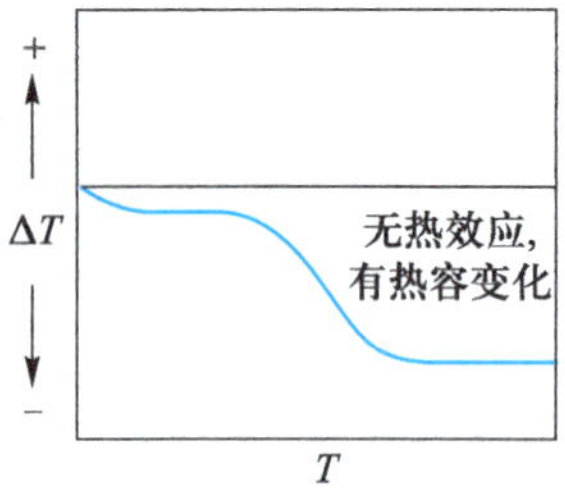

图 3-69 玻璃化转变

④ $T_4$—$T_{max}$—$T_5$—$T_6$ 段：样品经历了一个放热变化，然后差热曲线回到基线。

图 3-68 中各段基线分别对应着一个稳定的相或化合物。许多实际的差热曲线并不完全与图 3-68 类似，差热曲线上经常会出现峰的重叠和交错，基线也常常出现复杂的偏移。例如，升温速率不均匀，坩埚位置和形状不对称，或者差热电偶的两支热电偶的热电势不对称，均会导致基线发生倾斜或扭曲。

差热曲线能提供的信息包括：峰的位置、峰的形状和个数、峰的面积。根据这些信息，可进行定性分析和定量分析，还可研究变化过程的动力学。

① 峰的位置：如图 3-70 所示，峰的始点温度 $T_i$ 反映了样品发生变化的温度。但是，峰的始点温度只是仪器能够检测到的开始偏离基线的温度，与仪器的灵敏度有关，重复性不好。故一般是采用峰的前缘斜率最大处的切线与外推基线的交点 $T_c$ 作为峰的特征温度，称为外推始点温度。对于尖锐的峰，也常常采用峰值温度 $T_p$ 作为特征温度。

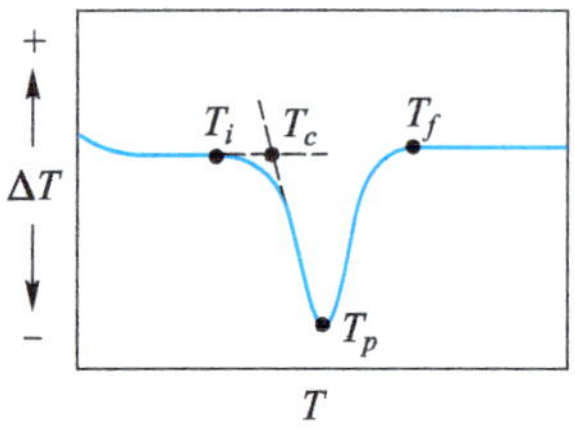

图 3-70 差热峰的位置

② 峰的形状和个数：根据峰形的方向，可判断样品发生的变化是吸热变化还是放热变化：向下吸热，向上放热。根据峰的个数，可判断样品在实验温度范围内发生变化的次数。

③ 峰的面积：在一定的实验条件下，峰的面积与热效应的大小成正比：

$$S=\frac{Q}{gK}=K'Q$$

式中，$S$ 为峰面积；$Q$ 为样品产生的热量；$g$ 为常数（样品、参比物的空间位置对热传导的影响）；$K$ 为样品的热传导系数；$K'$ 为比例系数。

由峰面积可计算热效应（$K'$ 可用已知热效应的标准物质进行标定）。

对于反应前后基线没有偏移的情况，只需连接基线即可求出峰面积。若反应前后基线有偏移，情况往往较复杂，图 3-71 中给出了两种常见的情形：(a) 直接连接峰的始点和终点，得峰面积 $S$；(b) 由基线延长线和通过峰顶作垂线，与峰的两个半侧构成的两个封闭图形 $S_1$、$S_2$ 之和等于峰面积 $S$。

2. 热重分析法（thermogravimetry，简称 TG）

(1) 基本原理　物质在加热过程中因物理或化学变化而有挥发性物质析出时，其质量

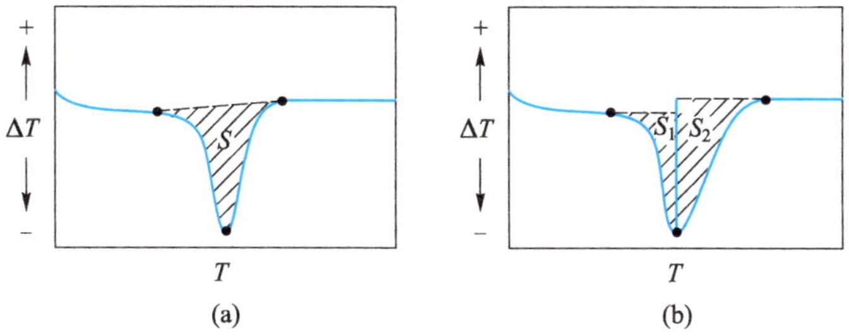


图 3-71　差热峰的面积

会发生变化。热重分析法是在程序控温下测量样品质量随温度(或时间)变化的一种技术。样品质量随温度(或时间)变化的曲线称为热重曲线。在样品保持稳定的温度范围内,热重曲线为一水平线段;如果样品发生质量变化,曲线会向上或向下偏移,形成台阶,某一温度区间内台阶的高度反映了质量的变化。

(2) 热重分析仪的结构　图 3-72 所示为热重分析仪结构示意图,包括加热炉、样品支持器(包括装样品的容器、测温元件和支架等)、气氛控制设备、温度程序控制单元、温度记录单元、热天平、质量记录单元等。样品放在坩埚内,由程序控温的加热炉进行加热,温度用热电偶进行测量,质量用热天平进行测量,热天平将质量信号转换成电信号,经放大器放大后,由记录仪记录下来。

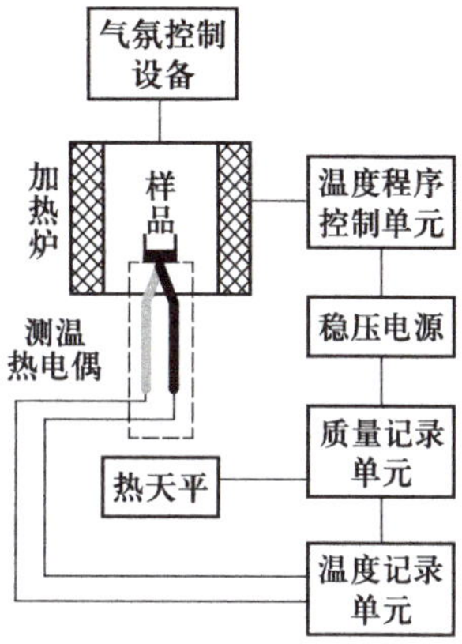


图 3-72　热重分析仪结构示意图

(3) 热重曲线的分析　图 3-73 中的实线为一典型的热重曲线(质量-温度曲线)。从热重曲线可获得热分解温度、热稳定温度范围等信息。

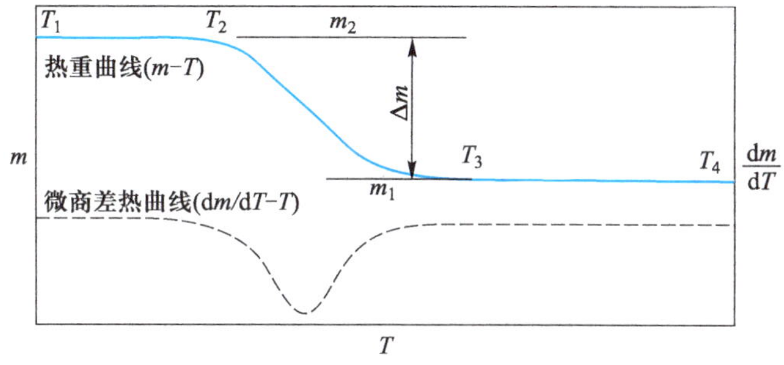


图 3-73　典型的热重曲线和微商差热曲线

① $T_1$—$T_2$ 段:质量没有变化,样品是稳定的。

② $T_2$—$T_3$ 段:呈台阶状,表明样品有质量损失,质量变化为 $m_2-m_1$。由于样品变化不是在某一温度瞬间完成的,所以台阶不是直角形,而是有过渡和倾斜的曲线。

③ $T_3$—$T_4$ 段:质量没有变化,表明形成了新的稳定物质,或者样品完全分解或挥发。

图 3-73 中的虚线是对热重曲线进行一次微分得到的微商差热曲线,其纵坐标是质量的变化率($dm/dT$),横坐标是温度 $T$(或时间 $t$),热重曲线上的一个台阶与微商差热曲线上的一个峰相对应,在峰值温度时反应速率达到最大,峰的面积和质量变化成正比,峰高为该温

度下的反应速率。微商差热曲线提供的信息量与热重曲线相同，但它能更清楚地反映反应起始温度和终止温度，能提高对两个连续质量变化过程的分辨能力。微商差热曲线的纵坐标为反应速率，因此还可以方便动力学研究。

3. $CuSO_4 \cdot 5H_2O$ 的结构

用热分析法可获得 $CuSO_4 \cdot 5H_2O$ 的晶体中的化学键、脱水温度、脱水焓等信息。由于单一的热分析法获得的信息是有限的，通常需要综合应用多种热分析法进行测试。

热重分析法的测试结果表明，$CuSO_4 \cdot 5H_2O$ 的脱水过程为

$$CuSO_4 \cdot 5H_2O \longrightarrow CuSO_4 \cdot 3H_2O \longrightarrow CuSO_4 \cdot H_2O \longrightarrow CuSO_4$$

这意味着 5 个水分子在晶体中有三种结合方式。结合中子衍射分析出的 $CuSO_4 \cdot 5H_2O$ 晶体结构，可推测出晶体中 $H_2O$ 的成键情况。$CuSO_4 \cdot 5H_2O$ 晶体属三斜晶系，图 3-74 所示为(001)晶面上的周期结构，其中每个 $Cu^{2+}$ 与 4 个 $H_2O$ 以配位键结合，形成平面四边形构型的 $[Cu(H_2O)_4]^{2+}$ 配离子，配离子平面两侧各有一个 $SO_4^{2-}$，$[Cu(H_2O)_4]^{2+}$ 之间通过 $SO_4^{2-}$ 相连。虚线所示的第 5 个 $H_2O$ 不与 $Cu^{2+}$ 结合，它分别与两个 $SO_4^{2-}$、两个配体 $H_2O$ 形成 4 个氢键。容易看出晶体中的 $[Cu(H_2O)_4]^{2+}$ 有两种取向，各占一半，分别位于图的角上和中间位置。中间位置 $[Cu(H_2O)_4]^{2+}$ 的 4 个 $H_2O$ 都不形成氢键，而角上位置 $[Cu(H_2O)_4]^{2+}$ 中的 4 个 $H_2O$ 都与非配位 $H_2O$ 形成氢键。总体上看，在晶体中，每 2 个 $CuSO_4 \cdot 5H_2O$ 的 10 个 $H_2O$ 中，① 有 4 个 $H_2O$ 仅与 $Cu^{2+}$ 形成配位键，容易脱去；② 有 4 个 $H_2O$ 既与 $Cu^{2+}$ 形成配位键也和非配位 $H_2O$ 形成氢键，其脱水温度稍高；③ 有 2 个 $H_2O$ 不与 $Cu^{2+}$ 形成配位键，但与 $SO_4^{2-}$ 形成了很强的氢键，其脱水温度要高很多。

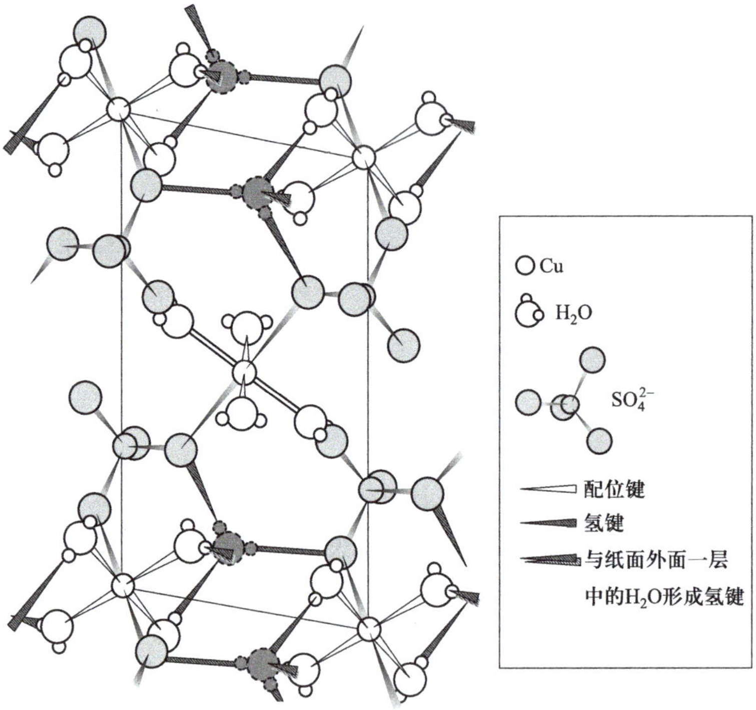


图 3-74 $CuSO_4 \cdot 5H_2O$ 中的成键图

差热分析法的测试结果表明，$CuSO_4 \cdot 5H_2O$ 的每次脱水会在谱图上形成一个吸热峰，峰面积反映了热效应的大小。其中第一步脱水温度<100 ℃，生成液态水，如果分辨率足够高，液态水蒸发也应该在差热谱图上形成一个吸热峰，但如果实验采用的颗粒较大，水扩散到表面蒸发需要时间，抑制了脱水过程，此时第一个脱水峰向高温方向移动，和蒸发峰发生重叠将其掩盖。$CuSO_4 \cdot 5H_2O$ 脱水产物的热传导性质与原始样品有差异，因此脱水结束后，基线偏离零线的程度会发生变化。

本实验中采用差热分析法-热重分析法联用的 DTG-60A 同步热分析仪对上述结果进行验证。DTG-60A 同步热分析仪的工作单元包括：稳压器、DTG-60A 主机、气瓶（含减压阀）、FC-60A 气体流量控制器、TA-60WS 工作站、计算机。图 3-75 所示为 DTG-60A 同步热分析仪主机外观及工作单元连接方式。

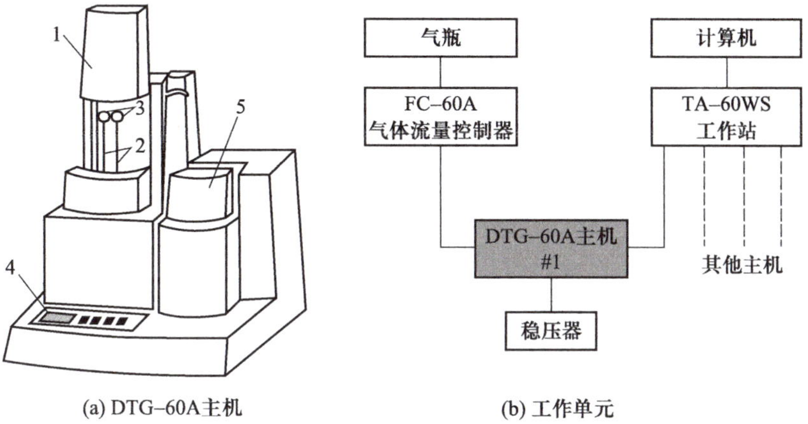


图 3-75 DTG-60A 同步热分析仪

1—电炉（升起状态）；2—温差热电偶；3—坩埚；4—显示屏和按键；5—自动进样器

## 三、仪器与试剂

DTG-60A 同步热分析仪（日本岛津公司）、铝质坩埚（或刚玉陶瓷坩埚）、坩埚钳、研钵

$CuSO_4 \cdot 5H_2O$ （AR）、参比物：$\alpha$-$Al_2O_3$（AR）

## 四、实验步骤

1. 阅读仪器使用说明书

阅读仪器附带的使用说明书，了解仪器及配套分析软件的使用方法和注意事项。

2. 开机

依次打开稳压电源、DTG-60A 主机，连接计算机、TA-60WS 工作站。本实验在静态的空气气氛中进行测试，故无须打开气源和 FC-60A 气体流量控制器。

3. 准备样品

用研钵将待测样品 $CuSO_4 \cdot 5H_2O$ 晶体研细。

取一只空坩埚，将少量参比物 $\alpha-Al_2O_3$（不超过 10 mg）平铺在坩埚底部。按主机上"Open/Close"键升起炉子。用坩埚钳将装有参比物的坩埚轻轻放在炉子的左侧热电偶支架托盘上。将另一同样质量的空的坩埚轻轻放在炉子的右侧热电偶支架托盘上，然后再按"Open/Close"键，降下炉子。按主机上"Display"键将显示数据切换为质量，再按"Zero"键进行质量清零。

然后，再将炉子升起来，取出右侧坩埚，将少量研细的 $CuSO_4 \cdot 5H_2O$（不超过 10 mg）平铺在坩埚底部。将装有样品的坩埚放入炉内的右侧托盘，降下炉子。

4. 设定测试参数

打开计算机上的数据采集软件 TA-60WS acquisition，在"Detector"悬浮窗中选择联机的 DTA-60A 主机（绿色高亮），主机界面出现后，在菜单上选择"Measure - Measure Parameters"，按如下说明对测试参数进行设置：

（1）升温程序　升温速率为 10 ℃/min，最高温度为 300 ℃。

（2）数据采集参数　数据采集的时间间隔为 1 s。

（3）文件信息　样品名称——$CuSO_4 \cdot 5H_2O$；样品质量——按窗口中的"Read Weight"键从检测器读取；相对分子质量：249.68（可不填）；坩埚材料——Aluminum（或 Alumina）；气氛——Air；保护气流量——0 $mL \cdot min^{-1}$；操作员——＊＊。

5. 测试

按下界面工具栏中的"Start"，在弹出的窗口中按"Start"键启动升温程序（软件背景变成红色）。测试结束后（背景恢复为蓝色），实验结果自动存入默认的文件夹"C:\TAData"，默认的文件名为"样品名称_日期_时间_操作员.tad"。

## 五、结果与讨论

运行与仪器配套的数据分析程序"TA60"。在菜单上选择"File-Open"，打开谱图。

双击横坐标轴，在弹出的窗口中选择 Unit 选项卡，横坐标轴由时间 Time（min）更改为温度 Temp（℃）。

1. 分析差热曲线

（1）选中差热曲线（单击曲线，两端会出现▼标志，表示该曲线被选中），用菜单选项 Manipulate-Baseline Correction（blank）和 Manipulate-Baseline Correction（manual），分别进行空白校正和手动校正。

（2）选中差热曲线，用菜单选项 Manipulate-derivative-1$^{st}$ order 绘制微商差热曲线。

（3）选中差热曲线，用菜单选项 Analysis-Tangent 分析各个差热峰的外推始点温度。

（4）选中差热曲线，用菜单选项 Analysis-Peak 分析各个差热峰的峰值温度。

（5）选中差热曲线，用菜单选项 Analysis-Heat 分析各个差热峰对应的热效应。

2. 分析热重曲线

（1）选中热重曲线，用菜单选项 Manipulate-derivative-1$^{st}$ order 绘制微商热重曲线。

（2）选中微商热重曲线，分析微商热重曲线上的峰值温度，该温度就是质量变化最快时的温度。

（3）选中热重曲线，用菜单选项 Analysis-Weight loss 分析各个失重台阶的质量损失。

3. 打印报告

在菜单中选择 File-Signed with Windows，在打开的谱图预览界面中调整谱图大小。单击温差线，并在菜单中选择 Insert，依次插入 Title（标题）、File Information（信息）、Program（升温程序）、Legend（图释）等信息。

在菜单上选择 File-Print，打印谱图。

4. 结果讨论

根据差热曲线的分析结果，讨论 $CuSO_4 \cdot 5H_2O$ 的脱水过程分几步进行，说明各次脱水反应的温度、热效应符号和热效应的大小。

进一步根据热重曲线和微商热重曲线的分析结果，说明 $CuSO_4 \cdot 5H_2O$ 在各次脱水反应中失去的水分子数、脱水速率最快时的温度。

## 六、实验要点及注意事项

1. 不可将样品撒落在样品腔里面。装样时，样品不能粘在坩埚的外面和底部；取、放坩埚都要用坩埚钳，动作要平稳。
2. 不可用手触碰或弯曲差热电偶，防止造成差热电偶损坏甚至折断。
3. 炉内左侧的热电偶托盘上放置参比坩埚，右侧放置样品坩埚，位置不可颠倒。
4. 测试过程中，不可推动、敲击工作台，以免造成曲线波动；不要用手接触炉体，以免烫伤。

### 思考题

1. 如何判断反应是吸热还是放热？没有热效应时样品与参比物之间是否也会有温差，为什么？
2. 对样品的质量有何要求？如果样品装得太多太厚，对实验有何影响？
3. 升温速率太快对实验结果有何影响？
4. 硫酸铜结晶水的失去与其结构有何关系？
5. 试从物质的热容解释差热曲线上的基线漂移。

（编写：周　涛　复核：唐业仓）

# · 实验二十一　X 射线粉末法物相分析 ·

## 一、目的与要求

1. 掌握 X 射线粉末法的实验原理和技术；

2. 学会物相分析，了解粉末衍射卡片的使用。

## 二、实验原理

在晶体结构研究中，人们主要利用 X 射线与晶体间的相干散射效应。由于晶体中原子或电子的分布具有一定的周期性规律，故可将其产生次级 X 射线间的干涉分为两种情况来考察：一是由点阵的周期性相联系的原子或电子散射次生 X 射线间的相干情况；二是由没有周期性相联系的原子或电子散射次生 X 射线间的相干情况。前一种情况决定晶体的衍射方向，后一种情况决定晶体的衍射强度。X 射线粉末法物相分析正是从这两个方面来识别和鉴定晶体的。

1. Bragg 方程

立体的晶体结构可以看成由一组等距离间隔的平行晶面所组成（晶面间距为 $d_{h^*k^*l^*}$），若用波长为 $\lambda$ 的单色 X 射线以一定的方向射向晶体（入射角为 $\theta$），此时晶体的晶面如镜面一样会反射 X 射线（见图 3-76）。而要产生衍射，要求两相邻晶面反射 X 射线的光程差，如图中（$AB+BC$）段，必须为波长的整数倍，即 $\Delta=AB+BC=n\lambda$，由图可见 $AB=BC=d\sin\theta$，所以

$$2d\sin\theta=n\lambda \qquad (3-21-1)$$

式（3-21-1）即为 Bragg 方程，它是 X 射线粉末法的理论基础。

如果在晶体样品中有某一晶面符合 Bragg 方程，即可产生衍射，其衍射方向与入射方向的夹角应为 $2\theta$，而在多晶粉末样品中，由于晶体内各晶面的取向是随机的，符合 Bragg 方程的晶面不止一组，这样产生的衍射方向会分布于半顶角为 $2\theta$ 的圆锥面上（见图 3-77），当 X 射线衍射仪的计数管和样品绕着样品的中心轴转动时（即样品转 $\theta$ 角，计数管转 $2\theta$ 角）。这样就可以把满足 Bragg 方程的所有的衍射线记录下来。其中衍射峰位置 $2\theta$ 与晶面间距（也就是晶胞大小和形状）有关。而反映峰高的衍射强度与晶胞的种类、数目及晶胞内原子（或离子）的位置有关。由于不同的两晶体其晶胞的大小、形状和晶胞内原子位置都有区别，所以 $2\theta$ 和相对强度（$I/I_1$）可作为物相分析的依据。

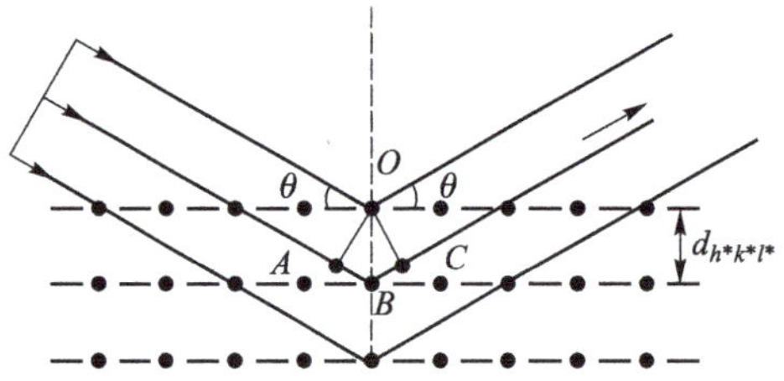


图 3-76 布拉格反射条件

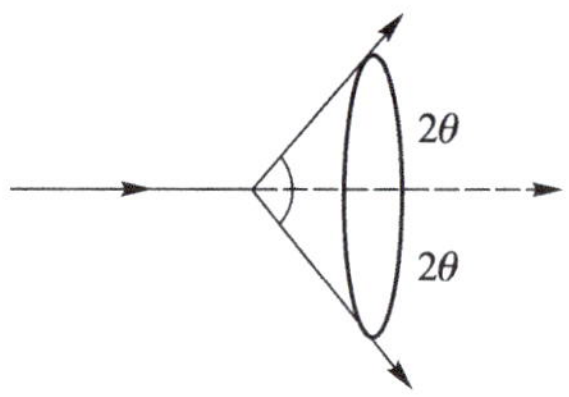


图 3-77 半顶角为 2θ 的衍射圆锥

2. 衍射仪法

许多化合物及金属大都形成粉末的微晶体，很难得到大的单晶。因此粉末法为目前最适宜的方法。粉末法中有照相法和衍射仪法，本实验仅介绍衍射仪法，它是一种可以直接测定又可自动记录晶体产生的衍射方向（$\theta$）和衍射强度（$I$）的仪器。

X 射线衍射仪构造方框图见图 3-78，主要有 X 射线发生器、测角仪和记录仪三部分组成。

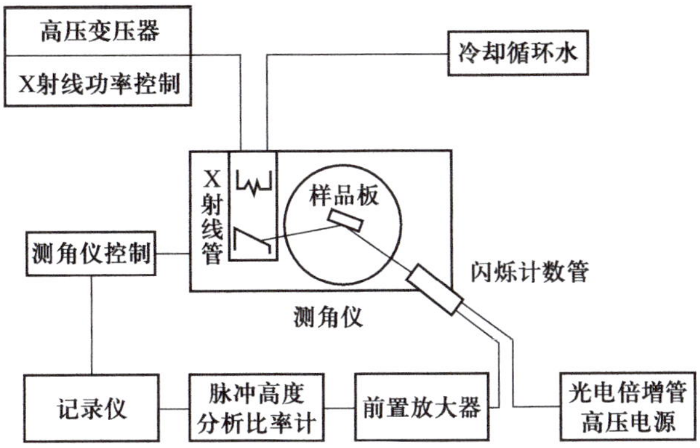


图 3-78　X 射线衍射仪构造方框图

图 3-79 为测角仪的光路装置示意图。其光路过程为：先由 X 射线发生器下经 1→$S_1$（梭拉狭缝）→2（发散狭缝）→样品→3（散射狭缝）→$S_2$（梭拉狭缝）→4（接收狭缝）→计数管。

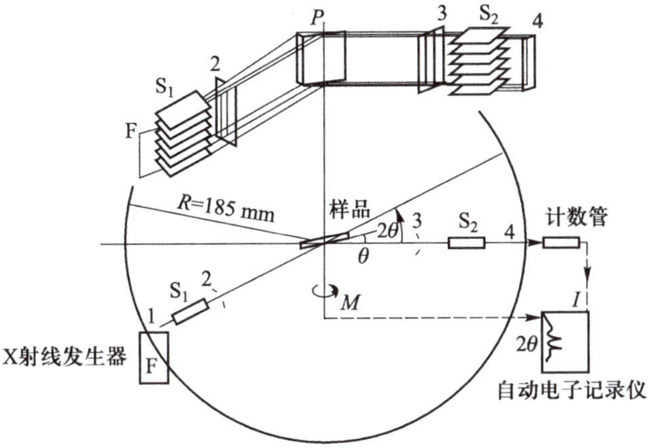


图 3-79　测角仪的光路装置示意图

实验中，将样品安置在衍射仪测角仪中心，计数管始终对准样品，当样品按一定的速度转动 $\theta$ 角时，计数管以 2 倍的速度转动 $2\theta$，在自动记录出的衍射图谱中，横坐标是（反映衍射方向）$2\theta$ 角（有峰出现代表在该角度有衍射），纵坐标是反映衍射强度相对大小 $I$ 信号。由衍射图谱中各衍射峰对应的 $2\theta$ 角，通过 Bragg 方程标出相应衍射线$\left(\dfrac{d}{n}=\dfrac{\lambda}{2\sin\theta}\right)$，衍射相对强度$\left(\dfrac{I}{I_1}\right)$可由衍射峰的面积（或近似用峰相对高度）计算，这就可以得到一套与晶体样品相应的“$\dfrac{d}{n}-\dfrac{I}{I_1}$”数据，若将计数管接收样品的衍射电信号与计算机系统联系上，便可自动对数据进行采集和处理。

3. 物相分析

根据晶体的晶面间距（$d$）和各晶体对 X 射线的衍射能力（相对强度 $I/I_1$）来鉴定晶体物相的方法，称为晶体的 X 射线物相分析。由于不同的晶体均具有自身特点的化学组成和结构，对X射线的衍射都会产生各自特有的衍射花样，故而可以从衍射图中得到反映其特征的数据 *d* 和 *I*，人们就可以根据衍射量实测得的数据来鉴别不同晶体的物相。

国际粉末衍射标准联合会（英文缩写 JCPDS）收集世界各国发表的各种单相结晶物质的X射线粉末衍射图，经审定、整理、汇编成 JCPDS 粉末衍射卡片，这套卡片原来由美国材料与试验协会（英文缩写 ASTM）出版发行，因此在过去称为 ASTM 卡片，现用 PDF 卡片（即粉末衍射图卡片）。由衍射仪测得的数据，再去查对应 PDF 卡片，即可知被测晶体物质的化学式，习惯名称及各种有关此晶体的结晶学数据（PDF 卡片使用说明见附录）。

## 三、仪器与试剂

Y-4Q-X 射线粉末衍射仪、计算机系统（GWD520C-H，PW1710 等）、PDF 卡片、玛瑙研钵、样品筛（350 目）

NaCl（AR）

## 四、实验步骤

1. 把被测样品放于玛瑙研钵中研磨至粉末状，过 350 目筛，然后把研细样品放在其中间有矩形凹槽的玻璃板上，用另一块玻璃板盖在矩形凹槽上，用力挤压，使凹槽内的样品与槽边的玻璃平面相平，并刮去凹槽周围的样品，把带样品的玻璃片插到衍射仪的样品支架上。准备工作就绪后，再在计算机控制下运行衍射仪。

2. 连接好各仪器之间的通信电缆和电源线，检查无误后，接通 1009 主机的低压电源（按下“开”键），此时有蜂鸣报警，表明冷却水没有接通。待接通冷却水，报警声停止，打开高压电源（按下“开”键），待指针（电压和电流）静止后，缓慢交替地上升电压、电流到所需值（电压40 kV，电流20 mA），稳定 0.5 h 后，方可进行测试（测试前要保证光闸是关的，以防止X射线对人体的损伤）。

3. 将 Y-4Q 系统启动盘的软盘插入 A 驱动器，关好 A 驱动器。在 B 驱动器中插入一新软盘，并关好 B 驱动器的门，以供记录文件使用。接通计算机电源，启动后屏幕上将显示 Y-4QSYSTEM 的开启信息。在运行 Y-4QSYSTEM 时，应始终保持 Y-4Q 系统启动盘在 A 驱动器中，并关好 A 驱动器的门。

在 Y-4QSYSTEM 被启动后，屏幕上显示出主菜单（MAINMANU）

Y-4QSYSTEM

Version 1.00 Ready

Choose one of the following

1) PW1710 TERMINAL

2) DATA COLLECTION

3) DATA PROCESSING

4) FILE MANAGEMENT

5) QUALITATIVE ANALYSIS

（1）在以上五种功能中，功能 5)用于对未知样品做定性分析。

按下键 5，再按回车键，系统开始建立与 PW1710 的联系，在屏幕上显示一个参数表（见表 3-5）。表中带有白色背景的值是该参数的当前有效值，可在光标处改变其值，输入与本实验要求相符的参数。检查正确无误，再按下 F1 键启动后，程序开始执行：

① 首先在打印机上打印出参数值，然后控制衍射线在所指定的扫描范围内进行连续扫描（$\theta$ 和 $2\theta$ 联动），在屏幕上半部显示衍射图形，在扫描过程中每寻找到一个峰，就在屏幕图形上该峰位置显示一标记“+”，在屏幕下半部显示该峰的角度、$d$ 值和强度，打印机打印出峰值。当扫描结束后，如不再测试其他样品，应关掉光闸，按照开机时的逆顺序关掉高压电源、低压电源，再继续冷却 0.5 h 方可关掉冷却水。

如扫描正常结束，此后则在磁盘上指定的文件名建立一个峰文件。

② 建立峰文件后，系统将把屏幕上的衍射图形复制到打印机上，且启动检索程序，从而显示出（在屏幕上）提示信息，按提示输入相应的参数，输入结束后程序开始进行原始数据的处理且进行检索检查，其结果输出到打印机上，以供分析处理之用。

检索完毕后，打开 A、B 驱动器，取出软盘，将计算机退回到 DOS 系统，最后关机。

表 3-5　参　数　表

| | |
|---|---|
| SCAN MODE | 1　1:ConlinuQus　2:Step |
| DRIVE AXIS | 3　1:Theta 2:2Theta 3:Theta-2Theta |
| WAVE LENGTH | 1.541 78 |
| START ANGLE(deg) | 10 |
| STOP ANGLE(deg) | 140 |
| SCAN SPEED(deg/sec) | 03 |
| SAMPLING TIME(sec) | 1 |
| PAPER SPEED(nm/deg) | 0 0:Recorder isn't used |
| FVU SCALE(CPS) | 1 E 2 E2 5 E2 1E3 2E3 5E3 1E4 2E4 5E4 1E5 2E5 5E5 |
| TIME CONSTANT(sec) | ·1·2·5　1　2　5　s |
| FILE NAME | |
| SAMPLE NAME | |
| TUBE VOLTAGE(kV) | |
| TUBE CURRENT(mA) | |
| DETECTOR | 1　1:PC　2:sc |
| FILTER | 0　0:　1:Ni　2:Fe　3:Mn　4:V　5:Zr |
| SCAN MODE | 1　1:ConlinuQus　2:step |
| MONOCHRO(graphite) | 1　0:OFF　1:ON |
| SLIT(DS)(deg) | |
| SLIT(ss)(deg) | |
| SLIT(RS)(mm) | |

测试结果：查 PDF 卡片，确定样品的物相。

(2) 在主菜单的五种功能中，功能 2）是数据采集，执行它可建立一个数据文件。

首先，像执行功能 5）那样，把合理且需要的参数值输入后（按屏幕显示的参数表），再把 X 射线衍射仪置于“运转状态”（如在实施功能 5）时做的那样）。

其次，按下 F1 键启动程序，系统控制衍射仪在指定的扫描范围内以指定的方式扫描。在屏幕上半部显示衍射图形，下半部显示采集到的衍射数据，并把参数条件和采集的数据以指定的文件名称存到指定的盘上。

如程序正常结束，则在软盘上建立一个数据文件，可供数据处理用。

(3) 功能 3)是数据处理，它可对数据进行寻峰、检索、积分强度计算、峰形放大及平滑处理。

## 五、结果与讨论

1. 由于本实验采用的 X 射线衍射仪配置了计算机，这样可以应用计算机来控制运行衍射仪，并且具有数据采集、数据处理等功能，大大节省了时间和人力，提高了效率。

2. 应用计算机处理结果，查找 PDF 卡片可进行样品的物相分析。

3. X 射线物相分析的优点：能直接确定样品的物相组成，用量少，且不破坏原样品，分析资料可以保持在图谱上；缺点：样品只限于晶体，多物相混合物（如 5 种以上）分析比较困难，目前仅限定性分析，定量分析还有较大困难。

## 六、实验要点及注意事项

1. 使用仪器必须严格按操作规程进行。
2. 必须保证有冷却水，以防将靶烧坏。
3. 设置电压、电流值时要缓慢交替调节，否则有损仪器。
4. 在扫描前后，光闸均应关闭，以免 X 射线损伤人体。

附录　PDF 卡片的使用说明

（编写：董吉溪　复核：吴华强）

# · 实验二十二　红外光谱法测量双原子分子的转动惯量 ·

## 一、目的与要求

1. 了解分子振动-转动光谱的基本原理；
2. 通过测量 HCl 气体的红外光谱图，计算其转动惯量、平衡间距和键力常数；

3. 了解红外分光光度计的结构原理及使用方法。

## 二、实验原理

在异核双原子分子中，其内部有三种运动方式，即电子相对原子核的运动、原子核间的相对振动和分子转动，这三种运动的能级都是量子化的，即分子的内部运动的总能量(除去平动外)：

$$E_{总}=E_{转动}+E_{振动}+E_{电子} \tag{3-22-1}$$

由于分子转动运动能级间隔远远小于振动运动能级间隔，所以在分子的振动能级间发生跃迁时，总伴随着转动能级间的跃迁，所得到的振动-转动光谱出现在红外波段，因此分子的振动-转动光谱称为红外光谱。红外光谱不是简单的线状光谱，而是在振动带上出现一系列转动结构的带状光谱。

本实验采用的 HCl 气体为异核双原子分子振动-转动光谱的典型例子。使用红外分光光度计得到的红外吸收光谱图是以波长(或波数)为横坐标，以百分吸收率(或透射比)为纵坐标来记录透过分子的光的谱带。

通常在讨论异核双原子分子的红外光谱时，把它近似作为刚性转子和简谐振子模型来处理，得到的振动能量和转动能量都是量子化的。在研究振动-转动光谱时，常把两种能量结合起来考虑：

$$E_{振动-转动}=\left(V+\frac{1}{2}\right)h\nu_e+\frac{h^2}{8\pi^2 I}J(J+1) \tag{3-22-2}$$

式中，$V$ 为振动量子数，$V=0,1,2,3,4\cdots$；$J$ 为转动量子数，$J=0,1,2,3,4\cdots$；$\nu_e$ 为振动频率，$\nu_e=\frac{1}{2\pi}\sqrt{\frac{k}{\mu}}$，$k$ 为键力常数，$\mu$ 为折合质量，$\mu=\frac{m_1\cdot m_2}{m_1+m_2}$；$I$ 为转动惯量，$I=\mu r_e^2$，$r_e$ 为平衡键距。

若用 $V'$ 及 $J'$ 表示跃迁后所达到能级的振动及转动量子数，用 $V''$ 及 $J''$ 表示跃迁前能级的振动及转动量子数，则与此跃迁相对应的光谱线波数为

$$\sigma=\frac{\Delta E_{振动-转动}}{hc}=(V'-V'')\sigma_e+[J'(J'+1)B'-J''(J''+1)B''] \tag{3-22-3}$$

式中，$\sigma_e=\frac{\nu_e}{c}$ 为特征波数；$B'$、$B''$ 分别为跃迁后和跃迁前的转动常数，$B'=\frac{h}{8\pi^2 c\cdot I'}$，$B''=\frac{h}{8\pi^2 c\cdot I''}$。由于跃迁前和跃迁后两个不同状态中电子间结合力和核间距有些差异，所以 $B'$ 和 $B''$ 值不相同。

如果仅考虑吸收光谱，则有 $V'-V''=+1$。

(1) 当 $J'-J''=+1$ 时

$$\sigma_R=\sigma_e+(J''+1)(J''+2)B'-J''(J''+1)B'' \tag{3-22-4}$$

$J''=0,1,2,3,\cdots$ 称为 R 支谱线。

(2) 当 $J'-J''=-1$ 时

$$\tilde{\nu}_P=\tilde{\nu}_e+(J''-1)J''B'-J''(J''+1)B'' \tag{3-22-5}$$

$J''=1,2,3,\cdots$ 称为 P 支谱线。

如果只考虑具有相同的起始态(跃迁前的$J''$值)的 R 支谱线和 P 支谱线组分,则有

$$\sigma_R(J'')-\sigma_P(J'')=4\left(J''+\frac{1}{2}\right)B' \quad J''=1,2,3,\cdots \tag{3-22-6}$$

如果只考虑具有相同的终态(跃迁后的$J'$值)的 R 支谱线和 P 支谱线组分,则有

$$\sigma_R(J'')-\sigma_P(J''+2)=4\left(J''+\frac{3}{2}\right)B'' \quad J''=1,2,3,\cdots \tag{3-22-7}$$

应用式(3-22-6)和式(3-22-7)可以求得$B'$和$B''$的值。

## 三、仪器与试剂

高分辨率红外分光光度计、HCl 气体发生装置、气体吸收池

浓硫酸(CP)、浓盐酸(CP)

## 四、实验步骤

1. 制备 HCl 气体

以浓盐酸滴入浓硫酸中,制得 HCl 气体。再经浓硫酸洗气瓶及装有无水 $CaCl_2$ 的干燥管后存入储气瓶中。测量 HCl 气体分子的光谱可以用 NaCl(或 LiF)单晶片为窗口的气体吸收池。将气体池先抽成真空,然后再通入储气瓶中的 HCl 气体,关上样品池旋塞备用。

2. 测绘谱图

调节仪器,在 3 200~2 800 $cm^{-1}$间进行扫描(要按照说明书的操作程序严格进行操作,或在教师指导下按正确步骤进行)。

## 五、结果与讨论

1. 按所得到的谱图,测量出各谱线的波数。
2. 应用式(3-22-6)和式(3-22-7)分别求得在 $J=0,1,2,3,4$ 时,相应的$B'$和$B''$。
3. 用转动常数公式计算转动惯量$I'$、$I''$,以及平衡键距$r'_e$,$r''_e$。
4. 用所测 $\Delta J=0$ 时,谱线峰的波数 $\sigma_e$ 值,近似计算出键力常数 $k$。

### 思考题

1. 哪些双原子分子有红外吸收光谱?HD 有无红外吸收光谱?为什么 $N_2$ 和 $O_2$ 没有红外吸收光谱?
2. 为什么可以在红外区看到转动谱线的结构?它和在微波区的纯转动谱线结构是否一致?
3. 红外光谱的气体样品池窗口除了用 NaCl 单晶外,还可以用什么材料?

(编写:董吉溪　复核:吴华强)

# · 实验二十三　核磁共振法测量丙酮酸水解速率常数及平衡常数 ·

## 一、目的与要求

1. 了解核磁共振的基本原理并掌握识别一般图谱的方法；

2. 通过测量质子的化学位移和半高宽，计算丙酮酸水解的平均寿命、速率常数及平衡常数。

## 二、实验原理

原子核和电子类似，有自旋运动，也是量子化的，由核的自旋量子数 $I$ 来描述。不同的核，其数值不同，$^{1}H$ 核的自旋量子数 $I$ 为 $\frac{1}{2}$。质子在外加磁场中，其磁矩有两种取向，即分裂为两种状态，可用自旋磁量子数 $m=\pm\frac{1}{2}$ 来描述：一种对应于 $m=\frac{1}{2}$，其磁矩与外加磁场方向相同；另一种对应于 $m=-\frac{1}{2}$，其磁矩与外加磁场方向相反。这两种不同取向的磁矩与磁场相互作用，产生两个不同的磁能级，其能量差（$\Delta E$）与外加磁场磁感应强度（$B_0$）成正比：

$$\Delta E=\gamma\frac{h}{2\pi}B_0 \tag{3-23-1}$$

式中，$\gamma$ 为磁旋比，它是质子的特征常数；$h$ 为普朗克常量。

如果照射核的电磁波的能量正好和两个核能级间隔 $\Delta E$ 相等，即 $h\nu=\Delta E$ 时，则低能的氢核吸收电磁波跃迁到高能级，发生核磁共振（NMR）。

核磁共振峰的化学位移反映了共振核的不同化学环境。当一种共振核在两种不同状态之间快速交换时，共振峰的位置是这两种状态化学位移的权重平均值。共振峰的半高度频率 $\Delta\nu$ 与核在该状态下平均寿命 $\tau$ 有直接关系。因此峰的化学位移、峰位置的变化、峰形状的改变等，均为物质的化学过程提供了重要信息。

丙酮酸水解反应是许多含有羰基化合物在水溶液中常见的酸碱催化反应。其反应式及相应质子峰的化学位移如式 3-23-2 所示：

$$\underset{\substack{\uparrow \\ \delta=2.60}}{CH_3}COCOOH+H_2O \rightleftharpoons \underset{\substack{\uparrow \\ \delta=1.75}}{CH_3}C(OH)_2COOH \tag{3-23-2}$$

另外，在 $\delta=5.48$ 处还有一个很强的共振峰，它是水和丙酮酸的羰基及二醇酸的羰基中质子相互快速交换的共振峰。用 NMR 技术测定反应速率时，必须控制质子的平均寿命 $\tau$ 在

0.001～1 s。同时应注意体系是处于动态平衡之中的，质子间进行着快速的交换。质子共振谱的峰宽依赖于物质的平均寿命 $\tau$，而 $\tau$ 又和反应速率有关。如果物质没有化学活性，即不进行质子交换，则相应质子的共振峰应该很尖锐。相反，如果质子在两个不同的化学环境之间进行快速交换，这时质子的共振峰随质子之间交换速率加快而变宽。在丙酮酸水解反应中，随着加入 HCl 浓度增大，质子交换速率加快，使得它们的甲基质子共振峰都以各自的方式变宽。当质子间交换速率达到某种极限时，如加入浓 HCl 情况下，两个共振峰就合并为一个峰了，如图 3-80 所示。

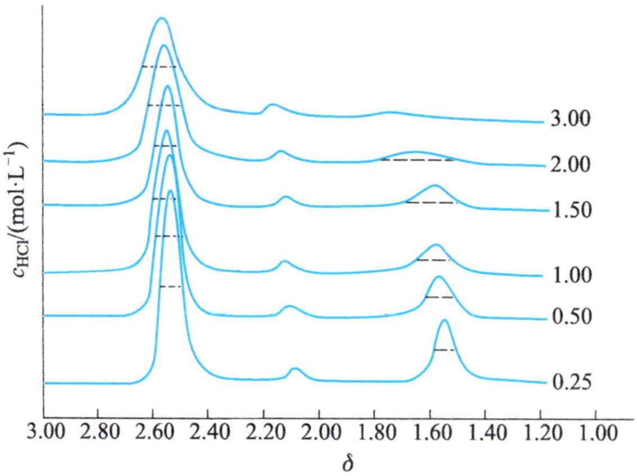


图 3-80 丙酮酸水解反应 NMR 谱图

质子峰的自然宽度为$\dfrac{2}{T_2}$，$T_2$ 为自旋-自旋弛豫时间。有质子交换时的半峰宽为 $\Delta\omega$，其关系为

$$\Delta\omega=\frac{2}{T_2}+\frac{2}{\tau} \tag{3-23-3}$$

$\Delta\omega$ 的单位是 $r\cdot s^{-1}$，它和频率 $\Delta\nu$(Hz)的关系为

$$2\pi\cdot\Delta\nu=\Delta\omega \tag{3-23-4}$$

当不存在质子交换时，即丙酮酸溶液中如不存在 $H_2O$ 和 $H^+$时，半峰宽则为$\dfrac{2}{T_2}$。当 $T_2$ 被测定后，又测量了存在质子交换时的半峰宽 $\Delta\omega$，由式(3-23-3)便可求得质子的平均寿命 $\tau$。当然，$T_2$ 也可由作图法求得。$\tau$ 和氢离子催化速率常数 $k_{H^+}$的关系如下：

$$\frac{1}{\tau}=k_{H^+}[H^+] \tag{3-23-5}$$

再由式(3-23-3)、式(3-23-5)两式，可得出

$$\frac{\Delta\omega}{2}=\frac{1}{T_2}+k_{H^+}[H^+] \tag{3-23-6}$$

作 $\Delta\omega/2$ 对[$H^+$]的直线图，截距为 $1/T_2$，可求得 $T_2$。再由式(3-23-3)可求出 $\tau$。由直线斜率可求得 $k_{H^+}$。

由于共振峰的面积与共振核的数量成正比，所以反应的平衡常数 $K_{eq}$表示如下：

$$K_{eq}=\frac{A}{B} \tag{3-23-7}$$

式中，$A$ 为二醇酸甲基质子峰的积分强度；$B$ 为丙酮酸甲基质子峰的积分强度。

## 三、仪器与试剂

AV300 MHz 核磁共振波谱仪、样品管（直径 5 mm，长 20 cm）

HCl（AR）、丙酮酸（AR）、TMS（四甲基硅烷为内标物）

## 四、实验步骤

1. 溶液配制

配制丙酮酸浓度均为 4 $mol \cdot L^{-1}$，而 HCl 溶液浓度分别为：0.25 $mol \cdot L^{-1}$、0.50 $mol \cdot L^{-1}$、1.00 $mol \cdot L^{-1}$、1.50 $mol \cdot L^{-1}$、2.00 $mol \cdot L^{-1}$、3.00 $mol \cdot L^{-1}$和 5.00 $mol \cdot L^{-1}$的 7 个样品。

2. 样品的制备

在样品管中分别放入上述样品，并加入 0.5 mL 氘代试剂（如 $CDCl_3$）及 1~2 滴 TMS（内标），盖上样品管盖子。

3. 样品测量

在相同条件下测量样品 NMR 谱。根据本校具体情况，学生可分组做不同 HCl 浓度的 NMR 谱图。在教师指导下按核磁共振波谱仪说明书的规定进行操作。

## 五、结果与讨论

1. 实验结果

用卡尺测量位于 $\delta=2.60$ 和 $\delta=1.75$ 二处峰的半峰宽，以 $\Delta\nu$（Hz）表示，将结果填入下表中。

| $[H^+]$ | 化学位移 $\delta$ | | | | | |
|---|---|---|---|---|---|---|
| | 2.60（半峰宽） | | | 1.75（半峰宽） | | |
| $c_{HCl}/(mol \cdot L^{-1})$ | $T_2$/cm | $\Delta\nu$/Hz | $\Delta\omega/(r \cdot s^{-1})$ | $T_2$/cm | $\Delta\nu$/Hz | $\Delta\omega/(r \cdot s^{-1})$ |
| 5.00 | | | | | | |
| 3.00 | | | | | | |
| 2.00 | | | | | | |
| 1.50 | | | | | | |
| 1.00 | | | | | | |
| 0.50 | | | | | | |
| 0.25 | | | | | | |

2. 分别作丙酮酸甲基质子峰和二醇酸甲基质子峰的半峰宽 $\Delta\omega/2$ 对相应$[H^+]$的直线图。由图的截距可得 $1/T_2$,再配合式(3-23-3)可得平均寿命 $\tau$。

3. 由直线图的斜率可得到 $k_{H^+}$ 和 $k'_{H^+}$,后者为逆反应速率常数。

4. 根据两个峰的积分强度,由式(3-23-7)求 $K_{eq}$。

## 六、实验要点及注意事项

1. 丙酮酸不稳定,在使用前须经减压蒸馏提纯,否则谱图中杂质峰过大,有碍测量。

2. 样品管必须插在磁场中心,否则测不到核磁共振信号。

### 思考题

1. 质子的核磁共振峰的宽度与哪些因素有关?

2. 试比较用核磁共振方法求速率常数和传统动力学方法的差异。

参考文献

(编写:吴华强　复核:董吉溪)

# 四、

## 化工基础实验

# · 实验一　流体机械能的转换 ·

## 一、实验目的

1. 通过本实验,加深对能量相互转换概念的理解;
2. 观察流体流经收缩、扩大管段时,各截面上静压头的变化;
3. 熟练应用伯努利方程解决问题,培养理论联系实际观念。

## 二、实验原理

能量衡算方程(伯努利方程)阐明了流体流动时,流体具有的各种形式能量之间相互转换的规律。伯努利方程的实际应用十分广泛,如用于确定流速与压力降的关系,测量流速、流量等。伯努利方程仪能直观地展示能量转换的规律。

在图 4-1 所示的定态流动系统中,流体从截面 1 流入,经管径不同的管道,从截面 2 流出。

衡算范围:内壁面、1 和 2 截面之间。

计算基准:1 kg 流体。

基准水平面:0 平面。

流动流体具有的能量包括内能、动能、势能和静压能,其中,动能、势能和静压能又称为机械能。此外,还包括泵提供的功。

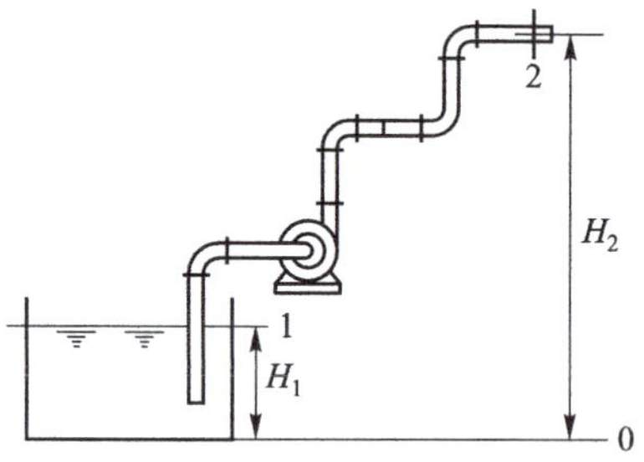

图 4-1　伯努利方程式的推导

(1) 内能　物质内部能量的总和称为内能。流体输入和输出的内能分别为 $U_1$ 和 $U_2$,其单位为 J。

(2) 势能　流体因重力作用,在不同高度处具有的能量,相当于质量为 $m$ 的流体自基准水平面升到某高度 $H$ 所做的功,即势能为 $mgH$,其单位为 J。势能是个相对值,随所选的基准水平面位置而定,在基准水平面以上的势能为正值,以下的为负值。

(3) 动能　流体因流动而具有动能。质量为 $m$,流速为 $u$ 的流体具有的动能为 $m\frac{u^2}{2}$,其单位为 J。

(4) 静压能　流体处于一定压力下所具有的能量,即流体因被压缩而能向外膨胀做功的能力。质量为 $m$,压力为 $p$,体积为 $V$ 的流体的静压能为 $pV$,其单位为 J。对不可压缩流体,密度 $\rho$ 为常数,静压能可表示为 $p\frac{m}{\rho}$。

(5) 外功(净功)　流体通过泵(或其他输送设备)获得的能量,以 $W_e$ 表示,单位为 J。

流体在两截面间流动时为克服流动阻力要消耗一部分机械能,这部分机械能转变成热能使流体的内能增加，即 $\Delta U=U_2-U_1$。这部分转化为内能的机械能耗散于流体中，不能直接用于流体的输送，称为能量损失 $E_f$。根据能量守恒定律，对连续定态流动系统，输入的总能量等于输出的总能量，因此，以质量为 $m$ 的流体为基准列能量衡算式，可得：

$$mgH_1+m\frac{u_1^2}{2}+p_1\frac{m}{\rho}+W_e=mgH_2+m\frac{u_2^2}{2}+p_2\frac{m}{\rho}+E_f \tag{4-1-1}$$

式(4-1-1)表示流体流动时的机械能的变化关系，称为流体定态流动时的机械能衡算式。对理想流体，且无外功加入，即 $E_f=0$ 且 $W_e=0$，式(4-1-1)可简化为

$$mgH_1+m\frac{u_1^2}{2}+p_1\frac{m}{\rho}=mgH_2+m\frac{u_2^2}{2}+p_2\frac{m}{\rho} \tag{4-1-2}$$

式(4-1-1)和式(4-1-2)称为伯努利方程式，是伯努利方程的引申，习惯上也称为伯努利方程。工程上，常用单位牛顿流体作为能量衡算基准，将式(4-1-1)各项除以 $mg$ 可得

$$H_1+\frac{u_1^2}{2g}+\frac{p_1}{\rho g}+H_e=H_2+\frac{u_2^2}{2g}+\frac{p_2}{\rho g}+H_f \tag{4-1-3}$$

式(4-1-3)各项的单位为 m，表示单位牛顿的流体所具有的能量。其物理意义是指单位质量流体所具有的机械能可以把它自身从基准水平面升举的高度。$H$、$\frac{u^2}{2g}$、$\frac{p}{\rho g}$和 $H_f$ 分别称为位压头、动压头、静压头和压头损失，$H_e$ 称为输送设备对流体所提供的有效压头。在内部有液体流动的管壁上开孔，并连接一根垂直的玻璃管，液体便会在玻璃管内上升，上升的液柱高度即为该截面上流体所具有的静压头的值。

对于无外功加入($H_e=0$)的不可压缩流体，有

$$H_1+\frac{u_1^2}{2g}+\frac{p_1}{\rho g}=H_2+\frac{u_2^2}{2g}+\frac{p_2}{\rho g}+H_f \tag{4-1-4}$$

对于理想流体，压头损失为零，若导管处于同一水平面，则各截面处位压头相等，简化得

$$\frac{u_1^2}{2g}+\frac{p_1}{\rho g}=\frac{u_2^2}{2g}+\frac{p_2}{\rho g} \tag{4-1-5}$$

由此可见，动能和静压能之间可相互转化。流速的计算公式为

$$u=\frac{4q_V}{\pi d^2} \tag{4-1-6}$$

因此连续定态流动的流体，当由细管流到粗管时，由于流速变小，即动压头变小，所以静压头会增大，动能转化为静压能；反之，流体由粗管流到细管时，动压头增大，而静压头减小，静压能转化为动能。

已知流量和管径，由式(4-1-6)可以计算出某截面的流速。将某截面上流体的流速和两截面上流体的静压头代入式(4-1-5)，可计算出另一截面处流体的流速。再利用式(4-1-6)即可求出该截面上导管的内径。

当导管管径相同时，流速相同，则截面处动压头相等，式(4-1-4)可简化整理为

$$H_f=H_1-H_2+\frac{p_1}{\rho g}-\frac{p_2}{\rho g} \tag{4-1-7}$$

由此可见，如果两个截面的管径相同，那么实际流体在两个截面之间流动时所产生的压头损失等于两个截面上流体的位压头差与静压头差之和。

## 三、实验设备与装置

实验装置如图 4-2 所示，实验导管管路如图 4-3 所示。

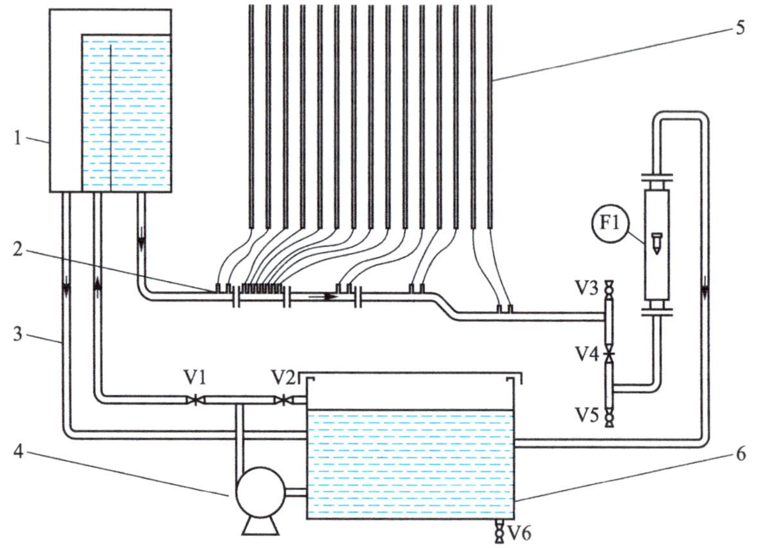


图 4-2　伯努利实验装置流程图

1—高位槽；2—实验管路；3—溢流管；4—离心泵；5—测压玻璃管（带直尺）；6—水箱；
F1—转子流量计；V1、V2、V3、V4、V5、V6—阀门

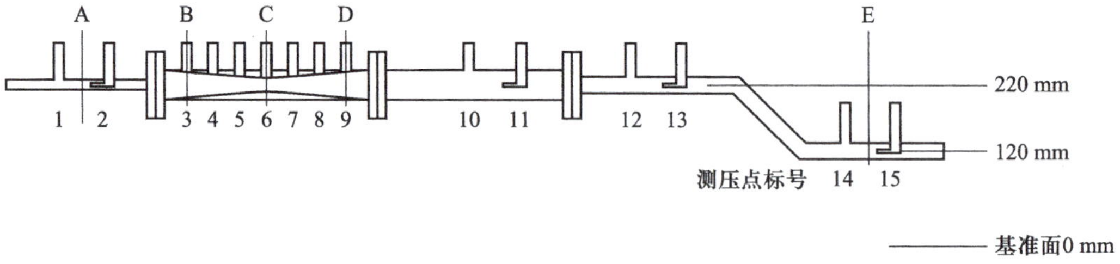


图 4-3　实验导管管路图

实验导管：A 截面、E 截面所在玻璃管内径为 14 mm；B 截面、D 截面所在玻璃管内径为 28 mm。A 截面和 E 截面间垂直距离为 100 mm。

## 四、实验步骤

1. 将水箱加满蒸馏水，关闭离心泵出口上水阀 V1、旁路调节阀 V2、排气阀 V3、实验导管出口流量调节阀 V4、排水阀 V5，启动离心泵。

2. 逐步开大离心泵出口上水阀 V1，当高位槽溢流管有液体溢流后，关小离心泵出口上水阀 V1，再打开旁路调节阀 V2，保证高位槽中液体有进有出的同时使液面趋于平稳。

3. 观察测压玻璃管内是否有气泡，如果没有气泡，玻璃管内液柱在流量为零下是相平

的。如有气泡用洗耳球吸走气泡。

4. 调节阀门 V4 使转子流量计 F1 到指定流量，将测压玻璃管液柱控制在标尺范围内。

5. 待流体稳定后读取转子流量计 F1 的读数，并记录相应测压玻璃管液柱的数据。

6. 改变转子流量计 F1 的流量，重复以上步骤继续测定多组数据，分析流体流过不同位置处的能量转换关系并加以计算，得出结论。

7. 关闭所有阀门，再关闭离心泵，结束实验。

## 五、实验数据记录与处理

1. 实验数据记录

| 编号 | $q_V/(\mathrm{L\cdot h^{-1}})$ | $\frac{p_A}{\rho g}\Big/\mathrm{cm}$ | $\frac{p_B}{\rho g}\Big/\mathrm{cm}$ | $\frac{p_C}{\rho g}\Big/\mathrm{cm}$ | $\frac{p_D}{\rho g}\Big/\mathrm{cm}$ | $\frac{p_E}{\rho g}\Big/\mathrm{cm}$ |
|---|---|---|---|---|---|---|
| 1 | | | | | | |
| 2 | | | | | | |
| 3 | | | | | | |
| 4 | | | | | | |
| 5 | | | | | | |
| 6 | | | | | | |
| 7 | | | | | | |
| 8 | | | | | | |
| 9 | | | | | | |
| 10 | | | | | | |

2. 实验数据处理

| 编号 | $u/(\mathrm{m\cdot s^{-1}})$ | $u_C/(\mathrm{m\cdot s^{-1}})$ | $u_C^*/(\mathrm{m\cdot s^{-1}})$ | $d_C/\mathrm{mm}$ | $d_C^*/\mathrm{mm}$ | $H_{fA,E}/\mathrm{mmH_2O}$ |
|---|---|---|---|---|---|---|
| 1 | | | | | | |
| 2 | | | | | | |
| 3 | | | | | | |
| 4 | | | | | | |
| 5 | | | | | | |
| 6 | | | | | | |
| 7 | | | | | | |
| 8 | | | | | | |
| 9 | | | | | | |
| 10 | | | | | | |

注：$u$ 为 B 和 D 截面处流体的流速。$u_C$ 和 $d_C$ 分别是在 B、C 两截面间列伯努利方程计算所得的截面 C 处的流体流速和管内径；$u_C^*$ 和 $d_C^*$ 分别是在 C、D 两截面间列伯努利方程计算所得的截面 C 处的流体流速和管内径。

## 六、实验要点及注意事项

1. 不要将离心泵出口上水阀开得过大，以免使水流冲击到高位槽外面，导致高位槽液面不稳定。

2. 出水流量增大时，应检查一下高位槽内水面是否稳定，当水面下降时要适当开大上水阀补充水量。

3. 开关阀门、调节转子流量计阀门时要缓慢，并随时注意设备内的变化，以免造成流量突然改变使测压玻璃管中的水溢出管外。

4. 注意排除实验导管内的空气泡。

5. 离心泵不要空转和在出口阀门全开的条件下启动。

### 思考题

1. 比较 $H_{f\,B,C}$ 和 $H_{f\,C,D}$，为什么 $H_{f\,B,C}<H_{f\,C,D}$？

2. 流量增大对流体压头损失和流速分别有何影响？这两种影响有何关系？

3. 谈谈你对伯努利方程的理解。

（编写：王伟智　复核：罗时忠）

# ·实验二　流体流型及临界雷诺数的测定·

## 一、目的与要求

1. 建立对滞流和湍流两种流动类型的直观感性认识；

2. 观测雷诺数与流体流动类型的相互关系；

3. 观察滞流中流体质点的速度分布；

4. 了解流量计发展简史，分析实验所用雷诺装置弊端，提出改进措施。

## 二、实验原理

### （一）牛顿黏性定律

流体黏度，流体的重要物性参数之一，是流体内部摩擦力的表现。

1. 流体的黏性

流体处于运动状态下，有一种抗拒内在的向前运动的特性，即黏性。实际流体管道内流动时被分割为无数极薄的圆筒层，一层套一层，各层以不同速度运动，由于速度不同，层与层产生相对运动，速度快的流体层对相邻的速度较慢的流体层产生一个向前的推力，同时慢的也对快的产生一个大小相等，方向相反的力。

流体内部相邻的两流体层间的相互作用力，称为流体的内摩擦力，又称黏滞力或黏性摩擦力。

内摩擦力是流体阻力产生的根据，流体流动必须克服内摩擦力而做功。

2. 牛顿黏性定律（实验得到的定律）

（1）当流体径向速度变化呈线性关系（图 4-4）

上下两块平行放置面积很大，相距很近的平板，板间充满液体，下板固定，上板施一恒外力，以恒速 $v$ 沿 $x$ 轴方向运动，板间液体分为无数薄层运动，最上一层速度为 $v$，最下一层速度为 0。

实验证明：

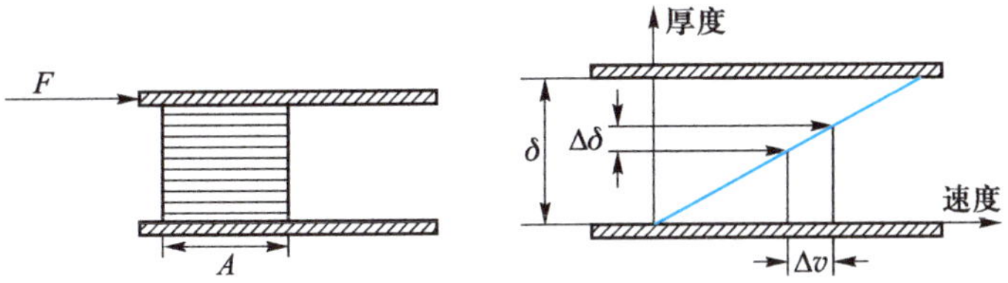


图 4-4　厚度与面积无关

$$F \propto A\frac{\Delta v}{\Delta \delta} \tag{4-2-1}$$

式中，$\Delta v$ 为两层间的速度差；$\Delta\delta$ 为两层间垂直距离；$A$ 为两层间接触面积。

引入比例系数：$F=\mu A\dfrac{\Delta v}{\Delta\delta}$，$\tau=\dfrac{F}{A}=\mu\dfrac{\Delta v}{\Delta\delta}$。$\tau$ 为单位面积上的内摩擦力，称内摩擦应力或剪应力。

（2）当流体径向速度变化呈曲线关系（图 4-5）

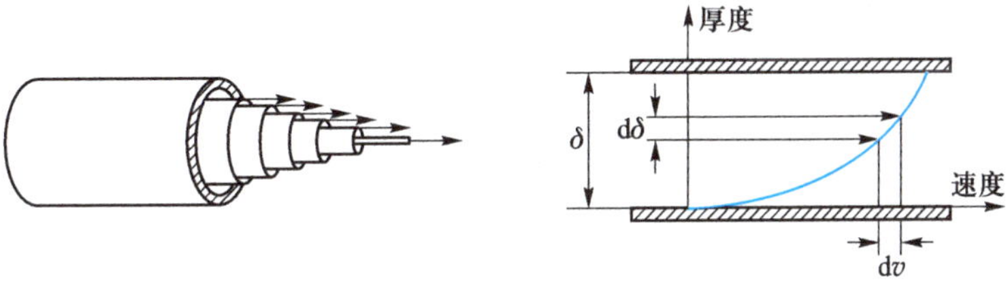


图 4-5　厚度与面积有关

$$\tau=\frac{F}{A}=\mu\frac{dv}{d\delta} \tag{4-2-2}$$

式中，$\dfrac{dv}{d\delta}$为速度梯度，即在与流动方向垂直的 y 方向上流体速度的变化率。

$$\left.\begin{cases}\tau=\dfrac{F}{A}=\mu\dfrac{\Delta v}{\Delta\delta}\\[2ex] \tau=\dfrac{F}{A}=\mu\dfrac{dv}{d\delta}\end{cases}\right. \longrightarrow \text{牛顿黏性定律}$$

$\mu$ 为比例系数，又称黏滞系数，简称黏度。

3. 流体的黏度

$$\mu = \frac{\tau}{\mathrm{d}v/\mathrm{d}\delta} \tag{4-2-3}$$

黏度是使流体流动产生单位速度梯度的剪应力，黏度是流体物理性质之一。

SI 制：$\mathrm{Pa \cdot s}$ 或 $\mathrm{kg \cdot m^{-1} \cdot s^{-1}}$

cgs 制：P（泊）或 cP（厘泊）

换算：1cP = 0.01 P = 0.001 Pa · s

### （二）定态流动与非定态流动

定态流动：流体流动系统中，管道任一截面上，流体各有关物理量（流速、压力、密度）不随时间而改变。连续操作的化工生产中大多属于定态流动。

反之则称为非定态流动：① 随时间量规律性改变，可用微分方程求解；② 无规律性，凭经验处理。

本实验主要讨论定态流动。

恒位措施可使非定态流动转变为定态流动，如图 4-6 所示。

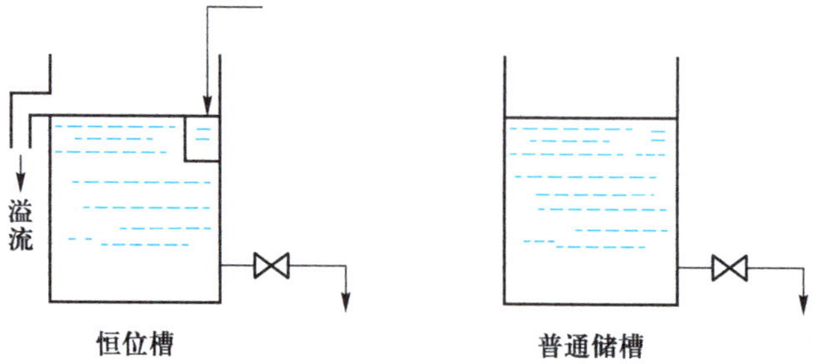


图 4-6 恒位槽与普通储槽

### （三）流体流动的形态

流体充满导管作定态流动时有滞流和湍流两种形态。

1. 雷诺实验

为了探讨流体在管道中的流动形态及其影响因素，1883 年，英国科学家雷诺利用实验装置进行观察并提出了理论判断方法。

实验现象：实验开始时，水槽内充满水，并保持溢流，然后开启阀门使墨水流入玻璃管中，并开启阀门调节流量，水流出现以下三种状态，如图 4-7 所示：

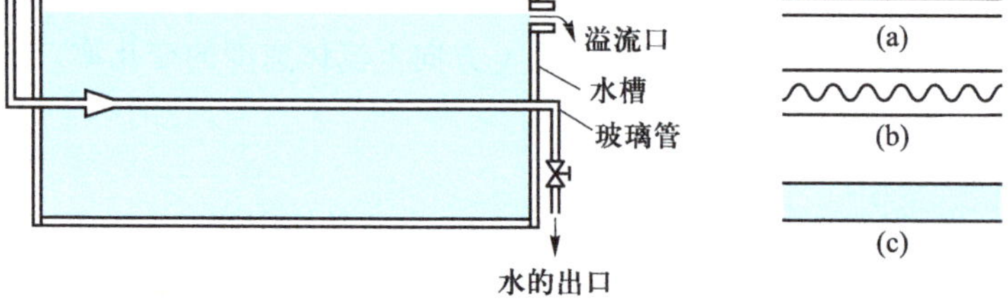

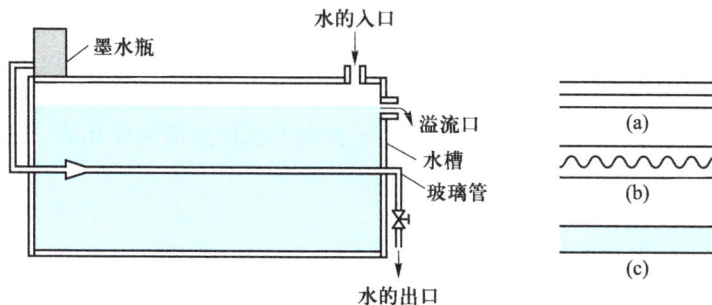

图 4-7 雷诺实验装置示意图

(a) 管内水以低速流动，有色水（示踪剂）在管内沿轴线方向成一清晰细直线，平稳流过整根玻璃管。

(b) 水流速度增至一定数值时，有色水出现波浪式细流。

(c) 流速再增加，波动加剧，有色水出现断裂，至完全混合。

这个实验揭示出流体流动有两种截然不同的类型。一种相当于（a）的流动，称滞流（层流）；另一种称湍流（或紊流），相当于（c）的流动。

若用不同的管径和不同的流体分别进行实验，发现影响流体流动状况的因素除了流体的流速 $v$ 外，还有管道直径 $d$，流体的密度 $\rho$ 以及黏度 $\mu$，可将四个物理量归纳为一个无因次的复合数群 $d v\rho/\mu$，称为雷诺数，以 $Re$ 表示。

2. 雷诺数（$Re$）

$$Re=\frac{dv\rho}{\mu} \tag{4-2-4}$$

雷诺数因次：$[Re]=[\frac{dv\rho}{\mu}]=\frac{(\mathrm{m})(\mathrm{m/s})(\mathrm{kg/m^3})}{\mathrm{kg}\cdot\mathrm{m^{-1}}\cdot\mathrm{s^{-1}}}=\mathrm{m^0\,kg^0 s^0}$

可见 $Re$ 是一个无因次数群，大量实验结果表明，一般情况下

$$\begin{cases} Re<2\,000，滞流，通常\ Re=2\,000\ 时作为临界\ Re\ 值； \\ 2\,000<Re<4\,000，不稳定过渡区，可能滞流，可能湍流； \\ Re>4\,000，湍流。 \end{cases}$$

$Re$ 计算时注意点：

(1) 单位必须统一为 SI 制。

(2) 关于直径的确定：

$$d_e=4\times\frac{流体流过的横截面积}{流体润湿的周边}$$

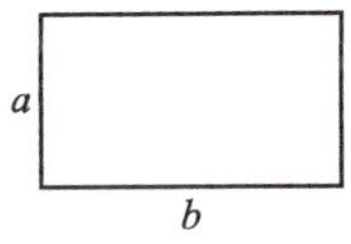

$$d_e=4\times\frac{ab}{2(a+b)}=\frac{2ab}{(a+b)}$$

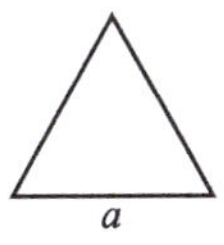

$$d_e=4\times\frac{\frac{\sqrt{3}}{4}a^2}{3a}=\frac{\sqrt{3}a}{3}$$

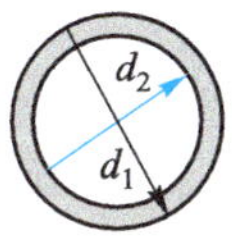

$$d_e=4\times\frac{\frac{\pi}{4}(d_1^2-d_2^2)}{\pi(d_1+d_2)}=d_1-d_2$$

3. 滞流与湍流比较

圆管内滞流与湍流的比较如表 4-1 所示。

**表 4-1 圆管内滞流与湍流的比较**

| 比较 | 滞流 | 湍流 |
|---|---|---|
| 本质区别 | 分层流动 | 质点的脉动 |
| 速度分布 | 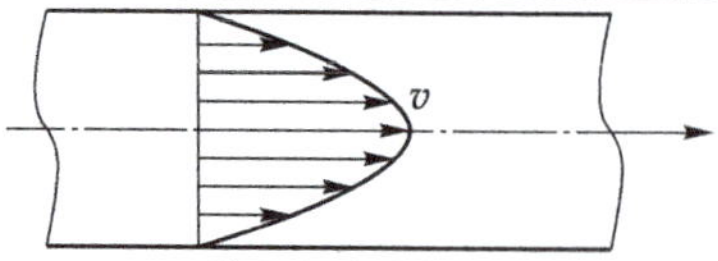  滞流流速分布 | 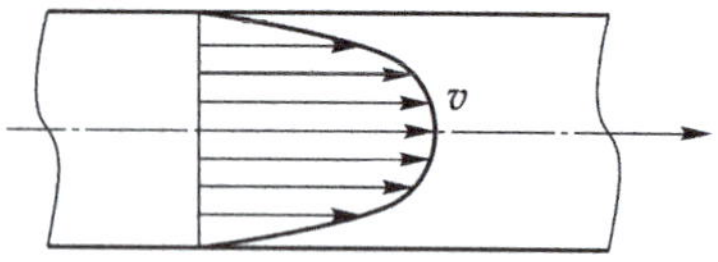  湍流流速分布 |
| 平均速度 | $u_m=\frac{1}{3}u_{max}$ | $u_m=0.8u_{max}$ |
| 剪应力 | $\tau=\mu \mathrm{d}u/\mathrm{d}y$ | $\tau=(\mu+\varepsilon)\cdot \mathrm{d}u/\mathrm{d}y$ |

滞流：流体质点做一层滑过一层的位移，层与层之间无明显的干扰，流速沿断面按抛物线分布；紧靠管壁流体流速为零，管中央流速最大。

湍流：流体质点有剧烈的骚扰涡动，靠近管壁一定距离的流体流速逐步增大，接近管中央相当大范围内的流体流速接近最大流速。

**（四）转子流量计**

1. 构成

一根带有刻度的上粗下细的垂直、略成圆锥形玻璃管，内装有一个金属或其他材料做成的一定体积的转子（又称浮子），流量可由刻度直接读出（图 4-8）。

2. 工作原理

流体通过管壁与转子之间管的环隙时，由于通道面积减小，流速增大，流体的静压力降低，转子上下产生压力差 $\Delta p$，当转子受到的力处于平衡时，

$$\Delta p\times A_R+\rho V_R g=\rho_R V_R g \tag{4-2-5}$$

式中，$\Delta p$ 为转子上下间流体的压力差，Pa；$V_R$ 为转子的体积，$m^3$；$A_R$ 为转子最大截面积，$m^2$；$\rho_R$，$\rho$ 分别表示转子材料和流体的密度，$kg\cdot m^{-3}$。

$$\Delta p=\frac{(\rho_R-\rho)V_R g}{A_R} \tag{4-2-6}$$

$$q_V=v_R a_R; \tag{4-2-7}$$

$a_R$ 为环隙面积。

$$v_R=c_R\sqrt{\frac{2g\Delta p}{\rho g}} \quad （1 和 2 界面能量衡算推得，z_1\approx z_2） \tag{4-2-8}$$

$$q_V=a_R c_R\sqrt{\frac{2g\Delta p}{\rho g}}=a_R c_R\sqrt{\frac{2gV_R(\rho_R-\rho)}{A_R\rho}} \tag{4-2-9}$$

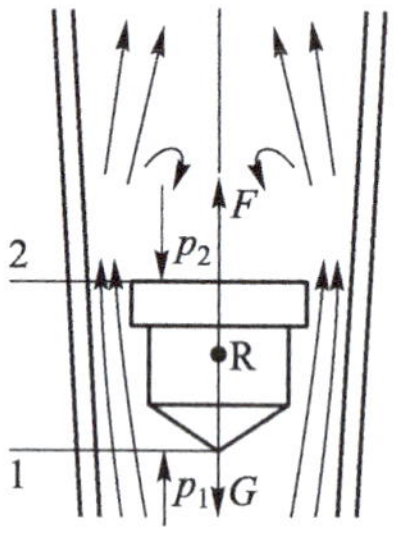

图 4-8 转子流量计

3. 特点

（1）由于转子体积 $V_R$、截面积 $A_R$、密度 $\rho_R$ 均为定值，则 $\Delta p$ 为一定值，$c_R$ 已由实验测得，所以流量 $q_V$ 仅随环隙面积 $a_R$ 变化，即 $q_V\propto a_R$，转子读数位置为最大截面与玻璃管刻度相交处（图 4-9）。由于倒锥形玻璃管 $a_R$ 将随转子上浮位置变化，即 $q_V\propto h$（转子在流量计中停留高度），于是，先由实验直接测定流量 $q_V$ 与转子上浮位置 $h$ 的变化关系，绘制成该转子流量

计($q_V$-$h$)的工作曲线，实际测定流量只需由转子上浮高度 $h$ 查工作曲线而得流量 $q_V$ 值。

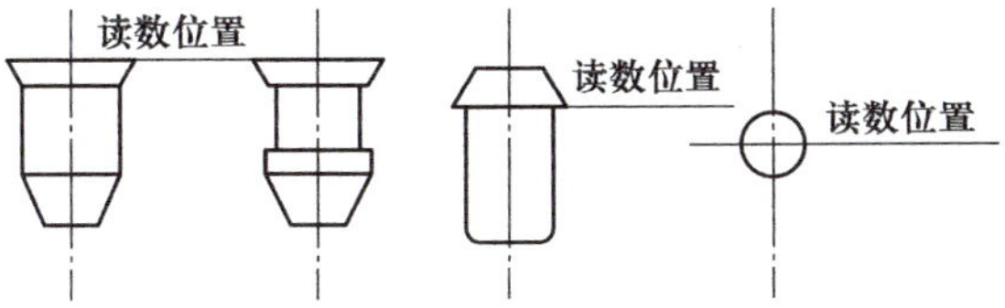


图 4-9　转子流量计读数位置

(2) 转子流量计必须垂直安装在管路中，流体由下向上流动，其刻度一般是用 20 ℃的水或 20 ℃、1 atm 的空气进行标定，如测量其他流体时，须换算。

换算公式：

$$\frac{q_{V,\mathrm{B}}}{q_{V,\mathrm{A}}}=\sqrt{\frac{(\rho_{\mathrm{R}}-\rho_{\mathrm{B}})\rho_{\mathrm{A}}}{(\rho_{\mathrm{R}}-\rho_{\mathrm{A}})\rho_{\mathrm{B}}}} \tag{4-2-10}$$

## 三、实验试剂与设备

1. 装置

液面保持一定高度的水箱与玻璃测试管相连，水箱上放有颜色水瓶，测试管上安有带针头的胶塞，用出口阀调节流量，用转子流量计测定流量

2. 仪器

水箱，玻璃实验管(管径不变，$d_{内}$ = 25 mm，壁厚 2.5 mm)，颜色水瓶(红墨水溶液)，转子流量计，长针头一个，温度测量仪表，0～100 ℃

## 四、实验步骤

1. 实验前准备工作

(1) 向下口瓶中加入适量用水稀释过浓度适中的红墨水(图 4-10)，调节调节夹使红墨水充满进样管。

(2) 观察细管位置是否处于管道中心线上，适当调整针头使它处于观察管道中心线上。

(3) 关闭水流量调节阀、排气阀，打开进水阀、排水阀，向高位水箱注水，使水充满水箱并产生溢流，保持一定溢流量。

(4) 轻轻开启水流量调节阀，使水缓慢流过实验管道，并让红墨水充满细管道。

2. 雷诺实验演示

(1) 在做好以上准备的基础上，调节进水阀，维持尽可能小的溢流量。

(2) 缓慢有控制地打开红墨水流量的调节夹，红墨水流束即呈现不同流动状态，红墨水流束所表现的就是当前水流量下实验管内水的流动状况(图 4-11 表示滞流流动状态)。读取流量数值并计算出对应的雷诺数。

(3) 因进水和溢流造成的震动，有时会使实验管道中的红墨水流束偏离管内中心线或发生不同程度的左右摆动，此时可立即关闭进水阀，稳定一段时间，即可看到实验管道中出

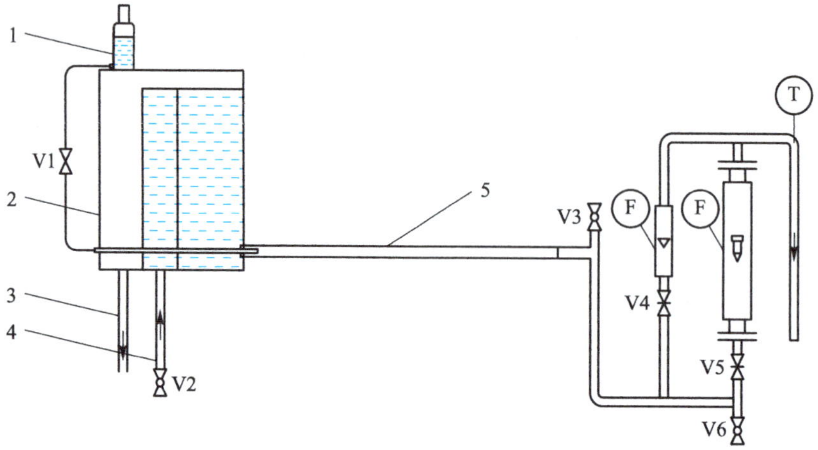


图 4-10 雷诺实验装置流程图

1—下口瓶；2—高位槽；3—溢流管；4—上水管；5—测试管；
F—转子流量计；T—温度计；V1、V2、V3、V4、V5、V6—阀门

现与管中心线重合的红色直线。

(4) 加大进水阀开度，在维持尽可能小的溢流量情况下增大水的流量，根据实际情况适当调整红墨水流量，即可观测实验管内的水在各种流量下的流动状况。为部分消除进水和溢流所造成震动的影响，在滞流和过渡流状况的每一种流量下均可采用(3)中介绍的方法，立即关闭进水阀，然后观察管内水的流动状况（过渡流、湍流流动如图 4-12 所示）。读取流量数值并计算对应的雷诺数。

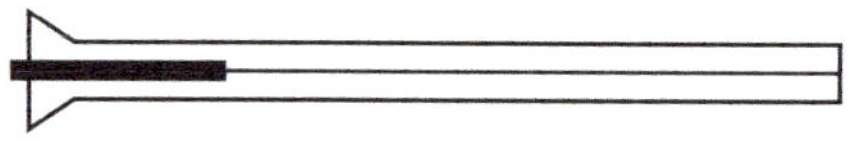

图 4-11 滞流流动示意图

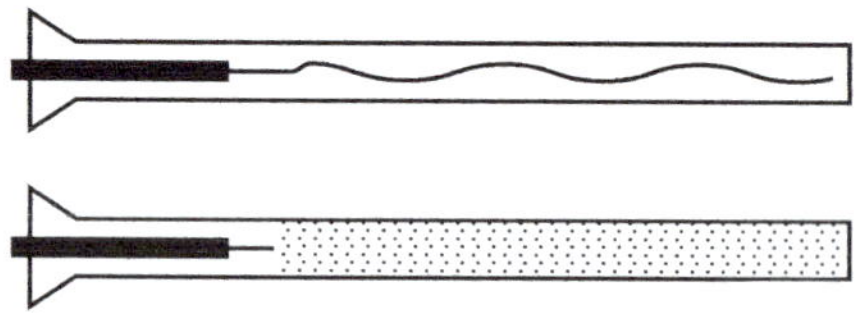

图 4-12 过渡流、湍流流动示意图

3. 圆管内流体速度分布演示实验

(1) 关闭进水阀、流量调节阀。

(2) 将红墨水流量调节夹打开，使红墨水滴落在不流动的实验管路中。

(3) 突然打开流量调节阀，在实验管路中可以清晰看到红墨水线流动所形成的如图 4-13所示的速度分布。

4. 实验结束操作

(1) 首先关闭红墨水流量调节夹，停止红墨水流动。

(2) 关闭进水阀，使自来水停止流入水槽。

(3) 待实验管道中红色消失时，关闭水流量调节阀。

(4) 如果日后较长时间不再使用该套装置，请将设备内各处存水放净。

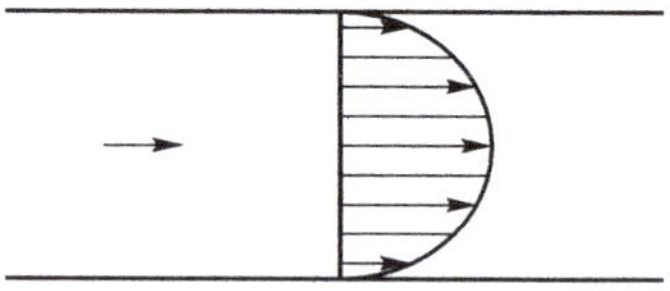

图 4-13 流速分布示意图

## 五、实验数据记录与处理

1. 实验记录表

水的温度：________；水的黏度：__________。

| 序号 | 流量/ $(L \cdot h^{-1})$ | 流量 $q \times 10^5$/ $(m^3 \cdot s^{-1})$ | 流速 $v \times 10^2$/ $(m \cdot s^{-1})$ | 雷诺数 $Re \times 10^{-2}$ | 观察现象 | 流动类型 |
|---|---|---|---|---|---|---|
| 1 | | | | | | |
| 2 | | | | | | |
| 3 | | | | | | |
| 4 | | | | | | |
| 5 | | | | | | |
| 6 | | | | | | |
| 7 | | | | | | |

2. 实验数据计算

$$Re = \frac{dv\rho}{\mu}$$

$$v = \frac{q_V}{A} = \frac{q_V}{\pi d^2/4} \quad m/s$$

$$q_V = \frac{V}{\tau} \quad m^3/s$$

式中，$\mu$ 为水的黏度（根据实验的水温查得），Pa · s；$\rho$ 为水的密度（根据实验的水温查得），$kg/m^3$；$A$ 为实验管内横截面积，$m^2$；$v$ 为管内流速，$m \cdot s^{-1}$；$q_V$ 为体积流量，$m^3 \cdot s^{-1}$。

## 六、实验要点及实验安全注意事项

1. 水槽溢流量应尽可能小，因为溢流过大，上水流量也大，上水和溢流两者造成的震动都比较大，会影响实验结果。

2. 尽量不要人为地使实验架产生震动。为减小震动，保证实验效果，可对实验架底面进行固定。

### 思考题

1. 流态判据为何采用无量纲参数，而不采用临界流速？
2. 当流量保持不变，玻璃导管直径改变时，沿导管之 $Re$ 是否改变？怎样改变？
3. 如用不同直径的导管，或用不同的液体，临界流速和 $Re$ 临界值是否改变？

参考文献

# 附录

**附表 1　水密度随温度变化表**　　单位:g · $L^{-1}$

| t/℃ | 0.0 | 0.1 | 0.2 | 0.3 | 0.4 | 0.5 | 0.6 | 0.7 | 0.8 | 0.9 |
|---|---|---|---|---|---|---|---|---|---|---|
| 0 | 999.840 | 999.846 | 999.853 | 999.859 | 999.865 | 999.871 | 999.877 | 999.883 | 999.888 | 999.893 |
| 1 | 999.898 | 999.904 | 999.908 | 999.913 | 999.917 | 999.921 | 999.925 | 999.929 | 999.933 | 999.937 |
| 2 | 999.940 | 999.943 | 999.946 | 999.949 | 999.952 | 999.954 | 999.956 | 999.959 | 999.961 | 999.962 |
| 3 | 999.964 | 999.966 | 999.967 | 999.968 | 999.969 | 999.970 | 999.971 | 999.971 | 999.972 | 999.972 |
| 4 | 999.972 | 999.972 | 999.972 | 999.971 | 999.971 | 999.970 | 999.969 | 999.968 | 999.967 | 999.965 |
| 5 | 999.964 | 999.962 | 999.960 | 999.958 | 999.956 | 999.954 | 999.951 | 999.949 | 999.946 | 999.943 |
| 6 | 999.940 | 999.937 | 999.934 | 999.930 | 999.926 | 999.923 | 999.919 | 999.915 | 999.910 | 999.906 |
| 7 | 999.901 | 999.897 | 999.892 | 999.887 | 999.882 | 999.877 | 999.871 | 999.866 | 999.880 | 999.854 |
| 8 | 999.848 | 999.842 | 999.836 | 999.829 | 999.823 | 999.816 | 999.809 | 999.802 | 999.795 | 999.788 |
| 9 | 999.781 | 999.773 | 999.765 | 999.758 | 999.750 | 999.742 | 999.734 | 999.725 | 999.717 | 999.708 |
| 10 | 999.699 | 999.691 | 999.682 | 999.672 | 999.663 | 999.654 | 999.644 | 999.634 | 999.625 | 999.615 |
| 11 | 999.605 | 999.595 | 999.584 | 999.574 | 999.563 | 999.553 | 999.542 | 999.531 | 999.520 | 999.508 |
| 12 | 999.497 | 999.486 | 999.474 | 999.462 | 999.450 | 999.439 | 999.426 | 999.414 | 999.402 | 999.389 |
| 13 | 999.377 | 999.384 | 999.351 | 999.338 | 999.325 | 999.312 | 999.299 | 999.285 | 999.271 | 999.258 |
| 14 | 999.244 | 999.230 | 999.216 | 999.202 | 999.187 | 999.173 | 999.158 | 999.144 | 999.129 | 999.114 |
| 15 | 999.099 | 999.084 | 999.069 | 999.053 | 999.038 | 999.022 | 999.006 | 998.991 | 998.975 | 998.959 |
| 16 | 998.943 | 998.926 | 998.910 | 998.893 | 998.876 | 998.860 | 998.843 | 998.826 | 998.809 | 998.792 |
| 17 | 998.774 | 998.757 | 998.739 | 998.722 | 998.704 | 998.686 | 998.668 | 998.650 | 998.632 | 998.613 |
| 18 | 998.595 | 998.576 | 998.557 | 998.539 | 998.520 | 998.501 | 998.482 | 998.463 | 998.443 | 998.424 |
| 19 | 998.404 | 998.385 | 998.365 | 998.345 | 998.325 | 998.305 | 998.285 | 998.265 | 998.244 | 998.224 |

续表

| t/℃ | 0.0 | 0.1 | 0.2 | 0.3 | 0.4 | 0.5 | 0.6 | 0.7 | 0.8 | 0.9 |
|---|---|---|---|---|---|---|---|---|---|---|
| 20 | 998.203 | 998.182 | 998.162 | 998.141 | 998.120 | 998.099 | 998.077 | 998.056 | 998.035 | 998.013 |
| 21 | 997.991 | 997.970 | 997.948 | 997.926 | 997.904 | 997.882 | 997.859 | 997.837 | 997.815 | 997.792 |
| 22 | 997.769 | 997.747 | 997.724 | 997.701 | 997.678 | 997.655 | 997.631 | 997.608 | 997.584 | 997.561 |
| 23 | 997.537 | 997.513 | 997.490 | 997.466 | 997.442 | 997.417 | 997.393 | 997.396 | 997.344 | 997.320 |
| 24 | 997.295 | 997.270 | 997.246 | 997.221 | 997.195 | 997.170 | 997.145 | 997.120 | 997.094 | 997.069 |
| 25 | 997.043 | 997.018 | 996.992 | 996.966 | 996.940 | 996.914 | 996.888 | 996.861 | 996.835 | 996.809 |
| 26 | 996.782 | 996.755 | 996.729 | 996.702 | 996.675 | 996.648 | 996.621 | 996.594 | 996.566 | 996.539 |
| 27 | 996.511 | 996.484 | 996.456 | 996.428 | 996.401 | 996.373 | 996.344 | 996.316 | 996.288 | 996.260 |
| 28 | 996.231 | 996.203 | 996.174 | 996.146 | 996.117 | 996.088 | 996.059 | 996.030 | 996.001 | 996.972 |
| 29 | 995.943 | 995.913 | 995.884 | 995.854 | 995.825 | 995.795 | 995.765 | 995.753 | 995.705 | 995.675 |
| 30 | 995.645 | 995.615 | 995.584 | 995.554 | 995.523 | 995.493 | 995.462 | 995.431 | 995.401 | 995.370 |
| 31 | 995.339 | 995.307 | 995.276 | 995.245 | 995.214 | 995.182 | 995.151 | 995.119 | 995.087 | 995.055 |
| 32 | 995.024 | 994.992 | 994.960 | 994.927 | 994.895 | 994.863 | 994.831 | 994.798 | 994.766 | 994.733 |
| 33 | 994.700 | 994.667 | 994.635 | 994.602 | 994.569 | 994.535 | 994.502 | 994.469 | 994.436 | 994.402 |
| 34 | 994.369 | 994.335 | 994.301 | 994.267 | 994.234 | 994.200 | 994.166 | 994.132 | 994.098 | 994.063 |
| 35 | 994.029 | 993.994 | 993.960 | 993.925 | 993.891 | 993.856 | 993.821 | 993.786 | 993.751 | 993.716 |
| 36 | 993.681 | 993.646 | 993.610 | 993.575 | 993.540 | 993.504 | 993.469 | 993.433 | 993.397 | 993.361 |
| 37 | 993.325 | 993.280 | 993.253 | 993.217 | 993.181 | 993.144 | 993.108 | 993.072 | 993.035 | 992.999 |
| 38 | 992.962 | 992.925 | 992.888 | 992.851 | 992.814 | 992.777 | 992.740 | 992.703 | 992.665 | 992.628 |
| 39 | 992.591 | 992.553 | 992.516 | 992.478 | 992.440 | 992.402 | 992.364 | 992.326 | 992.288 | 992.250 |
| 40 | 992.212 | 991.826 | 991.432 | 991.031 | 990.623 | 990.208 | 989.786 | 987.358 | 988.922 | 988.479 |
| 50 | 988.030 | 987.575 | 987.113 | 986.644 | 986.169 | 985.688 | 985.201 | 984.707 | 984.208 | 983.702 |
| 60 | 983.191 | 982.673 | 982.150 | 981.621 | 981.086 | 980.546 | 979.999 | 979.448 | 978.890 | 978.327 |
| 70 | 977.759 | 977.185 | 976.606 | 976.022 | 975.432 | 974.837 | 974.237 | 973.632 | 973.021 | 972.405 |
| 80 | 971.785 | 971.159 | 970.528 | 969.892 | 969.252 | 968.606 | 967.955 | 967.300 | 966.639 | 965.974 |
| 90 | 965.304 | 964.630 | 963.950 | 963.266 | 962.577 | 961.883 | 961.185 | 960.482 | 959.774 | 959.062 |
| 100 | 958.345 | | | | | | | | | |

附表 2　水的黏度随温度变化表

| 温度(T) | | 黏度(μ) | | 温度(T) | | 黏度(μ) | |
|---|---|---|---|---|---|---|---|
| ℃ | K | cP | Pa·s 或 N·s·$m^{-2}$ | ℃ | K | cP | Pa·s 或 N·s·$m^{-2}$ |
| 0 | 273.16 | 1.792 1 | $1.7921\times10^{-3}$ | 20.2 | 293.36 | 1.000 0 | $1.0000\times10^{-3}$ |
| 1 | 274.16 | 1.731 3 | $1.7313\times10^{-3}$ | 21 | 294.16 | 0.981 0 | $0.9810\times10^{-3}$ |
| 2 | 275.16 | 1.672 8 | $1.6728\times10^{-3}$ | 22 | 295.16 | 0.957 9 | $0.9579\times10^{-3}$ |
| 3 | 276.16 | 1.619 1 | $1.6191\times10^{-3}$ | 23 | 296.16 | 0.935 8 | $0.9358\times10^{-3}$ |
| 4 | 277.16 | 1.567 4 | $1.5674\times10^{-3}$ | 24 | 297.16 | 0.914 2 | $0.9142\times10^{-3}$ |
| 5 | 278.16 | 1.518 8 | $1.5188\times10^{-3}$ | 25 | 298.16 | 0.893 7 | $0.8937\times10^{-3}$ |
| 6 | 279.16 | 1.472 8 | $1.4728\times10^{-3}$ | 26 | 299.16 | 0.873 7 | $0.8737\times10^{-3}$ |
| 7 | 280.16 | 1.428 4 | $1.4284\times10^{-3}$ | 27 | 300.16 | 0.854 5 | $0.8545\times10^{-3}$ |
| 8 | 281.16 | 1.386 0 | $1.3860\times10^{-3}$ | 28 | 301.16 | 0.836 0 | $0.8360\times10^{-3}$ |
| 9 | 282.16 | 1.346 2 | $1.3462\times10^{-3}$ | 29 | 302.16 | 0.818 0 | $0.8180\times10^{-3}$ |
| 10 | 283.16 | 1.307 7 | $1.3077\times10^{-3}$ | 30 | 303.16 | 0.800 7 | $0.8007\times10^{-3}$ |
| 11 | 284.16 | 1.271 3 | $1.2713\times10^{-3}$ | 31 | 304.16 | 0.784 0 | $0.7840\times10^{-3}$ |
| 12 | 285.16 | 1.236 3 | $1.2363\times10^{-3}$ | 32 | 305.16 | 0.767 9 | $0.7679\times10^{-3}$ |
| 13 | 286.16 | 1.202 8 | $1.2028\times10^{-3}$ | 33 | 306.16 | 0.752 3 | $0.7523\times10^{-3}$ |
| 14 | 287.16 | 1.170 9 | $1.1709\times10^{-3}$ | 34 | 307.16 | 0.737 1 | $0.7371\times10^{-3}$ |
| 15 | 288.16 | 1.140 4 | $1.1404\times10^{-3}$ | 35 | 308.16 | 0.722 5 | $0.7225\times10^{-3}$ |
| 16 | 289.16 | 1.111 1 | $1.1111\times10^{-3}$ | 36 | 309.16 | 0.708 5 | $0.7085\times10^{-3}$ |
| 17 | 290.16 | 1.082 8 | $1.0828\times10^{-3}$ | 37 | 310.16 | 0.694 7 | $0.6947\times10^{-3}$ |
| 18 | 291.16 | 1.055 9 | $1.0559\times10^{-3}$ | 38 | 311.16 | 0.681 4 | $0.6814\times10^{-3}$ |
| 19 | 292.16 | 1.029 9 | $1.0299\times10^{-3}$ | 39 | 312.16 | 0.668 5 | $0.6685\times10^{-3}$ |
| 20 | 293.16 | 1.005 0 | $1.0050\times10^{-3}$ | 40 | 313.16 | 0.656 0 | $0.6560\times10^{-3}$ |

（编写：许发功　复核：李　伟）

# · 实验三　流体流动阻力实验 ·

## 一、目的与要求

1. 掌握流体流过管路系统时阻力的测定方法；

2. 测定流体流过圆形直管的阻力，确定直管摩擦阻力系数 $\lambda$ 和雷诺数 $Re$ 之间的关系；

3. 测定管件的局部阻力，确定局部阻力系数 $\zeta$；

4. 掌握基本技能：离心泵启停，流量调节，流量和压差的测量方法。

## 二、实验原理

管路系统通常由管道、管件和阀门等组成。流体流经管路系统时，由于流体黏性作用和涡流影响，将会产生阻力，流体为了保持流动则需要消耗一定的机械能来克服该流动阻力。流动阻力通常可以用压力降 $\Delta p_{sf}$来表示。

1. 直管阻力及直管摩擦阻力系数 $\lambda$

流体流经直管时，由于流体的黏性作用和涡流影响而损失的机械能称为直管阻力，其大小与管长、管径、流速和摩擦系数有关。直管阻力可用范宁公式计算：

$$\Delta p_{sf}=\lambda\frac{l}{d}\frac{\rho u^2}{2} \tag{4-3-1}$$

式中，$\Delta p_{sf}$为单位体积流体流经控制体的机械能损失，称为压力降，$J\cdot m^{-3}$或 Pa；$\rho$ 为流体密度，$kg\cdot m^{-3}$；$d$ 为管径，m；$l$ 为管长，m；$u$ 为流体的平均流速，$m\cdot s^{-1}$；$\lambda$ 为摩擦阻力系数。

不可压缩流体在圆形管道中流动，管道任意两截面间的机械能衡算式为：

$$\rho gz_1+p_1+\frac{\rho u_1^2}{2}=\rho gz_2+p_2+\frac{\rho u_2^2}{2}+\rho\sum h_f \tag{4-3-2}$$

式中，$z$ 为位压头，m；$p$ 为压力，Pa；$\Delta p_f=\rho\sum h_f$；下标 1 和 2 分别表示上游截面和下游截面。

当流体流经直径相同的水平管段时，有 $z_1=z_2$，$u_1=u_2$，可得：

$$\Delta p_{sf}=\rho\sum h_f=p_1-p_2 \tag{4-3-3}$$

2. 摩擦系数 $\lambda$ 和雷诺数 $Re$ 的关系

在层流区，摩擦系数 $\lambda$ 仅与 $Re$ 有关，$\lambda=64/Re$。在湍流区，摩擦系数 $\lambda$ 与 $Re$ 和相对粗糙度有关，完全湍流区时，摩擦系数 $\lambda$ 仅与相对粗糙度有关，一般通过实验来确定。摩擦系数 $\lambda$ 由式(4-3-1)计算。雷诺数的计算公式为：

$$Re=\frac{du\rho}{\mu} \tag{4-3-4}$$

式中，$\mu$ 为流体的黏度，$N\cdot s\cdot m^{-2}$。

本实验通过测定水平等径直管的压力降 $\Delta p_f$ 和流量计算出摩擦系数 $\lambda$ 和雷诺数 $Re$，并在双对数坐标纸上绘出 $\lambda$ 与 $Re$ 的关系曲线。

3. 局部阻力及局部阻力系数 $\zeta$

流体流过管件和阀门时受到局部阻碍引起的阻力称为局部阻力，与管件或阀门的结构、几何形状及 $Re$ 有关。局部阻力用局部阻力系数法表示为：

$$\Delta p_j=\zeta\frac{\rho u^2}{2} \tag{4-3-5}$$

式中，$\zeta$ 为局部阻力系数；$\Delta p_j$ 为局部阻力引起的压力降，Pa。

$Re$ 大于一定值时，$\zeta$ 为定值，只取决于局部阻碍形状，与 $Re$ 无关。因局部阻碍形状繁多，流动现象极其复杂，所以 $\zeta$ 大多数由实验确定。

4. 局部阻力压力降测量原理

局部阻力引起的压力降 $\Delta p_j$ 可用下面的方法测量：在一条各处直径相等的直管段上，安装一阀门，在该阀门上、下游开两对测压口 a-a′和 b-b′（图 4-14），使 ab= bc，a′b′= b′c′。

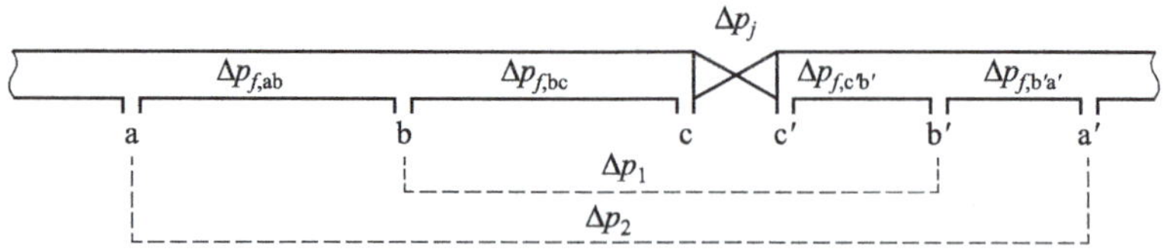


图 4-14　局部阻力测量测压口布置图

因为 $\Delta p_{f,ab}=\Delta p_{f,bc}$，$\Delta p_{f,a'b'}=\Delta p_{f,b'c'}$，由机械能衡算式，得：

$$\Delta p_1=\Delta p_{f,bc}+\Delta p_{f,b'c'}+\Delta p_j \tag{4-3-6}$$

$$\Delta P_2=2\Delta p_{f,bc}+2\Delta p_{f,b'c'}+\Delta p_j \tag{4-3-7}$$

联立式(4-3-6)和式(4-3-7)，可得：

$$\Delta p_j=2\Delta p_1-\Delta p_2$$

为了便于区分，$\Delta p_1$ 称为近点压差，$\Delta p_2$ 称为远点压差，可通过压差传感器来测量。

## 三、实验设备

1. 实验设备主要技术参数(表 4-2)

表 4-2　实验设备主要技术参数

| 序号 | 名称 | 规格 | 材料 |
|---|---|---|---|
| 1 | 玻璃转子流量计 | LZB-25　100~1 000 L·h$^{-1}$<br>VA10-15F　10~100 L·h$^{-1}$ | 玻璃 |
| 2 | 压差传感器 | 型号 LXWY　测量范围 0~200 kPa | 不锈钢 |
| 3 | 离心泵 | 型号 WB70/055 | 不锈钢 |
| 4 | 光滑管 3 | 管径 8 mm　管长 1.70 m | 不锈钢 |
| 5 | 光滑管 5 | 管径 10 mm　管长 1.70 m | 不锈钢 |
| 6 | 粗糙管 6 | 管径 10 mm　管长 1.70 m | 不锈钢 |
| 7 | 局部阻力管 7 | 管径 22 mm | 不锈钢 |

2. 流体流动阻力测定实验装置示意图(图 4-15)
3. 流体流动阻力测定实验装置面板示意图(图 4-16)

## 四、实验步骤

1. 充水

向水箱充水至 80%（最好使用蒸馏水，保持流体清洁）。

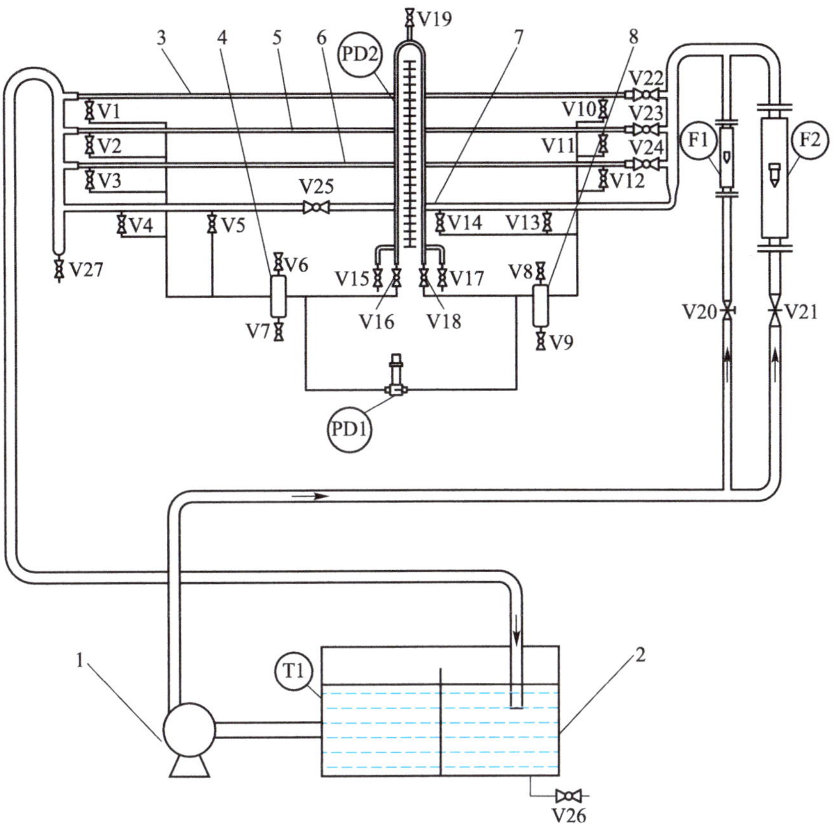


图 4-15 流体流动阻力测定实验装置示意图

1—离心泵;2—水箱;4、8—缓冲罐;3—光滑管测量管;

5—光滑管测量管;6—粗糙管测量管;7—局部阻力测量管;V1～V19 为测压管路阀门;V20—流体阻力小流量调节阀;V21—流体阻力大流量调节阀;V22—光滑管阀;V23—光滑管阀;V24—粗糙管阀;V25—局部阻力阀;V26—水箱放水阀;V27—管路放水阀;F1—转子流量计(10～100 $L\cdot h^{-1}$);F2—转子流量计(100～1 000 $L\cdot h^{-1}$);T1—温度计;PD1—压差传感器;PD2—倒置 U 形管

2. 光滑管 3 阻力测定

(1) 将光滑管路阀门 V1、V10、V22 全开,其他阀门关闭,在流量为零条件下,打开通向倒置 U 形管的进水阀 V16、V18,检查导压管内是否有气泡存在。若倒置 U 形管内液柱高度差不为零,则表明导压管内存在气泡。需要进行排气泡操作。导压系统如图 4-17 所示,操作方法如下:

启动泵后,开启大流量调节阀 V21,调节流量到最大,打开 U 形管 PD2 的进出水阀门 V16、V18,使倒置 U 形管内液体充分流动,以赶出管路内的气泡;若观察气泡已赶净,分别打开阀门 V6、V8,赶净缓冲罐 4、8 里面的气泡。将大流量调节阀 V21 关闭,U 形管进出水阀门 V16、V18 关闭,慢慢旋开倒置 U 形管上部的放空阀 V19 后,分别缓慢打开排水阀 V15、V17,使液柱降至中点上下时马上关闭,管内形成气-水柱,此时管内液柱高度差不一定为零。然后关闭放空阀 V19,打开 U 形管进出水阀门 V16、V18,此时 U 形管两液柱的高度差应为零(1～2 mm 可以忽略),如相差较大则表明管路中仍有气泡存在,需要重复进行赶气泡操作。

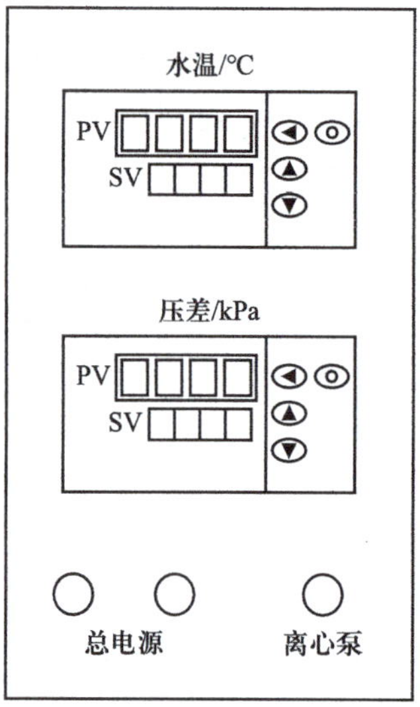


图 4-16 流体流动阻力测定实验装置面板示意图

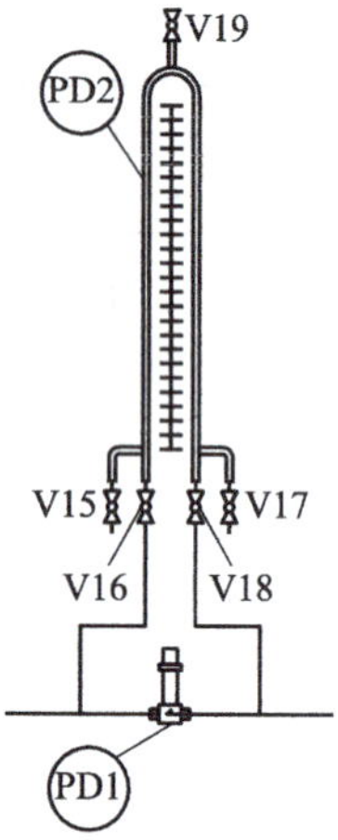


图 4-17 导压系统示意图

V15,V17—排水阀;V16,V18—U 形管进水阀;V19—U 形管放空阀;PD1—压差传感器;PD2—U 形管压差计

(2) 开启调节阀 V21 至最大,确定流量范围,选定实验点,测定光滑管 3 的直管摩擦阻力损失。

(3) 测定读数:通过调节阀 V20、V21 调节流量(小流量调 V20,大流量调 V21),记录转子流量计 F1、F2 的读数和压差 PD1、PD2 的读数,测取 15~20 组数据,并记录水箱水温 T1 的数据。注:

① 装置中两个转子流量计并联连接,根据流量大小选择不同量程的流量计测量流量;

② 压差变送器与倒置 U 形管是并联连接,小流量时读取 U 形管压差计 PD2,大流量时读取压差传感器 PD1;

③ 小流量时打开 U 形管的进出水阀 V16、V18,记录 U 形管压差计 PD2 的读数;大流量时关闭 U 形管的进出水阀 V16、V18,防止水利用 U 形管形成回路影响实验数据,记录压差传感器 PD1 的读数。

3. 光滑管 5 阻力测定

关闭所有阀门,打开光滑管阀门 V2、V11、V23,从小到大调节流量,记录转子流量计 F1、F2 读数和压差 PD1、PD2 的读数,测取 15~20 组数据,并记录水箱水温 T1 的数据。

注:小流量时打开阀门 V16、V18,记录 U 形管压差计 PD2 的读数;大流量时关闭阀门 V16、V18,记录压差传感器 PD1 的读数。

4. 粗糙管 6 阻力测定

关闭所有阀门,打开粗糙管阀门 V3、V12、V24,从小到大调节流量,记录转子流量计 F1、F2 读数和压差 PD1、PD2 的读数,测取 15~20 组数据,并记录水箱水温 T1 的数据。

注:小流量时打开阀门 V16、V18,记录 U 形管压差计 PD2 的读数;大流量时关闭阀门 V16、V18,记录压差传感器 PD1 的读数。

5. 局部阻力测量

关闭所有阀门,半开阀门 V25,打开阀门 V4 和 V13 测得远端压差,或打开阀门 V5 和 V14 测得近端压差,调节阀门 V21 测定三组数据。

6. 待数据测量完毕,先关闭流量调节阀,使泵的流量为零,再停泵,最后关闭总电源,实验装置恢复原状,并清理实验场地。

## 五、实验数据记录与处理

实验结果如表 4-3 至表 4-6 所示。

**表 4-3　直管阻力实验数据记录表**

| 序号 | 光滑管 3 | | | 光滑管 5 | | | 粗糙管 6 | | |
|---|---|---|---|---|---|---|---|---|---|
| | 流量/($L\cdot h^{-1}$) | 压差/$mmH_2O$ | 温度/℃ | 流量/($L\cdot h^{-1}$) | 压差/$mmH_2O$ | 温度/℃ | 流量/($L\cdot h^{-1}$) | 压差/$mmH_2O$ | 温度/℃ |
| 1 | | | | | | | | | |
| 2 | | | | | | | | | |
| 3 | | | | | | | | | |
| 4 | | | | | | | | | |
| 5 | | | | | | | | | |
| 6 | | | | | | | | | |
| 7 | | | | | | | | | |
| 8 | | | | | | | | | |
| 9 | | | | | | | | | |
| 10 | | | | | | | | | |
| 11 | | | | | | | | | |
| 12 | | | | | | | | | |
| 13 | | | | | | | | | |
| 14 | | | | | | | | | |
| 15 | | | | | | | | | |

**表 4-4　局部阻力实验数据记录表**

| 序号 | 流量/($L\cdot h^{-1}$) | 近端压差/kPa | 远端压差/kPa |
|---|---|---|---|
| 1 | | | |
| 2 | | | |
| 3 | | | |

表 4-5　直管阻力实验数据处理结果

平均温度　$t$:______;黏度 $\mu$:______;密度 $\rho$:______。

| 序号 | 光滑管 3　$d_3$______m，$l_3$____m | | | | | 光滑管 5　$d_5$______m，$l_5$______m | | | | | 粗糙管 6　$d_6$______m，$l_6$______m | | | | |
|---|---|---|---|---|---|---|---|---|---|---|---|---|---|---|---|
| | $\frac{V_s}{m^3 \cdot s^{-1}}$ | $\frac{\Delta p_{sf}}{Pa}$ | $\frac{u}{m \cdot s^{-1}}$ | $\lambda$ | $Re$ | $\frac{V_s}{m^3 \cdot s^{-1}}$ | $\frac{\Delta p_{sf}}{Pa}$ | $\frac{u}{m \cdot s^{-1}}$ | $\lambda$ | $Re$ | $\frac{V_s}{m^3 \cdot s^{-1}}$ | $\frac{\Delta p_{sf}}{Pa}$ | $\frac{u}{m \cdot s^{-1}}$ | $\lambda$ | $Re$ |
| 1 | | | | | | | | | | | | | | | |
| 2 | | | | | | | | | | | | | | | |
| 3 | | | | | | | | | | | | | | | |
| 4 | | | | | | | | | | | | | | | |
| 5 | | | | | | | | | | | | | | | |
| 6 | | | | | | | | | | | | | | | |
| 7 | | | | | | | | | | | | | | | |
| 8 | | | | | | | | | | | | | | | |
| 9 | | | | | | | | | | | | | | | |
| 10 | | | | | | | | | | | | | | | |
| 11 | | | | | | | | | | | | | | | |
| 12 | | | | | | | | | | | | | | | |
| 13 | | | | | | | | | | | | | | | |
| 14 | | | | | | | | | | | | | | | |
| 15 | | | | | | | | | | | | | | | |

表 4-6　局部阻力实验数据处理结果

$d_7$:________m;平均温度 $t$:________;密度 $\rho$:________。

| 序号 | $V_s/(m^3 \cdot s^{-1})$ | $\Delta p_j$/Pa | $u/(m \cdot s^{-1})$ | $\zeta$ |
|---|---|---|---|---|
| 1 | | | | |
| 2 | | | | |
| 3 | | | | |

## 六、实验要点及实验安全注意事项

1. 保持水箱水质清洁(特别不允许有纤维状杂质)。

2. 启动离心泵之前以及从光滑管阻力测量过渡到其他测量之前,都必须检查所有流量调节阀是否关闭。

3. 实验前务必将系统内存留的气泡排除干净，否则实验不能达到预期效果。

4. 利用压力传感器测量大流量下的压力降时，应切断空气-水倒置 U 形玻璃管的阀门，否则会影响测量数值的准确。

5. 在实验过程中每调节一个流量后应待流量和压力降数据稳定后方可记录数据。

6. 若实验装置放置不用，尤其是冬季，应将管路系统和水槽内水排放干净。

## 思考题

1. 如何检测管路中的空气已经被排除干净？
2. 以水作介质所测得的 $\lambda$-$Re$ 关系能否适用于其他流体？如何应用？

参考文献

（编写：张小璇　复核：罗时忠）

# ·实验四　离心泵特性曲线的测定·

## 一、目的与要求

1. 了解离心泵的结构与特性，学会离心泵的操作；
2. 掌握离心泵在一定转速下特性曲线的测定方法；
3. 理解合理选择及正确使用离心泵的意义。

## 二、实验原理

工业上输送液体所用的机械大部分都可以归纳为两类，即离心泵和正位移泵。离心泵是化学工程工厂应用广泛的一种液体运输机械，它输送的流体范围很广，包括腐蚀性液体和液固相悬浮物的液体。这类机械运转时液体流量的调节十分简单，使用很方便。

1. 离心泵的结构

图 4-18 是离心泵的装置简图。由图可见，若干个弯曲叶片组成的叶轮 1 置于具有蜗壳形通道的泵壳 2 之内，叶轮紧固于泵轴 3 上。泵的吸入口 4 位于泵壳的中心，并与吸入管路 5 相连接，泵壳上侧边的排出口 8 与排出管路 9 相连，管路内流体流量大小可通过流量调节

阀 10 调节。

离心泵的结构主要有六个部分：叶轮，泵体，泵轴，轴承，密封环，填料函。各部分功能如下：

（1）叶轮是离心泵的核心部分，它转速高出力大，叶轮上的叶片又起到主要作用，叶轮在装配前要通过静平衡实验。叶轮上的内外表面要求光滑，以减少水流的摩擦损失。

（2）泵体也称泵壳，它是水泵的主体。起到支撑固定作用，并与安装轴承的托架相连接。

（3）泵轴的作用是借联轴器和电动机相连接，将电动机的转矩传给叶轮，所以它是传递机械能的主要部件。

（4）轴承是套在泵轴上支撑泵轴的构件。

（5）密封环又称减漏环。叶轮进口与泵壳间的间隙过大会造成泵内高压区的水经此间隙流向低压区，影响泵的出水量，效率降低。间隙过小会造成叶轮与泵壳摩擦产生磨损。为了增加回流阻力减少内漏，延长叶轮和泵壳的使用寿命，在泵壳内缘和叶轮外缘结合处装有密封环，密封的间隙保持在 0.25～1.10 mm 之间为宜。

（6）填料函主要由填料，水封环，填料筒，填料压盖，水封管组成。填料函的作用主要是封闭泵壳与泵轴之间的空隙，不让泵内的水流到外面也不让外面的空气进入泵内。

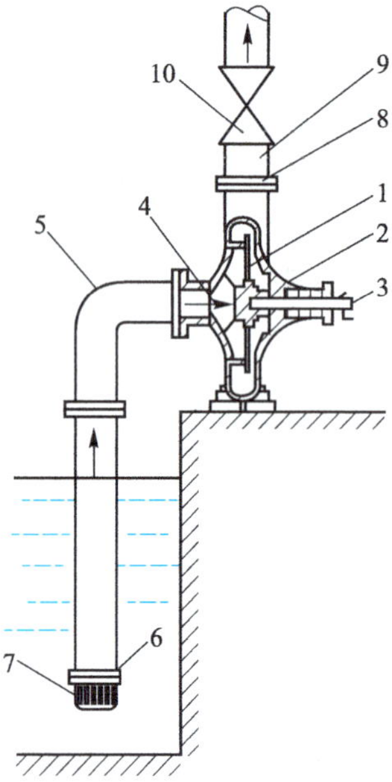


图 4-18 离心泵装置简图

1—叶轮；2—泵壳；3—泵轴；4—吸入口；5—吸入管路；6—单项底阀；7—滤网；8—排出口；9—排出管路；10—流量调节阀

2. 离心泵的工作原理

离心泵一般由电动机带动。离心泵启动前，需要先将所输入的液体灌满吸入管路和泵壳。开动电动机后，叶轮旋转，产生离心力，液体在离心力的作用下，从叶轮中心被抛向叶轮外周，以很高的速度流入泵壳，在泵壳内减速，经过能量转换，达到较高的压力，从排出口进入排出管路。叶轮内的液体被抛出后，叶轮中心处形成真空。泵的吸入管路一端与叶轮中心处相通，另一端则浸没在输送的液体内，在液面压力（常为大气压）与泵内压力（负压）的压差作用下，液体便经吸入管路进入泵内，填补了被排出的液体的位置。只要叶轮的转动不停，离心泵便不断吸入和排出液体。由此可见，离心泵能输送液体，主要是依靠高速旋转的叶轮所产生的离心力，故名离心泵。

离心泵开动时如果泵壳内和吸入管路中没有充满液体，它便没有抽吸液体的能力，这是因为空气的密度比液体小得多，叶轮转动带动空气旋转所产生的离心力不足以造成吸上液体所需的真空度，该现象称为“气缚”。所以为了保证离心泵的正常操作，在启动前必须在泵壳和吸入管路内灌满液体，并确保运转过程中不使空气漏入。

3. 离心泵的特性曲线

离心泵的主要性能参数有流量 $Q$、扬程 $H_e$、效率 $\eta$ 和轴功率 $N$。在一定转速下，离心泵的送液能力（流量）可以通过调节出口阀门使之从零至最大值间变化。而且，当流量变化时，泵的扬程、轴功率及效率也随之变化。因此要正确选择和使用离心泵，就必须掌握流量变化时，其扬程、轴功率和效率的变化规律，即查明离心泵的特性曲线。

通常用水作为介质，通过实验测出 $H_e$、$N$、$\eta$ 和 $Q$ 之间的关系曲线，称为离心泵的特性曲线。特性曲线是选用离心泵和确定泵的适宜操作范围的重要依据。如果在泵的操作中,能够测得其流量,进、出口的压力和泵所消耗的功率(即轴功率或电机功率),那么通过计算就可以作出离心泵的特性曲线,如图 4-19 所示。

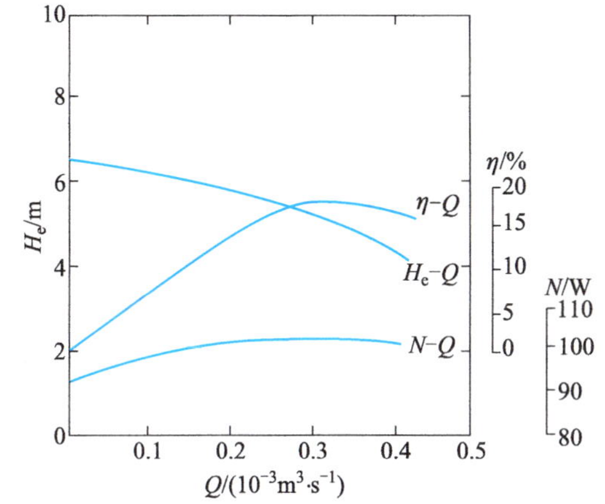


图 4-19 离心泵特性曲线(转速 $n = 2\ 800\ r·min^{-1}$)

(1) 扬程($H_e$)的测定

在进口真空表和出口压力表两测压点截面列伯努利方程,可得:

$$Z_{入}+\frac{p_{入}}{\rho g}+\frac{u_{入}^2}{2g}+H_e=Z_{出}+\frac{p_{出}}{\rho g}+\frac{u_{出}^2}{2g}+H_{f入-出} \tag{4-4-1}$$

整理后可得:

$$H_e=(Z_{出}-Z_{入})+\frac{p_{出}-p_{入}}{\rho g}+\frac{u_{出}^2-u_{入}^2}{2g}+H_{f入-出} \tag{4-4-2}$$

式中,$Z_{出}$,$Z_{入}$为压力表和真空表两测压点距基准水平面的高度,单位:m;$p_{出}$,$p_{入}$为压力表和真空表所测得的表压与真空度,单位:Pa;$u_{出}$,$u_{入}$为离心泵的出口、进口管内水的流速,单位:m/s$^{-1}$;$H_{f入-出}$为两测压点间泵的压头损失,以 m 液柱表示的数值。

上式中 $H_{f入-出}$是泵的吸入口和压出口两测压点之间管路内的流体流动阻力,与伯努力方程中其他项比较,值很小,故可忽略。式中($Z_{出}-Z_{入}$)为两测压点间的垂直距离,于是上式变为:

$$H_e=(Z_{出}-Z_{入})+\frac{p_{出}-p_{入}}{\rho g}+\frac{u_{出}^2-u_{入}^2}{2g} \tag{4-4-3}$$

将测得的($Z_{出}-Z_{入}$)和($p_{出}-p_{入}$)的值以及计算所得的 $u_{出}$,$u_{入}$代入式(4-4-3),即可求得离心泵的扬程 $H_e$ 值。

(2) 轴功率($N$)的测定

离心泵由电动机带动运转,其中电动机的输入功率可用功率表直接测得。由于离心泵由电动机直接带动,其传动效率可视为 1,所以电动机的输出功率等于泵的轴功率,即

泵的轴功率 $N$=电动机的输出功率,单位:W;

电动机输出功率=电动机输入功率($N_g$)×电动机效率,单位:W;

泵的轴功率 $N$=功率表读数($N_g$)×电动机效率,单位:W。

(3) 泵的效率 $\eta$

离心泵的效率即为有效功率($N_e$)与其轴功率($N$)之比,即

$$\eta=\frac{N_e}{N} \tag{4-4-4}$$

其中离心泵的轴功率可通过测定电动机的输入功率求得;离心泵的有效功率可从泵的扬程、流量确定,公式为:

$$N_e=Q\rho g H_e \tag{4-4-5}$$

式中:$Q$ 为管路中流体的流量,单位:$m^3 \cdot s^{-1}$;$H_e$ 为离心泵的扬程,单位:m;$\rho$ 为水的密度,单位:$kg \cdot m^{-3}$。

但是测定轴功率较难,实验中经常测定电机功率 $N_{电}$,从而求取泵的总效率,即

$$\eta=\frac{N_e}{N_{电}} \tag{4-4-6}$$

4. 管路的特性曲线

当离心泵安装在特定的管路系统中工作时,实际的工作压头和流量不仅与离心泵本身的性能有关,还与管路特性有关,也就是说,在液体输送过程中,离心泵和管路二者相互制约。

管路特性曲线是指流体流经管路系统的流量与所需压头之间的关系。若将泵的特性曲线与管路特性曲线绘在同一坐标图上,两曲线交点即为泵在该管路的工作点。因此,如同通过改变阀门开度来改变管路特性曲线,求出泵的特性曲线一样,可通过改变泵转速来改变泵的特性曲线,从而得出管路特性曲线。泵的压头 $H_e$ 计算同上。

5. 串/并联操作

在实际生产中,当单台离心泵不能满足输送任务要求时,可采用几台离心泵加以组合。离心泵的组合方式原则上有两种:串联和并联。

串联操作:将两台型号相同的离心泵串联工作时,每台离心泵的压头和流量也是相同的。因此在同一流量下,串联离心泵的压头为单台离心泵的两倍,但实际操作中两台离心泵串联操作的总压头必低于单台离心泵压头的两倍。应当注意,串联操作时,最后一台离心泵所受的压力最大,如串联离心泵的台数过多,可能会导致最后一台离心泵因强度不够而受损坏。

并联操作:将两台型号相同的离心泵并联操作,而且各自的吸入管路相同,则两台离心泵的流量和压头必相同,也就是说具有相同的管路特性曲线和单台离心泵的特性曲线。在同一压头下,两台并联离心泵的流量等于单台离心泵的两倍,但由于流量增大使管路流动阻力增加,因此两台离心泵并联后的总流量必低于原单台离心泵流量的两倍。由此可见,并联离心泵的台数越多,流量增加得越少,所以三台以上的离心泵并联操作,一般无实际意义。

## 三、实验试剂与设备

离心泵性能测定流程示意图和实验装置仪表面板示意图见图 4-20 和图 4-21。

实验设备主要技术参数:

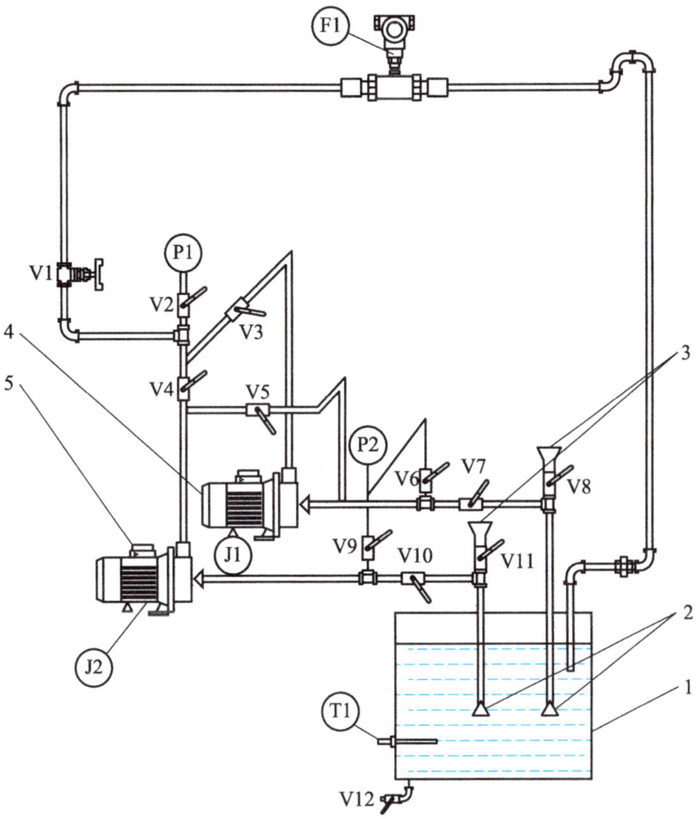


图 4-20　离心泵性能测定流程示意图

1—水箱；2—底阀；3—加水漏斗；4—离心泵Ⅰ；5—离心泵Ⅱ；F1—涡轮流量计；T1—温度计；P1—离心泵出口压力表；P2—离心泵入口压力表

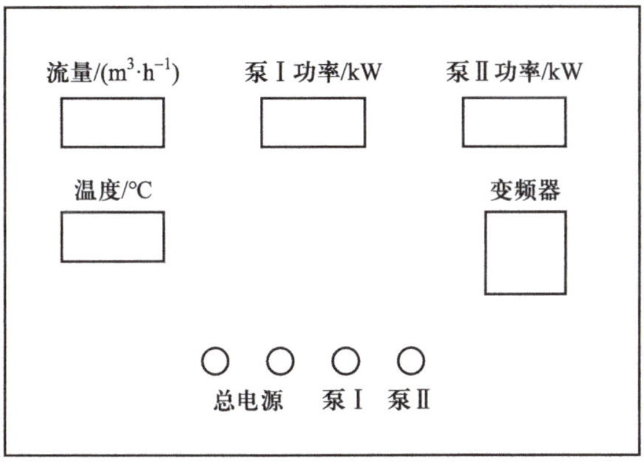


图 4-21　实验装置仪表面板示意图

（1）设备参数：

① 离心泵型号：WB70/055；

② 真空表测压位置管内径 $d_{入}=0.042\ \mathrm{m}$；

③ 压力表测压位置管内径 $d_{出}=0.042\ \mathrm{m}$；

④ 真空表与压力表测压口之间垂直距离 $h_0=0.50$ m；

⑤ 实验管路 $d=0.042$ m；

⑥ 电机效率为 60%。

（2）流量测量：涡轮流量计型号 LWY-40C，量程 2~20 $m^3\cdot h^{-1}$，数字仪表显示。

（3）功率测量：功率表型号 PS-139，精度 1.0 级，数字仪表显示。

（4）泵入口真空度测量：真空表表盘直径 100 mm，测量范围-0.1~0 MPa。

（5）泵出口压力的测量：压力表表盘直径 100 mm，测量范围 0~0.6 MPa。

（6）温度计：Pt100，数字仪表显示。

## 四、实验步骤

1. 离心泵Ⅰ特性曲线（单泵Ⅰ操作）

（1）首先向水箱内注入蒸馏水。

（2）打开阀门 V7、V5 并将其他阀门全部关闭。启动实验装置总电源，打开阀门 V8 向离心泵Ⅰ灌水，待水面不再下降后关闭阀门 V8 并按下泵Ⅰ开关键后，再按变频器的启动键（run）启动离心泵Ⅰ。

（3）缓慢打开流量调节阀 V1 至最大。待系统内流体稳定后，打开离心泵出口压力表 P1 下的控制阀 V2 和离心泵入口真空表 P2 下的控制阀 V6，测取实验数据。

（4）测取数据的顺序从涡轮流量计由大到小或反之，一般测 10~20 组数据。每次在稳定的条件下同时记录流量、压力表、真空表、功率表的读数及流体温度。

（5）实验结束，关闭流量调节阀 V1，停泵Ⅰ，切断电源。

2. 管路特性的测量（单泵Ⅰ操作）

（1）首先打开阀门 V7、V5，并将其他阀门全部关闭。启动实验装置总电源，打开阀门 V8 向离心泵Ⅰ灌水，待水面不再下降后关闭阀门 V8 并按下离心泵Ⅰ开关键后，再按变频器的启动键（run）启动离心泵Ⅰ。

（2）将流量调节阀门 V1 调节到 3/4 到最大之间，调节离心泵电机频率以得到管路特性改变状态。变频调速器频率调节范围为 0~50 Hz）。

（3）每改变电机频率一次，记录以下数据：涡轮流量计的流量、泵入口真空度、离心泵的出口压力。

（4）实验结束，关闭调节阀，停泵，切断电源。

3. 双泵串联操作

（1）首先打开阀门 V10、V3、V5 并将其他阀门全部关闭。启动实验装置总电源，打开阀门 V11 向离心泵Ⅱ灌水，离心泵灌满水后关闭阀门 V11 并按下离心泵Ⅱ开关键后，再按变频器的启动键（run）启动离心泵Ⅱ，离心泵Ⅰ正常工作后按下离心泵Ⅱ开关，双泵串联操作。

（2）全开流量调节阀 V1，待流体稳定后，打开离心泵出口压力表 P1 下的控制阀 V2 和离心泵入口真空表 P2 下的控制阀 V9，测取实验数据。

（3）测取数据的顺序从涡轮流量计最大流量至 0 $m^3\cdot h^{-1}$，一般测 10~20 组数据。每次在稳定的条件下同时记录流量、压力表、真空表、功率表Ⅰ和功率表Ⅱ的读数及流体温度。

（4）实验结束，关闭流量调节阀，停泵，切断电源。

4. 双泵并联操作

(1) 首先打开阀门 V10、V4、V7 并将其他阀门全部关闭。启动实验装置总电源,打开阀门 V8、V11 向离心泵Ⅰ、离心泵Ⅱ灌水,离心泵灌满水后关闭阀门 V8、V11 并按下离心泵Ⅰ、离心泵Ⅱ开关键后,再按变频器的启动键(run)启动离心泵Ⅰ、离心泵Ⅱ。

(2) 全开流量调节阀 V1,待流体稳定后,打开离心泵出口压力表 P1 下的控制阀 V2 和离心泵入口真空表 P2 下的控制阀 V6,测取实验数据。

(3) 测取数据的顺序从涡轮流量计最大流量至 0 $m^3 \cdot h^{-1}$,一般测 10~20 组数据。每次在稳定的条件下同时记录流量、压力表、真空表、功率表Ⅰ和功率表Ⅱ的读数及流体温度。

(4) 实验结束,关闭流量调节阀,停泵,切断电源。

5. 实验结束后,清理实验场地。

## 五、实验数据记录与处理

1. 实验数据记录

电机转速:________ $r \cdot min^{-1}$;$h_0$ = ________ mm;电动机效率________。

| 编号 | 流量/($m^3 \cdot h^{-1}$) | 真空度 $p_入$/MPa | 表压 $p_出$/MPa | $N_电$/kW | 流体温度/℃ |
|---|---|---|---|---|---|
| 1 | | | | | |
| 2 | | | | | |
| 3 | | | | | |
| 4 | | | | | |
| 5 | | | | | |
| 6 | | | | | |
| 7 | | | | | |
| 8 | | | | | |
| 9 | | | | | |
| 10 | | | | | |
| 11 | | | | | |
| 12 | | | | | |
| 13 | | | | | |
| 14 | | | | | |
| 15 | | | | | |
| 16 | | | | | |
| 17 | | | | | |
| 18 | | | | | |
| 19 | | | | | |

续表

| 编号 | 流量/($m^3 \cdot h^{-1}$) | 真空度 $p_入$/MPa | 表压 $p_出$/MPa | $N_电$/kW | 流体温度/℃ |
|---|---|---|---|---|---|
| 20 | | | | | |
| 21 | | | | | |
| 22 | | | | | |
| 23 | | | | | |
| 24 | | | | | |

2. 实验数据处理

| 编号 | 流体密度 $\rho$/($kg \cdot m^{-3}$) | 流量 $Q$/($m^3 \cdot s^{-1}$) | 扬程 $H_e$/m | 轴功率 $N$/kW | 有效功率 $N_e$/kW | 效率 $\eta$ |
|---|---|---|---|---|---|---|
| 1 | | | | | | |
| 2 | | | | | | |
| 3 | | | | | | |
| 4 | | | | | | |
| 5 | | | | | | |
| 6 | | | | | | |
| 7 | | | | | | |
| 8 | | | | | | |
| 9 | | | | | | |
| 10 | | | | | | |
| 11 | | | | | | |
| 12 | | | | | | |
| 13 | | | | | | |
| 14 | | | | | | |
| 15 | | | | | | |
| 16 | | | | | | |
| 17 | | | | | | |
| 18 | | | | | | |
| 19 | | | | | | |
| 20 | | | | | | |
| 21 | | | | | | |
| 22 | | | | | | |
| 23 | | | | | | |
| 24 | | | | | | |

3. 分别在坐标图纸上标绘出扬程和流量的特性曲线（$H_e$-Q）、功率和流量的特性曲线（$N_e$-Q）及效率和流量的特性曲线（$\eta$-$Q$）。

4. 分析实验结果，判断该离心泵的最佳工作范围。

## 六、实验要点及实验安全注意事项

1. 一般每次实验前，均须对泵进行灌泵操作，以防止离心泵气缚。

2. 泵运转过程中，勿碰触泵主轴部分，因其高速转动，可能会缠绕并伤害身体接触部位。

3. 不要在出口阀关闭状态下长时间使泵运转，一般不超过 3 min，否则泵中液体循环温度升高，易生气泡，使泵抽空。

4. 启动离心泵之前和实验结束后，一定要关闭压力表下阀门 V2 和真空表的控制阀 V6、V9，以免离心泵启动时对压力表和真空表造成损害。

5. 离心泵灌满水后必须关闭阀门 V8、V11。

## 思考题

1. 试从所测实验数据分析，离心泵在启动时为什么要关闭出口阀门？

2. 启动离心泵之前为什么要引水灌泵？如果灌泵后依然启动不起来，你认为可能的原因是什么？

3. 试论述对本实验装置和实验方案的评价，提出自己的设想和建议。

参考文献

（编写：何心伟　复核：王　露）

# 实验五　管式换热器传热系数的测定

## 一、实验目的

1. 通过对空气-水蒸气简单套管换热器的实验研究，掌握对流传热系数 $\alpha$ 的测定方法，加深对其概念和影响因素的理解；

2. 通过列管换热器实验测取数据计算总传热系数 $K$，加深对其概念和影响因素的理解；

3. 认识套管换热器和列管换热器的结构及操作方法，测定并比较不同换热器的性能；

4. 了解改变操作条件对换热器使用性能的影响，树立掌握理论知识以更好地指导实践的科学精神。

## 二、实验原理

1. 传热

传热是化工过程中一个重要的单元操作，在化工生产中占有重要的作用，有些放热反应如果热量没有及时地移走会造成温度升高，可能会造成危险；而有些吸热反应，如果不提供热量反应就发生不了。在化工反应中一般都会用到催化剂，而催化剂的活性往往都有一定的温度范围，因此需要控制反应的温度。生产中有时是希望传热情况良好、传热速率快，而有时又希望尽量避免传热，如保温。

传热有三种基本方式：传导，对流和辐射。实际上这三种传热方式很少单独进行，往往是同时发生的。它们的传热机理有本质上的差别。传导传热是物体温度较高的分子因热而振动并与相邻的分子碰撞，而将能量传递给相邻分子，顺序地将热量从高温向低温部分传递。而对流传热是由于流体质点变动位置并相互碰撞，热量从高温向低温部分传递，从而使热量传播。辐射传热是依靠电磁波传递能量的过程。

2. 套管换热器对流传热系数 $\alpha$ 的测定

化工生产中完成传热单元操作所需的设备称为换热器。换热器的种类很多，如沉浸式换热器、喷淋式换热器、套管换热器、列管换热器等，套管换热器是其中最为常见的一种。套管换热器的结构很简单，里面有一个圆管，外面套有一个圆管，而冷热流体分别走内管或内外管的管隙中，这样冷热流体就可以通过内管的管壁进行换热。

如图 4-22 所示，套管换热器内的传热过程包括三个步骤：第一步热流体对流传热给内管的管壁，第二步内管的管壁热传导将热量传给管壁外侧，第三步管壁外侧再对流传热给冷流体。对流传热的传热量符合牛顿传热方程，与传热温差、传热面积成正比；热传导的传热量符合傅里叶定律，传热量与传热温差、传热面积成正比，与传热距离成反比。

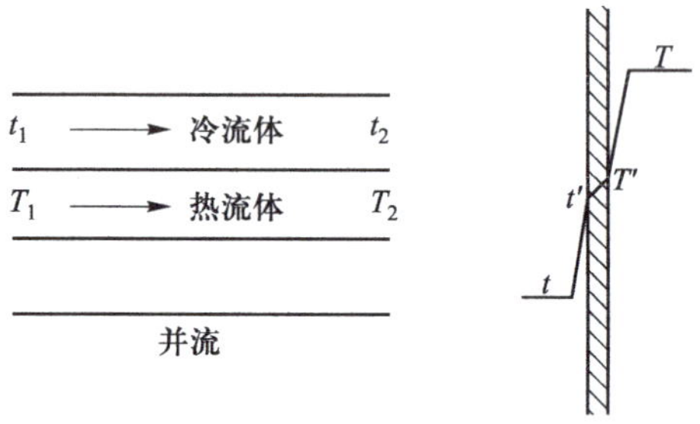


图 4-22 传热过程示意图

对流传热系数 $\alpha$ 是评价套管换热器内冷、热流体对流传热效果的一个重要参数，其值可以根据以下的牛顿冷却定律，通过实验来测定。

$$\Phi=\alpha\times A\times\Delta t_{\mathrm{m}} \tag{4-5-1}$$

$$\alpha=\frac{\Phi}{A\times\Delta t_{\mathrm{m}}} \tag{4-5-2}$$

式中，$\alpha$ 为管内流体对流传热系数，$\mathrm{W/(m^2\cdot ℃)}$；$\Phi$ 为管内传热速率，W；$A$ 为管内换热面积，$\mathrm{m^2}$；$\Delta t_{\mathrm{m}}$ 为壁面与主流体间的平均温度差，℃。

套管换热器是通过内管的管壁进行换热的，因此管内换热面积为内管的管壁面积，因换热壁是圆筒型，所以管内换热面积为：

$$A=\pi d_{均}\ l \tag{4-5-3}$$

式中，$d_{均}$为内管平均内径，m；$l$为传热管测量段的实际长度，m。

实验所用内管的 $d_{均}=21$ mm，长度为 1 200 mm。

管内传热速率 $\Phi$，可由热量衡算式计算获得：

$$\Phi=C_p\times q_m\times(t_2-t_1) \tag{4-5-4}$$

式中，$C_p$ 为比热容，J/(kg · ℃)，空气的平均比热容为 1 005 J/(kg · ℃)；$q_m$ 为空气质量流量，kg · s$^{-1}$；$t_1$ 为空气入口温度，℃；$t_2$ 为空气出口温度，℃。

$q_m$ 由孔板流量计测定的体积流量计算获得：

$$q_m=q_{Vt1}\times\rho_{t1} \tag{4-5-5}$$

式中，$q_{Vt1}$为 $t_1$ 温度下空气在换热器内的平均体积流量，m$^3$ · s$^{-1}$；$\rho_{t1}$为 $t_1$ 温度下空气的密度，kg · m$^{-3}$。

$$q_{Vt1}=c_0\times A_0\times\sqrt{\frac{2\times\Delta p}{\rho_{t1}}} \tag{4-5-6}$$

式中，$c_0$ 为孔板系数，为 0.65；$A_0$ 为孔板开孔面积，为 $2.27\times10^{-4}$ m$^2$；$\Delta p$ 为孔板流量计压差，Pa。

平均温度差 $\Delta t_{\mathrm{m}}$ 由下式确定：

$$\Delta t_{\mathrm{m}}=t_w-\bar{t} \tag{4-5-7}$$

式中，$t_w$ 为壁面平均温度，℃；$\bar{t}$ 为冷流体的入口、出口的算术平均温度，℃。

因为换热器内管为紫铜管，其导热系数很大，且管壁很薄，故认为内壁温度、外壁温度和壁面平均温度近似相等，用 $t_w$ 来表示，由于管外使用蒸汽，所以 $t_w$ 近似等于热流体的平均温度。

3. 列管换热器总传热系数 $K$ 的计算

套管换热器壳体内有多根内管构成的管束则称为列管换热器。总传热系数 $K$ 是评价列管换热器性能的一个重要参数，也是对列管换热器进行传热计算的依据。总传热系数大，单位时间内传递热量就多，反之则小。所以，总传热系数是反映换热器性能好坏的重要指标之一。影响总传热系数的因素有很多，如设备的导热系数 $\lambda$、冷热流体的温差、流体的流速、流体的性质（密度、黏度、导热系数）、壁面的形状等。对于已有的列管换热器，可以通过测定有关数据，如设备尺寸、流体的流量和温度等，通过传热速率方程计算 $K$ 值。

传热速率方程式：

$$\Phi=K\times A\times\Delta t_{\mathrm{m}} \tag{4-5-8}$$

$$K=\frac{\Phi}{A\times\Delta t_{\mathrm{m}}} \tag{4-5-9}$$

式中，$K$ 为总传热系数，W/(m$^2$ · ℃)；$\Phi$ 为传热速率，W；$A$ 为传热面积，m$^2$；$\Delta t_{\mathrm{m}}$ 为冷热流体的平均温差，℃。

列管换热器的传热面积为多根内管的管壁面积之和，即

$$A=n\pi d_{均}\ l \tag{4-5-10}$$

式中，$n$ 为列管换热器内列管根数，实验所用为 6 根列管。$d_{均}$为内管的算术平均直径，每根内管的 $d_{均}=17.5$ mm，长度 $l$ 为 1 200 mm。

管内传热速率 $\Phi$，仍由热量衡算式计算获得。热量衡算式：

$$\Phi = C_p \times q_m \times (t_2 - t_1) \tag{4-5-11}$$

式中，$C_p$ 为比热容，$J/(kg \cdot ℃)$，空气的平均比热容为 1 005 $J/(kg \cdot ℃)$；$q_m$ 为空气质量流量，$kg \cdot s^{-1}$；$t_1$ 为空气入口温度，℃；$t_2$ 为空气出口温度，℃。

$q_m$ 是列管换热器通过的空气质量流量，由下式求得：

$$q_m = q_{Vt1} \times \rho_{t1} \tag{4-5-12}$$

式中，$q_{Vt1}$ 为 $t_1$ 温度下空气在换热器内的平均体积流量，$m^3 \cdot s^{-1}$；$\rho_{t1}$ 为 $t_1$ 温度下空气的密度，$kg \cdot m^{-3}$。

实验中，$q_{Vt1}$ 使用孔板流量计测量，并通过下式计算获得：

$$q_{Vt1} = c_0 \times A_0 \times \sqrt{\frac{2 \times \Delta p}{\rho_{t1}}} \tag{4-5-13}$$

式中，$c_0$ 为孔板系数，为 0.65；$A_0$ 为孔板开孔面积，为 $2.27 \times 10^{-4}\ m^2$；$\Delta p$ 为孔板流量计压差，Pa。

传热速率方程式中，冷、热流体的平均温差 $\Delta t_m$ 是传热过程的推动力，它随着传热过程冷热流体的温度变化而改变。列管换热器的平均温差 $\Delta t_m$ 通过下式计算求出：

$$\Delta t_m = \frac{\Delta t_1 - \Delta t_2}{\ln \dfrac{\Delta t_1}{\Delta t_2}} \tag{4-5-14}$$

式中，$\Delta t_1$、$\Delta t_2$ 分别是换热器两端冷、热流体的温差。设 $T_1$、$t_1$ 为换热器一端热、冷流体的温度，$T_2$、$t_2$ 为换热器另一端热、冷流体的温度，那么：

$$\Delta t_1 = T_1 - t_1, \Delta t_2 = T_2 - t_2$$

如图 4-23 所示，对于并流和逆流，$\Delta t_1$ 和 $\Delta t_2$ 计算式的写法不一样，虽然写法不同，但都是换热器两端冷、热流体的温差。

并流时：$\Delta t_1 = T_{进} - t_{进}, \Delta t_2 = T_{出} - t_{出}$

逆流时：$\Delta t_1 = T_{进} - t_{出}, \Delta t_2 = T_{出} - t_{进}$

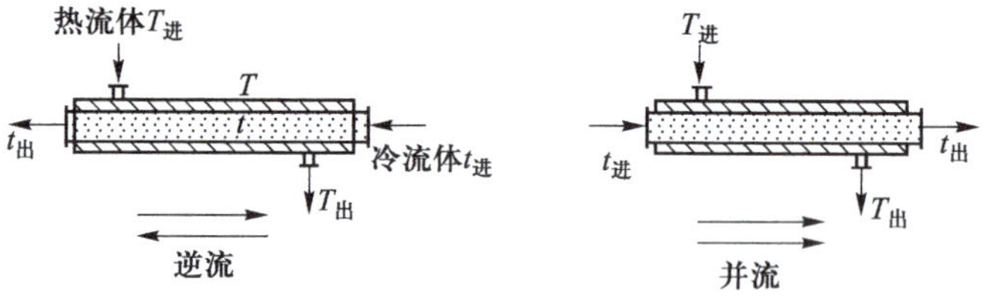


图 4-23 两种传热方式示意图

## 三、实验设备与装置

1. 传热实验装置流程示意图（如图 4-24 所示）
2. 实验装置结构参数（如表 4-7 所示）

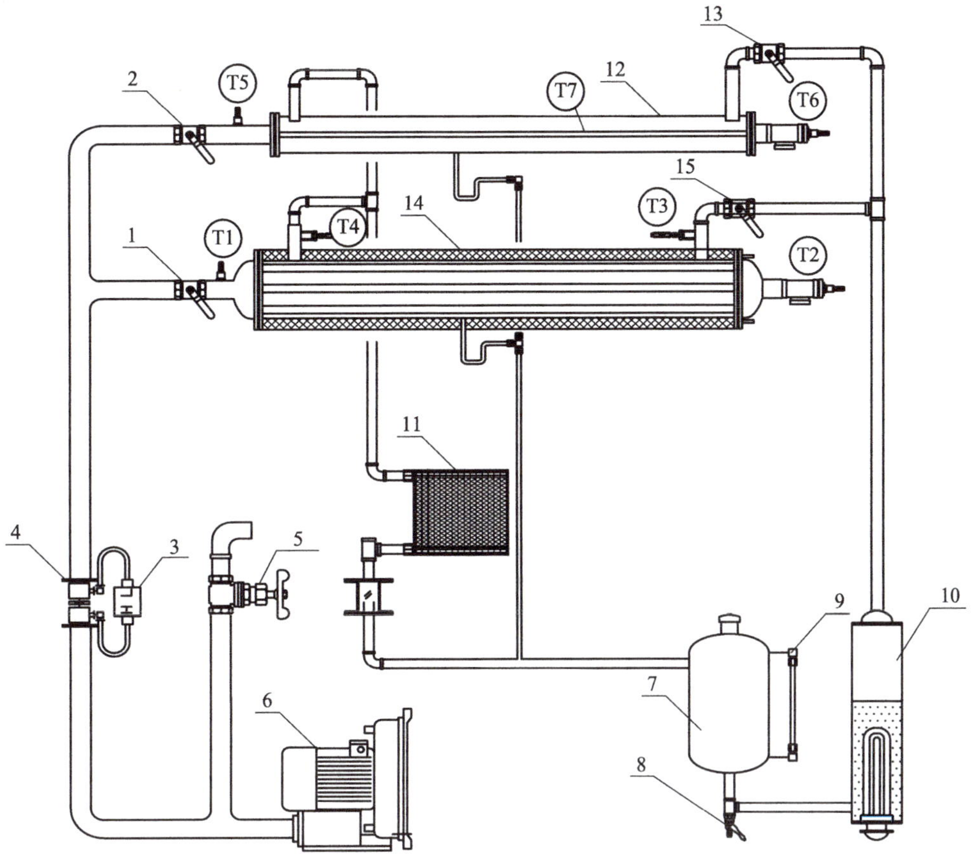


图 4-24　传热实验装置流程示意图

1—列管换热器空气进口阀;2—套管换热器空气进口阀;3—压力传感器;4—孔板流量计;
5—空气旁路调节阀;6—漩涡气泵;7—储水罐;8—排水阀;9—液位计;10—蒸汽发生器;
11—散热器;12—套管换热器;13—套管换热器蒸汽进口阀;14—列管换热器;
15—列管换热器蒸汽进口阀;T—温度

**表 4-7　实验装置结构参数**

| | |
|---|---|
| 套管换热器实验内管直径/mm | $\Phi$22×1 |
| 测量段(紫铜内管、列管内管)长度 $L$/m | 1.20 |
| 套管换热器实验外管直径/mm | $\Phi$57×3.5 |
| 列管换热器实验内管直径/mm,根数 | $\Phi$19×1.5,6 |
| 列管换热器实验外管直径/mm | $\Phi$89×3.5 |
| 孔板流量计孔流系数及孔径 | $c_0=0.65$、$d_0=0.017$ m |
| 旋涡气泵 | XGB-2 型 |

3. 传热过程综合实验面板图(如图 4-25 所示)

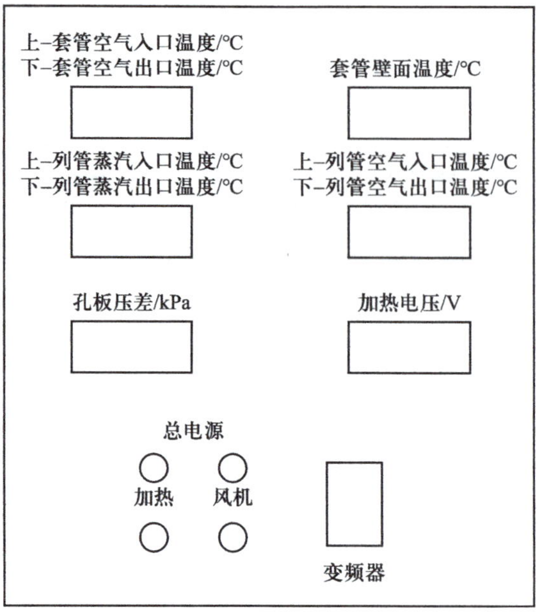


图 4-25 传热过程综合实验面板图

## 四、实验步骤

1. 实验前的准备及检查工作

(1) 向储水罐 7 中加入蒸馏水至容积 2/3。

(2) 检查空气旁路调节阀 5 是否全开。

(3) 接通电源总闸,设定加热电压。

2. 套管换热器实验

(1) 准备工作完毕后,打开套管换热器蒸汽进口阀 13,启动仪表面板加热开关,对蒸汽发生器内液体进行加热。当套管换热器内管壁温度升到接近 100 ℃并保持 5 min 不变时,打开阀门 2,启动风机开关。

(2) 用空气旁路调节阀 5 来调节空气流量,调好某一流量后稳定 3~5 min,分别记录空气的流量,空气进、出口的温度及壁面平均温度。

(3) 改变流量测量下组数据。一般从小流量到最大流量之间,测量多组数据。

3. 列管换热器传热系数测定实验

列管换热器冷流体全流通实验,打开蒸汽进口阀门 15,当蒸汽出口温度接近 100 ℃并保持 5 min 不变时,打开阀门 1,全开空气旁路调节阀 5,启动风机,利用空气旁路调节阀 5 来调节空气流量,调好某一流量后稳定 3~5 min,分别记录空气的流量,空气进、出口的温度及蒸汽的进出口温度。

4. 实验结束后,首先关闭加热开关,5 min 后关闭风机和总电源。一切复原。

## 五、实验数据记录与处理

1. 实验数据记录

(1) 套管换热器

| 序号 | 空气入口温度 $t_1$/℃ | 空气出口温度 $t_2$/℃ | 套管壁面温度 $t_w$/℃ | 孔板流量压差 $\Delta p$/kPa |
|---|---|---|---|---|
| 1 | | | | |
| 2 | | | | |
| 3 | | | | |
| 4 | | | | |
| 5 | | | | |

(2) 列管换热器

| 序号 | 空气入口温度 $t_1$/℃ | 空气出口温度 $t_2$/℃ | 蒸汽入口温度 $T_1$/℃ | 蒸汽出口温度 $T_2$/℃ | 孔板流量压差 $\Delta p$/kPa |
|---|---|---|---|---|---|
| 1 | | | | | |
| 2 | | | | | |
| 3 | | | | | |
| 4 | | | | | |
| 5 | | | | | |

2. 实验数据处理

(1) 套管换热器换热面积:________ $m^2$。

| 序号 | 空气体积流量 $q_{Vt1}/(m^3\cdot s^{-1})$ | 空气质量流量 $q_m/(kg\cdot s^{-1})$ | $Q$/W | $\Delta t_m$/℃ | 对流传热系数 $\alpha_i$/$W\cdot m^{-2}\cdot ℃^{-1}$ |
|---|---|---|---|---|---|
| 1 | | | | | |
| 2 | | | | | |
| 3 | | | | | |
| 4 | | | | | |
| 5 | | | | | |

（2）列管换热器换热面积：________ $m^2$。

| 序号 | 空气体积流量 $q_{Vt1}/(m^3 \cdot s^{-1})$ | 空气质量流量 $q_m/(kg \cdot s^{-1})$ | $Q/W$ | $\Delta t_m/℃$ | 总传热系数 $K$ $\frac{}{W \cdot m^{-2} \cdot ℃^{-1}}$ |
|---|---|---|---|---|---|
| 1 | | | | | |
| 2 | | | | | |
| 3 | | | | | |
| 4 | | | | | |
| 5 | | | | | |

## 六、实验要点及实验安全注意事项

1. 检查蒸汽发生器中的水位是否在正常范围内。特别是每个实验结束后，进行下一实验之前，如果发现水位过低，应及时补给水量。

2. 必须保证蒸汽上升管线的畅通，即在给蒸汽发生器电压之前，两蒸汽支路阀门之一必须全开。在转换支路时，应先开启需要的支路阀，再关闭另一侧，且开启和关闭阀门必须缓慢，防止管线截断或蒸汽压力过大突然喷出。

3. 必须保证空气管线的畅通。即在接通风机电源之前，两个空气支路控制阀之一和旁路调节阀必须全开。在转换支路时，应先关闭风机电源，然后开启和关闭支路阀。

4. 调节流量后，应至少稳定 3~5 min 后读取实验数据。

5. 实验中保持上升蒸汽量的稳定，不应改变加热电压。

### 思考题

1. 不同实验条件下的总传热系数 $K$ 值。
2. 总传热系数 $K$ 值的主要影响因素。
3. 工业上强化传热过程的主要措施。

## 附录

空气密度

| 空气温度/℃ | 干空气密度/(kg · $m^{-3}$) | 饱和空气密度/(kg · $m^{-3}$) |
|---|---|---|
| -20 | 1.396 | 1.395 |
| -19 | 1.394 | 1.393 |
| -18 | 1.385 | 1.384 |
| -17 | 1.379 | 1.378 |

续表

| 空气温度/℃ | 干空气密度/(kg·m$^{-3}$) | 饱和空气密度/(kg·m$^{-3}$) |
|---|---|---|
| -16 | 1.374 | 1.373 |
| -15 | 1.368 | 1.367 |
| -14 | 1.363 | 1.362 |
| -13 | 1.358 | 1.357 |
| -12 | 1.353 | 1.352 |
| -11 | 1.348 | 1.347 |
| -10 | 1.342 | 1.341 |
| -9 | 1.337 | 1.336 |
| -8 | 1.332 | 1.331 |
| -7 | 1.327 | 1.325 |
| -6 | 1.322 | 1.32 |
| -5 | 1.317 | 1.315 |
| -4 | 1.312 | 1.31 |
| -3 | 1.308 | 1.306 |
| -2 | 1.303 | 1.301 |
| -1 | 1.298 | 1.295 |
| 0 | 1.293 | 1.29 |
| 1 | 1.288 | 1.285 |
| 2 | 1.284 | 1.281 |
| 3 | 1.279 | 1.275 |
| 4 | 1.275 | 1.271 |
| 5 | 1.27 | 1.266 |
| 6 | 1.265 | 1.261 |
| 7 | 1.261 | 1.256 |
| 8 | 1.256 | 1.251 |
| 9 | 1.252 | 1.247 |
| 10 | 1.248 | 1.242 |
| 11 | 1.243 | 1.237 |
| 12 | 1.239 | 1.232 |
| 13 | 1.235 | 1.228 |
| 14 | 1.23 | 1.223 |
| 15 | 1.226 | 1.218 |

续表

| 空气温度/℃ | 干空气密度/(kg · m$^{-3}$) | 饱和空气密度/(kg · m$^{-3}$) |
|---|---|---|
| 16 | 1.222 | 1.214 |
| 17 | 1.217 | 1.208 |
| 18 | 1.213 | 1.204 |
| 19 | 1.209 | 1.2 |
| 20 | 1.205 | 1.195 |
| 21 | 1.201 | 1.19 |
| 22 | 1.197 | 1.185 |
| 23 | 1.193 | 1.181 |
| 24 | 1.189 | 1.176 |
| 25 | 1.185 | 1.171 |
| 26 | 1.181 | 1.166 |
| 27 | 1.177 | 1.161 |
| 28 | 1.173 | 1.156 |
| 29 | 1.169 | 1.151 |
| 30 | 1.165 | 1.146 |
| 31 | 1.161 | 1.141 |
| 32 | 1.157 | 1.136 |
| 33 | 1.154 | 1.131 |
| 34 | 1.15 | 1.126 |
| 35 | 1.146 | 1.121 |
| 36 | 1.142 | 1.116 |
| 37 | 1.139 | 1.111 |
| 38 | 1.135 | 1.107 |
| 39 | 1.132 | 1.102 |
| 40 | 1.128 | 1.097 |
| 41 | 1.124 | 1.091 |
| 42 | 1.121 | 1.086 |
| 43 | 1.117 | 1.081 |
| 44 | 1.114 | 1.076 |
| 45 | 1.11 | 1.07 |
| 46 | 1.107 | 1.065 |
| 47 | 1.103 | 1.059 |

续表

| 空气温度/℃ | 干空气密度/(kg·m⁻³) | 饱和空气密度/(kg·m⁻³) |
|---|---|---|
| 48 | 1.1 | 1.054 |
| 49 | 1.096 | 1.048 |
| 50 | 1.093 | 1.043 |
| 55 | 1.076 | 1.013 |
| 60 | 1.06 | 0.981 |
| 65 | 1.044 | 0.946 |
| 70 | 1.029 | 0.909 |
| 75 | 1.014 | 0.868 |
| 80 | 1 | 0.823 |
| 85 | 0.986 | 0.773 |
| 90 | 0.973 | 0.718 |
| 95 | 0.959 | 0.656 |
| 100 | 0.947 | 0.589 |

（编写：王伟智　复核：王　露）

# ·实验六　填料塔气体吸收实验·

## 一、目的与要求

1. 了解填料吸收塔的结构、性能和特点，练习并掌握填料塔操作方法；通过实验测定数据的处理分析，加深对填料塔流体力学性能基本理论的理解，加深对填料塔传质性能理论的理解；

2. 掌握填料吸收塔传质能力和传质效率的测定方法，练习实验数据的处理分析。

## 二、实验原理

1. 气体通过填料层的压力降

压力降是塔设计中的重要参数，气体通过填料层压力降的大小决定了塔的动力消耗。压力降与气、液流量均有关，不同液体喷淋量下填料层的压力降 $\Delta p$ 与气速 $u$ 的关系如图 4-26所示：

当液体喷淋量 $L_0=0$ 时，干填料的 $\Delta p-u$ 的关系是直线，如图中的直线 0。当有一定的喷淋量时，$\Delta p-u$ 的关系变成折线，并存在两个转折点，下转折点称为“载点”，上转折点称为“泛点”。这两个转折点将 $\Delta p-u$ 关系分为三个区段，即恒持液量区、载液区及液泛区。

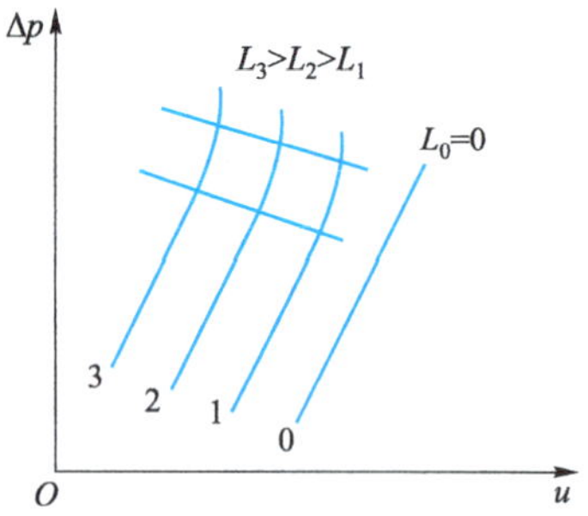

图 4-26 填料层的 $\Delta p-u$ 关系

传质性能：吸收系数是决定吸收过程速率高低的重要参数，实验测定可获取吸收系数。对于相同的物系及一定的设备（填料类型与尺寸），吸收系数随着操作条件及气液接触状况的不同而变化。

2. 二氧化碳吸收实验

根据双膜模型的基本假设，如图 4-27 所示，气侧和液侧的吸收质 A 的传质速率方程可分别表达为

气膜
$$G_A = k_g A(p_A - p_{Ai}) \tag{4-6-1}$$

液膜
$$G_A = k_l A(c_{Ai} - c_A) \tag{4-6-2}$$

式中，$G_A$ 为 A 组分的传质速率，$kmol\cdot s^{-1}$；$A$ 为两相接触面积，$m^2$；$p_A$ 为气侧 A 组分的平均分压，Pa；$p_{Ai}$ 为相界面上 A 组分的平均分压，Pa；$c_A$ 为液侧 A 组分的平均浓度，$kmol\cdot m^{-3}$；$c_{Ai}$ 为相界面上 A 组分的浓度，$kmol\cdot m^{-3}$；$k_g$ 为以分压表达推动力的气侧传质膜系数，$kmol\cdot m^{-2}\cdot s^{-1}\cdot Pa^{-1}$；$k_l$ 为以物质的量浓度表达推动力的液侧传质膜系数，$m\cdot s^{-1}$。

以气相分压或液相浓度表示传质过程推动力的相际传质速率方程又可分别表达为：

$$G_A = K_G A(p_A - p_A^*) \tag{4-6-3}$$

$$G_A = K_L A(c_A^* - c_A) \tag{4-6-4}$$

式中，$p_A^*$ 为液相中 A 组分的实际浓度所要求的气相平衡分压，Pa；$c_A^*$ 为气相中 A 组分的实际分压所要求的液相平衡浓度，$kmol\cdot m^{-3}$；$K_G$ 为以气相分压表示推动力的总传质系数，简称为气相传质总系数，$kmol\cdot m^{-2}\cdot s^{-1}\cdot Pa^{-1}$；$K_L$ 为以气相分压表示推动力的总传质系数，简称为液相传质总系数，$m\cdot s^{-1}$。

若气液相平衡关系遵循亨利定律：$c_A = Hp_A$，则：

$$\frac{1}{K_G} = \frac{1}{k_g} + \frac{1}{HK_l} \tag{4-6-5}$$

$$\frac{1}{K_L} = \frac{H}{k_g} + \frac{1}{k_l} \tag{4-6-6}$$

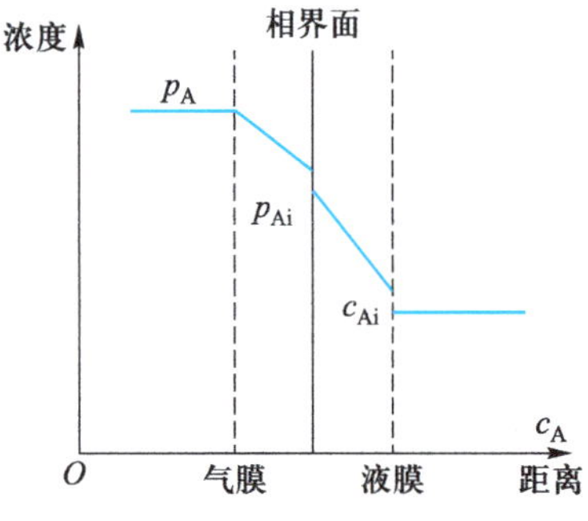

图 4-27 双膜模型的浓度分布图

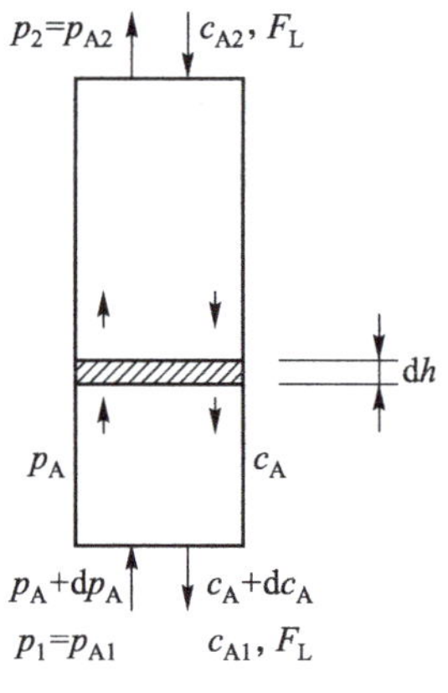

图 4-28 填料塔的物料衡算图

当气膜阻力远大于液膜阻力时，则相际传质过程式受气膜传质速率控制，此时，$K_G = k_g$；反之，当液膜阻力远大于气膜阻力时，则相际传质过程受液膜传质速率控制，此时，$K_L = k_l$。

如图 4-28 所示，在逆流接触的填料层内，任意截取一微分段，并以此为衡算系统，则由吸收质 A 的物料衡算可得：

$$dG_A = \frac{F_L}{\rho_L} dC_A \tag{4-6-7a}$$

式中，$F_L$ 为液相摩尔流率，$kmol \cdot s^{-1}$；$\rho_L$ 为液相摩尔密度，$kmol \cdot m^{-3}$。

根据传质速率基本方程式，可写出该微分段的传质速率微分方程：

$$dG_A = K_L (c_A^* - c_A)\, aS dh \tag{4-6-7b}$$

联立上两式可得：

$$dh = \frac{F_L}{K_L a S \rho_L} \cdot \frac{dc_A}{c_A^* - c_A} \tag{4-6-8}$$

式中，$a$ 为气液两相接触的比表面积，$m^2 \cdot m^{-1}$；$S$ 为填料塔的横截面积，$m^2$。

本实验采用水吸收混合气体中的二氧化碳，且已知二氧化碳在常温常压下溶解度较小，因此，液相摩尔流率 $F_L$ 和摩尔密度 $\rho_L$ 的比值，即液相体积流率$(V_s)_L$ 可视为定值，且设总传质系数 $K_L$ 和两相接触比表面积 $a$，在整个填料层内为一定值，则按下列边值条件积分式(4-6-8)，可得填料层高度的计算公式：

$$h = 0, c_A = c_{A2}, h = h, c_A = c_{A1}$$

$$h = \frac{V_{sL}}{K_L a S} \cdot \int_{c_{A2}}^{c_{A1}} \frac{dc_A}{c_A^* - c_A} \tag{4-6-9}$$

令 $H_L = \frac{V_{sL}}{K_L a S}$，且称 $H_L$为液相传质单元高度(HTU)；$N_L = \int_{c_{A2}}^{c_{A1}} \frac{dc_A}{c_A^* - c_A}$，且称 $N_L$为液相传质单元数(NTU)。

因此，填料层高度为传质单元高度与传质单元数的乘积，即

$$h = H_L \times N_L \tag{4-6-10}$$

若气液平衡关系遵循亨利定律，即平衡曲线为直线，则式(4-6-9)可用解析法解得填料层高度的计算式，即可采用下列平均推动力法计算填料层的高度或液相传质单元高度：

$$h = \frac{V_{sL}}{K_L a S} \cdot \frac{c_{A1} - c_{A2}}{\Delta c_{Am}} \tag{4-6-11}$$

$$N_L = \frac{h}{H_L} = \frac{h}{\frac{V_{sL}}{K_L \alpha S}} \tag{4-6-12}$$

式中 $\Delta c_{Am}$为液相平均推动力，即

$$\Delta c_{Am} = \frac{\Delta c_{A1} - \Delta c_{A2}}{\ln \frac{\Delta c_{A1}}{\Delta c_{A2}}} = \frac{(c_{A1}^* - c_{A1}) - (c_{A2}^* - c_{A2})}{\ln \frac{c_{A1}^* - c_{A1}}{c_{A2}^* - c_{A2}}} \tag{4-6-13}$$

其中，$c_{A1}^* = Hp_{A1} = Hy_1 p_0$，$c_{A2}^* = Hp_{A2} = Hy_2 p_0$，$p_0$ 为大气压。

$y_2$ 由全塔物料衡算进行计算：

$$L(c_{A1} - c_{A2}) = \frac{V}{22.4}(y_1 - y_2) \tag{4-6-14}$$

二氧化碳的溶解度常数：

$$H=\frac{\rho_w}{M_w}\cdot\frac{1}{E}\quad \text{kmol}\cdot\text{m}^{-3}\cdot\text{Pa}^{-1} \tag{4-6-15}$$

式中，$\rho_w$ 为水的密度，$\text{kg}\cdot\text{m}^{-3}$；$M_w$ 为水的摩尔质量，$\text{kg}\cdot\text{kmol}^{-1}$；$E$ 为二氧化碳在水中的亨利系数（见附录），Pa。

因本实验采用的物系不仅遵循亨利定律，而且气膜阻力可以不计，在此情况下，整个传质过程阻力都集中于液膜，即属液膜控制过程，则液侧体积传质膜系数等于液相体积传质总系数，即

$$k_1a=K_\text{L}a=\frac{V_\text{sL}}{hS}\cdot\frac{c_\text{A1}-c_\text{A2}}{\Delta c_{\text{A}m}} \tag{4-6-16}$$

## 三、实验试剂与设备

1. 实验装置主要技术参数

填料塔：玻璃管内径 $D=0.05$ m，塔高 1.20 m；

填料层高度 $Z_1=0.95$ m；

内装 $\varphi12\times12$ mm 瓷拉西环；风机型号：XGB-12 ；

二氧化碳钢瓶 1 个（用户自备）；减压阀 1 个（用户自备）；

流量测量仪表：

转子流量计型号 LZB-6，流量范围 0.06～0.60 $\text{m}^3\cdot\text{h}^{-1}$；

空气转子流量计：型号 LZB-10，流量范围 0.25～2.5 $\text{m}^3\cdot\text{h}^{-1}$；

水转子流量计：型号 LZB-10，流量范围 16～160 $\text{L}\cdot\text{h}^{-1}$；

浓度测量：吸收塔塔底液体浓度分析准备定量化学分析仪器（用户自备）；

温度测量：Pt100 铂电阻，用于测定气相、液相温度。

2. 二氧化碳吸收实验装置流程示意图（图 4-29）

3. 实验仪表面板图（见图 4-30）

## 四、实验步骤

1. 实验前准备工作

首先将水箱 8 和水箱 9 灌满蒸馏水或去离子水，接通实验装置电源并按下总电源开关。

准备好 10 mL 移液管、100 mL 三角瓶、酸式滴定管、洗耳球、0.1 $\text{mol}\cdot\text{L}^{-1}$左右的盐酸标准溶液、0.1 $\text{mol}\cdot\text{L}^{-1}$左右的 $Ba(OH)_2$ 标准溶液和甲基红等化学分析仪器和试剂备用。

2. 测量解吸塔干填料层$\left(\frac{\Delta p}{Z}\right)$-$u$ 关系曲线

测量实验数据之前先打开解吸泵，调整解析塔进塔水流量计，流量在 100 $\text{L}\cdot\text{h}^{-1}$左右喷淋 2 min，然后关闭解析泵。

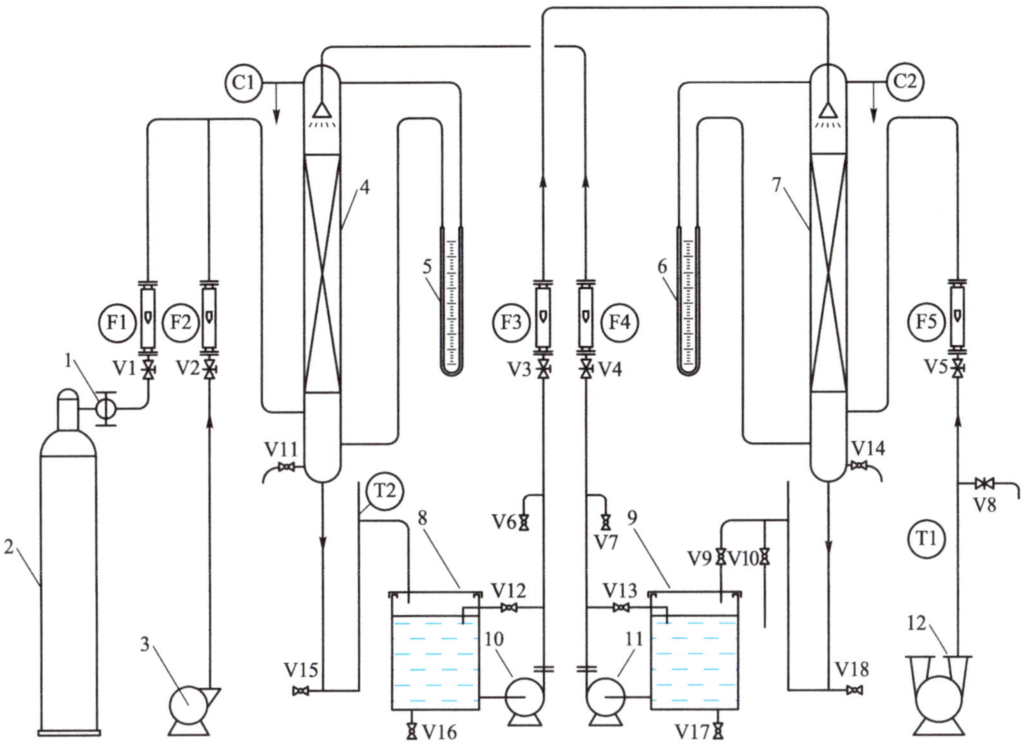


图 4-29 二氧化碳吸收实验装置流程示意图

1—减压阀；2—$CO_2$ 钢瓶；3—空气压缩机；4—填料吸收塔；5、6—U 形管压差计；7—填料吸收塔；8、9—水箱；10、11—离心泵；12—漩涡气泵；F1— $CO_2$ 流量计；F2— 空气流量计；F3、F4— 水流量计；F5— 空气流量计；T1—空气温度；T2—吸收液体温度；V1～V17—阀门

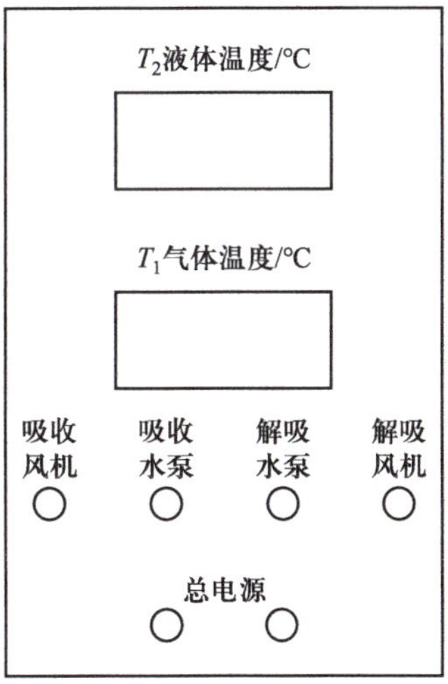


图 4-30 实验仪表面板图

打开空气旁路调节阀 V8 至全开，启动漩涡气泵 12。打开空气流量计 F5 下的阀门 V5，逐渐关小阀门 V7 的开度，调节进塔的空气流量。稳定后读取填料层压力降 $\Delta p$，即 U 形管液柱压差计的数值，然后改变空气流量，空气流量从小到大共测定 10 组数据。在对实验数据进行分析处理后，在对数坐标纸上以空塔气速 $u$ 为横坐标，单位高度的压力降$\frac{\Delta p}{Z}$为纵坐标，标绘干填料层$\left(\frac{\Delta p}{Z}\right)-u$ 关系曲线。

3. 测量解吸塔在不同喷淋量下填料层$\left(\frac{\Delta p}{Z}\right)-u$ 关系曲线

将水流量固定在 100 $L\cdot h^{-1}$左右（水流量大小可因设备调整），采用上面相同步骤调节空气流量，稳定后分别读取并记录填料层压力降 $\Delta p$、转子流量计读数和流量计处所显示的空气温度，操作中随时注意观察塔内现象，一旦出现液泛，立即记下对应空气转子流量计读数。根据实验数据在对数坐标纸上标出液体喷淋量为 100 $L\cdot h^{-1}$时的$\left(\frac{\Delta p}{Z}\right)-u$ 关系曲线（见图 4-27），并在图上确定液泛气速，与观察到的液泛气速相比较是否吻合。

4. 二氧化碳吸收传质系数测定

（1）关闭吸收液离心泵 11 的出口阀，启动吸收液离心泵 11，关闭空气流量计 F2，$CO_2$ 流量计 F1 与钢瓶连接。

（2）打开水流量计 F4，调节到 100 $L\cdot h^{-1}$，待有水从吸收塔顶喷淋而下，从吸收塔底的 π 型管尾部流出后，启动空气压缩机 3，调节空气流量计 F2 到指定流量，同时打开二氧化碳钢瓶调节减压阀，调节二氧化碳流量计 F1，按二氧化碳与空气的比例在 10%～20%计算出二氧化碳的空气流量。

（3）吸收进行 20 min 并且操作达到稳定状态之后，测量塔底吸收液的温度，同时在塔顶和塔底取液相样品并测定吸收塔顶、塔底溶液中二氧化碳的含量。

（4）溶液二氧化碳含量测定：

用移液管吸取 0.1 $mol\cdot L^{-1}$左右的 $Ba(OH)_2$ 标准溶液 10 mL，放入三角瓶中，并从取样口处接收塔底溶液 10 mL，用胶塞塞好振荡。溶液中加入 2～3 滴甲基红（或酚酞）指示剂摇匀，用 0.1 $mol\cdot L^{-1}$左右的盐酸标准溶液滴定到出现粉红色（或粉红色消失）即为终点。

按下式计算得出溶液中二氧化碳浓度：

$$c_{CO_2}=\frac{2c_{Ba(OH)_2}V_{Ba(OH)_2}-c_{HCl}V_{HCl}}{2V_{溶液}}\ mol\cdot L^{-1}$$

## 五、实验数据记录与处理

1. 填料塔流体力学性能测定（表 4-8 和表 4-9）

表 4-8　填料塔流体力学性能测定(干填料)

$L=0$,填料层高度 $Z=0.95$ m,塔径 $D=0.05$ m

| 序号 | 填料层压力降 mmH$_2$O | 单位高度填料层压力降 mmH$_2$O · m$^{-1}$ | 空气转子流量计读数 m$^3$ · h$^{-1}$ | 空塔气速 m · s$^{-1}$ |
|---|---|---|---|---|
| 1 | | | | |
| 2 | | | | |
| 3 | | | | |
| 4 | | | | |
| 5 | | | | |
| 6 | | | | |
| 7 | | | | |
| 8 | | | | |
| 9 | | | | |
| 10 | | | | |

表 4-9　填料塔流体力学性能测定(湿填料)

$L=140$ L · h$^{-1}$,填料层高度 $Z=0.95$ m,塔径 $D=0.05$ m

| 序号 | 填料层压力降 mmH$_2$O | 单位高度填料层压力降 mmH$_2$O · m$^{-1}$ | 空气转子流量计读数 m$^3$ · h$^{-1}$ | 空塔气速 m · s$^{-1}$ | 操作现象 |
|---|---|---|---|---|---|
| 1 | | | | | |
| 2 | | | | | |
| 3 | | | | | |
| 4 | | | | | |
| 5 | | | | | |
| 6 | | | | | |
| 7 | | | | | |
| 8 | | | | | |
| 9 | | | | | |
| 10 | | | | | |

在对数坐标纸上以空塔气速 $u$ 为横坐标,$\dfrac{\Delta p}{Z}$为纵坐标作图,标绘$\dfrac{\Delta p}{Z}-u$ 关系曲线。

2. 传质实验

因本实验采用的物系不仅遵循亨利定律,而且气膜阻力可以不计,在此情况下,整个传质过程阻力都集中于液膜,属液膜控制过程,则液侧体积传质膜系数等于液相体积传质总系数，即 $k_1 a = K_L a = \frac{V_{sL}}{hS} \cdot \frac{c_{A1} - c_{A2}}{\Delta c_{Am}}$

## 六、实验要点及实验安全注意事项

1. 开启 $CO_2$ 总阀门前，要先关闭减压阀，阀门开度不宜过大。
2. 分析 $CO_2$ 浓度操作时动作要迅速，以免 $CO_2$ 从液体中溢出导致结果不准确。

### 思考题

1. 本实验中，为什么塔底要有液封？液封高度如何计算？
2. 当气体温度和液体温度不同时，应用什么温度计算亨利系数？

## 附录

二氧化碳在水中的亨利系数（$E\times10^{-5}$） 单位：kPa

| 气体 | 温度，℃ | | | | | | | | | | | |
|---|---|---|---|---|---|---|---|---|---|---|---|---|
| | 0 | 5 | 10 | 15 | 20 | 25 | 30 | 35 | 40 | 45 | 50 | 60 |
| $CO_2$ | 0.738 | 0.888 | 1.05 | 1.24 | 1.44 | 1.66 | 1.88 | 2.12 | 2.36 | 2.60 | 2.87 | 3.46 |

参考文献

（编写：李 伟 复核：王 俊）

# · 实验七 筛板式精馏塔的操作与塔效率的测定 ·

## 一、目的与要求

1. 熟悉板式塔的结构及精馏流程；
2. 掌握精馏塔的操作；
3. 学习精馏塔塔效率的测定方法。

## 二、实验原理

液-液均相分离有多种技术，如蒸馏、精馏、萃取、吸附、冷冻析晶、膜分离等，其中以蒸馏和精馏应用最为普遍。精馏作为分离过程中的重要单元操作之一，广泛用于石油炼制、石油化工、炼焦化工、基本有机合成、精细有机合成、高聚物工业、基本化工及轻化工生产中。精馏是指利用多次部分汽化和部分冷凝，将挥发性的混合液分离而得到纯的或接近纯的组分或切割成指定泡点范围的馏分的过程。

1. 泡点和露点

纯组分的沸点在等压下不会发生变化，但混合液则不同，开始沸腾的温度为 $t_1$，随着少量蒸气的分出，其沸腾温度会逐步提高。工程上，将混合液开始沸腾的温度 $t_1$ 定名为泡点，相应地将混合蒸气开始凝结的温度定名为露点。

2. $t$-$x$-$y$ 相图、$y$-$x$ 相图

对于一定的二元物系，通常物性数据手册用列表形式给出各平衡数据。为了使平衡关系更形象直观，一般把平衡数据画成图线。以下介绍 $t$-$x$-$y$ 相图、$y$-$x$ 相图（图 4-31）。

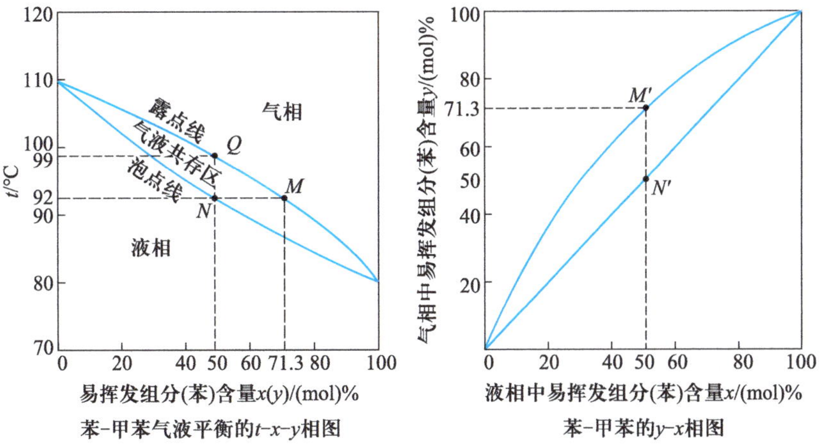


图 4-31　$t$-$x$-$y$ 和 $y$-$x$ 相图

（1）$t$-$x$-$y$ 相图

这种图是由二元气液平衡物系在总压 $p$ 一定条件下的数据制作的。图中有两条线，上面一条“$t$-$y$”称为饱和蒸气线或露点线，下面“$t$-$x$”称为饱和液体线或泡点线。

泡点线以下区域，液相区；露点线以上区域，气相区；两线之间区域，气、液共存区。

（2）$y$-$x$ 相图

对一定的二元物系，在总压一定时，把气液平衡的各组 $(t,x,y)_i$ 数据中的 $(x_i,y_i)$ 在以 $x$ 为横轴、$y$ 为纵轴的图上标出，把各点连成光滑曲线，该曲线便是平衡曲线。在“$y$-$x$”图中均画出对角线作为辅助线。

3. 精馏原理

部分汽化：将溶液 $x$ 加热到泡点与露点之间（相图两相共存区内），则发生溶液的部分汽化。若将蒸气分出，再使留下的液体部分汽化和分出蒸气，如此多次，最终所余液体成分接

近纯的难挥发组分(仅是微量的),如图 4-32 所示。

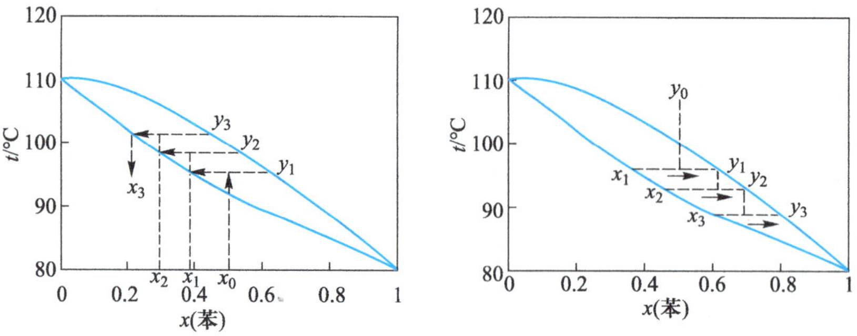


溶液多次部分汽化时液相的组成–温度图　　溶液多次部分冷凝时蒸气的组成变化

图 4-32　多次部分汽化和部分冷凝图

部分冷凝:将过热蒸气冷却,达到蒸气的露点时,开始有冷凝液出现,若将冷凝液分出而使系统中只留蒸气,并将蒸气重复部分冷凝和分出凝液,最终可使所余蒸气接近纯的易挥发组分(仅是微量的)。

工业生产中的精馏就是要创造条件,使在同一设备中多次同时进行部分汽化和部分冷凝,同时得到相当数量的纯的易挥发组分和纯的难挥发组分。

4. 精馏过程

通常精馏装置有填料塔和板式塔两种。填料塔中物相的组成随塔高而均匀地变化,板式塔中,物相沿塔的各层塔板呈阶梯式的变化。工业生产上,塔径在 1 m 以上时,常选用板式塔。本实验采用逐级接触式板式塔,塔板形式为筛板(图 4-33)。

取任一层塔板来分析。从上层塔板流下的液体与从下层塔板上升的蒸气相接触,蒸气-液体组成比较相近,但蒸气的露点高于液体的泡点,蒸气-液体间存在温差,引起蒸气的部分冷凝和液体的部分汽化。换热传质的结果,蒸气-液体温度趋近一致,但新生成的蒸气比下层上升的蒸气更富含易挥发组分,流向上一层;新生成的溶液比上层流下的液体更富含难挥发组分,导向下一层。流往上下各层的蒸气和液体分别再在各层中与其相邻上下层来的液体和蒸气接触,并发生换热传质。精馏蒸气上升与回流如图 4-33 所示。

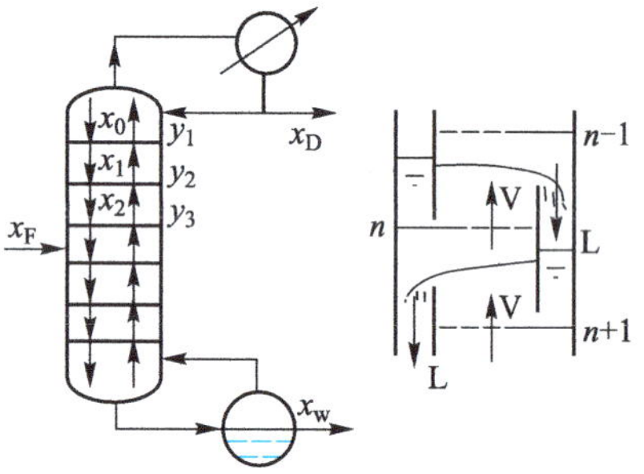


图 4-33　精馏蒸气上升与回流示意图

全塔中的操作情况为:

(1) 每层塔板上都发生部分汽化和部分冷凝,各层塔板提供一定的接触时间(或接触表面)使蒸气-液体两相发生传热和传质过程。凡蒸气-液体两相接触后,能达到平衡的一次相分离称为一个理论级(或理论板)。

(2) 向上往塔顶方向,蒸气中易挥发组分越来越富集;向下往塔底方向,液体中难挥发组分越来越富集。

(3) 最上一层塔板的蒸气必须与其组成接近的液体相接触,因而塔顶必须从外界供应这种组成相近的液体。这可由塔顶蒸气部分冷凝或全冷凝后的冷凝液(即馏出液)引回一部分注入塔顶。引回的这部分馏出液称为回流。没有回流，塔内的部分汽化和部分冷凝不能稳定持续进行，精馏目的无从实现。

(4) 从塔底应当提供蒸气，而且蒸气的组成应与塔底馏残液相近，为此，应在塔底安装加热器（又称再沸器）使馏残液部分汽化。

(5) 进料的组成介于馏出液和馏残液之间，因此，进料不应在塔顶或塔底，而应在塔体的某一合宜塔板上，在这层塔板上，液体的组成与进料的相接近。这层塔板称为进料板或给料板。

进料板以上的各层塔板上，物系的易挥发组分的含量都比进料中的含量高，这区域称为精馏段。进料板以下（包括进料板）的各层塔板上，物系的难挥发组分的含量都比进料中的含量高，这区域称为提馏段。

提供回流是精馏的必要条件。塔顶生成的蒸气（V）中，经冷凝后一部分作为回流（L）流回精馏塔，一部分作为馏出液（D）引出。此两部分数量之比，称为回流比 $R$：

$$R=\frac{n(\mathrm{L})}{n(\mathrm{D})} \tag{4-7-1}$$

$$n(\mathrm{V})=(R+1)n(\mathrm{D}) \tag{4-7-2}$$

5. 操作线方程

(1) 计算前提

① 泡点进料。

② 塔身绝热无热损（保证回流液量和上升蒸气量不变）。

③ 各层塔板上汽化和冷凝的物质的量相等（根据各组分的摩尔汽化热相等的设定推出）。

④ 回流由塔顶全凝器供给，回流的组成与产品相同，回流的温度为溶液的泡点，从塔底上升的蒸气由再沸器供给热量。

⑤ 恒摩尔流假设：塔中各层塔板上升的蒸气量都相等　$\mathrm{V}_{n-1}=\mathrm{V}_n=\mathrm{V}_{n+1}$；精馏段各层的回流量都相等　$\mathrm{L}_{n-1}=\mathrm{L}_n=\mathrm{L}_{n+1}$；提馏段各层的回流量都相等；提馏段的回流量等于精馏段的回流量与进液量之和。

(2) 精馏段的操作线方程（图 4-34）

精馏段总物料衡算 $n(\mathrm{V})=n(\mathrm{L})+n(\mathrm{D})$

对相邻两塔板 $n$ 和 $n+1$ 进行分析，则对 $n$ 板的物料衡算：

$$n(\mathrm{V})y_{n+1}=n(\mathrm{L})x_n+n(\mathrm{D})x_\mathrm{D} \tag{4-7-3}$$

$$R=n(\mathrm{L})/n(\mathrm{D}) \tag{4-7-4}$$

$$n(\mathrm{Y})=n(\mathrm{V}) \tag{4-7-5}$$

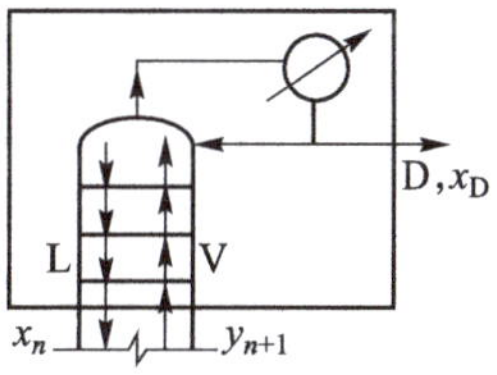

图 4-34　精馏段

式中，$n(\mathrm{V})$为塔中的蒸气的物质的量，$\mathrm{mol\cdot s^{-1}}$；$n(\mathrm{L})$为回流液的物质的量，$\mathrm{mol\cdot s^{-1}}$。

由此得出：

$$y_{n+1}=\frac{R}{R+1}x_n+\frac{x_\mathrm{D}}{R+1} \tag{4-7-6}$$

上式称为精馏段操作线方程，表示了在精馏段任何两层塔板间蒸气和回流这两物流的组成之间的相互关系。

(3) 提馏段的操作线方程（图 4-35）

与精馏段相比区别是在泡点进料时，增大了提馏段的回流量

总物料衡算：$n(\mathrm{F})+n(\mathrm{L})=n(\mathrm{V})+n(\mathrm{W})$　(4-7-7)

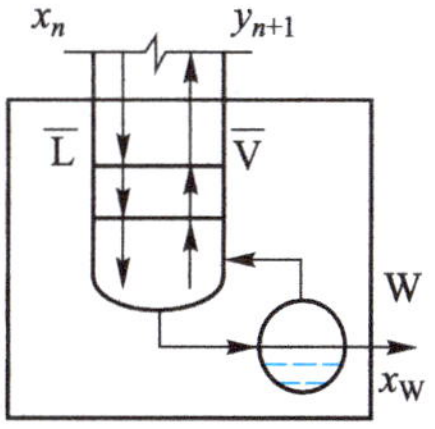

图 4-35　提馏段

式中，$n(F)$为进料的物质的量，$mol \cdot s^{-1}$；$n(W)$为馏出液的物质的量，$mol \cdot s^{-1}$。

对提馏段 $m$ 和 $m+1$ 两塔板间的易挥发组分物料衡算：

$$[n(F)+n(L)]x_m = n(V)y_{m+1}+n(W)x_w \tag{4-7-8}$$

$$n(V)=n(L)+n(D) \tag{4-7-9}$$

$$n(W)=n(F)-n(D) \tag{4-7-10}$$

$$R=n(L)/n(D) \tag{4-7-11}$$

$$n(F)/n(D)=f \tag{4-7-12}$$

式中，$f$为单位馏出液的进料量。

联立式(4-7-7)至式(4-7-12)，可得：

$$y_{m+1}=\frac{f+R}{R+1}x_m-\frac{f-1}{R+1}x_W \tag{4-7-13}$$

上式称为提馏段操作线方程，表示在提馏段任何两层塔板间，由下一层塔板产生的蒸气的组成与上一层回流下来的回流液的组成间的相互关系。

6. 理论塔板数的计算

理论塔板是指蒸气与液体接触时，传质能达到蒸气-液体平衡的塔板，塔板上生成的蒸气和液体间存在平衡关系。因此，利用操作线和平衡线可图解求出理论塔板数。

求解程序如下：

(1) 根据工艺要求，已知原料的组成 $x_F$，确定塔顶馏出液的组成 $x_D$和塔底馏残液的组成 $x_W$，并选定回流比 $R$。

(2) 作出 $y-x$ 相图的平衡线和对角线(图 4-36)，在相图上确定 $x_D$、$x_F$、$x_W$ 各点。

(3) 在相图上作出操作线：根据精馏段操作线方程，操作线与对角线相交于 $x=x_D$，与 $y$ 轴交于$\frac{x_D}{R+1}$，连接这两点得精馏塔操作线。

根据提馏段操作线方程，它与对角线相交于 $x=x_W$，当泡点进料时，并与精馏段操作线交于 $x=x_F$，连接这两点的提馏段操作线。

(4) 图解求理论塔板数：从对角线上的 $x_D$开始，作 $x$ 轴的平行线(水平线)交平衡线于 $y_1$，再从平衡线上的 $y_1$ 作 $y$ 轴的平行线(垂直线)交操作线于 $x_1$；接着从 $x_1$ 再作 $x$ 轴的平行线(水平线)交平衡线于 $y_2$，再从平衡线上的 $y_2$ 作 $y$ 轴的平行线(垂直线)交操作线于 $x_2$，以此类推，直到阶梯形达到 $x_W$ 为止。每一阶梯表示一块理论塔板。

由此可见，回流比越大，塔板上部分汽化和部分冷凝的效果越好，精馏所需的理论塔板数越少。回流比增大的极限是塔顶冷凝液全部作为回流，这时 $R=\infty$，称为全回流。在这种情况下，精馏段操作线和提馏段操作线都简化为 $y=x$，精馏所需的理论塔板数最少。全回流时实际上得不到产品，在工业上是不采用的。但全回流时得到理想的换热传质，因而主要在实验室中用来评价精馏塔板或填料的效率。

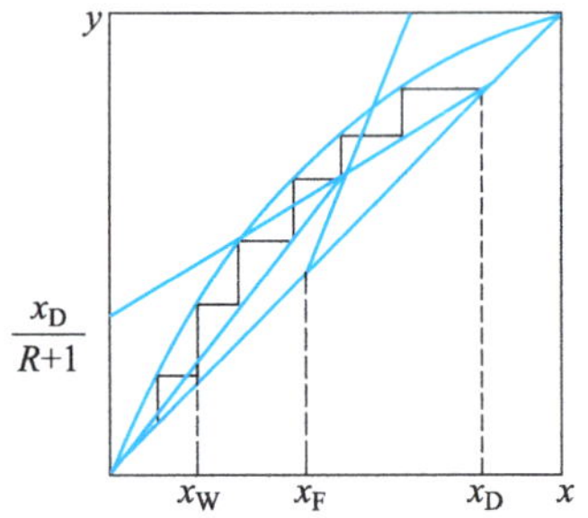


图 4-36 作图法求算理论塔板数

连续精馏塔分离能力的影响因素众多，一是物性因素，如物系及其组成，气液两相的各种物理性能等；二是设备结构因素，如塔径和塔高等；三是操作因素，如蒸气速度、进料状况和回流比等。

7. 塔板效率

对板式精馏塔，一般用板效率来概括塔板上的气液接触的状况和各种非理想流动对精馏过程的影响。塔板效率的定义有：点效率、默弗里效率和全塔效率。

全塔效率是板式塔分离效能的综合度量，它不仅与影响点效率、板效率的各种因素有关。而且还把板效率随组成等的变化也包括在内。因此，全塔效率综合了塔板结构、物理性质、操作变量等诸因素对塔分离能力的影响，对于一个新的物系，一般需由实验测定。

全塔效率的定义为：

$$\eta=\frac{N_T}{N}$$

式中，$N_T$、$N$ 分别表示达到某一分离要求所需的理论塔板数和实际塔板数，全塔效率一般可在全回流操作时来测定。

本实验就是在全回流操作情况下，测定实验装置的全塔效率。原料用 15%~20%（体积分数）的水和乙醇混合液进行精馏分离，以达到塔顶馏出液乙醇浓度大于 93%（体积分数），塔釜残液乙醇浓度小于 4%（体积分数）。并在规定时间内完成 300 mL 的塔顶采出量。

## 三、实验试剂与设备

实验装置如图 4-37 所示。

精馏设备仪表面板图如图 4-38 所示。

精馏塔结构参数

| 名称 | 直径/mm | 高度/mm | 板间距/mm | 板数/块 | 板型、孔径/mm | 降液管 | 材质 |
|---|---|---|---|---|---|---|---|
| 塔体 | $\Phi57\times3.5$ | 100 | 100 | 9 | 筛板 2.0 | $\Phi8\times1.5$ | 不锈钢 |
| 塔釜 | $\Phi100\times2$ | 300 | | | | | 不锈钢 |
| 塔顶冷凝器 | $\Phi57\times3.5$ | 300 | | | | | 不锈钢 |
| 塔釜冷凝器 | $\Phi57\times3.5$ | 300 | | | | | 不锈钢 |

## 四、实验步骤

1. 实验前检查准备工作

（1）检查实验装置上的各个旋塞、阀门均应处于关闭状态。

（2）配制一定浓度（质量分数 20%左右）的乙醇-水混合液（总容量 15 L 左右），倒入储料罐。

（3）打开直接进料阀门和进料泵开关，向精馏釜内加料到指定高度（冷液面在塔釜总高 2/3 处），然后关闭进料阀门和进料泵。

2. 实验操作

（1）全回流操作

① 打开塔顶冷凝器进水阀门，保证冷却水足量（$60\ \mathrm{L\cdot h^{-1}}$ 即可）。

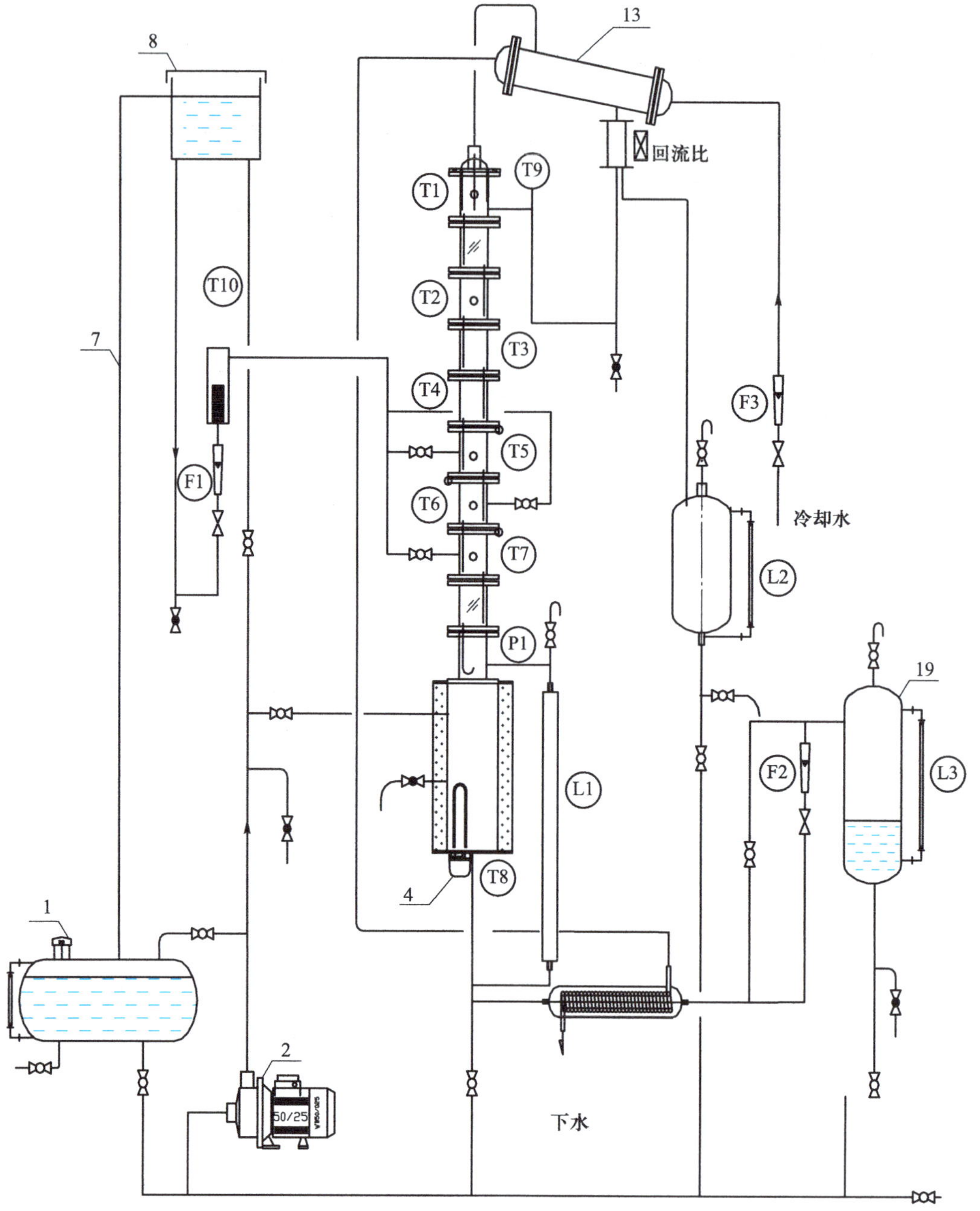


图 4-37 筛板式精馏塔实验装置

1—储料罐；2—进料泵；3—放料泵；4—加热器；5—直接进料阀；6—间接进料阀；7—流量计；8—高位槽；9—玻璃观察段；10—精馏塔；11—塔釜取样阀；12—釜液放空阀；13—塔顶冷凝器；14—回流比控制器；15—塔顶取样阀；16—塔顶液回收罐；17—放空阀；18—电磁阀；19—塔釜储料罐；20—塔釜冷凝器；21—第五块板进料阀；22—第六块板进料阀；23—第七块板进料阀；24—液位计；25—料液循环阀；26—釜残液出料阀

② 记录室温。接通总电源开关(220 V)。

③ 调节加热电压约为 130 V，待塔板上建立液层后再适当加大电压，使塔内维持正常操作。

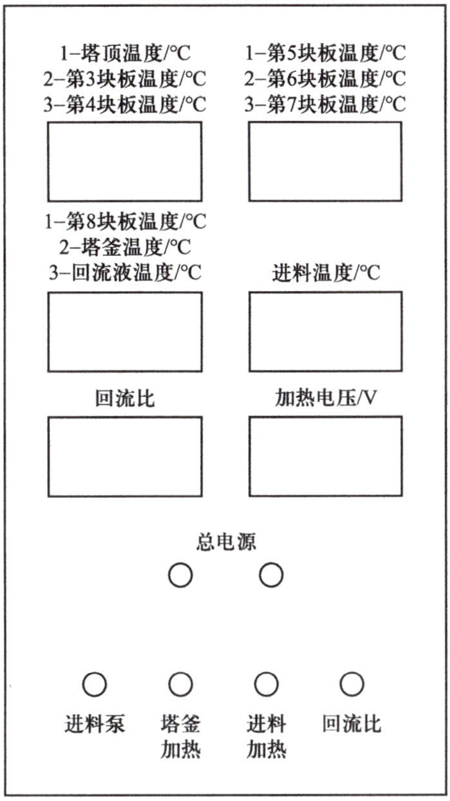


图 4-38　精馏设备仪表面板图

④ 当各块塔板上鼓泡均匀后，保持加热釜电压不变，在全回流情况下稳定 20 min 左右。其间要随时观察塔内传质情况直至操作稳定。然后分别在塔顶、塔釜取样口同时取样，通过酒精比重计分析样品浓度，同时记录实验装置的实际塔板数 $N$。

(2) 部分回流操作

① 打开间接进料阀门和进料泵，调节转子流量计，以 2.0~3.0 $L \cdot h^{-1}$ 的流量向塔内加料，用回流比控制调节器调节回流比为 $R=4$，馏出液收集在塔顶液回收罐中。

② 塔釜产品经冷却后由溢流管流出，收集在容器内。

③ 待操作稳定后，观察塔板上传质状况，记下加热电压、塔顶温度等有关数据，整个操作中维持进料流量计读数不变，分别在塔顶、塔釜和进料三处取样，用酒精比重计分析其浓度，同时记录实验装置的实际塔板数 $N$，并记录下进塔原料液的温度。

(3) 实验结束

① 取好实验数据并检查无误后可停止实验，此时关闭进料阀门和加热开关，关闭回流比调节器开关。

② 停止加热后 30 min 再关闭冷却水，一切复原。

③ 根据物系的 $t-x-y$ 关系，确定部分回流条件下进料的泡点温度，并进行数据处理。

## 五、实验数据记录与处理

用附录的乙醇-水的气液平衡组成表中的数据在坐标纸上绘出平衡线和对角线，在对角线上分别标出所测数据 $x_D$、$x_F$，按照上面介绍的图解方法，求出理论塔板数 $N_q$。此时，该装置的理论塔板数为：$N_T = N_q - 1$，其中 1 表示蒸馏釜，须扣除。计算全塔效率 $\eta$。

## 六、实验要点及实验安全注意事项

1. 蒸馏釜内的料液须达到预定的标度线，否则不能加热。

2. 由于开车前塔内存在较多的不凝性气体——空气，开车以后要利用上升的塔内蒸气将其排出塔外，因此开车后要注意开启塔顶的排气阀门。

3. 预热开始后，要及时开启塔顶冷凝器的冷却水阀；当釜液预热至沸腾后要注意控制加热量。本实验设备加热功率由仪表自动调节，注意控制加热升温要缓慢，以免发生爆沸（过冷沸腾）使釜液从塔顶冲出。若出现此现象应立即断电，重新操作。升温和正常操作过程中釜的电功率不能过大。

4. 进行全回流操作，建立板上稳定气、液两相接触情况。

5. 取样必须在操作稳定时进行，最好能做到同时取样。取样数量要能保证比重计的浮起。

6. 要随时注意釜内的压力、灵敏板的温度等操作参数的变化情况，随时加以调节控制。

7. 取样测量后，应及时将样品倒回储罐。

8. 处理数据时，须将所测的体积分数换算为摩尔分数。

9. 由于实验所用物系属易燃物品，所以实验中要特别注意安全，操作过程中避免洒落以免发生危险。

## 思考题

1. 连续精馏为什么必须回流？
2. 在本实验的操作条件下，增加塔板的数目。能否在塔顶得到纯乙醇产品，为什么？
3. 塔釜加热情况对精馏的操作有什么影响？怎样保持正常操作？

## 附录

乙醇-水（$1.013\times10^5$ Pa）的气液平衡组成

| | | | | | | | | | |
|---|---|---|---|---|---|---|---|---|---|
| 乙醇/mol% | 液相中 | 0.00 | 1.90 | 7.21 | 9.66 | 12.38 | 16.61 | 23.37 | 26.08 |
| | 气相中 | 0.00 | 17.00 | 38.91 | 43.75 | 47.04 | 50.89 | 54.45 | 55.80 |
| 温度/℃ | | 100 | 95.5 | 89.0 | 86.7 | 85.3 | 84.1 | 82.7 | 82.3 |

续表

| | | | | | | | | | |
|---|---|---|---|---|---|---|---|---|---|
| 乙醇/mol% | 液相中 | 32.73 | 39.65 | 50.79 | 51.98 | 57.32 | 67.63 | 74.72 | 89.43 |
| | 气相中 | 58.26 | 61.22 | 65.64 | 65.99 | 68.41 | 73.85 | 78.15 | 89.43 |
| 温度/℃ | | 81.5 | 80.7 | 79.8 | 79.7 | 79.3 | 78.74 | 78.41 | 78.15 |

乙醇-水系统分离理论塔板数图解法见图 4-39。

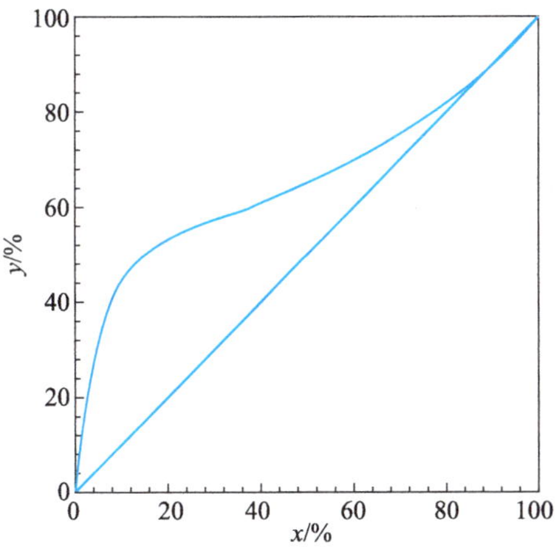


图 4-39　乙醇-水系统分离理论塔板数图解法

（编写：王　俊　复核：张小璇）

# · 实验八　多釜串联反应器液体停留时间分布测定 ·

## 一、目的与要求

1. 学习采用脉冲法测定单釜、三釜串联的停留时间分布；

2. 掌握停留时间分布与多釜串联模型的关系，对于流动模型的有关概念、原理和方法有更深入的了解。

## 二、实验原理

反应器中流体流动模型是化学反应工程研究的一个重要方面。本实验通过测定在连续流动时一个单釜及三个釜串联这两种不同情况的停留时间分布（residence time distribution，简称 RTD），来掌握停留时间分布的测定方法，了解停留时间分布与多釜串联模型的关系，以

及了解模型参数 $N$ 的物理意义及计算方法。

对于连续流动的反应器,流体的流动情况可能有很大的不同,两种极端的情况是理想排挤式(平推流)和理想混合式(全混流)。

理想排挤的流动状况:假设当物料在反应器内流动通过时,沿着物料的流动方向(轴向),由于发生了化学反应,物料的浓度、流速、转化率等都随着轴向距离的延伸不断地发生变化,但在不同截面上并没有任何物料的混合;而在与流动方向垂直的截面上(径向),各质点的流速完全相同、温度均匀、浓度均匀,即径向混合均匀。为了形象地表述这一假设,可以想象为流体像活塞在汽缸里运动一样,平推着前进。因此,习惯上将这种流动状况称作平推流或活塞流。在实际反应器中,长径比较大的管式反应器和气固相固定床反应器,其流动情况就很接近平推流,理想的管式反应器也称作平推流反应器(plug flow reactor,简称 PFR)。理想混合流动是指在一连续操作的反应器中,由于有着良好的搅拌,致使进入反应器的物料立即与反应器内的物料充分混合,反应器内各点均匀,而且出口物料的浓度与器内的浓度也完全一样,强烈搅拌的连续釜式反应器物料的流动状况就类似于理想混合流,符合这些特点的反应器称作理想混合反应器,或全混流反应器,常用 CSTR(continuous stirred tank reactor)表示。

在连续流动的反应器内,将先后进入反应器、又经历了不同反应时间的物料,即具有不同停留时间的物料之间的混合称为返混。返混并不是反应器中特有的一种现象,凡连续过程都会存在一定程度的返混。如板式精馏塔的某一块塔板上,液体自上而下流动而气体自下而上与液体逆流接触;如因气速过大产生雾沫夹带,会将下层塔板上难挥发组分含量较高的液体带入上一块塔板,这就是一种逆向流动,也就是返混。返混的结果是降低了过程的推动力,从动力学角度看,这是一种不利的因素。平推流反应器和全混流反应器是两种极端的情况,前者完全没有返混,后者返混程度最大。在实际生产中大部分的流动状况与理想的状况有一定的差距,将不符合理想流动状况的都称作非理想流动。为了了解连续操作的设备中的非理想流动,就需要对其流动状况建立合适的模型,然后求出模型的参数,再根据模型进行计算,预测反应结果。常用的两种模型是多釜串联模型和扩散模型。本实验使用的就是多釜串联模型。

返混程度的大小,一般很难直接测定,通常是利用物料停留时间分布的测定来研究。然而测定不同状态的反应器内停留时间分布时可以发现,相同的停留时间分布可以有不同的返混情况,即返混与停留时间分布不存在一一对应的关系,因此不能用停留时间分布的实验测定数据直接表示返混程度,而要借助反应器数学模型来间接表达。

物料在反应器内的停留时间完全是一个随机过程,须用概率分布方法来定量描述。所用的概率分布函数为停留时间分布密度函数 $E(t)$ 和停留时间分布函数 $F(t)$。停留时间分布密度函数 $E(t)$ 的物理意义是:同时进入的 $N$ 个流体粒子中,停留时间介于 $t$ 到 $t+\mathrm{d}t$ 间的流体粒子所占的百分率 $\mathrm{d}N/N$ 为 $E(t)\mathrm{d}t$。停留时间分布函数 $F(t)$ 的物理意义是:流过系统的物料中停留时间小于 $t$ 的物料的分率。

停留时间分布的测定方法有脉冲法、阶跃法等,常用的是脉冲法。脉冲法比较简单,当系统达到稳定后,在系统的入口处瞬间注入一定量 $Q$ 的示踪物料,同时开始在出口流体中检测示踪物料的浓度变化。

由停留时间分布密度函数的物理含义,可知

$$E(t)\mathrm{d}t=Vc(t)\mathrm{d}t/Q$$
$$Q=\int_0^\infty Vc(t)\mathrm{d}t \tag{4-8-1}$$

所以
$$E(t)=\frac{Vc(t)}{\int_0^\infty Vc(t)\mathrm{d}t}=\frac{c(t)}{\int_0^\infty c(t)\mathrm{d}t} \tag{4-8-2}$$

由此可见,$E(t)$与示踪剂浓度$c(t)$成正比。因此,本实验中用水作为连续流动的物料,以饱和 KCl 溶液作示踪剂,在反应器出口处检测溶液电导值。在一定范围内,KCl 溶液浓度与电导值成正比,则可用电导值来表达物料的停留时间变化关系,即 $E(t)\propto L(t)$,这里 $L(t)=L_t-L_\infty$,$L_t$ 为 $t$ 时刻的电导值,$L_\infty$ 为无示踪剂时电导值。

停留时间分布密度函数 $E(t)$ 在概率论中有两个特征值,即平均停留时间(数学期望,也称均值)$\bar{t}$ 和方差 $\sigma_t^2$。

$\bar{t}$ 的表达式为:

$$\bar{t}=\int_0^\infty tE(t)\mathrm{d}t=\frac{\int_0^\infty tc(t)\mathrm{d}t}{\int_0^\infty c(t)\mathrm{d}t} \tag{4-8-3}$$

采用离散形式表达,并取相同时间间隔 $\Delta t$,则

$$\bar{t}=\frac{\sum tc(t)\Delta t}{\sum c(t)\Delta t}=\frac{\sum t\cdot L(t)}{\sum L(t)} \tag{4-8-4}$$

$\sigma_t^2$ 的表达式为:

$$\sigma_t^2=\int_0^\infty (t-\bar{t})^2E(t)\mathrm{d}t=\int_0^\infty t^2E(t)\mathrm{d}t-\bar{t}^2 \tag{4-8-5}$$

也可用离散形式表达,并取相同 $\Delta t$,则:

$$\sigma_t^2=\frac{\sum t^2c(t)}{\sum c(t)}-\bar{t}^2=\frac{\sum t^2L(t)}{\sum L(t)}-\bar{t}^2 \tag{4-8-6}$$

若用无量纲对比时间 $\theta$ 来表示,即 $\theta=t/\bar{t}$,无量纲方差 $\sigma_\theta^2$ 为

$$\sigma_\theta^2=\sigma_t^2/\bar{t}^2 \tag{4-8-7}$$

在测定了一个系统的停留时间分布后,想要评价其返混程度,则需要用反应器模型来描述。这里采用的是多釜串联模型。

所谓多釜串联模型是将一个实际反应器中的返混情况作为与若干个全混釜串联时的返混程度等效。这里的若干个全混釜个数 $N$ 是虚拟值,并不代表反应器个数,$N$ 称为模型参数。多釜串联模型假定每个反应器为全混釜,反应器之间无返混,每个全混釜体积相同,则可以推导得到多釜串联反应器的停留时间分布函数关系,并得到无量纲方差 $\sigma_\theta^2$ 与模型参数 $N$ 存在关系为 $N=\dfrac{1}{\sigma_\theta^2}$。

当 $N=1$,$\sigma_\theta^2=1$,为全混流反应器特征;当 $N\to\infty$,$\sigma_\theta^2\to 0$,为平推流反应器特征。这里 $N$ 是模型参数,是个虚拟值,并不限于整数。

## 三、实验试剂与设备

实验试剂:饱和氯化钾溶液(示踪剂)。

实验装置由单釜与三釜串联两个系统组成。三釜串联反应器中每个釜的体积为 0.8 L,单釜反应器体积为 2.4 L,用可控硅直流调速装置调速。实验时,水分别经转子流量计可以流入两个系统。稳定后在系统的入口处快速注入示踪剂,由每个反应釜出口处电导电极检测示踪剂浓度变化,并由计算机在线采集,在屏幕上显示停留时间分布密度函数曲线,并由计算机进行数据处理计算出数学期望、方差和无因次方差、模型参数 $N$。

## 四、实验步骤

1. 通电

打开总电源,红色指示灯亮。接通设备电源(绿色按钮亮,红色按钮灭),设备上的电导率仪和转速仪有数字显示,通过调节转速仪下显示框来调节电机的转速大小,上显示框显示的是搅拌桨的转速。转速控制在 100~180 $r \cdot min^{-1}$。

2. 通水

开启水泵开关,让水分别注满反应釜,调节进水流量为 10 $L \cdot h^{-1}$,保持流量稳定。

3. 打开计算机

点击桌面快捷方式“单釜和多釜串连反应器”,进入操作窗体。设定好转速和流量,点击“电导曲线”,同时用注射器加入适量示踪剂,开始采集电导率随时间变化曲线,等电导率恢复至加示踪剂前的数值时,可以完成一次测量。

在实验中,根据实际需要,通过改变流量、转速和示踪剂用量等参数,可分别进行单釜和三釜的操作,然后进行对比结果讨论。

实验结束后,返回主窗体,退出实验。

4. 实验结束后,应将调速仪转速降为零并关闭进水阀,按下红色按钮(此时绿色按钮灭),切断设备总电源,接着关闭计算机。

## 五、实验数据记录与处理

完成每次测量时,可以点击“计算”得到相关实验结果(平均停留时间、方差、模型参数等几个主要参数),再点击“保存”按钮,选择保存图像或数据,可以保存本次测量结果。

## 六、实验要点及实验安全注意事项

1. 示踪剂注入的时候,计算机操作须同时按下“开始”。
2. 转速调节时须缓慢进行,太快会引起搅拌桨飞车,产生大量气泡,不利于实验操作。

## 思考题

1. 反应器停留时间分布测定在实际生产的意义是什么？
2. 影响停留时间及其分布的主要因素有哪些？

参考文献

（编写：罗时忠　复核：何心伟）

# · 实验九　固体流态化过程特性曲线的测定 ·

## 一、目的与要求

1. 认识固体流化床基本结构及操作；
2. 掌握固体流态化过程特征；
3. 测定流化曲线及其临界流化速度。

## 二、实验原理

固体流态化是近代发展的一个化工单元操作，由于它的传热和传质的快速性，广泛应用于化工、冶金等生产部门。

将大量固体颗粒悬浮于运动的流体之中，从而使颗粒具有类似流体的某些表观性质，这种流固接触状态称为固体流态化。

1. 流化床的三个阶段（图 4-40）

（1）固定床阶段

流体流速较小，流体只是通过静止固体颗粒间的空隙流动。固体重力大于其所受浮力与摩擦力之和。

（2）流化床阶段

① 膨胀床：随着流体速度的增加，床层中颗粒由静止不动趋于松动。床层体积膨胀，少量固体颗粒在一定区间内振动和游动。

② 临界流化床：流速继续增大至某一数值后，床层内固体颗粒上下翻滚，流体通过床层的压力降等于床层的总重力（包括固体颗粒床层及床层的空隙中的流体重力），此时流速为

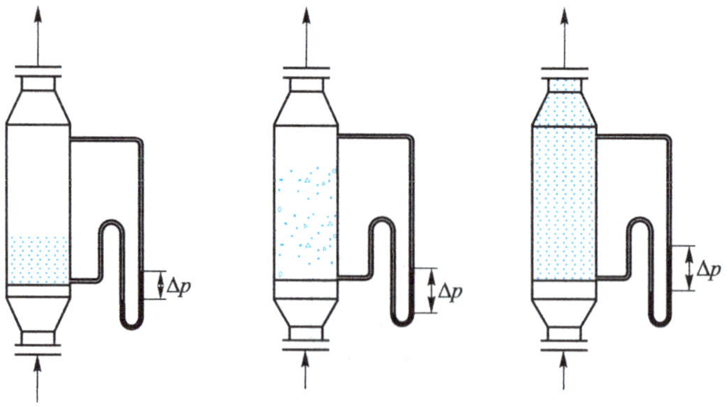


图 4-40　流化床三个阶段示意图

临界流速。

③ 流化床(沸腾床):继续增加流速,悬浮的固体颗粒床层继续膨胀,高度增加,空隙率增加。

流化床有两种流化形式:散式流化和聚式流化。

a. 散式流化:当流化床中固体颗粒均匀地分散于流体,床层中各处空隙率大致相等,床层有稳定的上界面,这种流化床形式称为散式流化。固体与流体密度差别较小的体系流化时可发生散式流化,液固系的流化基本上属于散式流化。

b. 聚式流化:一般气固系在流化操作时,因固体与气体密度差别很大,气体对颗粒的浮力很小,气体对颗粒的支托主要靠曳力,这时床层会产生不均匀现象,在床层内形成若干空穴。空穴内固体含量很少,是气体排开固体颗粒后占据的空间,称为“气泡相”。气体通过各床层时优先通过各空穴,但空穴并不是稳定不变的,气体支撑的空穴上方的颗粒会落下,使空穴位置上升,最后在上界面处破裂。当床层产生空穴时,非空穴部位的颗粒床层仍维持在刚发生流化时的状态,通过的气流量较小,这部分称为“乳化相”。在发生聚式流化时,细颗粒被气体带到上方,形成“稀相区”,而较大颗粒留在下部,形成“浓相区”,两个区之间有分界面。一般讲的流化床层主要指浓相区,床层高度指浓相区高度。

(3) 输送床阶段

床层界面消失,固体颗粒随流体夹带流出,称稀相流化,此时流速称为带出流速。

2. 流态化的固体颗粒类似流体的性质

流态化的固体颗粒类似流体的性质有:水平(即能保持水平面)、浮力、小孔流出、连通器、压力降(静压),如图 4-41 所示。

3. 流化操作的特点

与固定床反应器相比,流化床反应器的优点是:① 可以实现固体物料的连续输入和输出;② 流体和颗粒的运动使床层具有良好的传热性能,床层内部温度均匀,且易于控制,特别适用于强放热反应;③ 便于进行催化剂的连续再生和循环操作,适于催化剂失活速率高的过程的进行,石油流化床催化裂化的迅速发展就是这一方面的典型例子。

然而由于流态化技术的固有特性以及流化过程影响因素的多样性,对于反应器来说,流化床存在明显的局限性:① 固体颗粒和气泡在连续流动过程中的剧烈循环和搅动,无论气

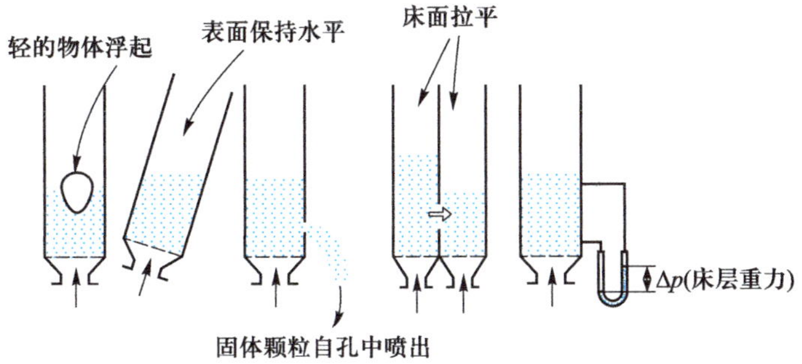


图 4-41　流态化固体颗粒的性质

相或固相都存在着相当广的停留时间分布，导致产品分布不均匀，降低了目的产物的收率；② 反应物以气泡形式通过床层，减少了气-固相之间的接触机会，降低了反应转化率；③ 固体反应物料在流动过程中的剧烈撞击和摩擦，使物料加速粉化，加上床层顶部气泡的爆裂和高速运动、大量细粒反应物料的带出，造成反应物料流失；④ 床层内的复杂流体力学、传递现象，使过程处于非定常条件下，难以揭示其统一的规律，也难以脱离经验放大和经验操作。

4. 特性参数及特性曲线

床层压力降 $\Delta p$ 对流化床表观流速 $u$ 的变化关系如图 4-42 所示。图中 $C$ 点是固定床与流化床的分界点，也称临界点，这时的表观流速称为临界流速或最小流化速度，以 $u_{mf}$ 表示。

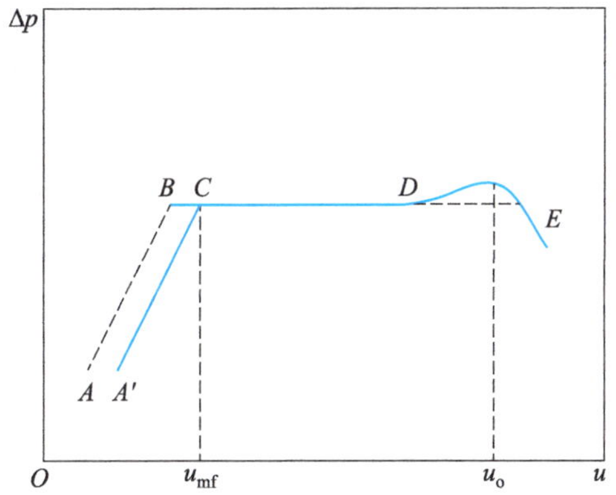


图 4-42　流化床特性曲线

## 三、实验试剂与设备

1. 实验设备流程图见图 4-43
2. 实验设备仪表面板图见图 4-44
3. 实验设备主要技术参数

离心泵：型号 WB50/025；

涡轮流量计：型号 LWY-15，量程：0~6 $m^3 \cdot h^{-1}$；

流量显示仪：AI501B，旋涡气泵：XGB-12；

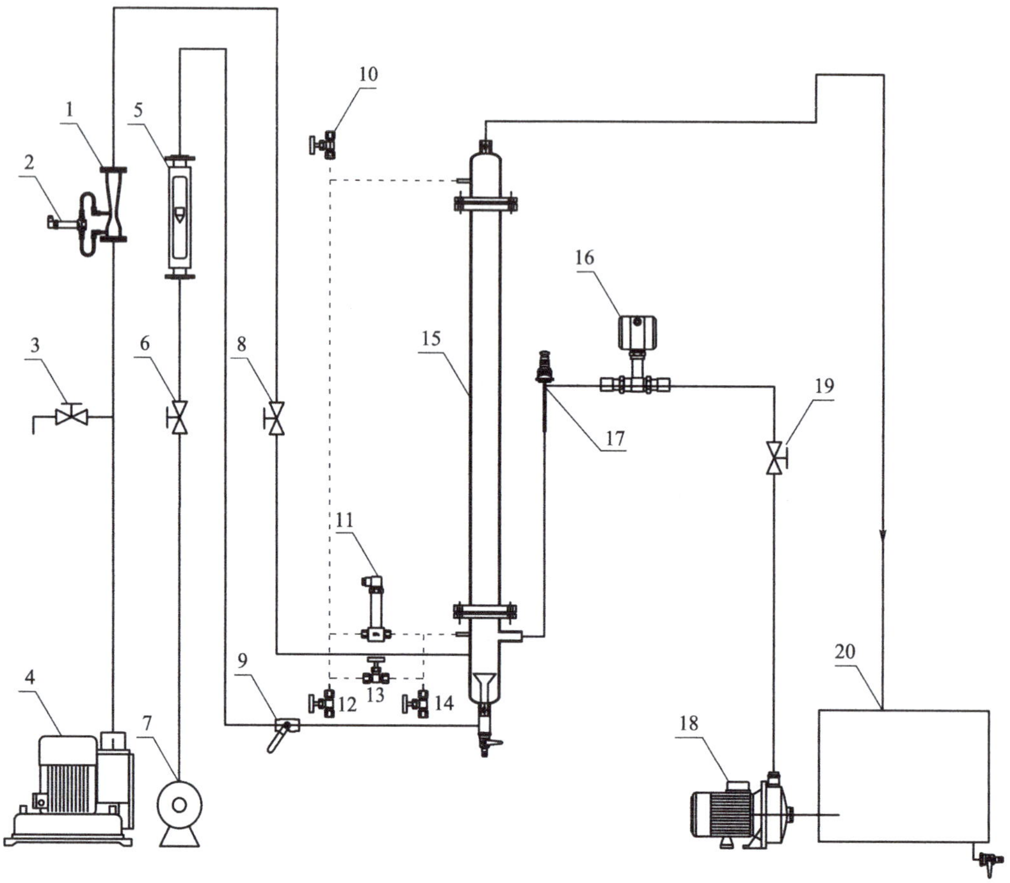


图 4-43 流化床实验流程示意图

1—空气文丘里流量计,2—压差传感器,3—流量调节阀,4—旋涡气泵,5—气体转子流量计,6—流量调节阀,7—气体压缩机,8、9—切断阀,10、12、13、14—排水阀,11—平衡阀,15—玻璃流化床,16—液体涡轮流量计,17—温度计,18—离心水泵,19—流量调节阀,20—水箱

压差传感器:型号 Sm-15,量程:0~10 kPa;

压差显示仪:型号 AI501BV24,温度显示仪:型号 AI501B;

流化床管内径:75 mm,流化床管内玻璃球内径:3~4 mm、高度 110 mm;

空气压缩机:AC0-80,空气文丘里流量计:喉径 14 mm、$Co=1$。

## 四、实验步骤

1. 首先向水箱 20 内注入蒸馏水
2. 关闭实验装置中除阀门 3 以外的所有阀门
3. 打开实验装置总电源
4. 气-固流化床实验

(1) 将流化床内排水阀门打开,放空管内的液体,打开阀门 8。

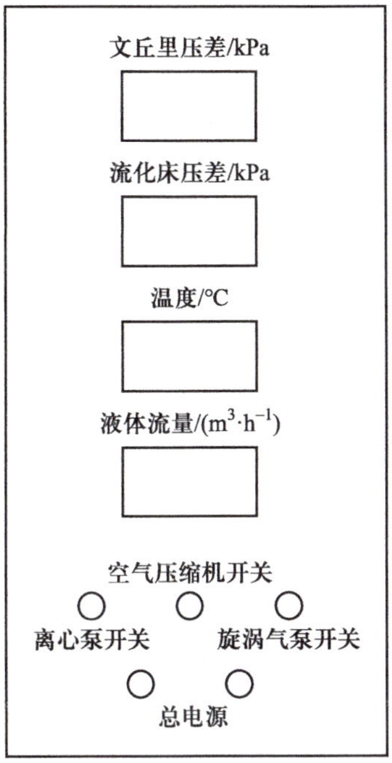


图 4-44　仪表面板示意图

(2) 将阀门 12、13、14 和 10 打开，放空导压管内的液体后并把阀门 12、13、14 和 10 全部关闭。

(3) 启动旋涡气泵，用文丘里流量计测量空气流量同时测定流化床内的压力降并观察实验现象。

(4) 逐步关闭流量调节阀 3，改变空气流量，床层会逐渐由固定床膨胀直至流化现象产生，记录床层压力降和气体流量。

(5) 逐步打开流量调节阀 3，改变空气流量，床层会逐渐由流化床回到固定床，记录床层压力降和气体流量。

(6) 关闭旋涡气泵，结束气-固流化床实验。实验数据记录与处理见表 4-10。

5. 液-固流化床实验

(1) 关闭阀门 8、19，启动离心泵。再开启阀门 19 调节好流量。待实验稳定后测定液体流量、床层压力降并观察实验现象。

(2) 逐步开大液体流量调节阀 19，改变液体流量，床层会逐渐由固定床膨胀直至流化现象产生，记录床层压力降和液体流量。

(3) 逐步关闭液体流量调节阀 19，改变液体流量，床层会逐渐由流化床恢复到固定床，记录床层压力降和液体流量。

(4) 关掉离心泵，结束液-固流化床实验。实验数据记录与处理见表 4-11。

6. 气-液-固流化床实验

(1) 在液-固流化床实验稳定的条件下，启动空气压缩机后打开阀门 9，用流量调节阀调节空气流量。

(2) 待实验稳定后测定液体流量、气体流量、床层压力降并观察实验现象。

（3）可以任意改变液体或气体流量，测定其床层压力降，研究液体速度或气体速度对流化床性能的影响。

7. 实验结束时先关闭阀门 9，再关闭气体压缩机电源。关闭阀门 19 后关闭离心泵。最后切断总电源。

## 五、实验数据记录与处理

实验原理及计算过程

液体流量 $V_l$ 数值：由涡轮流量计直接读数。

气体流量 $V_g$ 数值：由文丘里流量计测量压差，经下面公式计算出流量。

$$V_g = C_0 \times A_0 \times \sqrt{\frac{2\times\Delta p_1}{\rho}} \tag{4-9-1}$$

$u$ 的计算：

$$u = \frac{V_S}{\pi d^2/4} \tag{4-9-2}$$

$\Delta p_2$ 的数值：直接从测压仪表读出。

表 4-10　气-固流化床 $\lg\Delta p$-$\lg u$ 关系测定

（流化床直径 $D$=0.075 m　　固定床高度 110 mm）

| 序号 | 空气文丘里压差 | 流化床压力降 | | 流量计温度/℃ | 空气流量 | 表观速度 | 观察现象 |
|---|---|---|---|---|---|---|---|
| | kPa | kPa | Pa | | $m^3\cdot h^{-1}$ | $m\cdot s^{-1}$ | |
| 1 | | | | | | | |
| 2 | | | | | | | |
| 3 | | | | | | | |
| 4 | | | | | | | |
| 5 | | | | | | | |
| 6 | | | | | | | |
| 7 | | | | | | | |
| 8 | | | | | | | |
| 9 | | | | | | | |
| 10 | | | | | | | |

**表 4-11　液-固流化床 $\lg\Delta p \sim \lg u$ 关系测定**

（流化床直径 $D$ = 0.075 m　　固定床高度 110 mm）

| 序号 | 水流量 $\frac{}{m^3\cdot h^{-1}}$ | 流化床压力降 | | 流量计温度/℃ | 液体流量 $\frac{}{m^3\cdot h^{-1}}$ | 表观速度 $\frac{}{m\cdot s^{-1}}$ | 观察现象 |
|---|---|---|---|---|---|---|---|
| | | kPa | Pa | | | | |
| 1 | | | | | | | |
| 2 | | | | | | | |
| 3 | | | | | | | |
| 4 | | | | | | | |
| 5 | | | | | | | |
| 6 | | | | | | | |
| 7 | | | | | | | |
| 8 | | | | | | | |
| 9 | | | | | | | |
| 10 | | | | | | | |

## 六、实验要点及实验安全注意事项

1. 该装置电路采用五线三相制配电，实验设备应良好地接地。
2. 流量调节时，一定注意观察流化床流化现象，防止颗粒被水带走。
3. 开始液-固流态化实验前一定要关闭阀门 8，防止水倒流到气泵，损坏气泵。
4. 启动离心泵前要先关闭流量调节阀门 19。

## 思考题

1. 实际流化时，$p$ 为什么会波动？
2. 由小到大改变流量与由大到小改变流量测定的流化曲线是否重合，为什么？

参考文献

（编写：王　露　复核：王　俊）

# · 实验十　传热综合实验 ·

## 一、目的与要求

1. 掌握传热过程的基本原理和流程，学会传热过程的操作，了解操作参数对传热的影响，熟悉换热器的结构与布置情况，学会处理传热过程的不正常情况；

2. 了解不同种类换热器的构造，以空气和水蒸气为传热介质，可以测定不同种类换热器的总传热系数，研究用于教学实验、科研和化工生产中；

3. 了解孔板流量计、液位计、流量计、压力表、温度计等仪表，掌握化工仪表和自动化在传热过程中的应用；

4. 培养学生安全操作、规范、环保、节能的生产意识以及严格遵守操作规程的职业道德。

## 二、实验原理

传热是指由于温度差引起的能量转移，又称热传递。由热力学第二定律可知，凡是有温度差存在时，就必然发生从高温处到低温处的传递，因此传热是自然界和工程技术领域中极普遍的一种传递现象。无论在能源、宇航、化工、动力、冶金、机械、建筑等工业部门，还是在农业、环境保护等部门中都涉及许多有关传热的问题。

总传热系数 $K$ 是评价换热器性能的一个重要参数，也是对换热器进行传热计算的依据。对于已有的换热器，可以通过测定有关数据，如设备尺寸、流体的流量和温度等，然后由传热速率方程式(4-10-1)计算 $K$ 值。传热速率方程式是换热器传热计算的基本关系。在该方程式中，冷、热流体的温度差 $\Delta T$ 是传热过程的推动力，它随着传热过程冷热流体的温度变化而改变。

传热速率方程式　$$Q=K\times S\times\Delta T_{\mathrm{m}} \tag{4-10-1}$$

又根据热量衡算式　$$Q=C_p\times W\times(T_2-T_1) \tag{4-10-2}$$

所以对于总传热系数　$$K=C_p\times W\times(T_2-T_1)/(S\times\Delta T_{\mathrm{m}}) \tag{4-10-3}$$

式中，$Q$ 为热量，W；$S$ 为传热面积，$\mathrm{m}^2$；$\Delta T_{\mathrm{m}}$ 为冷热流体的平均温差，℃；$K$ 为总传热系数，$\mathrm{W\cdot m^{-2}\cdot ℃^{-1}}$；$C_p$ 为比热容，$\mathrm{J\cdot kg^{-1}\cdot ℃^{-1}}$；$W$ 为空气质量流量，$\mathrm{kg\cdot s^{-1}}$；$T_2-T_1$ 为空气进出口温差，℃。

## 三、实验试剂与设备

1. 换热器简介

(1) 套管式换热器

用管件将两种尺寸不同的标准管连接成为同心圆的套管。套管换热器结构简单、能耐高压。

(2) 蛇形强化管换热器

在套管内部放一根蛇形强化管来强化传热。蛇形强化管由直径 6 mm 以下的不锈钢管按一定节距绕成。将蛇形强化管插入并固定在管内,即可构成一种强化传热管流体,一面由于螺旋管的作用而发生旋转,一面还周期性地受到螺旋管的扰动,因而可以使传热强化。蛇形强化管换热器价格低廉,便于防腐蚀,能承受高压,节省能源。

(3) 列管式换热器

本实验用的是固定管板式换热器,它是列管式换热器的一种。它由壳体、管束、管箱、管板、折流挡板、接管件等部分组成。其结构特点是:两块管板分别焊于壳体的两端,管束两端固定在管板上。整个换热器分为两部分:换热管内的通道及与其两端相贯通处称为管程;换热管外的通道及与其相贯通处称为壳程。它具有结构简单和造价低廉的优点。

(4) 螺旋板式换热器

由两张间隔距离一定的平行薄金属板卷制而成。两张薄金属板形成两个同心的螺旋形通道,两板之间焊有定距柱以维持通道间距,在螺旋板两侧焊有盖板。冷热流体分别通过两条通道,通过薄板进行换热。

2. 设备

实验设备如表 4-12 所示。

表 4-12 实验设备一览表

| 符号 | 名称 | 型号、规格和材质 | 数量 |
|---|---|---|---|
| VA134 | 疏水阀 I | CS19H-16K | 1 |
| VA136 | 疏水阀 II | CS19H-16K | 1 |
| E101 | 套管式换热器 I | 1.5×0.05;$S$=0.24 $m^2$;0.25 kPa | 1 |
| E102 | 蛇形强化管式换热器 | 1.5×0.05;$S$=0.24 $m^2$;0.25 kPa | 1 |
| E103 | 套管式换热器 II | 1.5×0.05;$S$=0.24 $m^2$;0.25 kPa | 1 |
| E104 | 列管式换热器 | 1.5×0.021×13;$S$=1.5 $m^2$;0.25 kPa | 1 |
| E105 | 螺旋板式换热器 | LL1,$S$=1 $m^2$ | 1 |
| F101 | 孔板流量计 I | $\varphi$70-$\varphi$20 | 1 |
| F102 | 孔板流量计 II | $\varphi$70-$\varphi$20 | 1 |
| P101 | 风机 I | YS-7112,550 W | 1 |
| P102 | 风机 II | YS-7112,550 W | 1 |
| R101 | 蒸汽发生器 | LDR12-0.45-Z | 1 |
| V101 | 分汽包 | $\varphi$23×46 | 1 |
| PI101 | 套管换热器 I 压力 | 0-10 kPa | 1 |
| PI102 | 孔板流量计 II 压差 | 0-10 kPa | 1 |
| PIC101 | 孔板流量计 I 压差 | 0-10 kPa,AI519BS | 1 |

续表

| 符号 | 名称 | 型号、规格和材质 | 数量 |
|---|---|---|---|
| TI101 | 套管换热器 I 温度 1 | AI501BS | 1 |
| TI102 | 套管换热器 I 温度 2 | AI501BS | 1 |
| TI103 | 套管换热器 I 温度 3 | AI501BS | 1 |
| TI104 | 套管换热器 I 温度 4 | AI501BS | 1 |
| TI105 | 蛇管换热器温度 1 | AI501BS | 1 |
| TI106 | 蛇管换热器温度 2 | AI501BS | 1 |
| TI107 | 蛇管换热器温度 3 | AI501BS | 1 |
| TI108 | 蛇管换热器温度 4 | AI501BS | 1 |
| TI109 | 套管换热器 II 温度 1 | AI501BS | 1 |
| TI110 | 套管换热器 II 温度 2 | AI501BS | 1 |
| TI111 | 套管换热器 II 温度 3 | AI501BS | 1 |
| TI112 | 套管换热器 II 温度 4 | AI501BS | 1 |
| TI113 | 列管换热器温度 1 | AI501BS | 1 |
| TI114 | 列管换热器温度 2 | AI501BS | 1 |
| TI115 | 列管换热器温度 3 | AI501BS | 1 |
| TIC101 | 列管换热器温度 4 | AI519BS | 1 |
| TI16 | 分汽包内温度 | AI501BS | 1 |
| TI17 | 螺旋板换热器温度 1 | AI501BS | 1 |
| TI18 | 螺旋板换热器温度 2 | AI501BS | 1 |
| TI19 | 螺旋板换热器温度 3 | AI501BS | 1 |
| TI20 | 螺旋板换热器温度 4 | AI501BS | 1 |
| SIC101 | 风机 I 的变频器 | SV300;1.5 kW | 1 |
| SIC101 | 风机 II 的变频器 | SV300;1.5 kW | 1 |

3. 传热流程界面图(图 4-45)

## 四、实验步骤

1. 套管换热器 E101 开停车技能训练举例

首先把所有阀门关闭。打开阀门 VA128、VA102、VA104、VA105、VA117(必须要保证风机的进出口阀门打开,否则风机会被烧坏。保证蒸汽发生器的蒸汽出口打开,避免蒸汽压力过大),打开总电源开关,打开蒸汽发生器电源开关、打开蒸汽发生器加热开关,待疏水阀 VA134 下方有蒸汽冒出,即可打开风机 P101 开关。慢慢旋开阀门 VA101 放出一点蒸汽

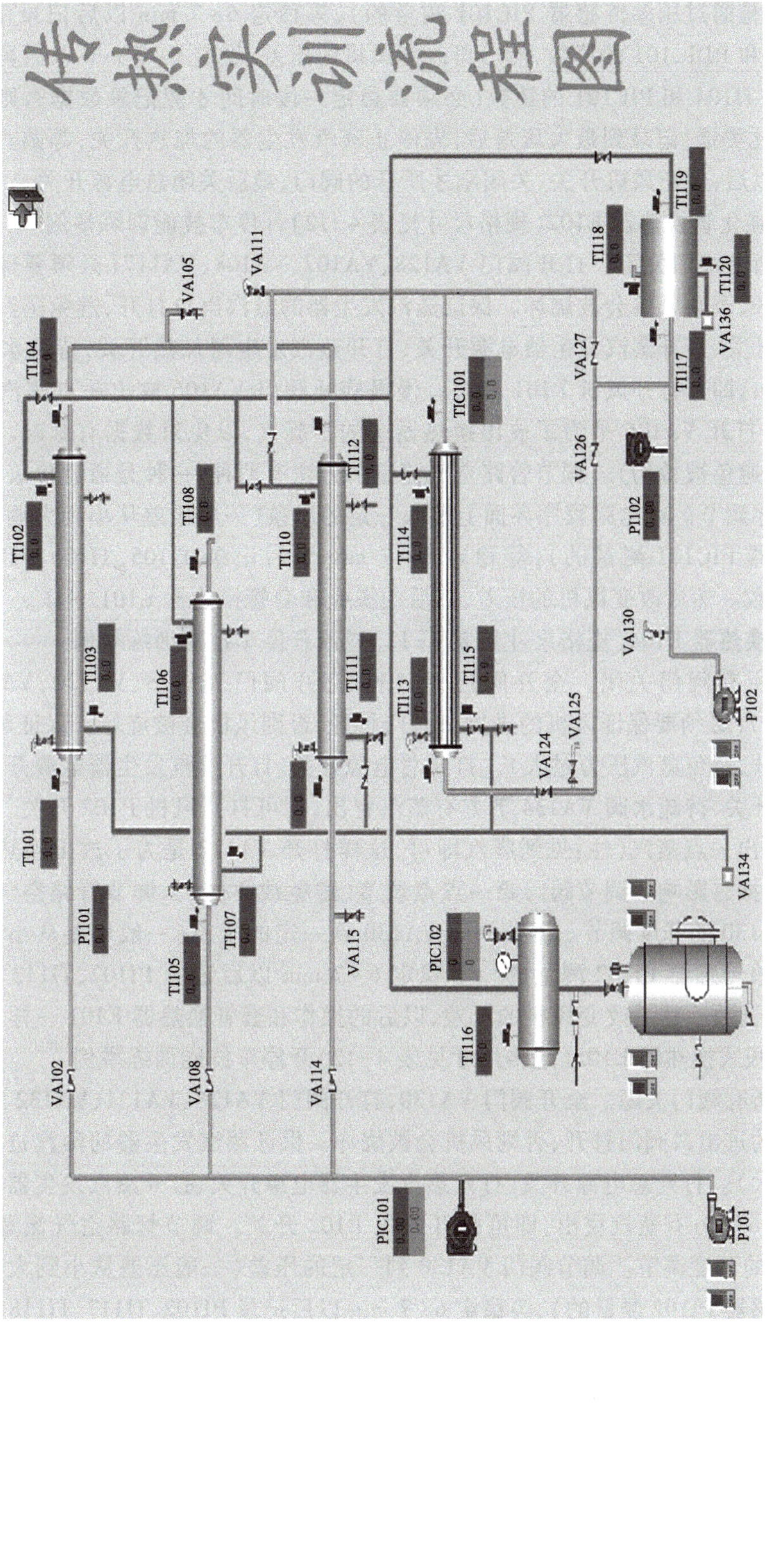


图 4-45　传热流程界面图

（注：见到蒸汽即可，这样打开 VA101 是为了放出换热器中的不凝气，以免对数据有影响。调节阀门要一点点调节，避免被烫伤），调节管路空气流量的方法有两种：一种是通过仪表控制，一种是通过电脑程序调节。在仪表或电脑程序界面上输入一定的压差（一般压差从小到大调节，压差是通过压差传感器 PIC101 测量的），等稳定 6～7 min 以后记录 TI101、TI102、TI103、TI104 和 PDIC101 的读数，然后再改变风机的压差，稳定 6～7 min 以后再记录 TI101、TI102、TI103、TI104 和 PIC101 的读数（必须要稳定一段时间才能记录数据否则会造成数据不准确），以此类推，记录到最大压差后，先停止蒸汽发生器的加热开关，等蒸汽发生器内的压力降到零以后，停止风机开关，关闭刚才所开的阀门，最后关闭总电源开关。

2. 蛇形强化管换热器 E102（规格尺寸见表 4-12）开停车技能训练举例

首先把所有阀门关闭。打开阀门 VA128、VA107、VA108、VA117（必须要保证风机的进出口阀门打开，否则风机会被烧坏。保证蒸汽发生器的蒸汽出口打开，避免蒸汽压力过大）。打开总电源开关、打开蒸汽发生器电源开关、打开蒸汽发生器加热开关，待疏水阀 VA134 下方有蒸汽冒出，即可打开风机 P101 开关。慢慢旋开阀门 VA106 放出一点蒸汽（注：见到蒸汽即可，这样打开 VA106 是为了放出换热器中的不凝气，以免对数据有影响。调节阀门要一点点调节，避免被烫伤）。调节管路空气流量的方法有两种：一种是通过仪表控制，一种是通过电脑程序调节。在电脑程序界面上输入一定的压差（一般压差从小到大调节，压差是通过压差传感器 PIC101 测量的），等稳定 6～7 min 以后记录 TI105、TI106、TI107、TI108 和 PIC101 的读数。然后改变风机的压差，以后的操作和套管换热器 E101 一样。

3. 列管换热器 E104（规格尺寸见表 4-12）逆流开停车技能训练举例

首先把所有阀门关闭。全开阀门 VA130，打开阀门 VA128、VA120、VA126、VA124、VA111、VA117（必须要保证风机的进出口阀门打开，否则风机会被烧坏。保证蒸汽发生器的蒸汽进口打开，避免蒸汽压力过大）。打开总电源开关、打开蒸汽发生器电源开关、打开蒸汽发生器加热开关，待疏水阀 VA134 下方有蒸汽冒出，即可打开风机 P102 开关。慢慢旋开阀门 VA122，放出一点蒸汽（注：见到蒸汽即可，这样打开 VA122 是为了放出换热器中的不凝气，以免对数据有影响。调节阀门要一点点调节，避免被烫伤）。调节管路空气流量是通过调节阀门 VA130 的开度调节。调节阀门 VA130 到一定的压差（一般压差从小到大调节，压差是通过压差传感器 PI102 测量的），等稳定 6～7 min 以后记录 PI102、TI113、TI114、TI115 和 TIC101 的读数。然后改变风机的压差，以后的操作和套管换热器 E101 一样。

4. 螺旋板式换热器 E105（规格尺寸见表 4-12）开停车技能训练举例

首先把所有阀门关闭。全开阀门 VA130，打开阀门 VA128、VA131、VA132、VA117（必须要保证风机的进出口阀门打开，否则风机会被烧坏。保证蒸汽发生器的蒸汽进口打开，避免蒸汽压力过大）。打开总电源开关、打开蒸汽发生器电源开关、打开蒸汽发生器加热开关，待疏水阀 VA136 下方有蒸汽冒出，即可打开风机 P102 开关。调节管路空气流量是通过调节阀门 VA130 的开度调节。调节阀门 VA130 到一定的压差（一般压差从小到大调节，压差是通过压差传感器 PI102 测量的），等稳定 6～7 min 以后记录 PI102、TI117、TI118、TI119、TI120 和 TIC101 的读数。然后改变风机的压差，以后的操作和套管换热器 E101 一样。

5. 完成传热岗位换热器串联、并联及换热器切换操作技能训练

（1）换热器 E101、E103 之间的串联操作训练举例

首先把所有阀门关闭。确认阀门 VA128 处于开启状态，阀门 VA129 处于关闭状态。打

开阀门 VA102、VA115、VA104、VA110、VA117（必须要保证风机的进出口阀门打开，否则风机会被烧坏。保证蒸汽发生器的蒸汽进口打开，避免蒸汽压力过大），打开总电源开关、打开蒸汽发生器电源开关、打开蒸汽发生器加热开关，待疏水阀 VA134 下方有蒸汽冒出，即可打开风机 P101 开关。慢慢旋开阀门 VA101、VA112 放出一点蒸汽（注：这样打开 VA101、VA112 是为了放出换热器中的不凝气，以免对数据有影响。调节阀门要一点点调节，避免被烫伤），调节管路空气流量的方法有两种：一种是通过仪表控制，一种是通过电脑程序调节。在仪表或电脑程序界面上输入一定的压差（一般压差从小到大调节，压差是通过压差传感器 PIC101 测量的），等稳定 6~7 min，待数据稳定后记录 TI101、TI102、TI103、TI104、TI109、TI110、TI111、TI112 和 PIC101 的读数，然后再改变风机的压差，稳定 6~7 min 以后再记录 TI101、TI102、TI103、TI104、TI109、TI110、TI111、TI112 和 PIC101 的读数（必须要稳定一段时间才能记录数据，否则会造成数据不准确），以此类推，记到最大压差后，大概记录七八组数据，停止蒸汽发生器加热开关，关闭蒸汽发生器电源开关，再停风机开关，关闭总电源开关，关闭所有阀门。

（2）换热器 E101、E103 之间的并联操作训练举例

首先把所有阀门关闭。打开阀门 VA128、VA102、VA105、VA114、VA116、VA104、VA110、VA117（必须要保证风机的进出口阀门打开，否则风机会被烧坏。保证蒸汽发生器的蒸汽进口打开，避免蒸汽压力过大），打开总电源开关、打开蒸汽发生器电源开关、打开蒸汽发生器加热开关，待疏水阀 VA134 下方有蒸汽冒出，即可打开风机 P101 开关。慢慢旋开阀门 VA101、VA112 放出一点蒸汽（注：见到蒸汽即可，这样打开 VA101 、VA112 是为了放出换热器中的不凝气，以免对数据有影响。调节阀门要一点点调节，避免被烫伤），调节管路空气流量的方法有两种：一种是通过仪表控制，一种是通过电脑程序调节。在仪表或电脑程序界面上输入一定的压差（一般压差从小到大调节，压差是通过压差传感器 PIC101 测量的），等稳定 6~7 min 以后记录 TI101、TI102、TI103、TI104、TI109、TI110、TI111、TI112 和 PIC101 的读数，然后再改变风机的压差，稳定 6~7 min 以后再记录 TI101、TI102、TI103、TI104、TI109、TI110、TI111、TI112 和 PIC101 的读数（必须要稳定一段时间才能记录数据，否则会造成数据不准确），以此类推记到最大压差后，大概记录七八组数据，停止蒸汽发生器加热开关，关闭蒸汽发生器电源开关，再停风机开关，关闭总电源开关，关闭所有阀门。

6. 换热器内冷热流体逆流、并流操作技能训练

列管换热器 E104 冷空气与热蒸汽逆流、并流操作技能训练举例：

（1）列管换热器 E104 逆流实验举例：首先把所有阀门关闭。打开阀门 VA128、VA120、VA126、VA124、VA111（必须要保证风机的进出口阀门打开，否则风机会被烧坏。保证蒸汽发生器的蒸汽进口打开，避免蒸汽压力过大）。打开总电源开关、打开蒸汽发生器电源开关、打开蒸汽发生器加热开关，待疏水阀 VA134 下方有蒸汽冒出，即可打开风机 P102 开关。慢慢旋开阀门 VA122，放出一点蒸汽（注：见到蒸汽即可，这样打开 VA122 是为了放出换热器中的不凝气，以免对数据有影响。调节阀门要一点点调节，避免被烫伤），手动调节阀门 VA130，等稳定 6~7 min 以后记录 PI102、TI113、TI114、TI115 和 TIC101 的读数。然后改变风机的压差，稳定后记录以上数据。以此类推记到最大压差后，大概记录七八组数据，关闭蒸汽发生器加热开关，关闭蒸汽发生器电源开关，停风机开关，关闭总电源开关，关闭所有阀门。

（2）列管换热器 E104 并流实验举例：首先把所有阀门关闭。打开阀门 VA128、VA124、VA125、VA127、VA120（必须要保证风机的进出口阀门打开，否则风机会被烧坏。保证蒸汽发生器的蒸汽进口打开，避免蒸汽压力过大）。打开总电源开关、打开蒸汽发生器电源开关、打开蒸汽发生器加热开关，待疏水阀 VA134 下方有蒸汽冒出，即可打开风机 P102 开关。慢慢旋开阀门 VA122，放出一点蒸汽（注：见到蒸汽即可，这样打开 VA122 是为了放出换热器中的不凝气，以免对数据有影响。调节阀门要一点点调节，避免被烫伤），手动调节阀门 VA130，等稳定 6~7 min 以后记录 TI113、PI102、TI114、TI115、和 TIC101 的读数。然后改变风机的压差，稳定后记录以上数据。以此类推记到最大压差后，大概记录七八组数据，关闭蒸汽发生器加热开关，关闭蒸汽发生器电源开关，再停风机开关，关闭总电源开关，关闭所有阀门。

## 五、实验数据记录与处理

以套管换热器为例：

套管换热器数据记录表

| 装置编号 | 1 | 2 | 3 | 4 | 5 | 6 | 7 | 8 |
|---|---|---|---|---|---|---|---|---|
| PIC101/kPa | 0.8 | 1.6 | 2.4 | 3.2 | 4.0 | 4.8 | 5.5 | 6.1 |
| TI101/℃ | 33.1 | 32.5 | 33.6 | 34.9 | 37.3 | 38.9 | 40.8 | 42.4 |
| TI104/℃ | 61.1 | 58.1 | 57.7 | 58.2 | 59.6 | 60.6 | 61.8 | 62.8 |
| TI102/℃ | 111.6 | 111.6 | 111.3 | 111.6 | 111.2 | 111.2 | 111.2 | 111.2 |
| TI103/℃ | 111.3 | 111.3 | 111.1 | 111.3 | 111.0 | 111.2 | 110.9 | 111.0 |

这里以套管换热器一组数据为例进行分析：

| 压差/kPa | 空气进口温度/℃ | 空气出口温度/℃ | 蒸汽进口温度/℃ | 蒸汽出口温度/℃ |
|---|---|---|---|---|
| 0.8 | 33.1 | 61.1 | 111.6 | 111.3 |
| 1.6 | 32.5 | 58.1 | 111.6 | 111.3 |
| 2.4 | 33.6 | 57.7 | 111.3 | 111.1 |
| 3.2 | 34.9 | 58.2 | 111.6 | 111.3 |
| 4.0 | 37.3 | 59.6 | 111.2 | 111.0 |
| 4.8 | 38.9 | 60.6 | 111.2 | 111.2 |
| 5.5 | 40.8 | 61.8 | 111.2 | 110.9 |
| 6.1 | 42.4 | 62.8 | 111.2 | 111.0 |

传热速率方程式：
$$Q=K\times S\times\Delta T_{m} \tag{4-10-4}$$
根据热量衡算式：
$$Q=C_{p}\times W\times(T_{2}-T_{1}) \tag{4-10-5}$$
换热器的换热面积：
$$S_{i}=\pi d_{i}L_{i} \tag{4-10-6}$$
式中，$d_i$为内管管内径，m；$L_i$为传热管测量段的实际长度，m。

$$W_m = \frac{V_m \rho_m}{3\ 600}$$

压差由孔板流量计测量　$V_{t1} = c_0 \times A_0 \times \sqrt{\frac{2 \times \Delta p}{\rho_{t1}}}$　(4-10-7)

式中,$c_0$ 为孔板流量计孔流系数,$c_0 = 0.7$;$A_0$ 为孔的面积,$m^2$;$d_0$ 为孔板孔径,$d_0 = 0.017$ m;$\Delta p$ 为孔板两端压差,kPa。

由于换热器内温度的变化,传热管内的体积流量须进行校正:

$$V_m = V_{t1} \times \frac{273 + t_m}{273 + t_1} \tag{4-10-8}$$

式中,$\rho_{t1}$为空气入口温度(即流量计处温度)下密度,$kg \cdot m^{-3}$;$V_m$ 为传热管内平均体积流量,$m^3 \cdot h^{-1}$;$t_m$ 为传热管内平均温度,℃。

以第一组数据计算为例:

压差为 0.8 kPa;空气进口温度 33.1 ℃;空气出口温度 61.1 ℃;蒸汽进口温度111.6 ℃;蒸汽出口温度 111.3 ℃。

换热器内换热面积:$S_i = \pi d_i L_i$　$d = 0.05$ m　$L = 1.5$ m

$$S = 3.14 \times 0.05 \times 1.5 = 0.24\ m^2$$

体积流量:　$V_{t1} = c_0 \times A_0 \times \sqrt{\frac{2 \times \Delta p}{\rho_{t1}}}$

$c_0 = 0.7$,$d_0 = 0.017$ m,查表得密度 $\rho = 1.1\ kg \cdot m^{-3}$

$$V_{t1} = 0.7 \times 3.14 \times 0.017^2 / 4 \times (2 \times 0.8 \times 1\ 000 / 1.1)^{0.5}$$
$$= 21.7\ m^3 \cdot h^{-1}$$

校正后得

$$V_m = V_{t1} \times \frac{273 + t_m}{273 + t_1} \qquad t = (t_1 + t_2)/2$$
$$= 21.7 \times (273 + (33.1 + 61.1)/2) / (273 + 33.1)$$
$$= 22.64\ m^3 \cdot h^{-1}$$

查表得水的密度 $\rho = 1.1\ kg \cdot m^{-3}$

所以:　$W_m = \frac{V_m \rho_m}{3\ 600} = 1.1 \times 22.64 / 3\ 600 = 0.007\ 016\ kg \cdot h^{-1}$

根据热量衡算式:　$Q = C_p \times W \times (T_2 - T_1)$

查表得 $C_p = 1\ 005\ J \cdot kg^{-1}$代入:

$$Q = 0.007\ 016 \times 1\ 005 \times (61.1 - 33.1) = 197.43\ W$$

热流体温度:　111.6 ℃-111.3 ℃

冷流体温度:　61.1 ℃-33.1 ℃

$\Delta t$:　78.5 ℃　50.2 ℃

$$\Delta t_m = (\Delta t_2 - \Delta t_1) / \ln(\Delta t_2 / \Delta t_1)$$
$$= (78.5 - 50.2) / \ln(78.5 / 50.2)$$
$$= 63.3\ ℃$$

由传热速率方程式知： $Q=K\times S\times \Delta T_m$

所以： $K=Q/(S\times \Delta T_m)$

$$K=197.43/0.24/63.3=12.987\ \mathrm{W\cdot m^{-2}\cdot ℃^{-1}}$$

同理其他换热器都可以算出。

## 六、实验要点及实验安全注意事项

1. 启动蒸汽发生器之前要检查水位和入水阀门是否打开。
2. 防止烫伤。
3. 冷热流体确保通畅。

### 思考题

1. 换热器的结构与功能在实际生产中的意义是什么？
2. 影响传热效率的主要因素有哪些？

参考文献

（编写：罗时忠　复核：何心伟）

# ·实验十一　间歇反应综合实验·

## 一、目的与要求

1. 了解间歇反应装置操作流程；
2. 掌握间歇反应装置操作技能训练；
3. 了解化工生产控制台 DCS 与现场控制台通信、各操作工段切换、远程监控、流程组态的上传下载岗位操作过程。

## 二、实验原理

反应釜的广义理解即有物理或化学反应的不锈钢容器，通过对容器的结构设计与参数配置，实现工艺要求的加热、蒸发、冷却及低高速的混配功能。随着反应过程中的压力要求对容器的设计要求也不尽相同。生产必须严格按照相应的标准加工、检测并试运行。不锈钢反应釜根据不同的生产工艺、操作条件等不尽相同，反应釜的设计结构及参数不同，即反应釜的结构样式不同，属于非标的容器设备。

不锈钢反应釜广泛应用于石油、化工、橡胶、农药、染料、医药、食品等生产型用户和各种科研实验项目的研究，是用来完成水解、中和、结晶、蒸馏、蒸发、储存、氢化、烃化、聚合、缩合、加热混配、恒温反应等工艺过程的容器。

反应釜是广泛应用于石油、化工、橡胶、农药、染料、医药、食品，用来完成硫化、硝化、氢化、烃化、聚合、缩合等工艺过程的压力容器，如反应器、反应锅、分解锅、聚合釜等；材质一般有碳锰钢、不锈钢、锆、镍基合金及其他复合材料。

反应釜是综合反应容器，根据反应条件对反应釜结构功能及配置附件进行设计。从开始的进料-反应-出料均能够以较高的自动化程度完成预先设定好的反应步骤，对反应过程中的温度、压力、力学控制（搅拌、鼓风等）、反应物/产物浓度等重要参数进行严格的调控。

反应釜可采用 SUS304、SUS316L 等不锈钢材料制造。搅拌器有锚式、框式、桨式、涡轮式、刮板式、组合式，转动机构可采用摆线针轮减速机、无级变速减速机或变频调速等，可满足各种物料的特殊反应要求。密封装置可采用机械密封、填料密封等密封结构。加热、冷却可采用夹套、半管、盘管、米勒板等结构，加热方式有蒸汽、电加热、导热油，以满足耐酸、耐高温、耐磨损、抗腐蚀等不同工作环境的工艺需要。可根据用户工艺要求进行设计、制造。

间歇釜式反应器，或称间歇釜，操作灵活，易于适应不同操作条件和产品品种，适用于小批量、多品种、反应时间较长的产品生产。间歇釜的缺点是需有装料和卸料等辅助操作，产品质量也不易稳定。但有些反应过程，如一些发酵反应和聚合反应，实现连续生产尚有困难，至今还采用间歇釜。

## 三、实验试剂与设备

1. 实验流程

本装置由储水槽、循环水泵、原料罐、进料泵、高位槽、反应釜、产品罐和测量、控制仪表组成。

将实验所用物料加入原料罐，经由进料泵到高位槽中，此步骤可通过泵的切换将物料加入所需的高位槽。物料进入高位槽后，通过高位槽下出料阀门的开启可以选择将物料加入所需的反应釜中，根据实验的需要选择反应釜加热的温度、搅拌的速率等，储水罐中为所需冷凝水，通过循环水泵的开启将冷凝水打入系统。反应釜反应完成后，打开下出料阀，反应产物进入产品罐。

2. 设备

| 名称 | 参数 | 数量 |
|---|---|---|
| 循环水泵 | 0.37 kW | 1 |
| 进料泵 | 0.25 kW | 2 |

续表

| 名称 | 参数 | 数量 |
|---|---|---|
| 储水槽 | $\Phi$400×450 | 1 |
| 高位槽 | $\Phi$300×500 | 2 |
| 反应釜Ⅰ | $\Phi$350×500 | 1 |
| 反应釜Ⅱ | $\Phi$400×400 | 1 |
| 冷凝器 | $\Phi$133×600 | 1 |
| 产品罐 | $\Phi$159×600 | 2 |
| 原料罐 | $\Phi$450×500 | 2 |

3. 间歇反应流程图(图4-46)

## 四、实验步骤

**(一) 认识间歇反应生产装置,熟悉间歇反应装置操作流程**

根据间歇反应生产装置,绘制操作流程图。

**(二) 实际操作间歇反应装置**

1. 开车前准备

(1) 准备

全面检查装置的设备、管道、阀门、仪表、保温等是否正常安装。识读工艺流程图。熟悉现场装置及主要设备、仪表、阀门的位号、功能、工作原理和使用方法。

(2) 系统水压试验

往间歇系统内加水,至反应釜、各储槽、管路充满,查看各焊缝、设备、管路连接处,若无泄漏,则水压试验合格,将系统内水排放干净。

2. 操作步骤

(1) 进料高位槽的输送

将物料加入原料罐内,打开原料罐Ⅰ V103下出料阀、泵出口阀门,开启进料泵,将原料罐Ⅰ V103的物料输送到高位槽V102,打开原料罐Ⅱ V106下出料阀、泵出口阀门,开启进料泵,将原料罐Ⅱ V106的物料输送到高位槽V107;若所加物料高于高位槽的溢流口,可以选择打开高位槽V102和高位槽V107溢流管线阀门将物料通过溢流管线流回到原料罐中;加料完成后关闭进料泵。

(2) 高位槽到反应釜物料输送

打开高位槽V102的出料阀向反应釜进料,其中通过调节阀门,选择向其所对应的反应釜Ⅰ或者反应釜Ⅱ进料和控制进料流量,观察磁翻板液位计液位指示,达到规定液位(30~40之间),关闭阀门,停止加料;同理打开高位槽V107的出料阀向反应釜进料,其中通过调节阀门选择向其所对应的反应釜Ⅰ或者反应釜Ⅱ进料和进料流量,观察磁翻板液位计液位指示,达到规定液位,关闭阀门,停止加料。

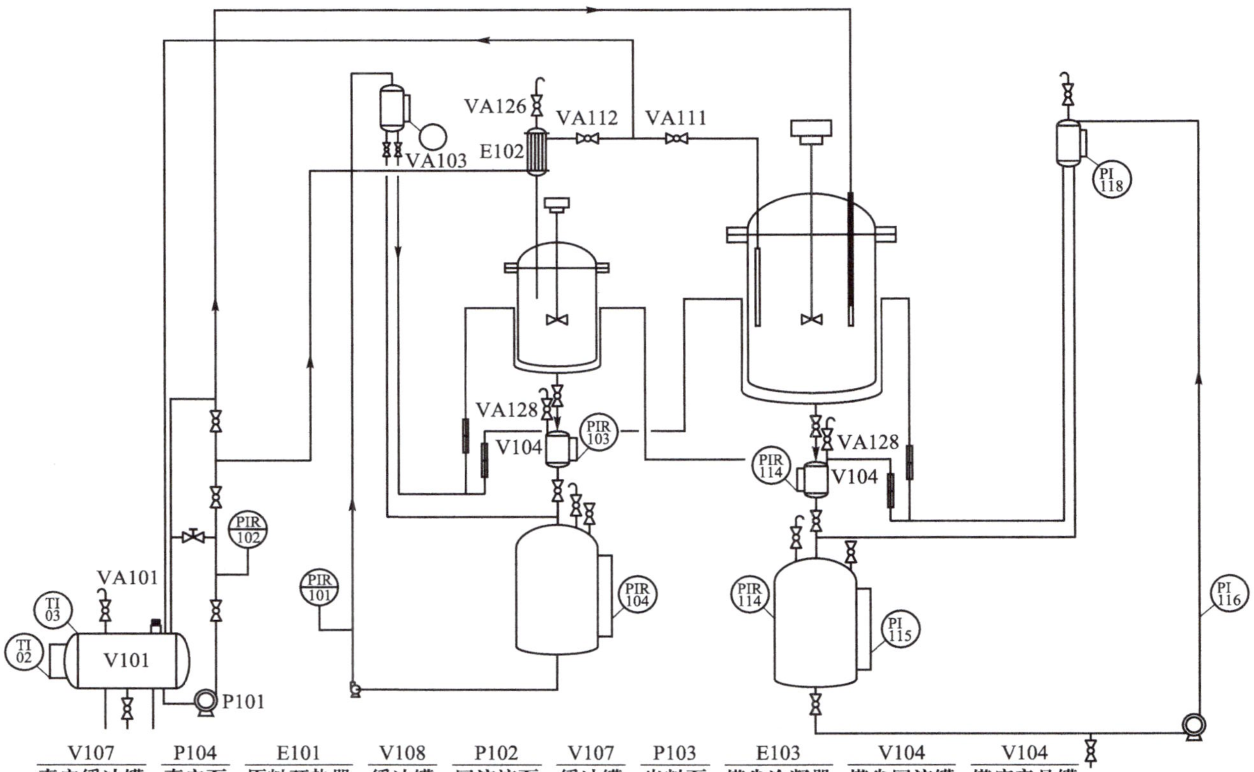


V107 真空缓冲罐　P104 真空泵　E101 原料预热器　V108 缓冲罐　P102 回流液泵　V107 缓冲罐　P103 出料泵　E103 塔尖冷凝器　V104 塔尖回流罐　V104 塔底产品罐

V101 原料罐1　P101 进料泵　V102 原料罐2　E102 在沸器　V105 塔顶产品罐　E104 塔底冷凝器

图 4-46　间歇反应流程图

(3) 反应过程操作

反应釜Ⅰ:向反应釜Ⅰ加入物料后,打开搅拌开关,观察搅拌状态,打开反应釜Ⅰ控温,设置好反应温度(80 ℃左右),加热棒开始加热导热油,开启循环水泵通入冷凝水,反应釜内的热蒸汽进入立式冷凝器后经过冷凝重新回到反应釜内。进行全回流反应操作,待反应釜测温稳定后,保持操作状态,记录各操作参数,稳定操作 30 min 停止加热,待釜测温低于 50 ℃后,关闭加热,关闭搅拌,打开下出料阀将产品放入产品罐,高于一定液位后,打开阀门将产品放回原料罐,试验完成。

反应釜Ⅱ:向反应釜Ⅱ加入物料,打开搅拌开关,设置搅拌速率,打开反应釜Ⅱ控温,设置好反应温度,加热棒开始加热导热油,反应完成后,关闭加热,关闭搅拌,开启循环水泵向反应釜Ⅱ釜内的冷凝盘管通入冷凝水。待釜内温度降低到常温后,打开下出料阀,将产品放入产品罐。

3. 停车

(1) 关闭循环水泵,关闭测温等仪表。

(2) 打开放空、放净排出系统中的物料。

(3) 关闭电源,清理实训现场。

4. 反应设置故障分析

(1) 反应釜Ⅰ加热棒停止加热;

(2) 反应釜Ⅰ搅拌停止工作;

(3) 反应釜Ⅰ控温电阻停止工作;

(4) 反应釜Ⅱ加热棒停止加热;

(5) 反应釜Ⅱ搅拌停止工作;

(6) 反应釜Ⅱ控温电阻停止工作。

## 五、实验数据记录与处理

表 4-13 是间歇釜式反应器温度控制数据记录表。

反应釜Ⅰ液位:______;反应釜Ⅱ液位:______。

表 4-13 间歇釜式反应器温度控制数据记录表

| 序号 | 时间/min | 反应釜Ⅰ导热油温度/℃ | 反应釜Ⅰ温度/℃ | 反应釜Ⅱ导热油温度/℃ | 反应釜Ⅱ温度/℃ |
|---|---|---|---|---|---|
| 1 | | | | | |
| 2 | | | | | |
| 3 | | | | | |
| 4 | | | | | |
| 5 | | | | | |
| 6 | | | | | |
| 7 | | | | | |

续表

| 序号 | 时间/min | 反应釜Ⅰ导热油温度/℃ | 反应釜Ⅰ温度/℃ | 反应釜Ⅱ导热油温度/℃ | 反应釜Ⅱ温度/℃ |
|---|---|---|---|---|---|
| 8 | | | | | |
| 9 | | | | | |
| 10 | | | | | |
| 11 | | | | | |
| 12 | | | | | |
| 13 | | | | | |
| 14 | | | | | |
| 15 | | | | | |

## 六、实验要点及实验安全注意事项

1. 往高位槽进料时，进料泵出口阀门不要开太大，以免物料由高位槽顶部阀门喷出。

2. 反应釜Ⅰ开始加热时打开循环水开始冷凝，反应釜Ⅱ反应结束之后打开循环水进行冷却。

## 思考题

1. 什么是间歇反应？

2. 间歇釜式反应器的优缺点有哪些？

参考文献

（编写：李　伟　复核：王伟智）

# · 实验十二　管路拆装综合实验 ·

## 一、实验目的

1. 掌握管道、管件、阀门、储罐、水泵、换热器等组成的化工生产工艺流程；
2. 进行管线的组装、管道的试压、管线的拆除。

## 二、实验原理

1. 化工管道标准化

化工管道标准化是为了简化管子、管件与阀门的品种规格，便于成批生产，使得同一直径的管子与管件、阀门均能实现相互连接，具有互通性、互换性，以满足设计、安装、维护、检修工作的需要。化工管道标准化的主要内容是统一管子、管件与阀门的主要参数与结构尺寸，其中最重要的内容是直径和压力的标准化、系列化，即所谓公称直径系列和公称压力系列。

2. 管子

化工厂中所用管子的种类繁多，由于输送流体物料的性质和工艺条件不同，用于连接设备和输送流体物料的管子不仅要满足输送流体物料的要求，还要满足耐温（高温或低温）、耐压（高压或低压）、耐腐蚀、导热等性能的要求。常用管材分成金属管和非金属管两大类。

金属管包括钢管（无缝钢管、有缝钢管）、铸铁管（普通铸铁管、高硅铸铁管）、有色金属管（铜管、铅管、铝管）等。

3. 管件

把管子安装成管道时，需要接上各种配件，使管路能够连接、拐弯、变径或分支，这些配件如短管、弯头、三通、异径管等通称为管道附件，简称管件（图 4-47）。

管件具有连接管子、改变管路方向、接出支管及封闭管路的作用，是管道工程中不可缺少的配件。

4. 阀门

阀门是流体输送系统中的控制部件，具有截断、调节、导流、防止逆流、稳压、分流或溢流泄压等功能。阀门的种类很多，且有多种分类方法，实际生产中，主要采用通用分类法，这种分类方法既按原理、作用又按结构划分，是目前国内、国际最常用的分类方法，一般分为闸阀、截止阀、旋塞阀、球阀、蝶阀、隔膜阀、止回阀、节流阀、安全阀、减压阀、疏水阀、调节阀。

## 三、实验试剂与设备

1. 实验装置基本情况

工具准备：根据管径粗细准备适合的活动扳手、固定扳手、钢丝钳子、管钳子、梅花扳手、

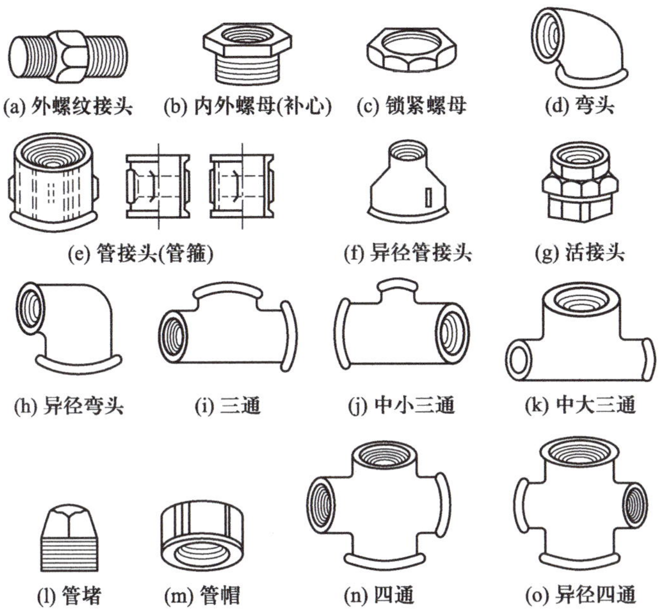


图 4-47　管件分类示意图

圆榔头、一字螺丝刀、十字螺丝刀、钢卷尺、水平尺等。

材料准备:螺栓、螺母、垫片、橡胶板、生料带等。

2. 拆装实验装置流程图(图 4-48)

3. 实验试剂

自来水。

## 四、实验步骤

1. 管路拆卸

按顺序进行,一般是从上到下,先仪表后阀门,拆卸过程中不得损坏管件和仪表。拆下的管子、管件、阀门和仪表要归类放好。

2. 管路安装

(1) 管道安装

横平竖直,水平管偏差不大于 15 mm,垂直管偏差不大于 10 mm。

(2) 法兰与螺纹接合

法兰安装要做到对得正、不反口、不错口、不张口。紧固法兰时要做到:未加垫片时,将法兰密封面清理干净,其表面不得有沟纹;垫片的位置要放正,不能加入双层垫片;在紧螺栓时要按对称位置的秩序拧紧,紧好之后螺栓两头应露出 2~4 扣;管道安装时,每对法兰的平行度、同心度应符合要求。

螺纹接合时管道端部应加工外螺纹,利用螺纹与管箍、管件和活管接头配合固定。其密封则主要依靠锥管螺纹的咬合和在螺纹之间加敷的密封材料来达到。常用的密封材料是白漆加麻丝或生料带,缠绕在螺纹表面,然后将螺纹配合拧紧。

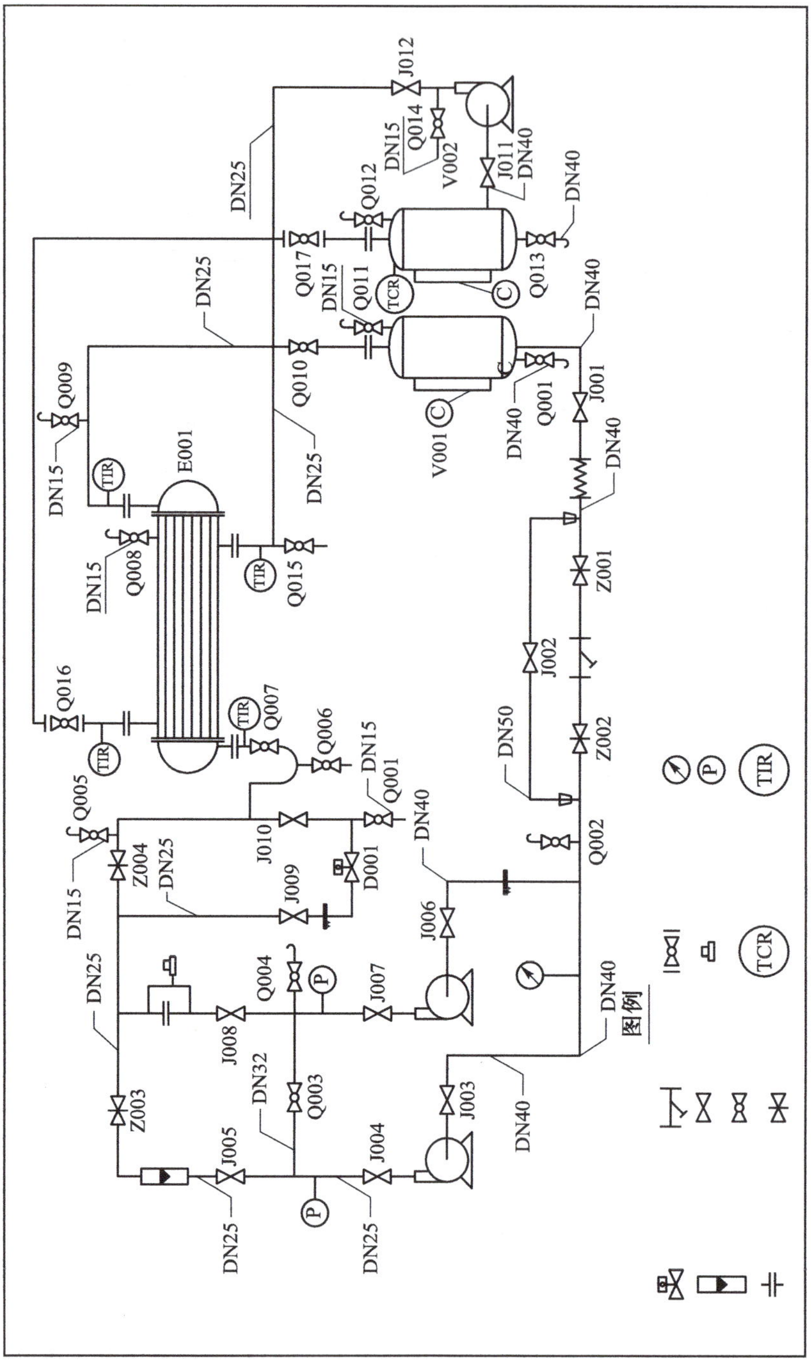


图 4-48 拆装实验装置流程图

(3) 阀门安装

阀门安装时应把阀门清理干净,关闭好,然后进行安装。单向阀、截止阀及调节阀安装时应注意介质流向,阀的手轮应便于操作。

(4) 转子流量计安装

安装转子流量计时,应使转子流量计的最小分度值处于下方,垂直安装在无振动的管道上,转子流量计的中心线与铅垂线的夹角应不超过 5°。为保证转子流量计在使用时的测量精确度,被测流体的常用流量建议选择在转子流量计分度流量上限值的 60%以上为好。

安装孔板流量计时要注意孔板的喉部为上游方向,孔板的孔口必须与管道同心,其端面与管道的轴线垂直,偏心度 1%~2%。

3. 水压试验

管道安装完毕后,应做强度与严密度试验,试验是否有漏气或漏液现象。管道的操作压力不同,输送的物料不同,试验的要求也不同。当管道系统进行水压试验时,试验压力为 3 个大气压(表压),在试验压力下维持 5 min,未发现渗漏现象,水压试验即为合格。

## 五、实验数据记录与处理

拆装任务内容__________,拆起始时间__________,装完成时间(不漏液)__________。

实验故障分析:__________________________________________________。

## 六、实验要点及实验安全注意事项

1. 拆和装时,注意不要用力过猛,防止失手受伤。
2. 注意拆装技巧,安装垫片用镊子,防止手被夹伤。

## 思考题

1. 管路拆装中如何做到规范、有序?
2. 经过管路拆装实训后,对解决自来水管路突发故障是否有信心?

参考文献

(编写:许发功　复核:罗时忠)

# 五、

## 综合设计性实验

## · 综合实验一 乙酰苯胺的合成及其熔点测定 ·

### 一、实验目的

1. 学习和掌握合成乙酰苯胺的原理和实验操作；
2. 学习重结晶基本操作，巩固分馏操作技术；
3. 掌握产物的分离提纯原理和方法；
4. 练习产品熔点的测定操作。

### 二、实验原理

1. 反应原理

芳胺的酰化在有机合成中有着重要的作用。作为一种保护措施，一级和二级芳胺在合成中通常被转化为它们的乙酰基衍生物，以降低胺对氧化降解的敏感性，使其不被反应试剂破坏；同时，氨基酰化后，降低了氨基在亲电取代反应（特别是卤化）中的活化能力，使其由很强的邻对位定位基变为中等强度的邻对位定位基，使反应由多元取代变为有用的一元取代。由于乙酰基的空间位阻，往往选择性的生成对位取代物。

（1）用冰醋酸为酰化剂制备乙酰苯胺。

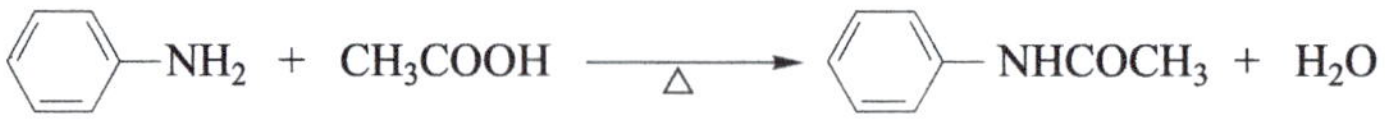

$$\text{\Large ⬡}\!-\!NH_2 + CH_3COOH \xrightarrow{\triangle} \text{\Large ⬡}\!-\!NHCOCH_3 + H_2O$$

（2）用醋酸酐进行乙酰化反应，反应如下：

$$\text{\Large ⬡}\!-\!NH_2 + (CH_3CO)_2O \xrightarrow{\triangle} \text{\Large ⬡}\!-\!NHCOCH_3 + CH_3COOH$$

通常，方法（1）需装上一支短的韦氏分馏柱（刺形分馏柱），控制温度为 105 ℃，有效地除去反应生成的水和极少量的醋酸，得到高产率的乙酰苯胺。

芳胺可与酰氯、酸酐或冰醋酸加热来进行酰化。冰醋酸易得，价格便宜，但需要较长的反应时间，适合规模较大的制备。酸酐一般来说是比酰氯更好的酰化试剂。用游离胺与纯醋酸酐进行酰化时，常伴有二乙酰苯胺 $[ArN(COCH_3)_2]$ 副产物的生成。但如果在醋酸-醋酸钠的缓冲溶液中进行酰化，由于酸酐的水解速率比酰化速率慢得多，可以得到高纯度的产物。但这一方法不适合硝基苯胺和其他碱性很弱的芳胺的酰化。

2. 熔点测定原理

原理见熔点测定实验相关部分。

测熔点时几个概念：始熔、全熔、熔点距、物质纯度与熔点距关系。

显微熔点测定法是用显微熔点测定仪或精密显微熔点测定仪测定熔点，其实质是在显微镜下观察熔化过程。样品的测试量不大于 0.1 mg,测量熔点温度范围 20~320 ℃,测量误差如下:熔点在 20~120 ℃不大于 1 ℃,熔点在 120~220 ℃不大于 2 ℃;熔点在 220~320 ℃不大于 3 ℃。所以,本实验具有样品用量少,能精确观测物质受热过程等优点。

## 三、仪器与试剂

圆底烧瓶(25 mL)、韦氏分馏柱、蒸馏头、直形冷凝管、尾接管、梨形瓶、温度计(150 ℃)、抽滤瓶、布氏漏斗、温度计套管、电加热套、吸滤瓶、量筒、磁力搅拌器、洗耳球、量筒、热水漏斗、接液管、烧杯、表面皿、显微熔点测定仪

苯胺(重新蒸馏)、冰醋酸、醋酸酐(重新蒸馏)、浓盐酸、醋酸钠、锌粉

表 5-1 是乙酰苯胺物理参数表。

表 5-1　乙酰苯胺物理参数

| 化合物 | 相对分子质量 | 性状 | 相对密度 $d$ | 熔点/ ℃ | 沸点/ ℃ | 折射率 $n$ | 溶解度/[g·(100 mL)$^{-1}$] | | |
|---|---|---|---|---|---|---|---|---|---|
| | | | | | | | 25 ℃ | 80 ℃ | 100 ℃ |
| 乙酰苯胺 | 135 | 白色片状固体 | 1.022 | 114.3 | 184 | 1.5860 | 0.563 | 3.5 | 5.2 |

## 四、实验步骤

1. 乙酰苯胺的合成

(1) 方法一:用冰醋酸进行乙酰化反应

向 25 mL 圆底烧瓶中加入 2.5 mL(27.5 mmol)新蒸的苯胺、3.7 mL(64.6 mmol)冰醋酸,摇匀。用微型分馏头搭成简单分馏装置分去蒸出的水和醋酸(图 5-1)。开始加热,保持反应物微沸 10 min,逐渐升高温度,当温度达到 100 ℃时,侧管即有液体流出,此时需小火加热,维持温度在 100~105 ℃约 30 min,反应生成的水及少量醋酸被蒸出,当温度出现波动时,可认为反应结束。

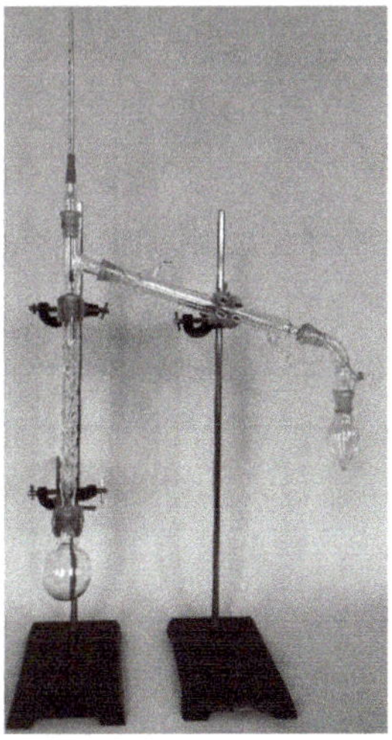
图 5-1　合成实验装置图

在搅拌下,将反应物趁热倒入盛有 40 mL 冷水的烧杯中,即有白色固体析出,稍加搅拌冷却,抽滤,用冷水洗涤,抽干后在红外灯下烘干。粗产品可用热水重结晶。

(2) 方法二:用醋酸酐进行乙酰化反应

在 50 mL 圆底烧瓶中放入 26 mL 水和 0.9 mL 浓盐酸,然后在磁力搅拌下加入 0.94 g 新蒸的苯胺(约 0.92 mL,10 mmol),装上球形冷凝管并加热至 50 ℃,溶液清亮,30 min后停止加热,稍冷,加入 1.50 g 醋酸钠溶于 5 mL 的水溶液,再加入 1.26 mL 新蒸的醋酸酐(约 1.3 g,12 mmol)搅拌并冷水冷却,沉淀过滤,用少量水洗涤,粗产品用热水重结晶。红外灯下烘干,称量,产品测熔点。

2. 熔点测定：利用显微熔点测定仪进行熔点测定

记录产品和标准品的三次测试数据，分别统计三次数据中的始熔温度 $t_1$、全熔温度 $t_2$、熔点距 $\Delta t$ 的平均值，即为样品熔点平均值。

记录表格如下：

| 序号 | 产品 | | | 标准品 | | |
|---|---|---|---|---|---|---|
| | $t_1$ | $t_2$ | $\Delta t$ | $t_1$ | $t_2$ | $\Delta t$ |
| 1 | | | | | | |
| 2 | | | | | | |
| 3 | | | | | | |
| 平均值 | | | | | | |

## 五、实验要点及注意事项

1. 因属小量制备，最好用微量分馏管代替韦氏分馏柱。分馏管支管用一段橡胶管与一玻璃弯管相连，玻璃管下端伸入试管中，试管外部用冷水浴冷却。

2. 热过滤时，玻璃漏斗必须在热水中充分预热，尽量减少产物在滤纸上结晶析出。

3. 菊形滤纸的折叠：菊形滤纸的作用是增大母液与滤纸的接触面积，加快过滤速率，在折叠菊形滤纸时，注意不要将滤纸的中心折破。

4. 分馏时，应检查分馏柱保温状况，反应温度保持在 105 ℃左右。

5. 应以细流形式趁热倒出反应液，同时剧烈搅拌使粗乙酰苯胺分散析出。

6. 洗涤时，应先拔开吸滤瓶上的橡胶管，加少量溶剂在滤饼上，溶剂用量以使晶体刚好湿润为宜，再接上橡胶管将溶剂抽干。

## 思考题

测熔点时，若发生下列情况将产生什么结果？

(1) 样品未完全干燥或含有杂质；

(2) 样品研得不细；

(3) 加热太快。

（编写：周能能　复核：张　武）

# ·综合实验二　乙酸乙酯的合成及其产品含量的测定·

## 一、实验目的

1. 掌握乙酸乙酯的制备原理及方法,掌握可逆反应提高产率的措施;
2. 掌握分馏的原理及分馏柱的作用;
3. 进一步练习并熟练掌握液体产品的纯化方法;
4. 学会用皂化法测定合成产品的含量。

## 二、实验原理

乙酸乙酯的合成方法很多,其中最常用的方法是在酸催化下由乙酸和乙醇直接酯化法。其反应为

$$CH_3COOH+CH_3CH_2OH \xrightleftharpoons{H_2SO_4} CH_3COOCH_2CH_3+H_2O$$

酯化反应为可逆反应,提高产率的措施为:一方面加入过量的乙醇,另一方面在反应过程中不断蒸出生成的产物和水,促进平衡向生成酯的方向移动。但是,酯和水或乙醇的共沸物沸点与乙醇接近,为了能蒸出生成的酯和水,又尽量使乙醇少蒸出来,本实验采用了较长的分馏柱进行分馏。

从反应器中馏出的液体除了乙酸乙酯、水和乙醇外,还含有未反应的乙酸(bp 为 118 ℃)和副产物乙醚(bp 为 34.5 ℃)等。其中,乙酸可用饱和 $Na_2CO_3$ 溶液洗涤除去;利用乙醇能与 $CaCl_2$ 形成配合物 $CaCl_2·4C_2H_5OH$ 的特性,可用饱和 $CaCl_2$ 溶液洗去乙醇。而在上述两种洗涤之间增加 1 次使用饱和 NaCl 溶液的洗涤是必要的,否则残存的 $Na_2CO_3$ 会和随后加入的 $CaCl_2$ 生成絮状的 $CaCO_3$ 沉淀,影响进一步分离。乙醚的沸点很低,将洗涤后得到的粗乙酸乙酯经无水 $MgSO_4$ 干燥后,进行简单蒸馏收集 73~78 ℃的馏分,便可除去乙醚,并得到较纯的成品。

对含量较高的酯,通常用皂化法进行测定。准确称量一定量的酯,与过量加入的 NaOH 标准溶液发生皂化反应。反应完全后,用酸标准溶液滴定剩余的 NaOH,便可求得乙酸乙酯的含量。

值得说明的是,乙酸乙酯是少数几个可以在室温下和水溶液中进行皂化法测定的酯之一。对于其他酯则要加热回流以促进皂化完全,同时还要加入醇类溶剂(如异丙醇)以增大酯的溶解度。

## 三、仪器与试剂

试剂及物理常数如表 5-2 所示。

表 5-2 试剂及物理常数

| 药品名称 | 相对分子质量 | 用量 | 熔点/℃ | 沸点/℃ | 相对密度($d_4^{20}$) | 水溶解度/g·(100 mL)$^{-1}$ |
|---|---|---|---|---|---|---|
| 冰醋酸 | 60.05 | 8 mL(0.14 mol) | 16.7 | 118 | 1.049 | 易溶于水 |
| 乙醇 | 46.07 | 14 mL(0.23 mol) | -114.5 | 78.4 | 0.789 3 | 易溶于水 |
| 乙酸乙酯 | 88.12 | | -83.6 | 77.1 | 0.900 5 | 微溶于水 |
| 浓硫酸 | | 5 mL | | | 1.84 | 易溶于水 |
| 其他药品 | 饱和碳酸钠溶液、饱和氯化钠溶液、饱和氯化钙溶液、无水硫酸镁、氢氧化钠标准溶液 | | | | | |

## 四、实验步骤

1. 乙酸乙酯的合成

在 100 mL 圆底烧瓶中，加入 4 mL 乙醇，摇动下缓慢加入 5 mL 浓硫酸使其混合均匀，随后再缓慢加入 10 mL 乙醇和 8 mL 冰醋酸，加入磁子，安装反应装置[图 5-2(a)]。搅拌加热反应，保持反应液微沸约 20 min。逐渐升高温度蒸出产物，注意馏出物的温度约为 70 ℃。当温度计示数开始下降，不再有馏出物时，停止加热，冷却后拆除反应装置。

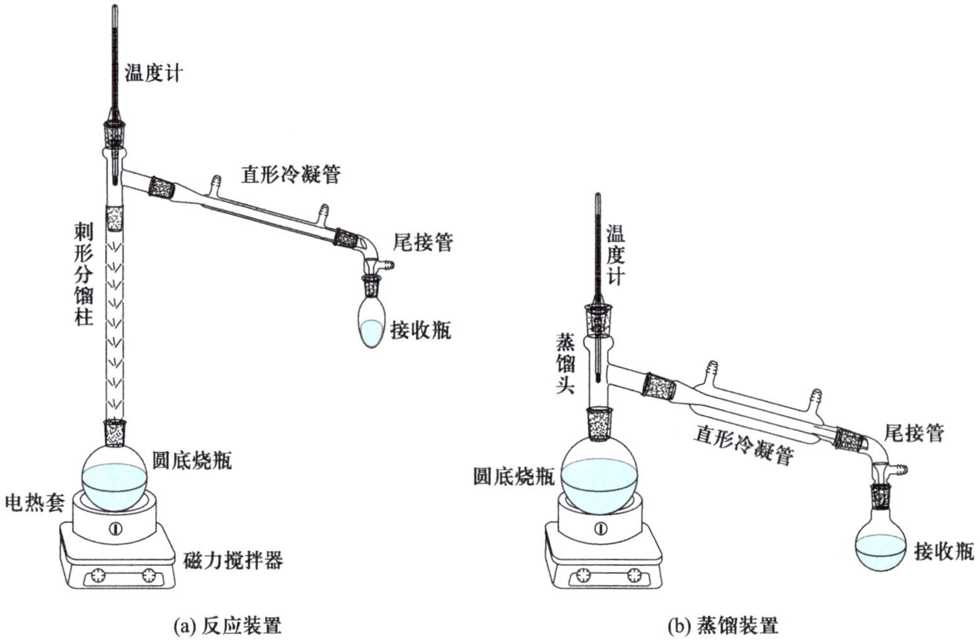


图 5-2 合成实验装置及蒸馏装置

馏出液中含有乙酸乙酯及少量乙醇、乙醚、水和醋酸等，在摇动下，慢慢向粗产品中加入饱和的碳酸钠溶液(约 6 mL)，至无二氧化碳气体逸出，水相用 pH 试纸检验呈中性。移入分液漏斗，充分振摇（注意及时放气）后静置，分去下层水相。有机相用 10 mL 饱和氯化钠溶液洗涤后，再每次用 10 mL 饱和氯化钙溶液洗涤两次，弃去下层水相，酯层自漏斗上口倒入干燥的锥形瓶中，用无水硫酸镁干燥。

将干燥好的粗乙酸乙酯小心过滤至 50 mL 蒸馏瓶中（不要让干燥剂进入瓶中），加入磁子后进行蒸馏[图 5-2(b)]，收集 73～80 ℃的馏分。产品 5～8 g。

2. 乙酸乙酯含量的测定

用安瓿瓶准确称取制得的乙酸乙酯产品 0.3～0.4 g，置于 250 mL 锥形瓶中，用移液管移入 20.00 mL 0.500 $mol\cdot L^{-1}$ NaOH 标准溶液，再加入 3 根短玻璃棒。摇荡锥形瓶使安瓿瓶破碎并混匀样品。于室温（25 ℃）下放置 30 min（若室温较低可在 50 ℃水浴上加热 20 min）使皂化完全。加入 3～4 滴酚酞指示剂，用 0.50 $mol\cdot L^{-1}$ HCl 溶液滴定至刚好无色为终点。平行测定 3 次。

按上述操作，但不加乙酸乙酯，进行 3 次空白实验（空白实验结果填入下表并计算 $V_{0平均值}$）。

| 序号 | $V_0$ |
|---|---|
| 1 | |
| 2 | |
| 3 | |
| 平均值 | |

按下式计算乙酸乙酯的质量分数 $w$：

$$w=(V_0-V_1)\times c\times M/m$$

式中，$V_0$ 为空白实验消耗 HCl 溶液的体积（L）；$V_1$ 为滴定样品消耗 HCl 溶液的体积（L）；$c$ 为 HCl 溶液的物质的量浓度（$mol\cdot L^{-1}$）；$M$ 为乙酸乙酯的摩尔质量（$g\cdot mol^{-1}$）；$m$ 为称取乙酸乙酯样品的质量（g）。有关数据和计算结果填入下表：

| 序号 | $V_1$ | $m$ | $w=(V_{0平均值}-V_1)\times c_{HCl}\times M/m$ |
|---|---|---|---|
| 1 | | | |
| 2 | | | |
| 3 | | | |
| 平均值 | / | / | |

注：$c_{HCl}=c_{NaOH}\times 20/V_{0平均值}$。

## 五、实验要点及注意事项

1. 本实验一方面加入过量乙醇，另一方面在反应过程中不断蒸出产物，促进平衡向生成酯的方向移动。乙酸乙酯和水、乙醇形成二元或三元共沸混合物，共沸点都比原料的沸点低，故可在反应过程中不断将其蒸出。乙酸乙酯与水或醇形成二元和三元共沸物的组成及沸点如下：

| 沸点/ ℃ | 组成/% | | |
|---|---|---|---|
| | 乙酸乙酯 | 乙醇 | 水 |
| 70.2 | 82.6 | 8.4 | 9.0 |
| 70.4 | 91.8 | | 8.1 |
| 71.8 | 69.0 | 31.0 | |

最低共沸物是三元共沸物，其共沸点为 70.2 ℃，二元共沸物的共沸点为 70.4 ℃和 71.8 ℃，三者很接近。蒸出来的可能是二元组成和三元组成的混合物。加过量 48%的乙醇，一方面使乙酸转化率提高，另一方面可使产物乙酸乙酯大部分蒸出或全部蒸出反应体系，进一步促进乙酸的转化，即在保证产物以共沸物蒸出时，反应瓶中仍然是乙醇过量。

2. 用饱和氯化钙溶液洗涤之前，要用饱和氯化钠溶液洗涤，不可用水代替饱和氯化钠溶液。粗制乙酸乙酯用饱和碳酸钠溶液洗涤之后，酯层中残留少量碳酸钠，若立即用饱和氯化钙溶液洗涤会生成不溶性碳酸钙，往往呈絮状物存在于溶液中，使分液漏斗堵塞，所以在用饱和氯化钙溶液洗涤之前，必须用饱和氯化钠溶液洗涤，以便除去残留的碳酸钠。乙酸乙酯在水中的溶解度较大，15 ℃时 100 g 水中能溶解 8.5 g，若用水洗涤，必然会有一定量的酯溶解在水中而造成损失。此外，乙酸乙酯的相对密度(0.900 5)与水接近，在水洗后很难立即分层。因此，用水洗涤是不可取的。饱和氯化钠溶液既具有水的性质，又具有盐的性质，一方面它能溶解碳酸钠，从而将其从酯中除去；另一方面它对有机化合物起盐析作用，使乙酸乙酯在水中的溶解度大大降低。除此之外，饱和氯化钠溶液的相对密度较大，在洗涤之后，静置便可分层。因此，用饱和氯化钠溶液洗涤既可减少酯的损失，又可缩短洗涤时间。

3. 注意事项

(1) 加浓硫酸时，必须慢慢加入并充分振荡烧瓶，使其与乙醇均匀混合，注意保持搅拌，以免在加热时因局部酸过浓引起有机化合物碳化等副反应。

(2) 反应开始阶段，反应液应保持微沸状态以建立平衡，随后逐渐升高反应温度，蒸出产物推动平衡，温度过高亦会导致碳化等副反应。

(3) 干燥剂的用量取决于有机相的水含量，每次加入干燥剂后应剧烈摇晃，使得液体与干燥剂充分接触。当加入的干燥剂在瓶中全部结块或粘连在瓶底，则说明有机相含水量较高，需要继续补加干燥剂充分干燥；当继续加入的干燥剂在瓶中呈现明显漂浮状态时，表明干燥剂用量已经足够。

(4) 若在锥形瓶中称量乙酸乙酯，为了减少其挥发导致的误差，可以先在锥形瓶中加入 NaOH 溶液，然后再称入乙酸乙酯，密闭进行皂化反应。

## 思考题

1. 合成乙酸乙酯的反应是典型的可逆平衡反应，本实验应重点分析、总结提高可逆平衡反应产率的实验方法。

2. 组织讨论以下问题：

(1) 为什么使用过量的乙醇？

(2) 蒸出的粗乙酸乙酯中主要含有哪些杂质？如何逐一除去？

(3) 用饱和氯化钙溶液洗涤的目的是什么？为什么先用饱和氯化钠溶液洗涤？是否可用水代替？

参考文献

（编写：崔　鹏　复核：张　武）

# · 综合实验三　肉桂酸的合成及紫外吸收光谱表征 ·

## 一、实验目的

1. 掌握利用 Perkin 反应制备肉桂酸的原理和方法；

2. 掌握水蒸气蒸馏的原理和操作技能，复习巩固回流、抽滤、重结晶、熔点测定等基本操作；

3. 学习利用紫外吸收光谱对化合物进行鉴定。

## 二、实验原理

芳香醛和酸酐在碱性催化剂作用下，发生类似羟醛缩合反应生成 $\alpha,\beta$-不饱和芳香酸，称为 Perkin 反应。催化剂一般为相应酸酐的羧酸钾盐或钠盐，也可以用碳酸钾或叔胺。典型的 Perkin 反应应用就是肉桂酸的制备。肉桂酸(cinnamic acid)又称桂皮酸(3-苯基-2-丙烯酸)，是从肉桂皮或安息香中分离出的有机酸，主要用于香精香料、医药工业、美容、农药、有机合成等方面。

肉桂酸合成反应式如下：

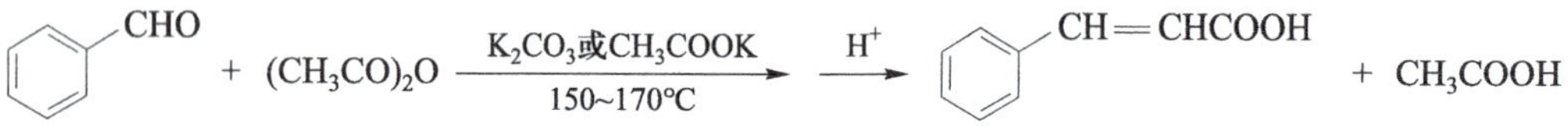


碱的作用是促进酸酐的烯醇化，生成的碳负离子对芳香醛进行亲核加成，之后发生分子内酰基转移，最后经过$\beta$-消除产生肉桂酸盐，经酸化后，得到肉桂酸。

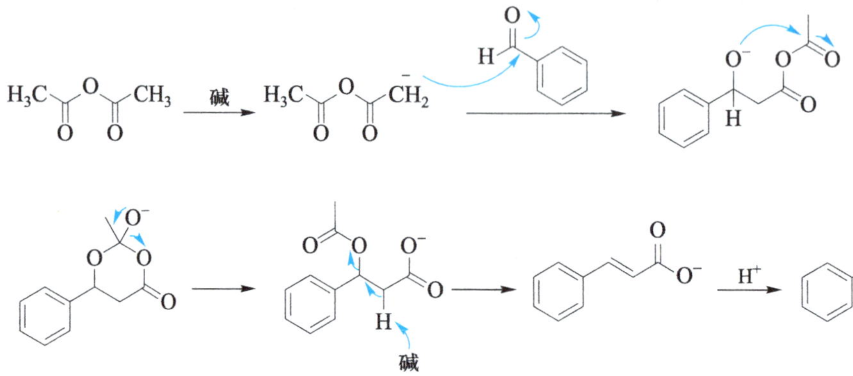


本实验采用无水碳酸钾作为碱，可提高产率。该反应要求控制温度在150~170 ℃之间，温度过低反应难以进行，过高则产物分解。肉桂酸有顺反异构体，本实验制得的主要是其反式异构体（熔点135 ℃）。顺式异构体（熔点68 ℃）不稳定，在较高的反应温度下很容易转变为热力学上更稳定的反式异构体。

利用水蒸气蒸馏除去未反应的苯甲醛。水蒸气蒸馏是将水与不溶（或难溶）于水的有机化合物一起进行蒸馏的一种分离和提纯液态或固态有机化合物的方法。当水和不溶（或难溶）于水的有机化合物一起存在时，根据道尔顿分压定律，整个体系的蒸气压应为各组分蒸气压之和。当混合物受热到一定温度，各组分的蒸气压之和等于外界大气压时就会沸腾，水蒸气与有机化合物便同时被蒸出。97.9 ℃时，苯甲醛蒸气压为7 532.3 Pa（56.5 mmHg），水的蒸气压为93 790 Pa（703.5 mmHg），两者之和为101 322.3 Pa（760 mmHg），等于大气压，这时苯甲醛和水的混合液就沸腾，水和苯甲醛同时被蒸出。

紫外吸收光谱是基于分子的价电子跃迁吸收紫外光区辐射能来研究物质的组成和结构的方法。紫外吸收光谱是以不同波长的光依次通过一定浓度的被测物质，并分别测定每个波长的吸光度。以波长 $\lambda$ 为横坐标，吸光度 $A$ 为纵坐标，所得到的曲线为吸收光谱。利用紫外吸收光谱研究有机化合物，尤其是共轭体系很有用，如根据分子中共轭程度来确定未知物的结构骨架。紫外吸收光谱是对有机化合物进行定性鉴定和结构分析的一种重要辅助手段。

## 三、仪器与试剂

三颈烧瓶（100 mL）、空气冷凝管、温度计套管、空心塞、75°蒸馏弯头、直形冷凝管、真空尾接管、圆底烧瓶（50 mL）、温度计（250 ℃）、布氏漏斗、抽滤瓶、烧杯、量筒、水蒸气发生器、电加热套、调压器、UV-8000紫外-可见分光光度计（附带盖石英比色皿1对）、电子天平

苯甲醛、乙酸酐、无水碳酸钾、碳酸钠、浓盐酸、活性炭、肉桂酸、去离子水

## 四、实验步骤

1. 肉桂酸的合成

在 100 mL 三颈烧瓶中放入 1.5 mL(15 mmol) 新蒸馏过的苯甲醛、4 mL(36 mmol)新蒸的乙酸酐以及 2.2 g(16 mmol)无水碳酸钾,混合均匀。三颈烧瓶中间口接空气冷凝管(带干燥管),一个侧口装温度计,另一个用空心塞塞上[图 5-3(a)]。加热回流,维持反应温度在 150~170 ℃之间 0.5 h(由于有二氧化碳放出,反应初期有泡沫产生)。反应完毕,待反应物稍冷后加入30 mL温水,边加边振摇,再慢慢加入固体碳酸钠中和至 pH 等于 8。然后进行水蒸气蒸馏[图 5-3(b)],直至馏出液无油珠。待三颈烧瓶中液体稍冷后,加入少量活性炭煮沸脱色,趁热过滤,将滤液冷却至室温,小心用浓盐酸酸化至刚果红试纸变蓝(pH=3),充分冷却后进行抽滤,用少量水洗涤晶体,抽干。粗产品用 5∶1 的水-乙醇重结晶。

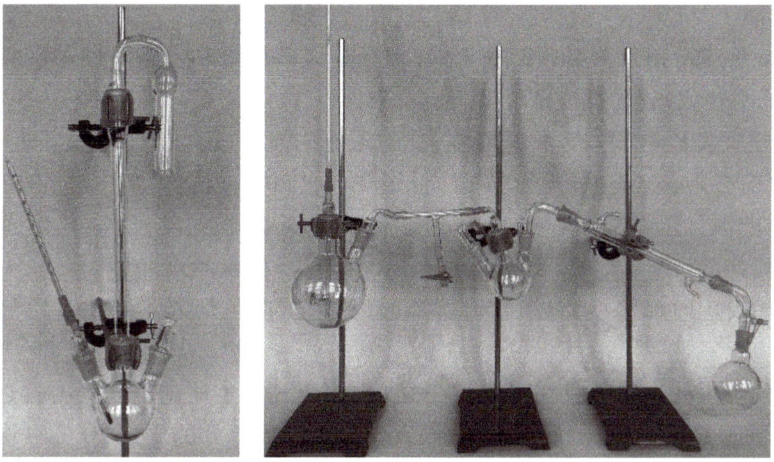

(a) 反应装置　　(b) 水蒸气蒸馏装置

图 5-3　肉桂酸的合成反应装置和水蒸气蒸馏装置

2. 肉桂酸的紫外表征

(1) 仪器操作

① 打开主机电源,预热 15 min;

② 进入 UV-8000 操作软件,仪器自检,显示主机状态;

③ 进入操作对话框,选择波长扫描。

(2) 样品制备及表征

合成化合物的鉴定:

将标准物肉桂酸在 200~360 nm 处扫描,结果在 214 nm、270 nm 有两个峰,说明有两种跃迁,$n\rightarrow\pi^*$ 跃迁和 $\pi\rightarrow\pi^*$ 跃迁。

称取合成的肉桂酸于 50 mL 容量瓶中溶解,制备成待测溶液,以去离子水为参比,用 1 cm石英比色皿,在 220~360 nm 范围内测吸收光谱。

## 五、结果与讨论

1. 实验结果

| 产物名称 | | 颜色与状态 | 熔点/ ℃ | 产量/g | 产率/% |
|---|---|---|---|---|---|
| 肉桂酸 | 文献值 | 白色结晶 | 135~136 | 约 1.5 | 约 68 |
| | 实测值 | | | | |

2. 记录合成化合物的吸收光谱的条件(波段、吸光度),确定峰值波长,并与标准图谱进行比较,确定化合物结构。

## 六、实验要点及注意事项

1. Perkin 反应所用仪器必须彻底干燥(包括量取苯甲醛和乙酸酐的移液管或量筒),因乙酸酐遇水能水解成乙酸,反应活性降低。

2. 本实验所需乙酸酐、苯甲醛要在用前重新蒸馏。放久了的乙酸酐易潮解变成乙酸,故在实验前必须将乙酸酐进行蒸馏,否则影响产率。久置后的苯甲醛易氧化成苯甲酸,不但影响产率且苯甲酸混在产物中不易除净,影响产物的纯度,故苯甲醛使用前必须蒸馏。

3. 刚开始反应时加热不要过猛,以防乙酸酐挥发,白色烟雾不要超过空气冷凝管高度的 1/3。

4. 水蒸气发生器中的水量在 1/2~2/3 之间;水蒸气发生器的玻璃管要接近发生器的底部;各仪器间要连接紧密,不能漏气;水蒸气发生器与蒸馏部分的 T 形管(T 形管开口朝下):蒸馏开始前处于打开状态;蒸馏过程中隔段时间放一次水;蒸馏结束时,T 形管先通大气,再停止加热(防倒吸)。

5. 可用薄层色谱法跟踪反应进程。

6. 酸化时要慢慢加入浓盐酸,以免产品冲出烧杯。肉桂酸要结晶彻底,进行冷过滤,也不能用太多水洗涤产品,以免造成损失。

### 思考题

1. 苯甲醛和丙酸酐在无水碳酸钾的存在下相互作用后得到什么产物?

2. 本实验用水蒸气蒸馏的目的是什么?为什么要用水蒸气蒸馏法纯化产品?如何判断水蒸气蒸馏的终点?

3. 在水蒸气蒸馏过程中,若发现安全管中水位上升很高,说明什么问题,如何处理?

4. 在 Perkin 反应中,如使用与酸酐不同的羧酸盐,会得到两种不同的芳香丙烯酸,为什么?

参考文献

（编写：张　武　复核：郝二红）

# · 综合实验四　阿司匹林的合成及红外光谱表征 ·

## 一、目的与要求

1. 学习用乙酸酐作酰基化试剂制乙酰水杨酸的实验方法，了解反应原理；
2. 巩固回流、抽滤、重结晶、熔点测定等操作技能；
3. 掌握利用红外光谱鉴别官能团，并根据官能团确定未知组分的主要结构。

## 二、实验原理

乙酰水杨酸又称为阿司匹林（aspirin），是一种在生活中很常见和极为重要的西药。具有退热、镇痛、抗风湿等作用，同时，它也能抑制引发心脏病和中风的血液凝块的形成。本品为白色结晶或结晶性粉末。在乙醇中易溶，乙醚或氯仿中溶解，水、无水乙醚中微溶，氢氧化钠溶液或碳酸钠溶液中溶解。熔点为 135 ℃，易分解。

早在 18 世纪，人们已从柳树皮中提取了水杨酸，并注意到它可以作为止痛、退热和抗炎药，不过对肠胃刺激较大。1897 年，德国化学家费利克斯·霍夫曼成功地合成了可以替代水杨酸的有效药物——乙酰水杨酸。直到目前为止阿司匹林仍然是一个广泛使用的具有解热止痛作用治疗感冒的药物。

乙酰水杨酸是由水杨酸（邻羟基苯甲酸）和乙酸酐，在少量浓硫酸（或干燥的氯化氢，有机强酸等）催化下，脱水而制得的。在生成乙酰水杨酸的同时，水杨酸分子间可发生缩合反应，生成少量的聚合物。乙酰水杨酸能与碳酸氢钠反应生成水溶性钠盐，而聚合物不能溶于碳酸氢钠溶液。利用这种性质上的差别，可纯化乙酰水杨酸。分离后的乙酰水杨酸钠盐水溶液通过盐酸酸化即可得到产物。

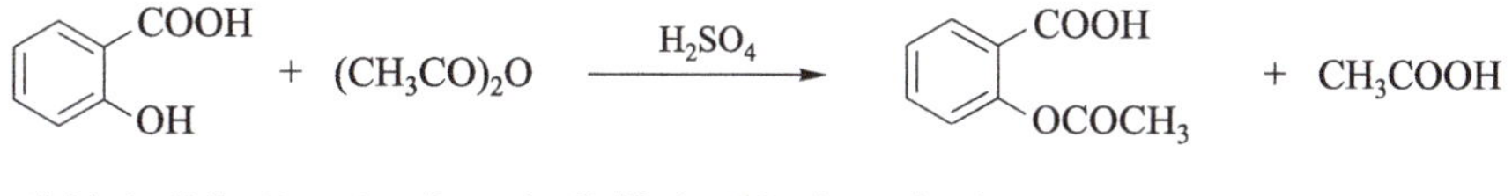


水杨酸具有酚羟基，可以与三氯化铁发生颜色反应，据此可以初步鉴别产品。也可以用红外光谱分析其官能团，核磁共振氢谱分析产品的纯度。

## 三、实验仪器与试剂

50 mL 锥形瓶、水浴锅、布氏漏斗、抽滤瓶、表面皿、圆底烧瓶、球形冷凝管、傅里叶变换红外光谱仪(FTIR-8400S)、压片机、玛瑙研钵、红外干燥箱、红外灯

水杨酸、乙酸酐、浓硫酸、10%三氯化铁溶液、乙酰水杨酸、无水乙醇、KBr(AR)

## 四、实验步骤

1. 合成

在干燥的 50 mL 锥形瓶中加入水杨酸 3.15 g 及乙酸酐 4.5 mL,充分摇动后,滴加 5 滴浓硫酸(注意:如不充分振摇,水杨酸在浓硫酸的作用下,将生成副产物水杨酸水杨酯)。将锥形瓶放在水浴上加热,水杨酸立即溶解。水浴温度控制在 85 ℃左右,维持反应 20 min。稍微冷却后,在不断搅拌下将其倒入 50 mL 冰水中,冷却析出结晶。抽滤,用少量冰水洗涤产品两次,其作用是洗去反应生成的乙酸及反应中的硫酸。

粗品重结晶纯化:用 95%乙醇和水 1∶1 的混合液或乙醚-石油醚(1∶1)混合溶剂重结晶。趁热过滤,冷却,抽滤,干燥,称量。

乙酰水杨酸为白色针状晶体,熔点为 135~136 ℃。取几粒结晶加入盛有 5 mL 水的试管中,加入 1~2 滴 10%三氯化铁溶液并注意观察有无颜色反应。

2. 红外表征

(1) 开机及启动软件(先开主机,再开计算机);

(2) 样品制备(KBr 压片法);

(3) 测定;

(4) 查询标准谱图库,初步判断化合物结构。

## 五、实验结果与讨论

1. 实验结果

| 产物名称 | | 颜色与状态 | 熔点/ ℃ | 产量/g | 产率/% |
|---|---|---|---|---|---|
| 阿司匹林 | 文献值 | 白色针状结晶 | 136 | 约 3 | |
| | 实测值 | | | | |

2. 与下图乙酰水杨酸标准红外谱图对照(图 5-4),指出相似度有多大。

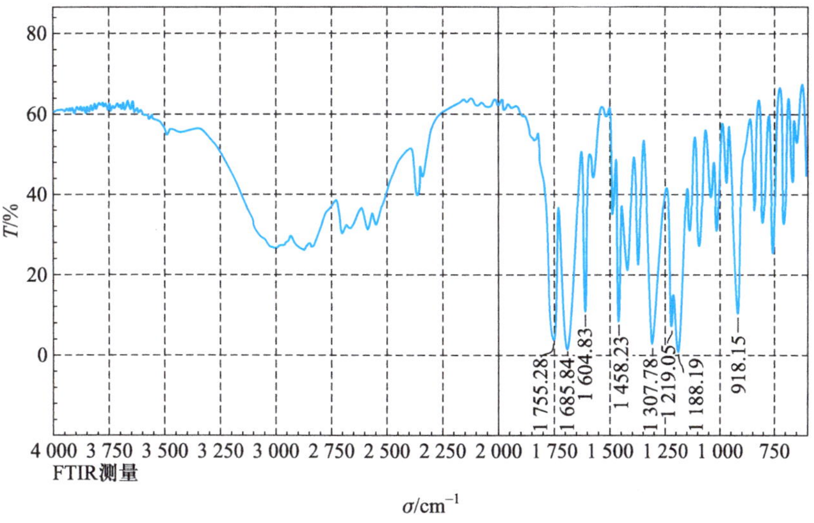


图 5-4　乙酰水杨酸标准红外谱图

## 六、实验注意事项

1. 仪器要全部干燥，试剂也要经干燥处理，乙酸酐要使用新蒸馏的，收集 139~140 ℃的馏分。

2. 反应过程温度不宜过高，否则会增加副产物的生成，如水杨酰水杨酸酯、乙酰水杨酰水杨酸酯。

3. 抽滤后洗涤用水要少。

4. 乙酰水杨酸受热后易发生分解，分解温度为 126~135 ℃，因此重结晶时不宜长时间加热，产品采取自然晾干。

5. 测熔点时先使温度达到 120 ℃后再放样品，否则样品在升温过程中易分解。

6. 合成样品应充分干燥，与 KBr 压片时在红外灯下充分研磨均匀。

## 思考题

1. 查阅文献，总结阿司匹林的发现和应用。
2. 制备阿司匹林时，加入浓硫酸的目的是什么？
3. 反应中有哪些副产物？如何除去？
4. 分析乙酰水杨酸的红外光谱图，对主要吸收峰进行归属。

参考文献

（编写：张　武　复核：李茂国）

# ·综合实验五　环己烯的合成及利用气相色谱法分析其含量·

## 一、实验目的

1. 熟悉环己醇脱水制备环己烯的原理及反应装置；
2. 掌握易挥发液体有机化合物的蒸馏，洗涤与分液等操作技能；
3. 了解气相色谱分析的基本原理和测试方法；
4. 掌握色谱法定性和外标法定量的方法。

## 二、实验原理

本实验由环己醇在浓磷酸的作用下脱水制得环己烯，醇的脱水可以使用氧化铝在 350~500 ℃之间进行催化脱水，也可以使用硫酸、无水氯化锌等脱水剂脱水。该反应可逆，为使这一反应有利于产物生成，可以使环己烯一生成即从反应混合物中连续蒸出。由于环己烯易挥发，为了防止外逸，需要将接收瓶置于冰水中。反应方程式：

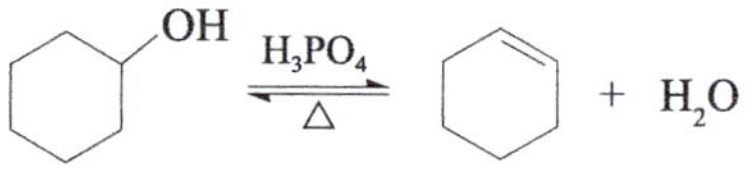


可能的副产物是醚和烯烃的聚合物。

随产物一道蒸出的少量磷酸可用碳酸钠水溶液洗涤除去，产物用无水氯化钙干燥，以便除去和环己烯共蒸馏出的水和环己醇。环己烯是一种无色、有刺激性气味的液体，沸点为 83.0 ℃。

气相色谱法是一种以气体为流动相的色谱分析方法，是利用样品中各组分在固定相和流动相间分配系数的差异，进行反复多次（$10^3$~$10^6$）的分配，从而使各组分得到分离并被检测。主要应用于易挥发而不易分解的物质的分离与检测。由于气相色谱的灵敏度高、分离度好、分析速度快，其在有机化学、环境科学、材料科学等领域发挥着极为重要的作用。

## 三、实验仪器与试剂

圆底烧瓶（50 mL）、分馏柱、蒸馏头、直形冷凝管、真空接液管、梨形瓶、分液漏斗、锥形瓶、热源、温度计（100 ℃）、容量瓶、GC-7890 型气相色谱仪、DB-1 色谱柱一根、FID 检测器、氢气发生器、空气压缩机、微量进样器（20 μL）

环己醇（CP）、85%磷酸、5%碳酸钠溶液、氯化钠（CP）、无水氯化钙（CP）、乙醇（AP）、环己醇（AP）、环己烯（AP）、环己烯（色谱纯）、环己醇（色谱纯）、氮气（含量 99.999%）

## 四、实验步骤

1. 环己烯的制备

10.4 mL（10 g,0.1 mol）环己醇、4 mL 85% 磷酸、沸石依次加入 50 mL 干燥的圆底烧瓶中，充分振摇使之混合均匀。安装分馏装置，接收瓶置于冰水浴中冷却。用电加热套慢慢升温至反应混合物沸腾，以较慢的速率进行分馏（2~3 s 1 滴），分馏柱顶部温度不超过90 ℃，正常稳定在 69~83 ℃，蒸出的混浊液体为环己烯和水。当无液体蒸出时，可升温继续蒸馏。当瓶中只剩下很少量的残渣并出现阵阵白雾时可停止加热。

馏出液加入约 1 g 氯化钠饱和，然后加入 2~3 mL 5%碳酸钠溶液调至中性。将此液体转移入分液漏斗中，振荡分层。将下层的水溶液自下口放出，上层粗产品自上口倒入干燥的小锥形瓶中，加入 1~2 g 无水氯化钙干燥。液体完全澄清透明后过滤，滤除干燥剂。粗产品滤入 25 mL 圆底烧瓶中，进行常压蒸馏，收集 82~85 ℃的馏分（预先称量的接收瓶置于冰水中）。实验装置示意图如图 5-5 所示。

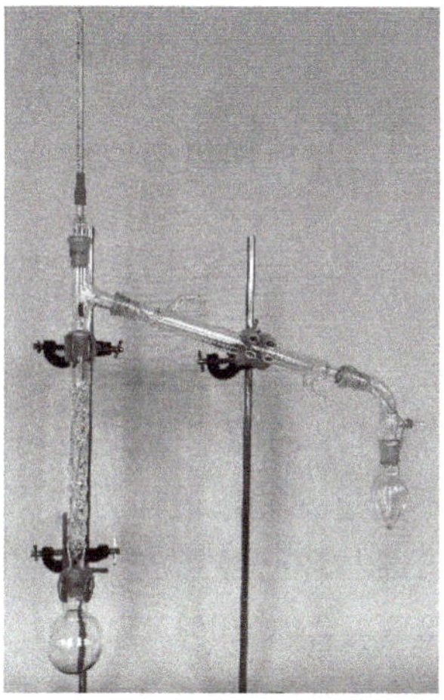

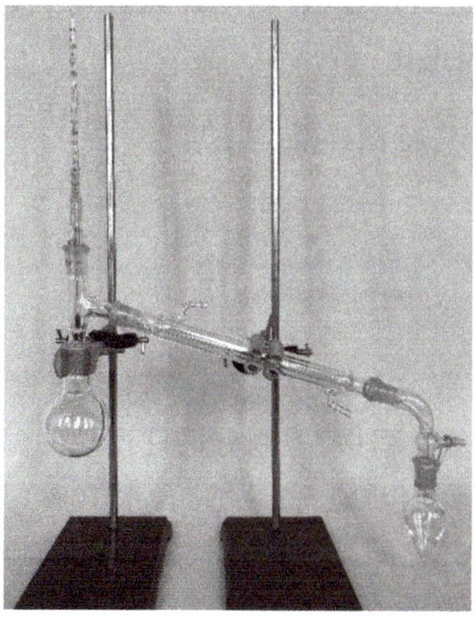

图 5-5　实验装置示意图

2. 气相色谱测定

（1）仪器开机预热

首先打开气源，然后打开气相色谱仪和控制计算机的电源，进入工作站，使用前预热 30 min。

（2）未知样品的处理

检测前，用滤膜滤去不溶物，备用。

（3）样品检测

依次注入色谱纯环己烯、环己醇、未知样。根据保留时间记录其峰面积，重复 2~3 次。进样量 1.0 μL。检测器：FID；汽化温度：220 ℃；柱温：120 ℃；检测器温度：220 ℃。

## 五、实验结果与讨论

1. 实验结果

| 产物名称 | | 颜色与状态 | 沸点<br>℃ | 折射率<br>$n_D^{20}$ | 相对密度<br>$d_4^{20}$ | 产量<br>g | 产率<br>% |
|---|---|---|---|---|---|---|---|
| 环己烯 | 文献值 | 无色透明液体 | 82.98 | 1.4465 | 0.8102 | 4~5 | 50~60 |
| | 实测值 | | | | | | |

2. 根据色谱峰位置初步判断合成样品纯度

同一物质，在同一色谱条件下，由于在色谱柱中的保留时间是一定的，所以，出峰的时间也是一定的（仅适用于标准比较法），因此可以利用保留时间进行定性。

3. 计算合成样品中目标产物的含量，计算实际产率

根据峰面积进行定量，在相同的条件下，被测组分的浓度与检测器给出的响应信号（如峰面积或峰高）成正比：

$$\text{待测样品的浓度}=\frac{\text{未知样组分峰面积}}{\text{标样组分峰面积}}\times\text{标样组分浓度}$$

## 六、实验要点及注意事项

1. 分馏操作是本实验的重点，仪器的干燥、分液时水的除尽及反应温度的控制是实验成功的关键。制备过程中，控制分馏柱顶端的温度不超过 90 ℃，最佳为 73 ℃。因为反应中环己烯与水形成共沸物（沸点 70.8 ℃，含水 10%），环己烯与环己醇形成共沸物（沸点 64.9 ℃，含环己醇 30.5%），环己醇与水形成共沸物（沸点 97.8 ℃，含水 80%）。

2. 环己醇在常温下是黏稠状液体，因而在用量筒量取时应注意转移中的损失。磷酸的腐蚀性非常大，不可触及皮肤。

3. 环己烯与硫酸应充分混合，否则在加热过程中可能会局部碳化。

4. 小火加热至沸腾，调节加热速率，以保证反应速率大于蒸出速率，使分馏得以连续进行。

5. 蒸馏干燥后的产物时，仪器需充分干燥。在收集和转移环己烯时，最好保持充分冷却，以避免因挥发而损失。环己烯是易燃物，而且颇具有挥发性，要注意勿让火焰靠近接收瓶。

6. 使用气相色谱仪时必须先通入载气，再开电源，实验结束时应先关掉电源，再关载气。

7. 色谱峰过大过小，应利用“衰减”键调整。

8. 微量注射器移取溶液时，要保证取样量一致；进样时要快。必须注意液面上气泡的排除，抽液时应缓慢上提针芯，若有气泡，可将注射器针尖向上，使气泡上浮推出。不要来回空抽。

## 思考题

1. 本实验采用什么措施提高产率？
2. 在制备环己烯的操作步骤中，为何要在两个液层被中和及分离之前加入氯化钠？

（编写：张　武　复核：刘云春）

# ・综合实验六　乙酰二茂铁的合成和电化学性质研究・

## 一、实验目的

1. 了解二茂铁及其衍生物的结构特点和性质；
2. 掌握制备乙酰二茂铁的反应原理和实验方法；
3. 掌握薄层色谱、柱色谱、旋转蒸发等实验操作；
4. 体验化学科学研究的过程，了解科学研究的方法；
5. 锻炼综合运用已学实验操作和方法解决实际问题的能力。

## 二、实验原理

1951 年，Kedly 和 Pauson 用格氏试剂 $C_5H_5MgBr$ 和 $FeCl_3$ 反应，首次制得了二茂铁，经 IR 和 X 射线衍射测定该化合物是具有类似夹心面包形结构。二茂铁（学名：二环戊二烯基铁，分子式：$(C_5H_5)_2Fe$），是典型的金属有机化合物，它的发现与合成标志着金属有机化学一个新领域的开始，是有机化学发展的一个里程碑。因确定结构，Wilkinson 和 Fischer 共同获得 1973 年诺贝尔化学奖。许多过渡金属都能形成这种类型的化合物，安徽师范大学有机化学研究所就在茂稀土金属有机化合物方面开展了卓有成效的研究工作。

二茂铁常温下为橙色针状结晶体，熔点 172～174 ℃，100 ℃升华，不溶于水，稍溶于醇，溶于链烃类有机溶剂，易溶于芳烃，对一般强酸强碱稳定，可被强氧化性混酸分解。二茂铁无毒，有樟脑气味，热稳定性好，加热到 470 ℃以上才开始分解。二茂铁是由两个环戊二烯负离子（茂）与亚铁离子结合而成的具有类似夹心面包结构的金属有机化合物。两个茂环的 10 个碳原子通过 π 电子等同地与中心亚铁离子键合，这样，亚铁离子的价电子层就含有 18 个电子：亚铁离子本身的 6 个电子加上共享两个茂环的 12 个 π 电子，达到惰性气体氪的电子结构。分子有一个对称中心，两个环是交错的。具有平面结构的环戊二烯负离子，存在一个闭合的环状共轭体系，且 π 电子数为 6 个，符合 Hückel 规则，具有芳香性。由于铁和茂环都具有闭壳电子结构，所以，二茂铁有着特殊的稳定性。

二茂铁的出现，不仅扩大了配合物的研究领域，促进了化学键理论的发展，而且具有重要的用途。二茂铁及其衍生物可以作为火箭燃料的添加剂，以改善其燃烧性能；还可作为汽油的抗震剂、硅树脂和橡胶的防老剂及紫外线的吸收剂等。

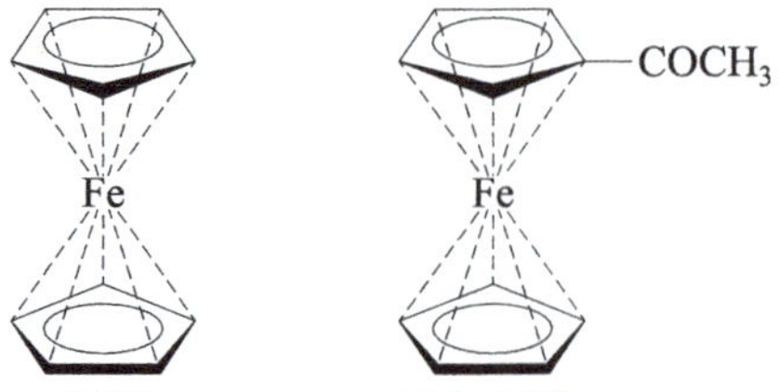


二茂铁　　乙酰二茂铁

二茂铁及其衍生物是一类具有氧化还原中心的金属有机化合物，热稳定性好，是很好的电子传递媒介体。二茂铁衍生物具有较好的生理活性，可用于抗肿瘤、治贫血等。乙酰二茂铁（acetylferrocene，$AF_C$）是合成二茂铁衍生物的重要中间体。二茂铁衍生物在均相催化、分子磁体、液晶和非线性光学功能材料方面有着较广泛的应用。目前，将具有良好电化学活性与生理活性的二茂铁衍生物引入生物大分子中作为分子探针，用电化学方法对分子进行识别与检测在基因诊断中发挥了重要的作用。

二茂铁的茂环具有芳香性，因此亲电取代反应是二茂铁的典型反应，也是二茂铁衍生化的重要手段。合成乙酰二茂铁的最简单方法就是 Friedel-Crafts 酰基化反应。本实验以二茂铁为原料，用乙酸酐作酰基化试剂，以磷酸为催化剂来实现二茂铁的乙酰化，制备乙酰二茂铁。反应如下：

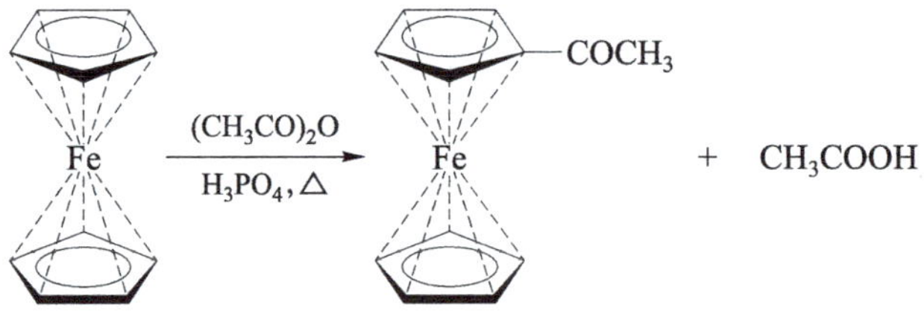


该法不使用有机溶剂，无有害气体产生，实验装置简单，对环境友好，符合绿色化学特征。

主要副反应：

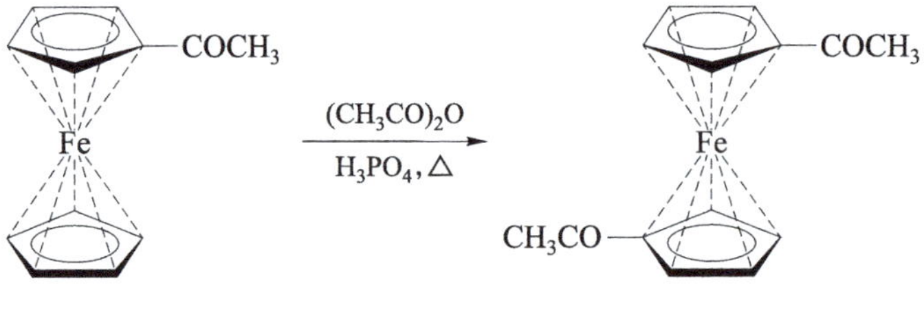


由于乙酰基的致钝作用，使两个乙酰基并不在一个环上。虽然二茂铁的交叉构象是占优势的，但发现二乙酰基二茂铁只有一种，说明环戊二烯能够绕着与金属键合的轴旋转。以乙酸酐为酰化剂，三氟化硼、氢氟酸、磷酸为催化剂，主要生成一元取代物；如用无水三氯化铝为催化剂，酰氯或酸酐为酰化剂，当酰化剂与二茂铁的摩尔比为 2∶1 时，主要得到 1,1′-二乙酰二茂铁。

二茂铁及其衍生物的分离最好采用色谱法，柱色谱和薄层色谱均属于吸附色谱，柱色谱分离提纯是根据二茂铁、乙酰二茂铁和1,1′-二乙酰基二茂铁对硅胶吸附能力的差异而进行分离提纯。可用薄层色谱法跟踪反应进程,根据二茂铁和乙酰二茂铁的斑点大小可以了解乙酰化反应的进程。

利用循环伏安法可以判断乙酰二茂铁是否具有电化学活性;通过改变扫描速率,可以判断乙酰二茂铁的电极反应过程。当进行阳极化扫描时,乙酰二茂铁(简写 $AF_C$)失去电子被氧化成乙酰二茂铁正离子($AF_C^+$);当进行阴极化扫描时,乙酰二茂铁正离子($AF_C^+$)得到电子被还原成乙酰二茂铁($AF_C$),其电极反应表示如下:

$$AF_C - e^- \xlongequal{} AF_C^+$$

$$AF_C^+ + e^- \xlongequal{} AF_C$$

## 三、实验仪器和试剂

圆底烧瓶(25 mL 一个,50 mL 两个)、空气冷凝管、干燥管、烧杯(500 mL)、水浴烧杯、量筒、电子天平、磁搅拌子、磁力搅拌器、布氏漏斗、抽滤瓶、循环水真空泵、球形冷凝管、电加热套、显微熔点测定仪、色谱柱、旋转蒸发仪、硅胶板、色谱缸、红外光谱仪、核磁共振谱仪、容量瓶、电极、电化学工作站

二茂铁、乙酸酐、3 $mol \cdot L^{-1}$氢氧化钠溶液、磷酸、碳酸氢钠、pH 试纸、无水乙醇、无水氯化钙、GF 硅胶、二氯甲烷、石油醚(60~90 ℃)、乙酸乙酯、氯仿-d、$LiClO_4$

## 四、实验步骤

1. 乙酰二茂铁的制备

将磁搅拌子置于一个 25 mL 圆底烧瓶中,加入 1.5 g 二茂铁、5.0 mL 乙酸酐,然后在搅拌下用滴管慢慢加入 1.0 mL 85 %磷酸。加完后装上带有无水氯化钙干燥管的空气冷凝管,并将反应瓶置于沸水浴上加热搅拌 10 min。

撤去水浴,然后在搅拌下将反应混合物倾入盛有 25 g 碎冰的 500 mL 烧杯中,每次用 5 mL冰水刷洗烧瓶两次,将刷洗液并入烧杯。

在搅拌下加入 25 mL 3 $mol \cdot L^{-1}$ NaOH 溶液,然后分批加入固体碳酸氢钠,中和至溶液呈中性为止。抽滤收集析出的固体,每次用 10 mL 冰水洗三次,抽紧压干后用滤纸将滤饼挤干。得粗产物。

薄层色谱分析:取少许干燥后的粗产物溶于二氯甲烷,在硅胶板上点样,用体积比为 4∶1的石油醚-乙酸乙酯作展开剂,硅胶板上从上到下出现黄色、橙色和红色三个点,分别代表二茂铁、乙酰二茂铁和 1,1′-二乙酰二茂铁,测定其 $R_f$ 值。

采用柱色谱提纯产物,以硅胶为色谱吸附剂,湿法装柱,用体积比为 6∶1 到 4∶1 的石油醚-乙酸乙酯作淋洗剂,收集不同的色带,旋转蒸发得到产品。

测熔点(文献值为 84~85 ℃),初步检验其纯度;确认样品的纯度后,进一步作 IR、$^1$H NMR分析(建议与二茂铁对比),表征其结构。

2. 乙酰二茂铁的电化学性质研究

标准溶液配制($1.0\times10^{-4}$ $mol \cdot L^{-1}$):称取适量的乙酰二茂铁(相对分子质量为 228.07),用

无水乙醇溶解，然后用水稀释到 100 mL。

取 2.5 mL 磷酸缓冲溶液(pH 7.0)于电解池中，加入 2.5 mL $LiClO_4$ 溶液，加入 1.0 mL 乙酰二茂铁溶液。将电解液置入三电极系统，通氮除氧 10 min，然后在氮气氛围下进行测试。

选择合适的电位窗口(0.0 ~ 1.0 V)，扫描速率分别选用 50 mV · $s^{-1}$、100 mV · $s^{-1}$、120 mV · $s^{-1}$、140 mV · $s^{-1}$、160 mV · $s^{-1}$进行扫描，记录其循环伏安曲线中的峰电流($I_{pa}$、$I_{pc}$)及峰电位($E_{pa}$、$E_{pc}$)值。

根据记录的数据判断乙酰二茂铁电极反应的可逆性。

## 五、实验结果与讨论

1. 实验结果

| 产物名称 | | 颜色与状态 | 熔点/ ℃ | 产量/g | 产率/% |
|---|---|---|---|---|---|
| 乙酰二茂铁 | 文献值 | 橙红色晶体 | 84~85 | 1.1 | 61 |
| | 实测值 | | | | |

2. 电化学性质

| 扫描速率 mV · $s^{-1}$ | 氧化峰电流($I_{pa}$) | 还原峰电流($I_{pc}$) | 氧化峰电位($E_{pa}$) | 还原峰电位($E_{pc}$) | 峰电流比值($I_{pa}/I_{pc}$) | 峰电位差值 | 结论 |
|---|---|---|---|---|---|---|---|
| 50 | | | | | | | |
| 100 | | | | | | | |
| 120 | | | | | | | |
| 140 | | | | | | | |
| 160 | | | | | | | |

## 六、实验要点与注意事项

1. 加料次序、反应温度和时间的控制是实验成功的关键。
2. 乙酸酐要新蒸，二茂铁使用前要进行升华纯化。
3. 反应装置要干燥无水。
4. 中和时因大量放出二氧化碳，应小心操作。
5. 注意电极不能接错。

## 思考题

1. 影响产品质量和产量的因素。
2. 为什么二茂铁二乙酰化副反应形成的产物是 1,1′-二乙酰基二茂铁？
3. 扫描速率改变时，峰电流及峰电位如何变化？
4. 如何判断电极反应的可逆性？

参考文献

（编写：张　武　复核：张玉忠）

# · 综合实验七　局部麻醉剂利多卡因的合成及表征 ·

## 一、实验目的

1. 掌握胺的酰化、烷基化反应的原理及操作；
2. 掌握萃取和薄层色谱操作技术；
3. 掌握显微熔点测定仪的使用；
4. 了解 IR 谱和 NMR 谱的测定和分析。

## 二、实验原理

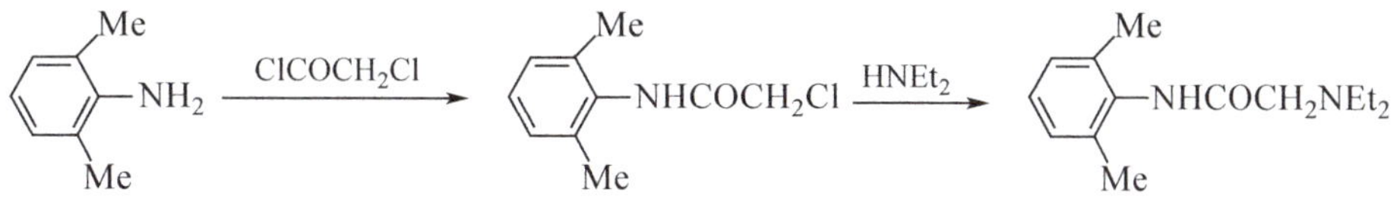


## 三、仪器与试剂

100 mL 锥形瓶、50 mL 圆底烧瓶、球形冷凝管、硅胶板、电加热套、磁力搅拌器、循环水真空泵、布氏漏斗、抽滤瓶、旋转蒸发仪、显微熔点测定仪、红外光谱仪、核磁共振仪

2,6-二甲基苯胺（1 mL）、氯乙酰氯、二乙胺、5% 乙酸钠溶液、甲苯、冰醋酸、二氯甲烷、盐酸（3 $mol \cdot L^{-1}$）、KOH 溶液（6 $mol \cdot L^{-1}$）、戊烷、无水碳酸钾、乙醚、乙醇、浓硫酸、丙酮

## 四、实验步骤

1. $\alpha$-氯乙酰-2,6-二甲基苯胺的制备

在一个干燥锥形瓶中，将 1 mL 2,6-二甲基苯胺（$d = 0.999$，$\rho = 0.984\ g \cdot mL^{-1}$）溶于4 mL 冰醋酸，加入磁搅拌子，置于磁力搅拌器上，在搅拌下缓慢加入 0.8 mL 氯乙酰氯。加热至 45 ℃，加入 8 mL 5%乙酸钠溶液。冰浴冷却到 10 ℃以下，抽滤，水洗涤至滤液呈中性，抽滤。

放在真空干燥箱中干燥后，称量并计算产率，测定熔点（文献值为 145~146 ℃）。

2. 利多卡因的合成

称取刚才制备的 α-氯乙酰-2,6-二甲基苯胺（留 0.005 g 做薄层色谱用）1 g，用 10 mL甲苯溶解于干燥的圆底烧瓶中，加入 5 mL 二乙胺，加热回流 1~2 h。采用薄层色谱法监测利多卡因的合成过程。将 5 mg α-氯乙酰-2,6-二甲基苯胺样品溶于 1 mL 二氯甲烷中，使用硅胶板，二氯甲烷作流动相，广口瓶作色谱缸。确定 α-氯乙酰-2,6-二甲基苯胺的 $R_f$ 值。

反应进行 40 min 后，做反应混合物和 α-氯乙酰-2,6-二甲基苯胺的薄层色谱，以监控反应进行的程度。每间隔一定时间重复上述薄层色谱实验，直到 α-氯乙酰-2,6-二甲基苯胺在反应混合物中消失。停止回流，冰浴冷却至 5 ℃，用 3 $mol \cdot L^{-1}$ 盐酸萃取。将酸液冷却至 10 ℃，搅拌下缓慢加入 6 $mol \cdot L^{-1}$ KOH 溶液，有沉淀析出，加至溶液呈碱性。冰浴冷却至 20 ℃，然后用乙醚萃取碱液。水洗涤有机层。用无水 $Na_2SO_4$ 干燥乙醚溶液。旋转蒸发得到固体产物，称量。计算产率。产品外观：白色固体，熔点 68~69 ℃。

3. 鉴定与表征

测定产物的熔点、IR 谱和 NMR 谱，对特征峰进行归属。

## 五、注意事项

1. 酰化反应中所用的仪器要干燥。
2. 氯乙酰氯用吸量管量取，加入时要逐滴缓慢加入。
3. 用 KOH 中和时应控制 pH 8.0~8.5 为宜。
4. 分液时盐酸中不能留有甲苯。
5. 蒸发乙醚时温度不能过高。

## 思考题

1. 写出合成利多卡因的反应机理。

2. 比较利多卡因分子中两个氮原子的碱性强弱，为什么用 KOH 中和时 pH 在 11 以上，白色结晶会减少甚至消失？

参考文献

（编写：张　武　复核：谢美华）

# · 综合实验八 2-乙酰基环己酮的合成设计 ·

## 一、实验目的

1. 了解酮的酰基化法制备2-乙酰基环己酮的原理和方法；
2. 了解烯胺在合成中的应用；
3. 掌握油水分离、萃取、蒸馏、减压蒸馏、分离和干燥等实验操作。

## 二、实验原理

醛酮与仲胺反应生成的化合物称为烯胺（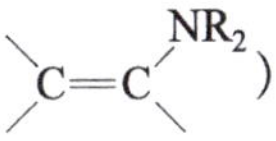）。1954 年，Stork 首次将烯胺用于醛酮的烷基化和酰基化，避免了醛酮在强碱存在下自身的缩合反应和不希望发生的多元取代，从而为非活化羰基化合物的烷基化和酰基化找到了一条新的途径。

烯胺可通过仲胺和醛酮在酸性催化剂存在下来进行制备，通常用恒沸带水的方法使可逆反应趋于完全。常用的仲胺有吗啉、六氢吡啶和四氢吡咯等环状的仲胺。催化剂可以是对甲苯磺酸，也可以是强脱水性的四氯化钛等。例如：

由于双键与氮原子孤对电子的共轭，烯胺 $\beta$-碳原子具有亲核性，可以与卤代烷、酰氯等发生一系列亲核取代反应，也可以与不饱和羰基化合物发生 Michael 加成反应，是有机合成中一个重要的中间体。反应结束后，进行水解即可得到产物。

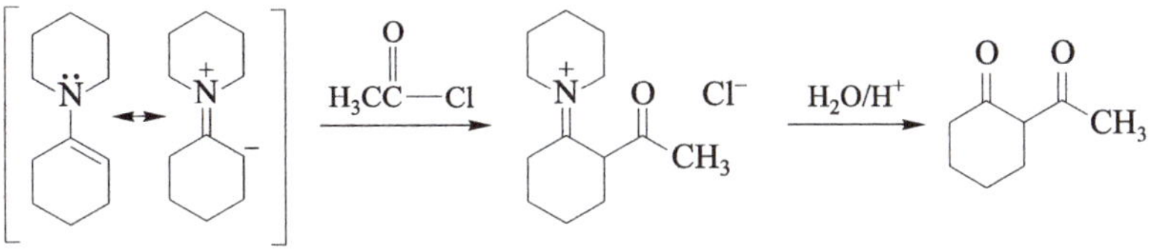


## 三、仪器与试剂

圆底烧瓶（100 mL）、球形冷凝管、分水器、恒压滴液漏斗、干燥管、分液漏斗（125 mL）、旋转蒸发仪、减压蒸馏装置

六氢吡啶（4.3 mL）、环己酮（3.8 mL）、对甲苯磺酸（0.04 g）、三乙胺（4.9 mL）、乙酰氯

(2.5 mL)、甲苯、氯仿、浓盐酸、无水硫酸钠(所用试剂均为分析纯试剂)

## 四、实验步骤

1. *N*-(1-环己烯基)六氢吡啶的合成

在装有分水器和球形冷凝管的100 mL圆底烧瓶中,加入3.8 mL环己酮、4.3 mL六氢吡啶、0.04 g对甲苯磺酸、13 mL甲苯。加热回流,反应过程中生成的水与甲苯共沸混合物经冷凝后在分水器中分层,上层甲苯不断流回反应瓶。液体由无色变为淡黄色最后变为黄色。回流2 h后,反应基本结束。放出分水器中的液体,继续蒸出甲苯和未反应的六氢吡啶,得到黏稠状剩余物,产量约3.8 g,不进行纯化,直接进行下一步反应。

2. 2-乙酰基环己酮的合成

将上述制得的*N*-(1-环己烯基)六氢吡啶冷却至室温后加入24 mL氯仿,再加入4.9 mL(35 mmol)三乙胺。装上冷凝管、恒压滴液漏斗和干燥管,开动搅拌,由滴液漏斗缓慢加入2.5 mL乙酰氯溶于10 mL氯仿的溶液,刚开始滴加,会有大量白雾出现,滴加时间控制在45 min左右。滴加完毕后,加热回流1 h。待反应混合物冷却至室温后,在搅拌下加入6 mL浓盐酸溶于6 mL水的溶液。滴加完毕后,继续回流1 h,使乙酰化后的烯胺水解。

水解完毕后,将反应混合物冷却至室温,转入分液漏斗,分出有机层,分别用15 mL水洗涤两次。用无水硫酸钠干燥有机相,滤去干燥剂,先在常压下蒸出氯仿(倒回指定回收瓶),然后将粗产物进行减压蒸馏,收集107~114 ℃/1.9 kPa (14 mmHg)馏分,纯2-乙酰基环己酮产量约1.8 g。

## 五、实验关键及注意事项

1. 量取六氢吡啶、配制乙酰氯的氯仿溶液应在通风橱中进行。
2. 制备环己烯基六氢吡啶时,应将过量的六氢吡啶除尽。
3. 滴加乙酰氯的氯仿混合液时,用恒压滴液漏斗。
4. 用无水硫酸钠干燥时,要尽可能干燥完全;过滤时勿将干燥剂带入蒸馏瓶中,以免影响产物的纯度。

## 六、主要试剂及产品的物理常数(文献值)

| 名称 | 分子量 | 性状 | 折射率 | 相对密度 | 熔点/ ℃ | 沸点/ ℃ | 溶解度 g/(100 mL溶剂) | | |
|---|---|---|---|---|---|---|---|---|---|
| | | | | | | | 水 | 醇 | 醚 |
| 2-乙酰基环己酮 | 140 | 无色液体 | | | | 110(14 mmHg) | | S | S |
| 环己酮 | 98.14 | 无色液体 | 1.450 7 | 0.947 | -31.2 | 155.7 | | S | S |

## 思考题

1. 2-甲基环己酮与四氢吡咯作用得到的烯胺，其结构是(A)还是(B)？为什么？

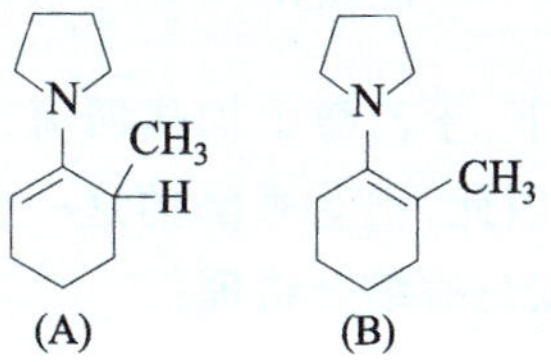

2. 为什么制备烯胺时常用环状的仲胺？
3. 在酰化反应步骤中，加入三乙胺的目的是什么？
4. 环己酮可由环己醇氧化得到，请查阅文献，设计合成方案。

（编写：张　武　复核：郝二红）

# · 综合实验九　安息香合成及转化反应实验设计 ·

## 一、实验目的

1. 了解辅酶催化合成安息香及安息香转化的原理和方法；
2. 掌握多步骤有机合成方法；
3. 进一步掌握回流、冷凝、抽滤、重结晶及薄层层析等实验操作。

## 二、实验原理

癫痫是一种常见的发作性神经症状，抗癫痫药物的主要用途是预防和控制癫痫的发作，理想的抗癫痫药物是在治疗剂量范围内应该能完全抑制发作而又不产生催眠或其他不期望的中枢神经毒性。自发现催眠药苯巴比妥具有抗惊厥作用后，科学家对有关药物进行了广泛研究，结果发现苯巴比妥的类似物 5-乙基-5-苯基乙内酰脲也具有抗惊厥作用，但由于 5-乙基-5-苯基乙内酰脲的毒性较大，临床应用不久即被放弃。1908 年，将该分子结构中 5 位上的乙基换为苯基，制得了 5,5-二苯基乙内酰脲（Phenytoin，苯妥英），发现其钠盐（Dilantin，苯妥英钠）是有效的抗痉挛药物。

5,5-二苯基乙内酰脲的合成可以通过以下几步反应实现。以苯甲醛为原料在氰化钾或硫胺素存在下，缩合为二苯乙醇酮，用硝酸或三氯化铁等氧化为二苯乙二酮，与脲在碱性条件下加热缩合得到。

1. 安息香缩合反应(安息香的制备)

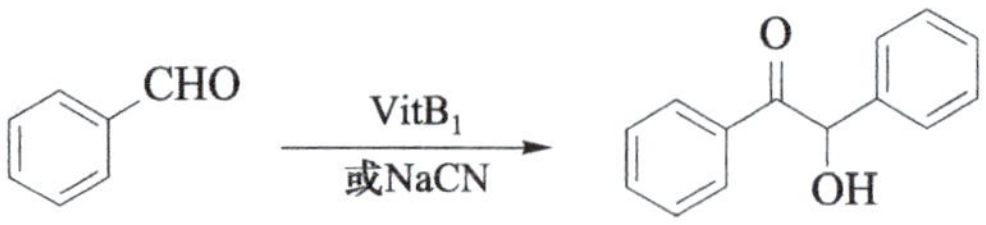


苯甲醛在氰化钠(钾)的作用下,于乙醇中加热回流,两分子苯甲醛缩合生成二苯乙醇酮,即安息香(Benzoin,苯偶姻)。因此,把芳香醛的这一类缩合反应称为安息香缩合反应。反应机理类似于羟醛缩合反应。安息香缩合机理:

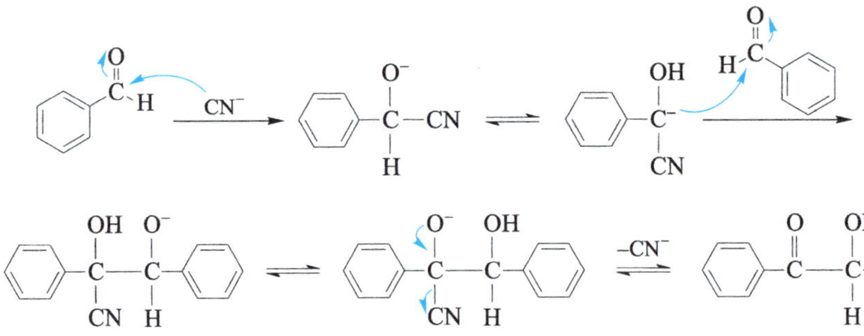

首先是氰负离子对羰基进行亲核加成,使羰基发生极性转换,形成氰醇碳负离子。然后氰醇碳负离子向另一分子的芳醛进行亲核加成,初始加成物经质子迁移后再脱去氰基,生成 α-羟基酮。该反应的限速步骤是氰醇碳负离子向另一分子芳醛进行的亲核加成反应。

由于氰化物是剧毒品,易对人体产生危害,操作不便,且“三废”处理困难,本实验用具有生物活性的辅酶维生素 $B_1$ 盐酸盐代替氰化物催化安息香缩合反应,具有操作简单、反应条件温和、无毒且产率高等特点。维生素 $B_1$(氯化 3-[(4-氨基-2-甲基-5-嘧啶基)-甲基]-5-2-羟乙基)-4-甲基噻唑鎓盐酸盐)又称硫胺素或噻胺,结构如下:

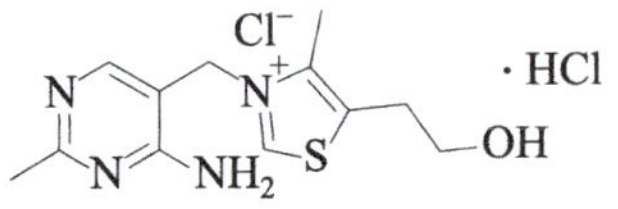


维生素 $B_1$ 中噻唑环上氮原子和硫原子相邻碳上的氢有较大的酸性,在碱的作用下易被夺去,形成的共轭碱是一个高度稳定的内鎓盐,作为亲核试剂反应。

2. 氧化反应(二苯乙二酮的制备)

安息香在有机合成中常被用作中间体。它能非常容易地被硝酸、温和的氧化剂(如硫酸铜的吡啶溶液)、醋酸铜、三氯化铁等氧化为二苯乙二酮。

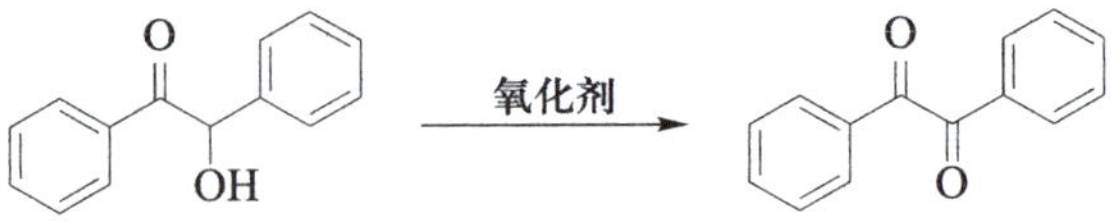


3. 二苯羟乙酸重排反应

α-二酮用碱处理能重排生成 α-羟基酸的盐,形成稳定的羧酸盐是反应的推动力,用酸酸化后生成 α-羟基酸。重排反应机理如下:

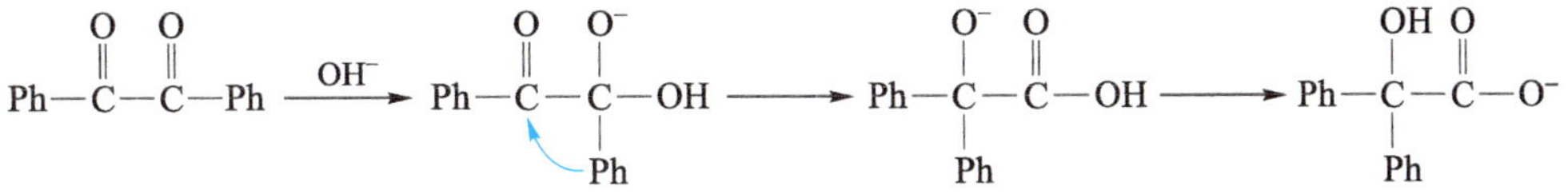

4. 二苯羟乙酸重排及缩合反应

在碱性溶液中，二苯乙二酮与尿素作用并通过重排，可得到二苯基乙内酰脲。进一步成盐反应制备苯妥英钠。

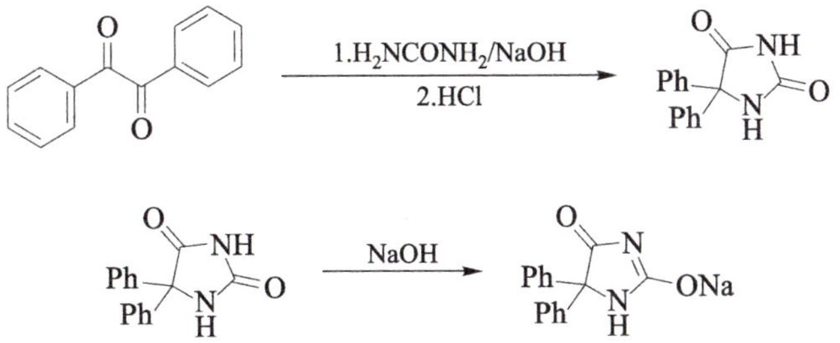

## 三、仪器与试剂

圆底烧瓶、蒸馏头、温度计、球形冷凝管、电加热套、磁力搅拌器、锥形瓶、布氏漏斗、显微熔点仪

苯甲醛（新蒸）、维生素 $B_1$ 盐酸盐、95%乙醇、10% HCl 溶液、20% NaOH 溶液、2%醋酸铜溶液、浓硝酸、冰醋酸、尿素、活性炭、氢氧化钾

## 四、实验步骤

1. 二苯乙醇酮的制备

于 50 mL 圆底烧瓶中依次加入维生素 $B_1$ 盐酸盐 1.6 g，水 6 mL，95%乙醇 12 mL，不断摇动使维生素 $B_1$ 盐酸盐溶解，然后加入新蒸馏的苯甲醛 5 mL，用 20% NaOH 溶液调节溶液 pH 为9～10。加热回流 1～1.5 h（切勿将混合物加热至剧烈沸腾！）将反应混合物冷至室温，析出浅黄色晶体，将烧杯置于冰水浴中使结晶完全。抽滤，用少量冰水洗涤固体。粗产物用 95%乙醇重结晶，抽滤，干燥后得白色针状晶体，称量并测熔点（纯品熔点为 134～135 ℃）。

2. 二苯乙二酮的制备

方法一：在 50 mL 圆底烧瓶中依次加入 2 g 安息香粗产品、冰醋酸 10 mL、水 5 mL 和浓硝酸 6 mL，混合均匀。在球形冷凝管上端接气体吸收装置，用稀碱吸收放出的二氧化氮气体。加热回流 0.5～1 h。将反应液冷却，此时有黄色针状的晶体析出。析出完全后，抽滤，用少量冰水洗涤固体，再用 95%乙醇重结晶，抽滤，干燥后称量。纯品熔点为 94～95 ℃。

方法二：在 50 mL 圆底烧瓶中加入 2.1 g（0.01 mol）安息香、7 mL 冰醋酸、1 g（0.012 5 mol）粉状硝酸铵和 1.3 mL 2% 醋酸铜溶液，加入磁子，装上球形冷凝管，缓慢加热。当反应物溶解后，开始放出氮气，继续回流 1.5 h 使反应完全。将反应混合物冷至 50～

60 ℃,在搅拌下倾入20 mL冰水中,析出二苯乙二酮晶体。抽滤,用冷水充分洗涤,尽量抽干。可进一步用乙醇重结晶得到纯品。

3. 二苯基羟基乙酸制备

在小烧杯中将 2.1 g 氢氧化钾溶于 5 mL 水中,冷却至室温后待用。

在 50 mL 圆底烧瓶中加入 2.1 g 二苯乙二酮和 8 mL 95%乙醇,不断搅拌(或摇动)使固体溶解。在搅拌(或摇动)下加入冷的氢氧化钾溶液,装上球形冷凝管,加热回流,直到原先的蓝紫色转变为棕色为止(约需 30 min)。加入 20 mL 水和活性炭,加热脱色后,趁热过滤。滤液在搅拌下用浓盐酸酸化至 pH=2。溶液冷却至室温后再用冰浴冷却,抽滤,用少量冷水洗涤晶体,干燥。粗产品用 3∶1 的水-乙醇重结晶,得到白色针状晶体。纯品熔点为 149~150 ℃

4. 二苯基乙内酰脲的制备

在 100 mL 圆底烧瓶中依次加入二苯乙二酮 1g、95%乙醇 15 mL、尿素 0.5 g 及 20% NaOH 溶液 3 mL,用电加热套加热,使反应混合物温和地回流 1.5 h。结束后,于冰浴中冷却反应混合物,然后倾入 75 mL 水中,滤除黄色沉淀,向滤液中滴加 10% HCl 溶液调节 pH 为 6,析出结晶,抽滤得粗产品,并用少量冷水洗涤。产物用丙酮重结晶,称量,测熔点。纯品熔点为 296~297 ℃。

## 五、实验注意事项

1. 苯甲醛极易氧化,含有苯甲酸。使用之前最好经 5%碳酸钠溶液洗涤,而后减压蒸馏,并避光保存。

2. 加完碱后,磨口须擦干净,否则易粘连。

3. 维生素 $B_1$ 在酸性条件下稳定,但易吸水,在水溶液中易被空气氧化失效;在氢氧化钠溶液中噻唑环易开环失效。反应前,维生素 $B_1$ 溶液及氢氧化钠溶液最好用冷水浴冷却。

4. 控制安息香缩合反应的 pH 为 9~10。

5. 安息香可被温和的氧化剂醋酸铜氧化生成二苯乙二酮,铜盐本身被还原为亚铜盐,生成的亚铜盐可不断地被硝酸铵重新氧化生成铜盐,硝酸铵本身被还原为亚硝酸铵,后者在反应条件下分解为氮气和水,反应只用催化量的醋酸铜。安息香也可被浓硝酸氧化成二苯乙二酮,但反应生成的二氧化氮对环境产生污染。

6. 2%醋酸铜溶液可用下述方法制备:溶解 2.5 g 五水合硫酸铜于 100 mL 10%醋酸水溶液中,充分搅拌后滤去碱性铜盐的沉淀。

### 思考题

1. 为什么加入苯甲醛后,反应混合物要保持 pH 为 9~10? 溶液 pH 过高或过低有什么影响?
2. 为什么安息香缩合反应时反应混合物不可加热至剧烈沸腾?
3. 写出苯甲醛与对硝基苯甲醛进行交叉的安息香缩合反应产物。
4. 用催化量的 $FeCl_3$ 和空气中的氧气能否实现安息香的氧化? 请设计实验方案。

参考文献

(编写:张　武　复核:王昭昀)

# ·综合实验十　大环金属配合物 [Ni(14)4,11-二烯-$N_4$]$I_2$ 的合成和特性·

## 一、目的与要求

1. 通过[Ni(14)4,11-二烯-$N_4$]$I_2$ 的制备和性质的测定,了解大环金属配合物的合成和特性;
2. 自行设计实验方案测定[Ni(14)4,11-二烯-$N_4$]$I_2$ 的某些性质;
3. 熟练有机合成技巧及无机制备操作。

## 二、实验原理

近年来对大环金属配合物已有了广泛的研究,因为这类化合物类似于生物体内所发现的大环金属配合物,如人体血液中具有载氧能力的血红蛋白、在光合作用中起着捕集光能作用的叶绿素 a,就是这类大环金属配合物中的卟啉配合物。因此,这类大环金属配合物可作为模型化合物,对它们的合成和特性研究可提供生物机能的有关信息。

本实验合成的是镍的大环配合物——5,7,7,12,14,14-六甲基-1,4,8,11-四氮环 14-4,11-二烯合镍碘化物,简写为[Ni(14)4,11-二烯-$N_4$]$I_2$,其结构为

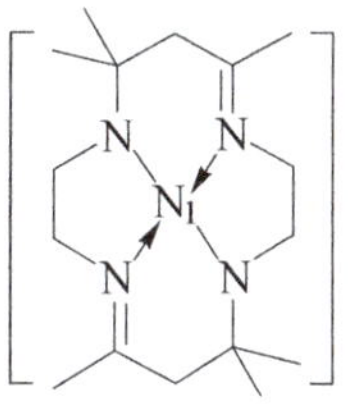

$I_2$

在酸性条件下,丙酮缩合成异亚丙基丙酮,然后与乙二胺反应形成 $\beta$-氨基酮,这个分子的氨基与另一个分子的酮基缩合成大环配体,然后大环配体与镍离子反应形成大环金属配合物,其反应过程为

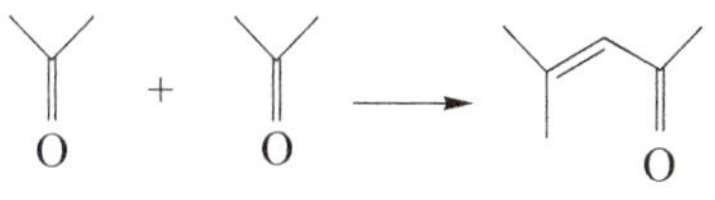

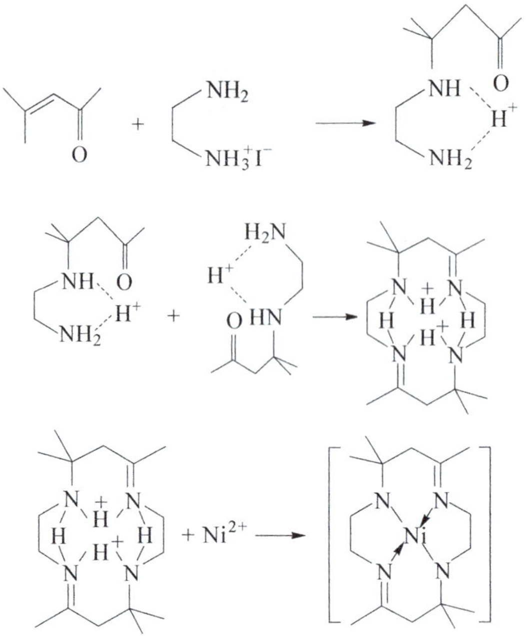

对所合成的[$Ni(14)4,11$-二烯-$N_4$]$I_2$ 大环金属配合物，通过有关的化学分析和各种物理测试方法，验证所得产物是预期的大环金属配合物，并描述它的特性，其特性应包括大环金属配合物的构型、该配合物是否有磁性、大环配体与中心离子的配位形式等。

## 三、仪器与试剂

搅拌器、干燥器、三颈烧瓶(100 mL)、冷凝管(15 cm)、吸滤瓶、布氏漏斗、烧杯(250 mL)

无水乙二胺(AR)、丙酮(AR)、47%氢碘酸(AR)、甲醇(AR)、无水乙醇(AR)、醋酸镍[$Ni(Ac)_2 \cdot 4H_2O$](AR)

## 四、实验步骤

1. 大环配体[(14)4,11-二烯-$N_4$]·2HI 的合成

在 250 mL 烧杯中，注入 10 mL 无水乙醇，再加入 13.2 mL 无水乙二胺，把烧杯放在冰浴中冷却，慢慢滴加 36 mL 47%氢碘酸，然后再加入 30 mL 丙酮。烧杯在冰浴中进一步冷却有白色晶体析出。由于晶体析出较慢，在冰浴中放置 2~3 h 或更长时间才能使晶体析出较完全，抽气过滤得白色针状晶体，此晶体在真空干燥器中干燥 0.5 h 后，称量，并计算产率。

2. 大环金属配合物[$Ni(14)4,11$-二烯-$N_4$]$I_2$ 的合成

在装有回流冷凝管、搅拌器的 100 mL 三颈烧瓶中，加入 40 mL 甲醇和与配体等物质的量的醋酸镍，慢慢加热并搅拌使之溶解，再加入上面合成的大环配体。在搅拌下，加热回流 1 h。然后趁热过滤溶液，将滤液在水浴上浓缩到有晶体析出为止。把浓缩液放在冰浴中冷却 1 h 或更长时间，过滤溶液得亮黄色的晶体，为大环金属配合物。在乙醇中重结晶提纯产品，将黄色晶体放在干燥器中干燥，称量，计算产率。

## 五、结果与讨论

通过下面几种方法的测定,把所得的实验数据与文献值比较来确证所合成的大环金属配合物[Ni(14)4,11-二烯-$N_4$]$I_2$,并用实验测得的数据来描述它的特性。

1. 通过镍和碘的元素分析,确定大环金属配合物中镍和碘的质量分数。
2. 通过电导率的测定,确定大环金属配合物的离子数和大致结构。
3. 测定大环配体和大环金属配合物的红外光谱,与文献中的谱图对照来确证该大环金属配合物。并比较上述两谱图的异同来说明大环配体与镍的配位信息。
4. 测定大环金属配合物的电子光谱,由此确定该配合物最合适的构型。
5. 测定大环金属配合物的核磁共振谱,标出其各个质子的谱峰。
6. 测定大环金属配合物的磁化率,由此说明该配合物是否具有磁性。

以上测定方法,根据具体情况可以选做部分内容,也可选择其他方法来测定大环金属配合物的有关特性。

## 六、实验要点及注意事项

在大环配体[(14)4,11-二烯-$N_4$]·2HI 的合成中,加入氢碘酸时一定在冰浴冷却下,慢慢滴加,因此时有大量的热放出,必须缓慢操作;严格按操作先后次序加入原料,若将氢碘酸与丙酮加入次序颠倒,则得不到大环配体(可从反应原理寻找答案)。

### 思考题

1. 从大环配体和大环金属配合物的红外光谱图,如何说明大环配体与镍离子形成了配合物?
2. 如何从大环金属配合物的电子光谱判断它的构型?

(编写:魏先文　复核:谢筱娟)

# · 综合实验十一　7,7-二氯双环[4.1.0]庚烷的合成设计 ·

## 一、目的与要求

1. 初步学会设计合成实验的方法和技巧;

2. 了解二氯卡宾活性中间体实验室制取的新方法，以及在三元环合成中的应用；
3. 了解相转移催化的原理及其应用；
4. 学会查阅有关文献和参考书目，拟定实验方案。

## 二、实验原理

用氯仿和环己烯在相转移催化剂（苄基三乙基氯化铵）存在下的50%氢氧化钠溶液中加热回流制取7,7-二氯双环[4.1.0]庚烷，其反应式如下：

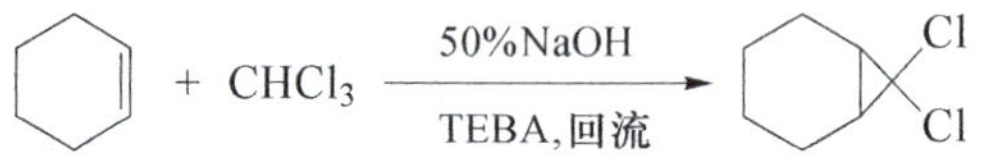


该反应实际上是二卤卡宾与环己烯双键发生加成而形成双环结构。卡宾（Carbene）是通式为 $R_2C$：中性活性中间体的总称，有一对非键电子。二卤卡宾（$X_2C$：）是常见的取代卡宾，由于碳原子周围只有六个外层电子，卡宾具有很强的亲电性。卡宾最典型的反应是与 C=C双键发生加成，生成环丙烷及其衍生物，也可以与碳氢键进行插入反应，但二卤卡宾一般不发生插入反应。

实验室常用的制备卡宾的方法有两种，一种是重氮化合物的光或热分解，另外一种是通过 $\alpha$-消除反应。三卤甲烷在强碱作用下，先生成三卤甲基碳负离子，再脱去一个卤负离子，产生二卤卡宾。

$$HCCl_3+OH^- \rightleftharpoons :CCl_3^-+H_2O$$

$$:CCl_3^- \rightleftharpoons :CCl_2+Cl^-$$

上述方法，不是操作条件严格就是对无水条件要求比较严，或使用剧毒试剂，如二卤卡宾与水作用生成如下副产物。

$$:CCl_2+H_2O \longrightarrow CO+2Cl^-+2H^+$$

$$:CCl_2+2H_2O \longrightarrow HCO_2^-+2Cl^-+3H^+$$

二氯卡宾是反应中间体，由于它非常活泼，在水溶液中产生的 $Cl_2C$：不能有效地被环己烯捕获，最后得到的加成产率很低，仅为5%。若在相转移催化剂下，由于氯仿在50% NaOH作用下，在水相生成的：$CCl_3^-$ 阴离子很快转入有机相，并分解为 $Cl_2C$：，此物在有机溶剂中立即与环己烯加成，产率较高，操作也方便。

相转移催化剂也称PT，是在有机合成中应用很广泛的一种新的合成方法。在有机合成中，常遇到水溶性的无机负离子和不溶于水的有机化合物之间的反应，这种非均相反应在通常情况下速率慢，产率低，甚至有时很难发生。但如果用水溶解无机盐，用极性小的有机溶剂溶解有机物，并加入少量（通常0.05 mol以内）的季铵盐或季鏻盐，反应则很容易进行。这些促使反应速率提高并在两相之间转移负离子的鎓盐，称为相转移催化剂。常见的有苄基三乙基氯化铵（TEBA）、四丁基硫酸氢铵（TBAB）和三辛基甲基氯化铵等。这些化合物同时具有在水相和有机相溶解的能力，其中烃基是油溶性基团，带正电荷的氮是水溶性基团。烃基碳原子总数一般不少于13，以保证有足够的油溶性。季铵盐中的正负离子在水相形成离子对，可以将反应物负离子从水相转移至有机相。而在有机相中，反应物负离子无溶剂化作用,且由于正离子体积大,正负离子间的距离也大,彼此间作用力弱,负离子近似裸露,因此活性大大提高。相转移催化剂转移离子过程如下所示,以 NaCN 与卤代烃的反应为例:

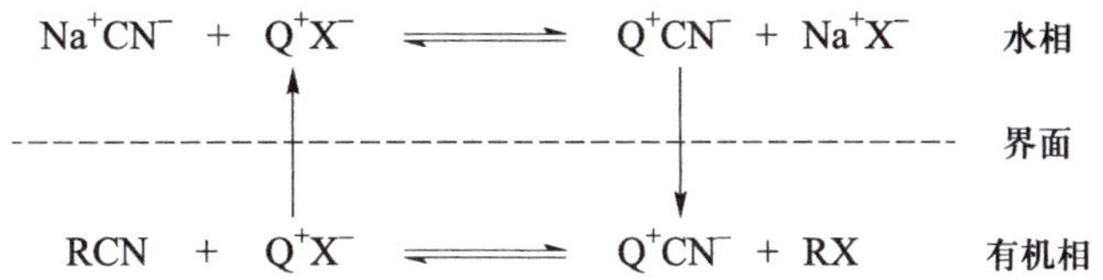


其中,$Q^+X^-$代表相转移催化剂。相转移催化剂能有效加速反应,使得这些反应比非催化反应操作简便、时间缩短且避免使用价格昂贵的非质子性溶剂。

## 三、仪器与试剂

磁力搅拌器、磁子、100 mL 三颈烧瓶、回流冷凝管、温度计

环己烯(AR)、氯仿(AR)、四乙基溴化铵(AR)、石油醚(CP)、氢氧化钠(CP)、无水氯化钙(CP)

## 四、实验步骤

在 100 mL 锥形瓶中,将 9 g 氢氧化钠溶于 9 mL 水中,冰浴中冷却至室温。在 100 mL 装有磁子的三颈瓶中加入 4 mL 环己烯、0.5 g 四乙基溴化铵和 20 mL 氯仿,装上回流冷凝管和温度计。开动搅拌,自冷凝管上口滴加 50%氢氧化钠溶液,约 15 min 滴加完毕。反应放热,溶液颜色逐渐变成橙黄色。滴加完毕,60 ℃加热回流 60 min。

反应结束后,用冷水冷却至室温,加入约 40 mL 水,充分搅拌后转入分液漏斗,分出有机层。水层用 30 mL 石油醚(30~60 ℃)萃取。将萃取液与有机相合并,用 5 g 氢氧化钠干燥,再用2 g 无水氯化钙干燥。滤液用水浴法蒸出石油醚,再减压蒸馏收集 94~96 ℃/35 mmHg 或78~79 ℃/15 mmHg 的馏分。纯净的 7,7-二氯双环[4.1.0]庚烷为无色液体,沸点为 197~198 ℃。

## 五、注意事项

1. 氯仿有毒,注意室内通风。
2. 浓碱对玻璃有腐蚀性,加料要小心,尽量不要接触磨口处,或将磨口处的碱液擦除。
3. 反应到后期黏度大,搅拌困难,可在反应开始前增加氯仿用量以降低黏度。温度控制在 50~60 ℃,产品不易发黑。
4. 反应液颜色为橙黄色或浅棕色。若呈褐色、黑色可能反应温度太高。
5. 在转入水中搅拌溶解后可以放置一段时间,否则易产生不易消除的乳化层。
6. 合并后的有机层用 5 g 氢氧化钠和 2 g 无水氯化钙分步干燥。
7. 可用乙醚代替石油醚萃取。

## 思考题

1. 本实验反应过程中为什么要快速搅拌反应混合物?
2. 本实验为什么要使用过量的氯仿?
3. 列举产生卡宾的方法及其在合成扁桃酸中的应用。

(编写:朱先翠　复核:张　武)

# · 综合实验十二　丙烯酰胺的溶液聚合及摩尔质量测定 ·

## 一、目的与要求

1. 了解溶液聚合的原理和溶剂选择的原则,掌握丙烯酰胺溶液聚合方法;
2. 掌握用乌氏黏度计测量高聚物黏度的原理和方法;
3. 测量聚丙烯酰胺的黏均摩尔质量。

## 二、实验原理

溶液聚合是将单体溶解于溶剂中进行的聚合反应,生成的聚合物溶解于溶剂中;反之,聚合物从溶剂中沉淀出,聚合反应称为沉淀聚合。自由基聚合、离子聚合和缩聚反应皆可以采用溶液聚合的方法。

在自由基均相溶液聚合中,聚合物链处于比较伸展的状态,活性中心易相互靠近而进行双基终止。只有在高转化率下,体系黏度增加到一定程度,才开始出现自动加速效应。但是如果单体浓度低,则自动加速效应可能不再出现,整个聚合过程都遵循常见的自由基聚合动力学方程,因此溶液聚合是实验室中研究聚合机理及聚合动力学的常用方法。在沉淀聚合中,聚合物处在不良溶剂中,聚合物链呈卷曲状态,端基被包围,聚合开始不久就会出现自动加速效应,不存在稳定聚合阶段。随着聚合的进行,聚合物链卷曲缠绕程度加深,自动加速效应也增强。因此,沉淀聚合的动力学行为与均相聚合有明显不同。均相聚合中终止过程主要是双基终止,聚合速率与引发剂浓度的平方根成正比;沉淀聚合中活性中心被包围,终止过程基本是通过单基终止完成的,聚合速率与引发剂浓度成正比。

溶液聚合中溶剂对聚合反应有一定的影响,溶剂的选择是相当重要的,一般遵循以下要求:

(1) 对引发剂的诱导分解作用小,以提高引发剂的引发效率。溶剂对偶氮类引发剂的影响很小,对有机过氧化物引发剂有较大的诱导分解作用,顺序为:芳烃、烷烃、醇、胺。

(2) 溶剂的链转移常数应低，以获得较高相对分子质量的聚合物。

(3) 尽量使用聚合物的良溶剂，以便控制聚合反应。

丙烯酰胺为水溶性单体，其聚合物也溶于水。本实验采用水作为溶剂进行溶液聚合，存在无毒、价廉和链转移常数小的优点。聚丙烯酰胺是一种优良的絮凝剂，水溶性好，被广泛应用于石油开采、选矿和污水处理等方面。

单体分子经加聚或缩聚过程便可合成高聚物。并非高聚物每个分子的大小都相同，即聚合度不一定相同，所以高聚物摩尔质量是一个统计平均值。对于聚合和解聚过程机理及动力学的研究，以及为了改良和控制高聚物产品的性能，高聚物摩尔质量是必须掌握的重要数据之一。

高聚物溶液的特点是黏度特别大，原因在于其分子链长度远大于溶剂分子，加上溶剂化作用，使其在流动时受到较大的内摩擦阻力。

黏性液体在流动过程中，必须克服内摩擦力而做功。黏性液体在流动过程中所受阻力的大小可用黏度 $\eta$ 来表示。

高聚物稀溶液的黏度是液体流动时内摩擦力大小的反映。纯溶剂黏度反映了溶剂分子间的内摩擦力，记作 $\eta_0$，高聚物溶液的黏度则是高聚物分子间的内摩擦力、高聚物分子与溶剂分子间的内摩擦力，以及 $\eta_0$ 三者之间的和。在相同温度下，通常 $\eta>\eta_0$，相对于溶剂，溶液黏度增加的分数称为增比黏度，记作 $\eta_{sp}$，即

$$\eta_{sp}=\frac{\eta-\eta_0}{\eta_0} \tag{5-12-1}$$

而溶液黏度与纯溶剂黏度的比值称作相对黏度，记作 $\eta_r$，即

$$\eta_r=\frac{\eta}{\eta_0} \tag{5-12-2}$$

$\eta_r$ 反映的也是溶液的黏度行为，而 $\eta_{sp}$ 则意味着已扣除了溶剂分子间的内摩擦效应，仅反映了高聚物分子与溶剂分子间和高聚物分子间的内摩擦效应。

高聚物溶液的增比黏度 $\eta_{sp}$ 往往随浓度 $c$ 的增加而增加。为了便于比较，将单位浓度下所显示的增比黏度 $\eta_{sp}/c$ 称为比浓黏度，而 $\ln\eta_r/c$ 则称为比浓对数黏度。当溶液无限稀释时，高聚物分子彼此相隔甚远，它们的相互作用可以忽略，此时有如下关系式

$$\lim_{c\to0}\eta_{sp}/c=\lim_{c\to0}\ln\eta_r/c=[\eta] \tag{5-12-3}$$

式中，$[\eta]$ 称为特性黏度，它反映的是无限稀释溶液中高聚物分子与溶剂分子间的内摩擦力，其值取决于溶剂的性质及高聚物分子的大小和形态。由于 $\eta_r$ 和 $\eta_{sp}$ 均是量纲一的量，所以 $[\eta]$ 的单位是浓度 $c$ 单位的倒数。

在足够稀的高聚物溶液中，$\eta_{sp}/c$ 与 $c$ 和 $\ln\eta_r/c$ 与 $c$ 之间分别符合下述经验关系式：

$$\eta_{sp}/c=[\eta]+k[\eta]^2c \tag{5-12-4}$$

$$\ln\eta_r/c=[\eta]-\beta[\eta]^2c \tag{5-12-5}$$

式中，$k$，$\beta$ 为哈金斯和卡尔墨常数。

以上是两直线方程，通过 $\eta_{sp}/c$ 对 $c$ 和 $\ln\eta_r/c$ 对 $c$ 作图，外推至 $c=0$ 时所得截距即为

[$\eta$]。显然，对于同一高聚物，由两线性方程作图外推所得截距交于同一点，如图 5-6 所示。

$$[\eta]=K\cdot\overline{M}_{\eta}^{\alpha} \tag{5-12-6}$$

式中：$\overline{M}_{\eta}$为黏均摩尔质量；

$K$、$\alpha$ 为与温度、高聚物及溶剂的性质有关的常数，只能通过一些绝对实验方法（如膜渗透压法、光散射法等）确定。

本实验采用毛细管法测量黏度，通过测量一定体积的液体流经一定长度和半径的毛细管所需时间而获得。本实验使用的乌氏黏度计如图 5-7 所示。当液体在重力作用下流经毛细管时，其遵守泊肃叶定律

$$\eta=\frac{\pi pr^4t}{8lV}=\frac{\pi h\rho gr^4t}{8lV} \tag{5-12-7}$$

式中，$\eta$ 为液体的黏度，$kg\cdot m^{-1}\cdot s^{-1}$；$p$ 为当液体流动时在毛细管两端间的压力差（即液体密度 $\rho$，重力加速度 $g$ 和流经毛细管液体的平均液柱高度 $h$ 三者的乘积），Pa；$r$ 为毛细管的半径，m；$V$ 为流经毛细管的液体体积，$m^3$；$t$ 为 $V$ 体积液体的流出时间，s；$l$ 为毛细管的长度，m。

用同一黏度计在相同条件下测定两种液体的黏度时，它们的黏度之比就等于密度与流出时间之比。

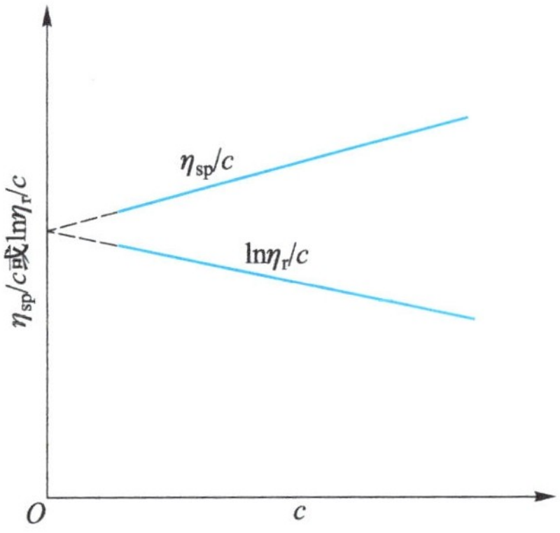


图 5-6 外推法求[$\eta$]图

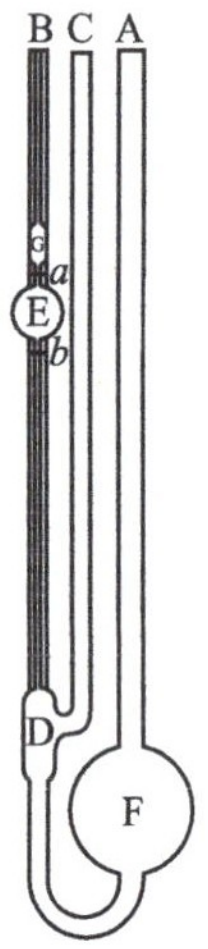


图 5-7 乌氏黏度计

$$\frac{\eta_1}{\eta_2}=\frac{p_1t_1}{p_2t_2}=\frac{\rho_1t_1}{\rho_2t_2} \tag{5-12-8}$$

如果用已知黏度 $\eta_1$ 的液体作为参考液体，则待测液体的黏度 $\eta_2$ 可通过式（5-12-8）求得。

在测定溶剂和溶液的相对黏度时，如溶液的浓度不大（$<10\ kg\cdot m^{-3}$），溶液的密度与溶剂的密度可近似地看作相同，故

$$\eta_r=\frac{\eta}{\eta_0}=\frac{t}{t_0} \tag{5-12-9}$$

所以只需测定溶液和溶剂在毛细管中的流出时间就可得到 $\eta_r$。

## 三、仪器与试剂

磁力加热搅拌器 1 台、恒温槽 1 套、乌氏黏度计 1 支、真空干燥箱 1 台、布氏漏斗 1 个、抽滤瓶 1 个、通氮系统、回流冷凝管 1 个、温度计 1 个、100 mL 三口烧瓶 1 个、停表 1 只、细乳胶管 2 根、弹簧夹 2 个、洗耳球 1 只、500 mL 烧杯 1 个、5 mL, 10 mL 移液管各 1 支、电吹风 1 只、50 mL 容量瓶一个

丙烯酰胺、甲醇、过硫酸钾、$NaNO_3$ 溶液（1 $mol \cdot L^{-1}$）

## 四、实验步骤

1. 聚丙烯酰胺的合成

在 100 mL 三口烧瓶的中间装回流冷凝管，一侧口装温度计，另一侧口安装通氮系统。将 2 g 丙烯酰胺和 45 mL 蒸馏水加入三口烧瓶中，开动搅拌，通氮气，水浴加热至 30 ℃，使单体完全溶解。将 0.025 g 过硫酸钾溶解于 5 mL 蒸馏水中，溶液加入容量瓶中，逐步升温到 90 ℃，反应 2~3 h，冷却至室温。

在 500 mL 烧杯中加入 100 mL 甲醇，在搅拌下缓缓加入上述溶液，有聚合物沉淀出现。静置片刻，再加入少量甲醇，观察是否还有沉淀出现。如果有，继续加入甲醇使聚合物完全沉淀出。用布氏漏斗过滤，沉淀用少量甲醇洗涤三次，在 30 ℃ 真空干燥至恒重，称量计算产率。

2. 聚丙烯酰胺摩尔质量的测定

（1）将恒温槽调至 30 ℃。

（2）用 1 $mol \cdot L^{-1}$ $NaNO_3$ 溶液配制 1 $g \cdot mL^{-1}$ 聚丙烯酰胺溶液 50 mL。

（3）洗涤黏度计：先用洗液（经砂芯漏斗过滤）浸泡，再用自来水冲洗。经常使用的黏度计则用蒸馏水浸泡，去除留在黏度计中的高聚物，尤其黏度计的毛细管要反复用蒸馏水冲洗。然后用电吹风的热风吹干黏度计。

（4）测量溶剂流出时间 $t_0$：将黏度计垂直固定在恒温槽内使水面完全浸没 G 球。吸取 15 mL 1 $mol \cdot L^{-1}$ $NaNO_3$ 溶液，自 A 管注入黏度计内，恒温 10 min 进行测定。夹紧 C 管上连接的乳胶管，同时在连接 B 管的乳胶管上接洗耳球慢慢抽气，待液体升至 G 球的 1/2 左右即停止抽气，松开 C 管上夹子使毛细管内液体同 D 球分开（注意：E 球中不能有气泡），此时毛细管以上的液体开始下降，当液面流经 $a$ 刻度时，立即按停表开始计时，当液面降至 $b$ 刻度时，再按停表，测定液面在 $a$、$b$ 两线间的液体流经毛细管所需的时间 $t_0$，重复 3 次，每次相差不超过 0.5 s，取其平均值。

（5）测量溶液流出时间 $t$：取出黏度计，倒出溶剂，洗净后吹干。吸取 15 mL 聚丙烯酰胺溶液，同上法测定流经时间 $t_1$。然后依次由 A 管处加入 5 mL、5 mL、10 mL、10 mL 1 $mol \cdot L^{-1}$ $NaNO_3$ 溶液，将溶液浓度逐渐稀释为 $c_2$、$c_3$、$c_4$、$c_5$，用同样方法测定各浓度时溶液流经时间 $t_2$、$t_3$、$t_4$、$t_5$。应注意每次加入 $NaNO_3$ 溶液后，用洗耳球从 C 管鼓气搅拌（溶液不能从 C 管中吸出，否则应重做）和将溶液慢慢地从毛细管中抽上流下数次使之混合均匀，并恒温5 min

测定。

（6）测定完毕，将稀释液倒入回收瓶内，黏度计用自来水洗净，并用蒸馏水浸泡，备用。

## 五、结果与讨论

1. 记录数据

温度________________℃，聚丙烯酰胺质量________________g。

聚丙烯酰胺溶液的起始浓度 $c_1$ =__________ $g\cdot mL^{-1}$，溶剂流出时间 $t_0$ =__________ s。

| 溶质体积/mL | | 15 | 15 | 15 | 15 | 15 |
|---|---|---|---|---|---|---|
| 溶剂累计体积/mL | | 0 | 5 | 10 | 20 | 30 |
| 浓度 $c$ | | $c_1$ | $c_1\times3/4$ | $c_1\times3/5$ | $c_1\times3/7$ | $c_1\times1/3$ |
| 溶液流出时间 | $t'/s$ | | | | | |
| | $t''/s$ | | | | | |
| | $t'''/s$ | | | | | |
| | $t/s$ | | | | | |
| $\eta_r$ | | | | | | |
| $\ln\eta_r/c$ | | | | | | |
| $\eta_{sp}$ | | | | | | |
| $\eta_{sp}/c$ | | | | | | |

2. 计算聚合反应的产率。

3. 以 $\ln\eta_r/c$ 及 $\eta_{sp}/c$ 分别对 $c$ 作图，并作线性外推到 $c\to0$，求得截距即为$[\eta]$。

4. 由$[\eta]=K\cdot\overline{M}_\eta^\alpha$，求出聚丙烯酰胺的黏均摩尔质量 $\overline{M}_\eta$。已知：$t=30$ ℃时，$K=3.73\times10^{-2}$，$\alpha=0.66$。

## 六、实验要点及注意事项

1. 测量时黏度计要垂直放置，否则影响结果的准确性。

2. 黏度计必须洁净，如毛细管壁上挂有水珠，需用洗液浸泡（洗液经 2#砂芯漏斗过滤除去微粒杂质）。另外，要防止灰尘进入毛细管。

3. 高聚物在溶剂中溶解缓慢，配制溶液时必须保证其完全溶解，否则会影响溶液起始浓度，而导致结果偏低。

4. 本实验中溶液的稀释是直接在黏度计中进行的，因此，一要防止溶液体积的损失，二要保证溶液充分混合均匀方可测量。

## 思考题

1. 从环境保护的角度考虑，应尽量避免使用有机溶剂。那么，对于涂料和黏合剂(特别是不溶于水的聚合物)而言，可采取哪些措施?

2. 对于苯乙烯、甲基丙烯酸和丙烯腈的溶液聚合，可选择哪些溶剂?

3. 乌氏黏度计中支管C的作用是什么? 能否除去C管改为双管黏度计使用? 为什么?

参考文献

(编写:吴华强　唐业仓　复核:陈华茂)

读者意见反馈

为收集对教材的意见建议,进一步完善教材编写并做好服务工作,读者可将对本教材的意见建议通过如下渠道反馈至我社。

咨询电话　400-810-0598

反馈邮箱　hepsci@pub.hep.cn

通信地址　北京市朝阳区惠新东街4号富盛大厦1座

高等教育出版社理科事业部

邮政编码　100029